Dieter Grillmayer
Im Reich der Geometrie
Teil II: Räumliche Geometrie

Dieter Grillmayer

Im Reich der Geometrie

Teil II: Räumliche Geometrie

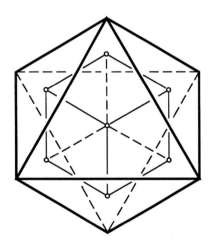

*Bibliographische Information der Deutschen Bibliothek:
Die Deutsche Bibliothek verzeichnet diese Publikation
in der Deutschen Nationalbibliographie;
detaillierte bibliographische Daten sind im Internet über
http://dnb.ddb.de
abrufbar*

ISBN: 978-3-8391-5593-6
Alle Rechte vorbehalten

© 2010 Copyright by Dieter Grillmayer
Alle Figuren wurden mit Hilfe des am Institut für Geometrie der TU Wien unter der
Leitung von Univ.-Prof. Dr. H. Stachel entwickelten Programms CAD-2D gezeichnet
Fotos vom Autor, bearbeitet von Ch. Landerl

Herstellung und Verlag: Books on Demand GmbH, Norderstedt

Inhaltsverzeichnis

Vorwort 7

0 Einführung 9

0.1 Lagengeometrie, Dualität, Fernelemente 9
0.2 Maßbeziehungen im Raum 12
0.3 Dreidimensionale Abbildungsgeometrie 14
0.4 Abbildungen des Raumes auf eine Ebene 18

1 Geometrische Körper und ihre Darstellung 25

1.1 Quader und Würfel; Axonometrie 25
1.2 Hauptrisse und Schrägrisse 30
1.3 Prismen und Kreiszylinder 35
1.4 Pyramiden und Kreiskegel 42
1.5 Kugel und Kugelschnitte; der Globus 49
1.6 Platonische Körper 56
1.7 Archimedische Körper 63

2 Oberfläche und Volumen 67

2.1 Raummaße; Würfel und Quader 67
2.2 Gerade Prismen und Drehzylinder 69
2.3 Der Satz von Cavalieri 71
2.4 Pyramiden und Kegelkörper 73
2.5 Kugel und Kugelteile 77
2.6 Drehkörper und Guldin'sche Regeln 81

3 Koordinatengeometrie im dreidimensionalen Raum 85

3.1 Cartesische Punktkoordinaten; Seitenrisse 85
3.2 Vektorräume und Vektoralgebra 90
3.3 Streckenlängen und Winkel, Skalarprodukt 95
3.4 Gerade und Ebenen, Lagenaufgaben 98
3.5 Vektorprodukt und Spatprodukt 106
3.6 Maßaufgaben und Anwendungen 114
3.7 Kugelgleichungen 120
3.8 Potenz- und Polarebenen der Kugel 126
3.9 Alternative Koordinatensysteme 129

4	**Geometrie verschiedener Flächengattungen**	**133**
4.1	Erzeugung, Schnitte, Tangentialebenen	133
4.2	Geländeflächen und Geländekarten	136
4.3	Drehflächen, insbes. Drehquadriken	138
4.4	Drehkegelschnitte	145
4.5	Rohrflächen; Torus und Torusschnitte	148
4.6	Schiebflächen, insbes. Paraboloide	151
4.7	Schraublinien und Schraubflächen	156
4.8	Windschiefe Strahlflächen	166
4.9	Quadriken (Zusammenfassung)	171
5	**Durchdringungen**	**177**
5.1	Grundsätzliches	177
5.2	Durchdringungen mit Prismen	179
5.3	Algebraische Raumkurven	181
5.4	Zerfallende Durchdringungskurven	186
5.5	Das apollonische Problem	192

TAFELN	197
LÖSUNGEN	201
Sachregister	203
Personenregister	209
Literatur	211
Der Autor	211

Vorwort

Schon ein erstes Durchblättern wird den Befund ergeben, dass in Teil II wesentlich mehr konkrete Objekte und Sachverhalte dokumentiert und illustriert sind als in Teil I. Das ist die natürliche Folge des Umstandes, dass die dreidimensionale Geometrie nun einmal die Geometrie unseres Lebensraumes ist, womit bei nahezu allen Erörterungen ein Praxisbezug hervortritt, auf den daher nicht mehr gesondert hingewiesen werden muss. Gleichwohl liefert die in diesem Sinn abstraktere ebene Geometrie wichtige Grundlagen, ohne die weder im rechnerischen noch im konstruktiven Bereich der räumlichen Geometrie ein Auskommen ist. Daher finden sich in diesem Buch immer wieder Rückverweise auf Teil I.

Ein Problem, das in der ebenen Geometrie nicht auftritt, ist die Veranschaulichung räumlicher Objekte und das Überprüfen von Rechenergebnissen der algebraischen Geometrie durch Zeichnungen. Die Werkzeuge für beide Zwecke liefert die Darstellende Geometrie (DG), zu der allerdings beim internationalen Fachpublikum bisweilen das (Vor-)Urteil anzutreffen ist, es handle sich dabei um eine „Wissenschaft von Österreichern für Österreicher". Ich habe dieses Fach 35 Jahre lang in Sekundarstufe II unterrichtet und bin heute mehr denn je der Meinung, dass die durch diesen Gegenstand zu gewinnenden Einsichten für eine ganzheitliche Sicht der räumlichen Geometrie und damit der Welt, in der wir leben, unerlässlich sind.

Daher habe ich in Hauptabschnitt 1 die im Schulunterricht auf Sekundarstufe I übliche Vorstellung der geometrischen Körper mit deren Darstellung nach verschiedenen Verfahren verknüpft und bin dabei dem „modernen" didaktischen Konzept gefolgt, das jeden Körper in ein Achsensystem Uxyz einbettet. Weiters werden in HA 1 Grundkonstruktionen angegeben, welche das Zeichnen von Netzen und damit das Bauen von Modellen ermöglichen. Anlässlich der Einführung in die Koordinatengeometrie in Hauptabschnitt 3 wird dann der „klassische" Zugang zur DG – feste Bildebenen und Monge'sche Drehung – nachvollzogen, weil dieser nach meinem Dafürhalten für das Verständnis der Konstruktionen zur Lagen- und Maßgeometrie die beste Voraussetzung bildet.

Sollte diese konstruktive Komponente auf diesbezügliche „Laien" abschreckend wirken, so täte mir das natürlich Leid und darf ich versichern, dass sich ganz gewiss auch dann Gewinn aus dem Buch ziehen lässt, wenn das Zustandekommen der Zeichnungen nicht nachvollzogen wird. Zur reinen Illustration hätten allerdings auch „schöne Bilder" gereicht, wie sie die heutige Computergeometrie herstellt.

Hinsichtlich Gliederung, Fachsprache und Symbolik folgt Teil II selbstverständlich den für Teil I getroffenen Festlegungen. Lediglich den Begriff „normale Isometrie" für die entsprechende normalaxonometrische Annahme habe ich mir einzuführen erlaubt, weil auf den allgemeinen Fall nicht eingegangen wird. Bei den Beweisen musste ich – im Gegensatz zu Teil I – auf Vollständigkeit verzichten, die Beweislücken sind aber angegeben.

Theoretische Erörterungen und Anwendungen, die aus keinem der im Literaturverzeichnis genannten Bücher stammen, sind mir selber eingefallen, doch bin ich nicht so vermessen, anzunehmen, dass sich darunter irgend etwas vorher noch nie Gedachtes oder Gemachtes befindet. Auf die Ableitung des Pyramidenvolumens durch Grenzübergang in A 2.3, die Berechnung der Sonnendeklination in A 3.6, die beiden Faltmodelle in A 3.7 und das Schlusskapitel (Gerono-Lemniskate beim Plücker-Konoid, Durchdringung Torus – Kugel nach zwei Villarceau-Kreisen, Beispiele aus der Baugeometrie) sei in diesem Zusammenhang hingewiesen.

In der Kritik wurden Inhalt und Präsentation von Teil I als Geometrie „alter Schule" bezeichnet, was meine Intention durchaus treffend beschreibt, wenn damit ein wohl strukturierter Umgang mit dem Thema gemeint ist, der die guten („alten") mathematischen Tugenden Stringenz und Präzision pflegt und der um das Herausschälen des Wesentlichen und der Zusammenhänge bemüht ist. Ich verbinde damit die Hoffnung, dass dieses Buch einer sowohl an der „reinen Lehre" als auch an der angewandten Geometrie interessierten Leserschaft Freude bereiten und Anregung für eigene Erkundungen im Reich der Geometrie geben kann.

Für fachliche Hinweise bin ich meinem Gymnasiallehrer OStR. Kurt Kunze, den die Liebe zur Geometrie jung erhält, als Korrekturleser meinem langjährigen Kollegen OStR. Wilhelm Nowak und für die Fotobearbeitung meinem ehemaligen Schüler Christian Landerl zu großem Dank verpflichtet.

Dieter Grillmayer

Hauptabschnitt 0:
Einführung

Dieses Einführungskapitel enthält grundlegende Erläuterungen zu Begriffen und Sachverhalten der räumlichen Geometrie sowie zur Symbolik. Sie bilden das theoretische Unterfutter für den am konkreten Objekt orientierten Lehrgang, der mit HA 1 einsetzt und dem Aufbau des Schulunterrichts weitgehend angepasst ist. Das hat den Zweck, vorab jene Lücken zu schließen, die ein anschaulicher Zugang zum Thema naturgemäß enthält, wenn z. B. von einer Strecke gesprochen wird, die zu einer ebenen Figur normal ist, ohne vorher den Normalenbegriff im Raum exakt definiert zu haben. Leser, die das nicht stört, können HA 0 demnach überspringen bzw. werden darauf nur in jenen Fällen zurückgreifen, wo an einer Klarstellung Interesse und/oder Bedarf besteht.

0.1 Lagengeometrie, Dualität, Fernelemente

Der Inhalt dieses Abschnitts wurde bereits in der Einführung zu Teil I (HA 0) angesprochen und erfolgt hier nur eine Wiederholung und Ergänzung der dort enthaltenen, auf den dreidimensionalen Raum R_3 bezogenen Begriffe, Symbole und Zusammenhänge. Obwohl grundsätzlich unbegrenzt, werden Ebenen in den erläuternden Figuren durch Parallelogramme (als Parallelrisse von Rechtecken, siehe UA 0.4.5) angedeutet.

1. Inzidenz und Nicht-Inzidenz:

Mit *Inzidenz* und *Nicht-Inzidenz* wird der jeweils zutreffende jener zwei Fälle bezeichnet, dass ein Punkt P auf einer Geraden g liegt oder nicht, dass ein Punkt P in einer Ebene α liegt oder nicht sowie dass eine Gerade g in einer Ebene α liegt oder nicht. Die *Lagengeometrie* beschränkt sich auf Aussagen über Inzidenz oder Nicht-Inzidenz von Punkten, Geraden und Ebenen.

Als erstes Beispiel sei genannt, dass ein Punkt P in einer Ebene α liegt, wenn er auf einer Geraden g und diese in einer Ebene α liegt (Fig. 1).

Wenn wir Gerade und Ebenen als Punktmengen auffassen und diesen die Symbole g bzw. α zuordnen, so lässt sich die Inzidenz bzw. Nicht-Inzidenz von Punkten durch die Mengensymbole $\in$ und $\notin$, die Inzidenz bzw. Nicht-Inzidenz von Geraden durch die Mengensymbole $\subset$ und $\not\subset$ anzeigen. Mit diesen Symbolen und dem Symbol $\wedge$ für „und" kann der in Fig. 1 veranschaulichte Tatbestand wie folgt beschrieben werden:

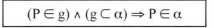

$$(P \in g) \wedge (g \subset \alpha) \Rightarrow P \in \alpha$$

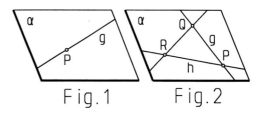

Fig. 1   Fig. 2

2. Verbindungsgerade und Verbindungsebenen:

Hinsichtlich einer *Verbindungsgeraden* g zweier Punkte P, Q, symbolisch g = (PQ), ist im R_3 kein Unterschied zur ebenen Geometrie und g wird auch als *Trägergerade* der Strecke PQ bezeichnet.

Durch je drei nicht auf einer Geraden liegende Punkte P, Q, R kann genau eine Ebene α gelegt werden, die dann als *Verbindungsebene* dieser Punkte, symbolisch α = (PQR), oder als *Trägerebene* des Dreiecks PQR bezeichnet wird (Fig. 2). Ebenso bestimmen eine Gerade g und ein Punkt R ∉ g eine Verbindungsebene α, symbolisch α = (gR), weil mit P und Q auch die ganze Gerade g = (PQ) in α liegt (Fig. 2). Zwei Gerade g und h „spannen" hingegen nur dann eine Ebene α = (gh) auf, wenn sie einander schneiden oder wenn sie parallel sind. Beides ist im R_3 die Ausnahme. Den Normalfall bilden hier *windschiefe Gerade*, die keine Verbindungsebene und keinen Schnittpunkt besitzen.

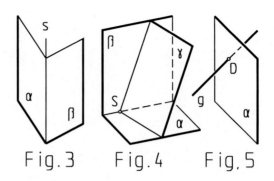

Fig. 3 Fig. 4 Fig. 5

3. Dualitätsgesetz und Schnittmengen:

Das vom französischen Mathematiker Jean Victor Poncelet im Jahr 1822 entdeckte *Dualitätsgesetz* erlaubt es, aus jeder wahren Aussage der Lagengeometrie auf formalem Weg eine weitere wahre Aussage herzuleiten, die dann als duale Aussage bezeichnet wird:

> Durch Vertauschen der Begriffe „Punkt" und „Ebene" sowie „verbinden" und „schneiden" wird aus jeder wahren Aussage der dreidimensionalen Lagengeometrie wiederum eine wahre Aussage.

Danach entspricht der Verbindungsgeraden zweier Punkte die *Schnittgerade* s zweier Ebenen α und β (Fig. 3), der Verbindungsebene dreier Punkte der *Schnittpunkt* S dreier Ebenen α, β und γ (Fig. 4) und der Verbindungsebene einer Geraden mit einem Punkt der Schnittpunkt einer Geraden g mit einer Ebene α, für den vorwiegend der Name *Durchstoßpunkt* D in Gebrauch ist (Fig. 5).

Fassen wir Gerade und Ebenen als Punktmengen auf, so können mit Hilfe des Mengensymbols ∩ (Durchschnitt) die genannten Schnittbeziehungen wie folgt symbolisiert werden:

| α ∩ β = s | α ∩ β ∩ γ = {S} | g ∩ α = {D} |

Die Definition des Durchschnitts als Menge erfordert bei den Schnittpunkten das Setzen von Mengenklammern. Wegen dieser etwas sperrigen Schreibweise ist in Teil I auf die symbolische Darstellung von Schnittpunkten verzichtet worden.

4. Fernelemente:

Das Dualitätsgesetz berücksichtigt auch Ausnahmen. So entspricht etwa der Einschränkung, dass nicht drei Punkte auf einer Geraden liegen dürfen, wenn es eine Verbindungsebene geben soll, beim dualen Satz die Einschränkung, dass drei Ebenen nicht mit ein und derselben Geraden inzidieren dürfen, wenn es nur <u>einen</u> Schnittpunkt geben soll.

Das gilt allerdings nicht hinsichtlich der durch Parallelität bedingten Ausnahmen bei den Schnittbeziehungen. Während etwa zwei (verschiedene) Punkte immer eine Verbindungsgerade besitzen, gibt es zu zwei parallelen Ebenen keine Schnittgerade. Dieser Mangel lässt sich durch die Einführung von Fernelementen beheben in dem Sinn, dass parallelen Geraden $g_1 \parallel g_2$ ein gemeinsamer *Fernpunkt* G_u als Schnittpunkt zugewiesen wird und parallelen Ebenen $\alpha_1 \parallel \alpha_2$ eine gemeinsame *Ferngerade* a_u als Schnittgerade. Diese Fiktion strapaziert zwar unser Vorstellungsvermögen, doch ist sie mit allen aus der Anschauung gewonnenen Einsichten kompatibel. So hat eine Gerade g nun auch mit einer dazu parallelen Ebene α genau einen Durchstoßpunkt, und zwar ihren Fernpunkt $G_u \in a_u$.

Weil nun also auch parallele Gerade schneidende Gerade sind, kann ohne Einschränkung der folgende Satz formuliert werden: „Zwei Gerade haben genau dann eine Verbindungsebene, wenn sie einen Schnittpunkt besitzen". Durch Dualisieren entsteht daraus die inhaltlich identische Aussage: „Zwei Gerade haben genau dann einen Schnittpunkt, wenn sie eine Verbindungsebene besitzen." Wir haben somit einen Satz gefunden, der „zu sich selber dual" ist.

Fernpunkte und Ferngerade liegen in der *Fernebene* ω. Jede Gerade g durchstößt ω in ihrem Fernpunkt G_u und jede Ebene α schneidet ω längs ihrer Ferngeraden a_u:

$$g \cap \omega = \{G_u\} \qquad \alpha \cap \omega = a_u$$

Der durch die Fernebene ω abgeschlossene Raum wird als *projektiver Raum* (= projektiver R_3) bezeichnet.

5. Lagenaufgaben, Treffgerade:

Geometrische Fragestellungen, die sich allein durch Kombination der elementaren Verbindungs- und Schnittaufgaben lösen lassen, werden als *Lagenaufgaben* bezeichnet. Als Musterbeispiel kann die Ermittlung einer *Treffgeraden* gelten. Dabei handelt es sich um die (einzige) Gerade p durch einen gegebenen Punkt P, die zwei gegebene windschiefe Gerade a, b schneidet (Fig. 0.4.1).

$$p = (Pa) \cap (Pb)$$

Vorschlag zum Selbermachen: Den „Existenzsatz" für Treffgerade formulieren und dualisieren.

6. Punkt-, Ebenen- und Strahlmannigfaltigkeiten:

Alle Punkte einer Geraden bilden eine (gerade) *Punktreihe*, alle Punkte einer Ebene ein (ebenes) *Punktfeld*. Nach den in Teil I erfolgten Koordinatenzuweisungen, in welche die Dimension als Ausdehnungsrichtung eingeht, kann bei diesen Punktmengen von eindimensionalen oder einparametrigen bzw. zweidimensionalen (zweiparametrigen) Punktmannigfaltigkeiten gesprochen werden. Dual dazu bilden alle Ebenen, die einander längs einer Geraden schneiden, eine eindimensionale Ebenenmannigfaltigkeit, welche *Ebenenbüschel* genannt wird, und alle Ebenen, die einen Punkt, den S*cheitel*, gemeinsam haben, bilden ein zweidimensionales *Ebenenbündel*. Der *Punktraum* als Menge aller Punkte des R_3 ist, ebenso wie der *Ebenenraum* als Menge aller Ebenen des R_3, dreidimensional.

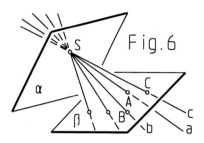

Hingegen bilden alle Geraden des R_3 eine vierdimensionale Mannigfaltigkeit, die als *Strahlraum* bezeichnet wird. Verbinden wir nämlich einen Punkt S einer Ebene α mit allen Punkten A, B, C, ... einer Ebene β, so ist das so entstehende *Strahlbündel* (Fig. 6) mit dem – wie beim Ebenenbündel – als *Scheitel* bezeichneten Punkt S und den Bündelstrahlen a, b, c, ... offensichtlich von gleicher Dimension wie das Punktfeld β, also zweidimensional. Weil nun durch jeden Punkt des zweidimensionalen Punktfeldes α ein solches Bündel gelegt werden kann ist die gesamte so erzeugte Strahlmenge vierdimensional.

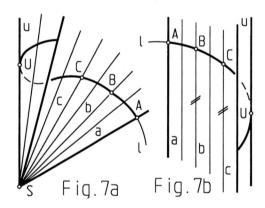

Eine eindimensionale Strahlmannigfaltigkeit wird als *Strahlschar* bezeichnet und bildet i. A. eine *Strahlfläche*. Wird insbesondere ein Punkt S mit allen Punkten einer *Leitkurve* l verbunden, so entsteht eine *Kegelfläche* mit der *Spitze* S (Fig. 7a). Auch für Kegelspitzen ist der Name *Scheitel* in Gebrauch. Ist S ein Fernpunkt (*Fernscheitel*), dann nennen wir diese spezielle Kegelfläche eine *Zylinderfläche* (Fig. 7b). Die Geraden a, b, c, ... werden *Erzeugende* der Kegel- bzw. Zylinderfläche genannt. Auf Umrisserzeugende und Umrisspunkte – in Fig. 7 mit u und U beschriftet – wird später einzugehen sein.

Ist l eine Gerade, dann ergibt sich keine Strahlfläche, sondern das schon von der ebenen Geometrie her bekannte *Strahlbüschel* (oder Geradenbüschel) bzw. *Parallelstrahlbüschel*. Gleiches gilt, wenn l eine ebene Kurve ist und S in deren Trägerebene liegt.

Eine zweidimensionale Strahlmannigfaltigkeit wird als *Strahlkongruenz* bezeichnet. Zu den Strahlkongruenzen gehören die Strahlbündel und *Parallelstrahlbündel*, bei denen S ein Fernscheitel ist, weiters die von allen Geraden einer Ebene gebildeten *Strahlfelder* und die *Strahlnetze*, die aus allen Geraden bestehen, welche zwei windschiefe Gerade a, b schneiden.

Eine dreidimensionale Strahlmannigfaltigkeit ist ein *Strahlkomplex*. Der von allen Geraden, die eine feste Gerade a des R_3 schneiden, gebildete Komplex wird als *Strahlgebüsch* bezeichnet.

Vorschlag zum Selbermachen: Analog zur Begründung, warum der Strahlraum vierdimensional ist, lässt sich begründen, warum **a)** ein Strahlnetz zweidimensional, **b)** ein Strahlgebüsch dreidimensional ist.

0.2 Maßbeziehungen im Raum

Maßbeziehungen sind durch die Begriffe Abstand, Winkel(größe) und Flächeninhalt gekennzeichnet, wozu im R_3 noch der Rauminhalt (HA 2) dazukommt.

Beim Abstand zweier Punkte A, B, symbolisch d = |AB|, ist zwischen ebener und räumlicher Geometrie kein Unterschied. Mit der Maßgabe, dass die Rolle der Zeichenebene die jeweilige Verbindungsebene übernimmt, gilt das auch für den Winkel schneidender (Halb-)Geraden, den Abstand eines Punktes P von einer Geraden g, symbolisch d = |Pg|, und den Abstand paralleler Geraden $g_1 \parallel g_2$, symbolisch d = |$g_1 g_2$|. Wir können uns daher auf die neu hinzukommenden Möglichkeiten von Abstands- und Winkelmessungen beschränken.

1. Die Normalenbeziehung zwischen Geraden und Ebenen:

Eine Gerade g und eine Ebene α sind zueinander normal, wenn alle in α liegenden und durch den Schnittpunkt S von α und g gehenden Geraden a, b, ... zu g normal sind (Fig. 1). Dieser Sachverhalt ist erfüllt, wenn zwei rechte Winkel vorhanden sind, weil durch zwei einander schneidende Gerade die Ebene festgelegt ist.

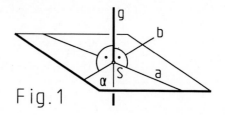

Fig. 1

$$(a \perp g) \wedge (b \perp g) \Rightarrow (ab) = \alpha \perp g$$

Zu einer gegebenen Ebene α kann durch jeden Punkt P genau eine *Normalgerade* $n_\alpha \perp \alpha$ gelegt werden und zu einer gegebenen Geraden g kann durch jeden Punkt P genau eine *Normalebene* $\nu_g \perp g$ gelegt werden.

2. Abstand Punkt – Ebene, Winkel Gerade – Ebene:

Der (Normal-)*Abstand eines Punktes* P *von einer Ebene* α ist die Länge d = |PL|, wenn L der Schnittpunkt der Normalgeraden n_α durch den Punkt P mit α ist (Fig. 2). Für L ist in diesem Zusammenhang der Name *Lotfußpunkt* gebräuchlich.

$$d = |P\alpha| = |PL|$$

Der *Abstand paralleler Ebenen* $\alpha_1 \parallel \alpha_2$ ist der Abstand jedes Punktes P ∈ α_1 von α_2 und umgekehrt. Der *Abstand einer Geraden* g *von einer dazu parallelen Ebene* α ist der Abstand jedes Punktes P ∈ g von α, aber nicht umgekehrt.

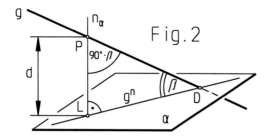

Fig. 2

Für $\gamma = 90°$ bilden α und β ein Paar zueinander normale Ebenen, symbolisch $\alpha \perp \beta$. Alle mit einer Normalgeraden n_α inzidierenden Ebenen sind zur Ebene α normal. Beispiele dafür sind die Ebene (gn_α) in Fig. 2 und die Ebene υ_s in Fig. 3, die sowohl zu α als auch zu β normal ist.

Der (Schnitt-)*Winkel einer Geraden g mit einer Ebene α* ist der (spitze) Winkel β, den g mit der Geraden $g^n = (DL)$ bildet (Fig. 2). Die Normalgerade n_α kann durch jeden Punkt $P \in g$ gelegt werden. Der von g mit n_α gebildete (spitze) Winkel ist zum Schnittwinkel β komplementär.

$$\beta = \angle g\alpha = \angle gg^n = 90° - \angle gn_\alpha$$

Für $g \perp \alpha$ gilt $g = n_\alpha$ und $\beta = 90°$.

3. Winkel zweier Ebenen:

Der (Schnitt-)*Winkel zweier* einander längs der Geraden s schneidenden *Ebenen α und β* ist der (spitze) Winkel γ, den die Geraden a und b miteinander einschließen, die von einer Normalebene υ_s aus α bzw. β herausgeschnitten werden (Fig. 3).

Vorschlag zum Selbermachen: Den Abstand eines Punktes P von einer Geraden g im R_3 mit Hilfe einer Normalebene υ_g definieren.

4. Abstand windschiefer Geraden:

Sind zwei Gerade a und b windschief und legen wir durch einen Punkt $P \in a$ eine Gerade $b_1 \parallel b$, so spannen a und b_1 eine Ebene α auf, n_α ist die zugehörige Normalgerade durch P und $\beta = (an_\alpha)$ ist eine zu α normale Ebene (Fig. 4).

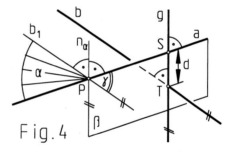

Fig. 4

Sie wird von b in einem Punkt T durchstoßen und die zu n_α parallele Gerade g durch T schneidet a im Punkt S. Die Gerade $g = (ST)$ ist die einzige sowohl zu a als auch zu b normale Gerade und wird daher als *gemeinsame Normale* bezeichnet. Auf ihr wird der *Abstand der windschiefen Geraden* a, b gemessen:

$$d = |ab| = |ST|$$

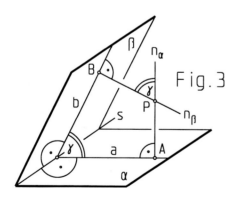

Fig. 3

Der Winkel γ ist mit dem (spitzen) Winkel identisch, den zwei durch einen Punkt P gehende Normalgerade n_α und n_β miteinander einschließen.

$$\gamma = \angle\alpha\beta = \angle ab = \angle n_\alpha n_\beta$$

Als *Winkel windschiefer Geraden* kann der bei P auftretende Winkel $\gamma \leq 90°$ gelten.

Vorschlag zum Selbermachen: In einem quaderförmigen Raum trägt a die – vom Beobachter aus gesehen – linke Fußbodenkante und b die vordere Deckenkante. Wo verläuft die gemeinsame Normale g?

0.3 Dreidimensionale Abbildungsgeometrie

Die bijektiven Abbildungen der durch die Ferngerade abgeschlossenen (Zeichen-)Ebene auf sich selbst sind in Teil I recht ausführlich vorgestellt worden, sowohl hinsichtlich der Abbildungsvorschriften, nach denen die Zuordnung von Punktepaaren $P_1 \leftrightarrow P_2$ erfolgen kann, als auch hinsichtlich der Eigenschaften, insbesondere der Fixelemente und Invarianten, die dabei auftreten.

In diesem Abschnitt werden als räumliches Analogon die bijektiven Abbildungen des projektiven Punktraumes auf sich selbst vergleichsweise kurz abgehandelt. Nicht das vollständige Erfassen und das Einordnen in eine Gesamtstruktur stehen dabei im Vordergrund, sondern jene konkreten Abbildungen, mit denen wir es in der räumlichen Geometrie laufend zu tun haben. Verknüpfungen und Gruppeneigenschaften verdienen es aber, zumindest erwähnt zu werden.

1. Schiebung, zentrische Streckung und Punktspiegelung im Raum:

Die *räumliche Schiebung* (oder Translation) unterscheidet sich von der Schiebung im R_2 nur dadurch, dass der Schubvektor $\vec{s}$ als Vektor des R_3 durch drei Koordinaten beschrieben wird (A 3.2). Es gelten alle Invarianten von der Inzidenztreue bis zur Längentreue, die räumliche Schiebung ist eine Kongruenzabbildung ohne (eigentliche) Fixelemente, bei der zugeordnete Gerade und Ebenen parallel sind. Zwei *räumliche Figuren* Φ_1 und Φ_2, die durch eine Schiebung auseinander hervorgehen, sind *gleichsinnig kongruent* oder deckungsgleich.

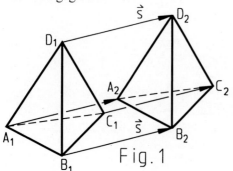

Fig. 1

Eine *räumliche Bewegung* ist eine Abbildung, die eine Figur Φ_1 mit einer gleichsinnig kongruenten Figur Φ_2 zur Deckung bringt (Fig. 1).

Der Nullvektor als Schubvektor produziert die identische Abbildung i, bei der jeder Punkt Fixpunkt ist.

Auch die *zentrische Streckung* im R_3 unterscheidet sich von der nämlichen Streckung in der Ebene nur dadurch, dass die Abbildung durch Vektoren mit drei Koordinaten vermittelt wird. Nach der Abbildungsvorschrift

$$\boxed{\overrightarrow{ZP_2} = k \cdot \overrightarrow{ZP_1}}$$

mit dem Streckfaktor $k \neq 0$ wird jeder Punkt $P_1 \in R_3$ auf einen Punkt $P_2 \in R_3$ abgebildet. Z ist das Streckzentrum und für $k \neq 1$ der einzige (eigentliche) Fixpunkt der Abbildung (Fig. 2).

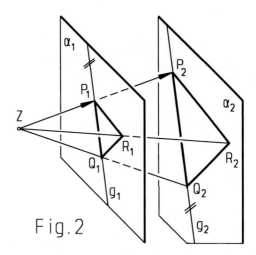

Fig. 2

Eine Übereinstimmung zur ebenen Geometrie gibt es auch hinsichtlich der Invarianten: Die zentrische Streckung ist eine Ähnlichkeitsabbildung. Sie erzeugt *ähnliche Figuren* im R_3, bei denen also zugeordnete Winkel gleich groß und zugeordnete Strecken proportional sind. Außerdem sind, wie bei der Schiebung, zugeordnete Gerade g_1, g_2 und zugeordnete Ebenen α_1, α_2 zueinander parallel.

Für k = 1 ergibt sich die identische Abbildung i, für k = -1 als Sonderfall die *zentrische Spiegelung* (oder *Punktspiegelung*) im Raum. Diese ist eine Kongruenzabbildung, die von ihr erzeugten (räumlichen) Figuren Φ_1 und Φ_2 sind allerdings *gegensinnig kongruent* und lassen sich im R_3 nicht zur Deckung bringen. Gegensinnig kongruente räumliche Objekte sind etwa die zwei Außenspiegel eines Autos.

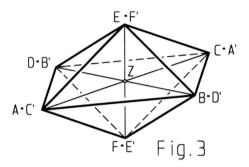

Fig. 3

Räumliche Objekte, welche hinsichtlich eines Punktes Z zu sich selbst spiegelbildlich sind, werden – wie ebene Figuren – als *zentrisch symmetrisch* bezeichnet und haben in Z ihr *Symmetriezentrum* (Fig. 3).

2. Die Ebenenspiegelung:

Eine zweite Abbildung, die gegensinnig kongruente räumliche Figuren erzeugt, ergibt sich bei Anwendung folgender Vorschrift: Zu jedem Punkt $P_1 \in R_3$ wird der Lotfußpunkt P bezüglich einer Ebene γ ermittelt. Auf der betreffenden Normalgeraden liegt $P_2 \in R_3$ so, dass $d = |P_1P| = |PP_2|$ gilt (Fig. 4).

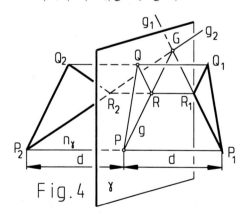

Fig. 4

Diese *Ebenenspiegelung* (oder *planare Spiegelung*) ist der Geradenspiegelung im R_2 nachempfunden, alle Punkte der *Spiegelungsebene* γ sind Fixpunkte, γ ist mithin eine *Fixpunktebene*, und zugeordnete Ebenen α_1, α_2 schneiden einander in γ ebenso wie zugeordnete Gerade g_1, g_2.

Die Spiegelungsebene γ wird zur *Symmetrieebene* σ eines räumlichen Objekts, wenn dasselbe bezüglich der Ebene σ zu sich selbst spiegelbildlich ist (Fig. 5). Üblicherweise ist dieser Fall gemeint, wenn von einer Symmetrie im Raum die Rede ist, exakterweise müsste aber von einer *planaren Symmetrie* gesprochen werden.

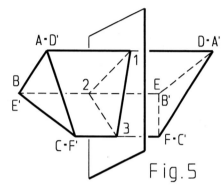

Fig. 5

3. Die Drehung um eine Achse:

An die Stelle des Drehzentrums tritt bei der *räumlichen Drehung* eine *Drehachse* a. Alle Punkte bewegen sich auf Kreisbögen mit demselben Zentriwinkel (*Drehwinkel*) δ, deren Ebenen zu a normal sind und deren Mittelpunkte auf a liegen (Fig. 6). Die Drehung ist eine Bewegung im Sinne von UA 1. Alle Punkte der Drehachse a sind Fixpunkte, a ist mithin eine Fixpunktgerade.

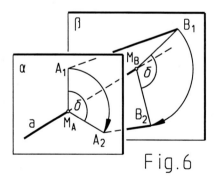

Fig. 6

Für den Drehwinkel $\delta = 0°$ ergibt sich die identische Abbildung i als Sonderfall. Eine Drehung mit $\delta = 180°$ wird als *räumliche Geradenspiegelung* angesprochen, aus der sich eine *achsiale Symmetrie* ableiten lässt.

4. Die Schraubung:

Die Verknüpfung zweier Abbildungen durch Hintereinanderausführen, über die in Teil I umfassend berichtet worden ist, kann selbstverständlich auch im R_3 praktiziert werden.

Sei $f_1[\bar{s}]$ eine Translation mit dem Schubvektor $\bar{s}$ und $f_2[a, \delta]$ eine räumliche Drehung, bei welcher die Drehachse a in Schubrichtung verläuft, so wird durch Hintereinanderausführen jedem Punkt $P_1 \in R_3$ über eine Zwischenlage P' genau ein Punkt $P_2 \in R_3$ zugeordnet, und diese Verknüpfung ist sogar kommutativ: $f_3 = f_2 \circ f_1 = f_1 \circ f_2$ (Fig. 7). Zwei durch die Abbildung $f_3[a, \bar{s}, \delta]$ auseinander hervorgehende geometrische Figuren Φ_1 und Φ_2 sind gleichsinnig kongruent.

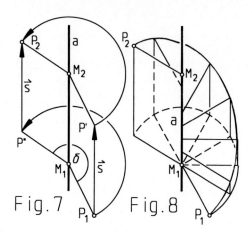

Fig. 7   Fig. 8

Diese als *Schraubung* bezeichnete Kongruenzabbildung verdankt ihren Namen und ihre praktische Bedeutung der Tatsache, dass sie (wie die Drehung) auch als eine kontinuierliche Bewegung aufgefasst werden kann. Dazu haben wir uns die Drehung und die Schiebung in (unendlich) viele Teildrehungen und Teilschiebungen zerlegt zu denken, deren Winkel und Schublängen sich alle wie $\delta : |\bar{s}|$ verhalten. Der Weg des Punktes P_1 nach P_2 verläuft dann auf einer *Schraublinie* (Fig. 8).

Die *Schraubachse* a wird auf sich selbst abgebildet, allerdings nicht punktweise, a ist daher eine Fixgerade, aber keine Fixpunktgerade. Die (allgemeine) Schraubung besitzt keine (eigentlichen) Fixpunkte. Eine Schraubung mit $\bar{s} = \bar{o}$ ist eine reine Drehung, eine Schraubung mit $\delta = 0°$ ist eine Translation. Damit sind alle Bewegungen im Raum als Schraubungen interpretierbar. Ein grundlegender Satz der räumlichen Kinematik besagt, dass zwei gleichsinnig kongruente Objekte im Raum stets durch eine Schraubung zur Deckung gebracht werden können. Ein Beweis dafür findet sich u. a. in den im Literaturverzeichnis genannten Lehrbüchern von J. Krames und W. Wunderlich.

Vorschlag zum Selbermachen: Welcher Sachverhalt entspricht dem genannten grundlegenden Satz der räumlichen Kinematik in der ebenen Geometrie?

5. Die perspektive Kollineation im R_3:

Zu den von Teil I her bekannten möglichen Invarianten einer bijektiven Abbildung kommt im Raum vor allem die *Ebenentreue* hinzu, welche über die Schnittgeraden die Geradentreue impliziert und zusammen mit der Doppelverhältnistreue die *Kollineationen* (oder *projektiven Abbildungen*) definiert.

Besitzt eine Kollineation eine Fixpunktebene $\gamma_1 = \gamma_2 = \gamma$, die *Kollineationsebene*, und einen (i. A. isoliert liegenden) weiteren Fixpunkt $Z_1 = Z_2 = Z$, das *Kollineationszentrum*, so handelt es sich um eine *perspektive Kollineation* (oder *Zentralkollineation*) im Raum. In ihr sind alle durch Z gehenden Geraden f, die γ in $F = F_1 = F_2$ durchstoßen, wegen $f_1 = (Z_1 F_1)$ und $f_2 = (Z_2 F_2)$ Fixgerade, die *Kollineationsstrahlen* genannt werden und auf denen wegen $P_1 \in f_1 \Rightarrow P_2 \in f_2$ die Punktepaare $P_1 \leftrightarrow P_2$ liegen. Geradenpaare $g_1 \leftrightarrow g_2$ schneiden einander in Punkten $G_1 = G_2 = G$ und Ebenenpaare $\alpha_1 \leftrightarrow \alpha_2$ nach Geraden $a_1 = a_2 = a$, die in der Kollineationsebene γ liegen (Fig. 9). Die zentrische Streckung (UA 1) ist jener Sonderfall einer perspektiven Kollineation, bei dem γ die Fernebene ω ist, was die Parallelität zugeordneter Geraden und Ebenen bedingt.

Eine praktische Anwendung erfährt die räumliche perspektive Kollineation unter dem Namen *Reliefperspektive* in der Baugeometrie dort, wo eine Tiefenwirkung erzielt werden soll, also z. B. bei Bühnenbildern.

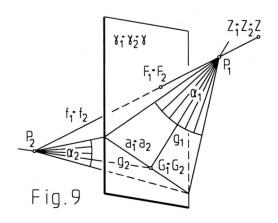

Fig. 9

In jede perspektiv kollineare Abbildung des R_3 auf sich selbst sind bijektive Abbildungen eingebettet, bei denen jedem Punkt P_1 einer Ebene α_1 vermöge der Kollineationsstrahlen genau ein Punkt P_2 einer Ebene α_2 zugeordnet wird und umgekehrt (Fig. 10). In Anlehnung an die in der ebenen Geometrie auftretenden perspektiven Punktreihen und Strahlbüschel sollen zwei so aufeinander bezogene Punktfelder α_1 und α_2 als *kollineare Punktfelder in perspektiver Lage* angesprochen werden. Im Sonderfall ($\gamma = \omega$) werden daraus *zentrisch ähnliche Punktfelder*. Solche Abbildungen treten z. B. bei ebenen Schnitten an Pyramiden und Kegelflächen auf.

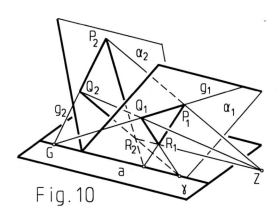

Fig. 10

6. Die perspektive Affinität im R_3:

Ist eine Kollineation auch parallelen- und teilverhältnistreu, so handelt es sich um eine *Affinität*, wobei die Parallelentreue im Raum eine Erweiterung auf Ebenen erfährt:

$g_1 \parallel \varepsilon_1 \Leftrightarrow g_2 \parallel \varepsilon_2$	$\alpha_1 \parallel \beta_1 \Leftrightarrow \alpha_2 \parallel \beta_2$

Eine Figur Φ_2 ist gegenüber einer Figur Φ_1 *affin verzerrt*, wenn sie aus Φ_1 durch Anwendung einer Affinität hervorgeht.

Eine *perspektive Affinität* ist jener Sonderfall einer perspektiven Kollineation, bei der das Zentrum Z ein Fernpunkt und die die Zuordnung $P_1 \leftrightarrow P_2$ vermittelnden Geraden daher parallel sind (Fig. 11). Sie werden dann als *Affinitätsstrahlen* und die Ebene γ wird als *Affinitätsebene* bezeichnet. Analog zum R_2 treten als Sonderfälle die *orthogonale (perspektive) Affinität* auf, bei der die Affinitätsstrahlen zur Affinitätsebene normal sind und die auch als *planare Streckung* (bzw. Stauchung) angesprochen werden kann, weiters die *affine Scherung* (Affinitätsstrahlen $\parallel$ Affinitätsebene) und die *Affinspiegelung* (oder *Schrägspiegelung*). Die Ebenenspiegelung (UA 2) und die räumliche Schiebung (UA 1) können als jene speziellen Sonderfälle einer perspektiven Affinität angesehen werden, die kongruente Figuren erzeugen, wobei die Schiebung für $\gamma = \omega$ zustande kommt.

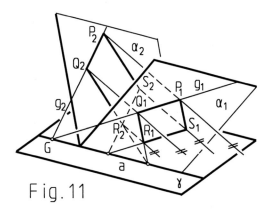

Fig. 11

In jede perspektiv affine Abbildung des R_3 auf sich selbst sind bijektive Abbildungen eingebettet, bei denen jedem Punkt P_1 einer Ebene α_1 vermöge der parallelen Affinitätsstrahlen genau ein Punkt P_2 einer Ebene α_2 zugeordnet wird und umgekehrt (Fig. 11). Zwei so aufeinander bezogene Punktfelder α_1 und α_2 können als *affine Punktfelder in perspektiver Lage* angesprochen werden. In den oben genannten Spezialfällen werden daraus *kongruente Punktfelder*. Konkret treten solche Abbildungen z. B. bei ebenen Schnitten an Prismen und Zylinderflächen auf.

7. Abbildungsgruppen im R_3:

In Teil I wurde der Gruppenbegriff eingeführt und begründet, warum die Menge L aller Kollineationen im R_2 ebenso wie die Menge A aller Affinitäten im R_2 bezüglich der Verknüpfung des Hintereinanderausführens eine Gruppe bildet. Die gleiche Begründung gilt für das räumliche Analogon, und ebenso bildet die Menge A eine Untergruppe von L.

Alle Ähnlichkeitsabbildungen sind parallelen- und teilverhältnistreu, sind daher spezielle Affinitäten. Die Menge H aller Ähnlichkeitsabbildungen bildet folglich eine Untergruppe von A und somit auch von L. Und weil die Menge K aller Kongruenzabbildungen eine Teilmenge von H ist und die Gruppenstruktur besitzt, bildet K eine Untergruppe von H, A und L.

Teilmengen von K sind u. a. die Menge P aller Punktspiegelungen, die Menge E aller Ebenenspiegelungen, die Menge B aller Bewegungen, die Menge D aller Drehungen, die Menge T aller Translationen sowie I = {i}. Während für P, E und D die Abgeschlossenheit nicht gegeben ist und in den Spiegelungsmengen auch das neutrale Element fehlt, bilden die Mengen B, P ∪ T, T und natürlich auch I Untergruppen von K.

Der Nachweis der Gruppenaxiome kann auf die Abgeschlossenheit und auf die Existenz des neutralen Elements i beschränkt werden, weil zu jeder Translation f[$\bar{s}$] die inverse Abbildung f*[-$\bar{s}$] ein Element von T, zu jeder Drehung f[a, δ] die inverse Abbildung f*[a, -δ] ein Element von D und zu jeder Schraubung f[a, $\bar{s}$, δ] die inverse Abbildung f*[a, -$\bar{s}$, -δ] ein Element von B ist, während die Spiegelungen zu sich selbst invers sind.

Vorschläge zum Selbermachen: A) Die Abgeschlossenheit der Menge P ∪ T anhand der Fälle f[P] ∘ f[Q], f[$\bar{s}$] ∘ f[$\bar{t}$], f[P] ∘ f[$\bar{s}$] und f[$\bar{t}$] ∘ f[Q] überprüfen. **B)** Bildet die Menge D_a aller Drehungen um eine feste Achse a eine Gruppe? **C)** f[P, k] und f[Q, k^{-1}] mit P ≠ Q seien zwei zentrische Streckungen. Was ist das Ergebnis der Verknüpfung durch Hintereinanderausführen und was lässt sich daraus **a)** für die Menge Z aller zentrischen Streckungen, **b)** für die Menge Z ∪ T folgern? **D)** Bildet die Menge Z_P aller zentrischen Streckungen mit festem Streckzentrum P eine Gruppe?

0.4 Abbildungen des Raumes auf eine Ebene

Zufolge der unterschiedlichen Dimensionen ist es nicht möglich, den Punktraum R_3 bijektiv auf die Punkte einer Ebene (oder einer krummen Fläche, z. B. einer virtuellen „Himmelskugel") abzubilden. Das Thema dieses Abschnitts sind daher Abbildungen, die nicht umkehrbar sind.

Eine originelle Abbildung des Raumes auf eine Ebene gibt es allerdings, die bijektiv ist. Bei ihr werden den Raumpunkten aber keine Bildpunkte, sondern orientierte Kreise zugeordnet. Auf diese als *Zyklographie* in die Fachliteratur eingegangene Abbildung werden wir anlässlich der Lösung des apollonischen Problems im letzten Abschnitt dieses Buches zurückkommen.

1. Abbildung durch Projektion:

Im Folgenden werden nur Abbildungen des projektiven Punktraumes R_3 auf die Punkte einer Ebene π betrachtet, wo als Abbildungsvorschrift das Prinzip der *geradlinigen Projektion* zum Einsatz kommt: Dabei wird durch jeden Raumpunkt P ein *Projektionsstrahl* p gelegt, dessen Durchstoßpunkt mit der *Bildebene* (oder *Projektionsebene*) π der zugehörige Bildpunkt P^b ist (Fig. 1). Jeder Punkt F in π ist Raumpunkt und Bildpunkt zugleich, also ein Fixpunkt F = F^b der Abbildung.

Abbildungen dieser Art sind nicht umkehrbar, denn P^b ist das Bild <u>jedes</u> Punktes P ∈ p.

Damit kann P^b als Bild p^b der ganzen Geraden p angesprochen werden. Umgekehrt: Ist das Bild einer Geraden ein Punkt, dann ist sie ein Projektionsstrahl und wird als *projizierende Gerade* angesprochen. In Analogie dazu wird eine Ebene, deren Bild in eine Gerade ausartet, als *projizierende Ebene* bezeichnet. (In der Regel verteilen sich die zu den Punkten einer Ebene gehörigen Bildpunkte über die ganze Bildebene.)

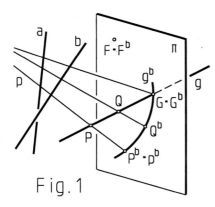

Fig. 1

Das Bild g^b einer nicht projizierenden Geraden g (als Ort der zu allen Punkten von g gehörigen Bildpunkte) ist eine Linie, die g im Durchstoßpunkt $G = G^b$ mit π schneidet, muss aber nicht notwendig wiederum eine Gerade sein.

In Fig. 1 ist der Fall einer *Netzprojektion* angedeutet, deren Projektionsstrahlen als Treffgerade zweier festen windschiefen Geraden a, b definiert sind (UA 0.1.5). Alle Projektionsstrahlen bilden ein Strahlnetz und alle zu den Punkten einer Geraden g gehörenden Projektionsstrahlen bilden (nach dem Satz von Monge, siehe UA 4.8.2) eine Strahlfläche 2. Ordnung, welche die Bildebene i. A. nach einem Kegelschnitt g^b schneidet. Die Netzprojektion ist geometrisch also sehr interessant, aber, abgesehen von ein paar die Abbildung des Globus betreffenden Sonderfällen, z. B. dem Lambert'schen Zylinderentwurf, von geringer praktischer Bedeutung.

2. Zentralprojektion:

Wenn die Bedingung für die Projektionsstrahlen lautet, dass sie alle durch einen festen eigentlichen Punkt Z gehen, also ein Strahlbündel (UA 0.1.6) bilden, so handelt es sich um eine *Zentralprojektion*, und Z wird als *Projektionszentrum* bezeichnet.

> Eine Abbildung durch Zentralprojektion ist geradentreu und doppelverhältnistreu.

Beweis (Fig. 2): Jede nicht projizierende Gerade g wird auf eine Gerade g^c abgebildet, weil die Projektionsstrahlen durch die Punkte von g eine projizierende Ebene γ = (Zg) aufspannen, welche die Bildebene π nach der Geraden g^c schneidet. Die Punkte von g und g^c sind durch die Projektion aus Z perspektiv aufeinander bezogen, woraus die Doppelverhältnistreue folgt.

Der traditionelle Akzent c für die Bildelemente einer Zentralprojektion kommt von „central", wie das Wort bis zur Rechtschreibreform von 1901 geschrieben wurde.

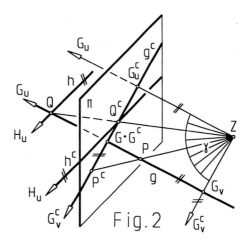

Fig. 2

Fig. 2 ist weiter zu entnehmen, dass und warum der Fernpunkt G_u von g auf einen eigentlichen Punkt G_u^c abgebildet wird, und dass umgekehrt ein eigentlicher Punkt G_v auf g existiert, dessen Bild zum Fernpunkt G_v^c von g^c wird, also ins Unendliche „verschwindet". G_v wird demnach als *Verschwindungspunkt* bezeichnet und G_u^c als *Fluchtpunkt*, weil sich in ihm auch die Bilder aller zu g parallelen Geraden treffen. (Dieses scheinbare Zusammenlaufen von parallelen Geraden wird als „Fluchten" bezeichnet, wofür geradlinig verlaufende Ränder einer Straße oder Eisenbahnschienen anschauliche Beispiele liefern.)

Für jede zur Bildebene parallele Gerade h wird der Fernpunkt H_u auf sich selbst abgebildet, sodass h und h^c parallele Gerade sind. Auf ihnen erzeugt die Projektion aus Z ähnliche Punktreihen.

Der Vollständigkeit halber sei noch gesagt, dass das Zentrum Z einer Zentralprojektion nicht in der Ebene π liegen darf und der einzige Punkt des R_3 ist, der kein (eindeutiges) Bild besitzt. (Die Definitionsmenge D der Abbildung muss also $D = R_3 - \{Z\}$ lauten.) Die durch Z gehende und zu π parallele Ebene wird als *Verschwindungsebene* bezeichnet.

3. Perspektive:

Abgesehen davon, dass die Netzhaut gekrümmt und π eine Ebene ist, findet die Zentralprojektion in der Geometrie des Sehvorganges mit einem Auge eine schöne Entsprechung. Das Zentrum Z ist in diesem Fall der Brennpunkt der Linse und wird als *Augpunkt* O (von lat. *oculus* „Auge") bezeichnet.

Demzufolge ist kein Abbildungsverfahren besser geeignet als die Zentralprojektion, ein anschauliches zweidimensionales Bild von einem räumlichen Objekt herzustellen. In diesem Kontext wird von einer *Perspektive* gesprochen, und damit ist sowohl das Verfahren als auch das Bild gemeint. Letzteres wäre exakter als *perspektivisches Bild* oder als *Zentralriss* anzusprechen. (Das Wort „Riss" steht synonym für Bild oder Zeichnung. Der Zimmermann „reißt" einen Balken an, wenn er auf ihm eine Schnittstelle anzeichnet.)

Albrecht Dürer (1471 – 1528) hat für perspektivische Bilder eine mit einem Raster versehene Glasplatte π verwendet, durch welche er die Punkte des dahinter stehenden Objekts anvisiert hat, um die Bildpunkte dann auf ein mit einem Raster gleicher Form überzogenes Zeichenblatt zu übertragen.

Fig. 3 veranschaulicht das Verfahren anhand eines Würfels mit waagrechter Grundfläche ABCD, auf der Glasplatte π ist der Raster nur links oben angedeutet. Generell bilden die Punkte einer Ebene und ihre Bilder in π kollineare Punktfelder in perspektiver Lage

bzw. entsprechen einander in einer zentrischen Streckung, wenn die Ebene zu π parallel ist. Die Würfelflächen AEHD und BFGC sind zu π parallel, ihre Zentralrisse $A^cE^cH^cD^c$ und $B^cF^cG^cC^c$ daher dazu zentrisch ähnlich, und sie sind auch untereinander zentrisch ähnlich im Sinne der ebenen Geometrie. Das zugehörige Streckzentrum ist gemäß UA 2 der zur Normalenrichtung von π gehörige Fluchtpunkt N_u^c, der auch als *Hauptpunkt* H bezeichnet wird. Dabei handelt es sich um den Durchstoßpunkt der durch den Augpunkt O gelegten Normalgeraden n von π mit der Bildebene, der Abstand $d = |O\pi| = |ON_u^c|$ wird als *Augdistanz* bezeichnet.

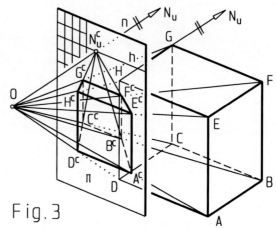

Fig. 3

Der *Horizont* h ist jene waagrechte Gerade von π, die mit dem Hauptpunkt N_u^c inzidiert. Die Bilder $A^cB^cC^cD^c$ und $E^cF^cG^cH^c$ der in einer räumlichen Translation aufeinander bezogenen (waagrechten) Quadrate ABCD und EFGH sind durch eine achsiale Streckung am Horizont h aufeinander bezogen.

Folgenden Sachverhalt zu erkennen setzt eine gute Raumvorstellung voraus: Die Diagonalen der Quadrate ABCD und EFGH sind waagrecht und gegen π unter 45° geneigt. Die dazu parallelen Projektionsstrahlen schneiden die Bildebene daher in zwei Punkten D_1, D_2, die zusammen mit O ein waagrechtes gleichsch.-rechtw. Dreieck bilden. In Folge liegen D_1, D_2 auf dem Horizont h im Abstand $d = |OH|$ vom Hauptpunkt H entfernt (Fig. 4). Diese *Distanzpunkte* sind die Fluchtpunkte nicht nur der genannten Quadratdiagonalen, sondern aller unter 45° gegen π geneigten horizontalen Geraden.

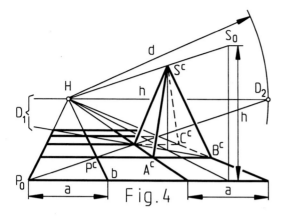

Fig. 4

Sie sind für einfache perspektivische Zeichnungen wie etwa die Darstellung eines waagrechten Quadratrasters (Fliesenmusters) von großem Nutzen. Auf der zu h parallelen Schnittgeraden b der Trägerebene β des Rasters mit der Bildebene π erscheint die Länge a der Quadratseiten unverzerrt. Von dort ausgehend ergibt sich das Bild des Fliesenmusters mit Hilfe der Fluchtpunkte H und D_2. Nach dieser „Methode der Quadratdiagonalen" kann auch jeder im Abstand a vor oder hinter der Bildebene liegende Punkt P perspektivisch dargestellt werden.

Für das Ermitteln der Zentralrisse von Punkten, die sich im Abstand h oberhalb oder unterhalb einer waagrechten Basisebene β befinden, gilt die „Telegrafenstangenregel", die in Fig. 4 anhand der Spitze S einer regelmäßigen quadratischen Pyramide angewendet wird. Dieser Regel liegt der Gedanke zugrunde, dass eine waagrechte Translation jede Höhenstrecke in die Bildebene überführt, wobei ihr Fußpunkt auf b zu liegen kommt und ihre Länge h unverzerrt auftritt.

Über diese Einführung in das perspektivische Zeichnen hinaus wird das Thema in diesem Buch, abgesehen von Fig. 1.2.1, nicht weiter verfolgt, zumal an einschlägiger Fachliteratur kein Mangel herrscht. Auch die im Literaturverzeichnis angegebenen Lehrwerke über Darstellende Geometrie, ausgenommen das Buch von J. Krames, enthalten entsprechende Kapitel.

Vorschläge zum Selbermachen: A) Nach Annahme von b, h, H und D_1, D_2 einen auf der Basisebene β stehenden Würfel perspektivisch darstellen, dessen Vorderfläche ABFE in der Bildebene liegt, und ihm **a)** ein Pyramidendach, **b)** ein Satteldach mit zur Bildebene normalen Giebeln aufsetzen. Hinweis: Ein *Satteldach* hat die Form eines geraden dreiseitigen Prismas (A 1.3), bei dem Grund- und Deckfläche die Giebel, meist in Form gleichsch. Dreiecke, bilden. **B)** Ein in einen quadratisch verfliesten Boden eingelassenes quaderförmiges Schwimmbecken perspektivisch darstellen. **C)** Die Vorderfläche ABFE eines auf der Basisebene β stehenden Quaders ist ein 6 cm breites und 4 cm hohes Rechteck, das in der Bildebene liegt, die Tiefenkanten sind 5 cm lang. **a)** Darstellung nach verschiedenen Annahmen von b, h, H und D_1, D_2. **b)** Ausgestaltung zur Perspektive eines Hauses.

4. Parallelprojektion und Parallelrisse:

Sind alle Projektionsstrahlen zu einer vorgegebenen Geraden p parallel, so erfolgt die Abbildung des Raumes auf eine Ebene durch *Parallelprojektion* und die Bildfigur ist ein *Parallelriss*. Diese Abbildung ist geraden- und doppelverhältnistreu, weil die Projektion aus dem Fernpunkt P_u von p erfolgt und damit als Grenzfall einer Zentralprojektion interpretiert werden kann, und es kommen weitere Invarianten hinzu:

> Eine Abbildung durch Parallelprojektion ist parallelen- und teilverhältnistreu.

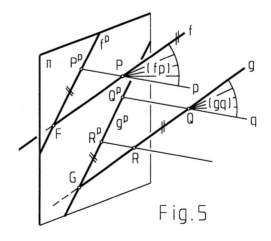

Fig. 5

Beweis (Fig. 5): Sind die (nicht projizierenden) Geraden f und g parallel, dann sind auch die von ihnen sowie Projektionsstrahlen p und q aufgespannten (projizierenden) Ebenen (fp) und (gq) parallel und schneiden π nach den parallelen Geraden f^p und g^p. Die Punkte von g und g^p bilden zufolge der Parallelprojektion (nach dem Strahlensatz) ähnliche Punktreihen, woraus die Teilverhältnistreue folgt.

Das bedeutet, dass parallele und gleich lange Strecken im Raum parallele und gleich lange Parallelrisse haben bzw. dass alle zu einer bestimmten Richtung parallelen Strecken und ihre Bilder in einem konstanten Längenverhältnis stehen. Damit lassen sich viel mehr geometrische Eigenschaften vom räumlichen Objekt auf seinen Parallelriss übertragen als das bei Zentralrissen der Fall ist. Bei geeigneter Aufstellung kommen noch Längen- und Winkelübereinstimmungen wie folgt dazu:

Für jede zur Bildebene π parallele Gerade h sind h und h^p parallele Gerade, die zugeordneten Punktreihen daher kongruent. Jede zu π parallele ebene Figur Φ und ihr Bild $Φ^p$ sind in einer räumlichen Translation aufeinander bezogen, zugehörige Seiten daher parallel und gleich lang, zugehörige Winkel gleich groß (Fig. 6).

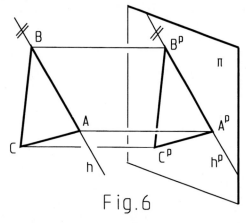

Fig. 6

Alle zu π parallelen Strecken und Figuren werden daher unverzerrt abgebildet. Dafür ist folgende Sprechweise gebräuchlich:

> Bei Parallelprojektion werden alle zur Bildebene π parallelen Strecken „in wahrer Länge" und alle zu π parallelen Figuren „in wahrer Größe" abgebildet.

5. Parallelperspektive:

Je kleiner ein Objekt und je weiter der Augpunkt O davon entfernt ist, umso kleiner sind die Winkel, welche die für die Abbildung relevanten Projektionsstrahlen miteinander einschließen, umso weniger unterscheidet sich die Zentralpojektion daher von einer Parallelprojektion. Dieser Umstand und die wesentlich einfachere Herstellung der Bilder legen es nahe, räumliche Objekte nicht durch Zentralrisse, sondern durch Parallelrisse zu veranschaulichen. In diesem Zusammenhang wird dann auch von einer *Parallelperspektive* gesprochen.

Alle bisherigen Darstellungen räumlicher Sachverhalte mit Ausnahme von Fig. 0.4.4 sind Parallelrisse, bei denen der Projektionszeiger p allerdings weggelassen wurde. Dabei decken einige Figuren wichtige Querverbindungen zur ebenen Geometrie auf:

Fig. 0.3.10 und Fig. 0.3.11 veranschaulichen folgenden Sachverhalt:

> Kollineare und affine Punktfelder in perspektiver Lage werden durch Parallelprojektion auf eine perspektive Kollineation bzw. eine perspektive Affinität in der Zeichenebene abgebildet, wobei aus dem Zentrum Z das Kollineationszentrum und aus der Schnittgeraden a der beiden Trägerebenen die Kollineations- bzw. Affinitätsachse wird.

Das erklärt die große Bedeutung, die der (zweidimensionalen) perspektiven Affinität/Kollineation in der Darstellenden Geometrie zukommt. Auch in Fig. 0.3.4 und Fig. 0.3.5 besteht zwischen den Bildern der spiegelbildlichen Dreiecke ein perspektiv affiner Zusammenhang. Die Figuren 0.3.1 und 0.3.2 zeigen schließlich auf, dass aus der räumlichen Schiebung und der räumlichen zentrischen Streckung durch Parallelprojektion eine ebene Schiebung bzw. eine ebene zentrische Streckung wird.

6. Normalprojektion und Normalrisse:

Ist die Richtung der Projektionsstrahlen zur Bildebene normal, so handelt es sich um eine

Normalprojektion, andernfalls um eine *Schrägprojektion*. Die zugehörigen Bilder heißen *Normalrisse* bzw. *Schrägrisse* und können als solche mit den Projektionszeigern n bzw. s ausgezeichnet werden. (Für die in A 1.2 als „Hauptrisse" eingeführten Normalrisse sind allerdings die aus „Strichen" bestehenden Projektionszeiger zwingend.)

Normalrisse sind vor allem bei der Darstellung von Kreisen und Kugeln den Schrägrissen vorzuziehen. Bei der Kugel haben nur die Normalrisse einen kreisförmigen Umriss, während bei Schrägrissen der Kugelumriss ellipsenförmig ist. (Zum Begriff „Umriss" siehe UA 1.1.8.) Das liegt darin begründet, dass die einer Kugel von parallelen Projektionsstrahlen umschriebene Drehzylinderfläche nur dann nach einem Kreis geschnitten wird, wenn die Schnittebene zur Projektionsrichtung normal ist. Die Schrägschnitte des Drehzylinders sind (nach UA 1.3.8) hingegen Ellipsen.

Ein besonderes Merkmal der Normalrisse ist auch der nur vom Schnittwinkel α der Trägergeraden g mit der Bildebene π abhängige Zusammenhang zwischen der („wahren") Länge einer Strecke und der Länge der Bildstrecke (Fig. 7):

$$|A^n B^n| = |AB| \cdot \cos\alpha$$

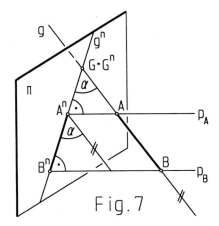

Fig. 7

Bei Normalrissen können demnach Bildstrecken nie länger sein als das Original, was unschöne Verzerrungen hintanhält. Für $\alpha =$ 0° ist g $\parallel$ π, die Strecke erscheint dann in wahrer Länge, und für $\alpha = 90°$ hat sie die Länge 0, denn g ist dann eine projizierende Gerade, also g^n ein Punkt.

Weil die Normalebenen einer projizierenden Geraden a, deren Normalriss also ein Punkt a^n ist, zur Bildebene parallel sind, werden die Bahnkurven einer räumlichen Drehung in diesem Fall in wahrer Größe abgebildet, sodass also die räumliche Drehung um a als ebene Drehung um das Zentrum a^n erscheint (Fig. 8).

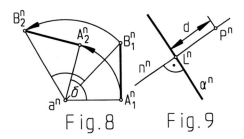

Fig. 8   Fig. 9

Die Normalebenen einer Geraden, die zur Bildebene π parallel ist, sind in Normalrissen projizierend und der rechte Winkel wird unverzerrt abgebildet. Gleiches gilt natürlich auch umgekehrt: Wird eine Ebene α als Gerade α^n abgebildet, so gilt für jede ihrer Normalgeraden n die Regel $n^n \perp \alpha^n$ und es erscheint in diesem Fall auch der Abstand eines Punktes P von der Ebene α unverzerrt (Fig. 9). Eine planare Spiegelung an einer zu π normalen Ebene α wird daher in Normalrissen als Geradenspiegelung mit der Achse α^n dargestellt.

Hauptabschnitt 1:
Geometrische Körper und ihre Darstellung

Während ebene Figuren durch Zeichnungen unmittelbar visualisiert werden können, ist das bei räumlichen Objekten nicht möglich. Deren drei Dimensionen sind in der zweidimensionalen Zeichenebene (Buchseite) nicht unterzubringen. Bei real vorhandenen Objekten liefern Fotos zwar einen brauchbaren Ersatz, wenn es um eine anschauliche Wiedergabe geht, doch gibt es erstens auch andere Aufgabenstellungen und können Fotos zweitens das geometrische Urbedürfnis nach Abstraktion nicht befriedigen. Zudem verlangte das angesprochene Problem auch schon vor der Erfindung der Lichtbildtechnik nach einer Lösung. Das hat die *Darstellende Geometrie* (DG) als einen Zweig der Mathematik begründet, der sich auf Technischen Hochschulen und, zumindest in Österreich, teilweise auch an Haupt- und Realschulen sowie Gymnasien einer gewissen Eigenständigkeit erfreut.

Weil im Reich der räumlichen Geometrie von Anfang an ohne Zeichnungen nicht auszukommen ist, wird in HA 1 die Vorstellung geometrischer Körper mit deren Darstellung, dem *Risszeichnen*, kombiniert. Das dabei verfolgte didaktische Konzept bedient sich vornehmlich der Anschauung; die zugehörige Theorie wurde in A 0.4 vorweggenommen.

1.1 Quader und Würfel; Axonometrie

Grundlegendes über geometrische Körper eröffnet diesen Abschnitt. Sodann werden der Quader und sein Sonderfall, der Würfel, als erste Beispiele vorgestellt sowie durch Fotos und Zeichnungen veranschaulicht. Das anhand dieser Körper eingeführte rechtwinklige Achsensystem Uxyz kommt dabei von Anfang an zum Einsatz. Kenntnisse über orientierte Winkel, maßstäbliches Zeichnen und Proportionen werden vorausgesetzt.

1. Geometrische Körper:

Der ebenen Figur im R_2 entspricht im R_3 der *geometrische Körper* als von ebenen Figuren und/oder (Teilen von) krummen Flächen begrenzter Teil des Raumes. Geometrische Körper besitzen somit eine *Oberfläche* – die Gesamtfläche der Begrenzung – und einen *Rauminhalt*. Wie das Innere eines Körpers beschaffen ist bzw. aus welchem Material er besteht, das spielt in der reinen Geometrie keine Rolle. Eine Ausnahme bilden Hohlkörper, die nicht durchgängig von Flächen begrenzt sind, z. B. eine offene Schachtel, weil in diesem Fall sichtbare Innenkanten auftreten.

Geometrische Körper, deren Begrenzung nur aus Vielecken besteht, werden als *Vielflache* oder *Polyeder* bzw. nach der Anzahl n ihrer Begrenzungsflächen als *n-Flache* bezeichnet. Je zwei Begrenzungsflächen hängen an *Kanten* zusammen und mindestens je drei Begrenzungsflächen bilden eine *Ecke* des Vielflachs. Gerne werden Vielflache nach ihren Ecken benannt. So steht z. B. ABCD für ein von vier Dreiecken ABC, ABD, ACD und BCD begrenztes *Tetraeder* (= Vierflach).

Bei *konvexen Körpern* befindet sich die Verbindungsstrecke zweier Oberflächenpunkte immer zur Gänze innerhalb des Körpers, bei *konkaven Körpern* ist das nicht der Fall, siehe etwa Fig. 1.2.5 bzw. Fig. 1.2.8 (Seite 34).

2. Kongruente und ähnliche Körper:

Analog zu den ebenen Figuren sprechen wir von *kongruenten Körpern*, wenn diese nach

Gestalt und Größe, also in allen Abmessungen völlig übereinstimmen. Durch eine räumliche Bewegung (A 0.3) geht jeder Körper in einen gleichsinnig kongruenten Körper über. Durch eine räumliche Punkt- oder Ebenenspiegelung (A 0.3) entstehen gegensinnig kongruente Körper.

Geht ein Körper durch Spiegelung an einem Punkt Z bzw. an einer Ebene σ in sich selbst über, so handelt es sich bei Z um ein *Symmetriezentrum* bzw. bei σ um eine *Symmetrieebene* des Körpers. Jede Symmetrieebene schneidet einen Körper daher in zwei gegensinnig kongruente Teile; die Schnittfläche wird als *Symmetrieschnitt* bezeichnet. Als *Streckensymmetrieebene* wird die eine Strecke halbierende Normalebene angesprochen.

Unterscheiden sich die Längenabmessungen zweier Körper durch einen Maßstabsfaktor, während gleich liegende Winkel gleich groß sind, so handelt es sich um *ähnliche Körper*. Bei Fotos und anschaulichen Zeichnungen räumlicher Objekte kommt es in der Regel auf einen Ähnlichkeitsfaktor nicht an.

3. Netze und Modelle:

Ein *Netz eines Körpers* entsteht durch *Verebnung* seiner Oberfläche, indem diese in die (Zeichen-)Ebene ausgebreitet („verebnet") wird. Die Netze eines n-Flachs bestehen aus seinen n Begrenzungsflächen. Da deren Anordnung in der Ebene auf mehrere Arten möglich ist, gibt es verschiedene richtige Netze zu ein und demselben Vielflach. Ein krummflächig begrenzter Körper muss nicht unbedingt ein Netz haben, da krumme Flächen mehrheitlich nicht verebnet werden können.

Mit Hilfe von Netzen ist es möglich, Modelle von Körpern (z. B. aus Zeichenkarton oder aus Blech) herzustellen. Hiefür sollte stets ein Netz gewählt werden, bei dem möglichst viele Faltkanten und möglichst wenige Nahtkanten entstehen. Auch ein ökonomischer Materialeinsatz (d. h. ein möglichst geringer „Abfall") ist wünschenswert. Fig. 1 genügt diesen Bedingungen.

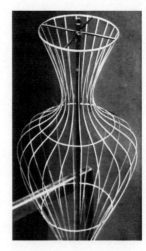

Neben solchen *Flächenmodellen* lassen sich (z. B. aus Streichhölzern) *Kantenmodelle* von Polyedern anfertigen, bei denen alle Kanten sichtbar sind. Zu krummflächig begrenzten Körpern sind auch *Drahtmodelle* (Foto) und *Fadenmodelle* (UA 4.3.7) in Gebrauch.

Wird von einem Objekt ein dazu ähnliches Modell angefertigt, so sind Objekt und Modell in einer räumlichen Ähnlichkeitsabbildung (A 0.3) aufeinander bezogen. Die Abbildung eines Körpers durch ein Modell ist einer Zeichnung natürlich vorzuziehen und verlangt vergleichsweise wenig theoretisches Wissen. Vergleichsweise hoch ist hingegen der Arbeitsaufwand, aber z. B. in der Architektur durchaus üblich.

4. Der Quader (Würfel) und seine Netze:

Ein *Quader* ABCDEFGH ist ein von sechs paarweise parallelen und kongruenten Rechtecken begrenzter Körper, also ein Sechsflach. Die gleich langen Strecken AG, BH, CE und DF heißen *Raumdiagonalen* und schneiden einander im Symmetriezentrum Z des Quaders. Sind alle sechs Begrenzungsflächen kongruente Quadrate, dann handelt es sich um einen *Würfel*. Alle Würfel sind ähnlich.

Wer den „geometrischen Blick" (gelernt) hat, der begegnet ständig einer Vielzahl von Quadern, als da sind Schachteln, Schränke und Innenräume, sowie Körpern, die sich aus Quadern zusammensetzen oder die quaderförmige Ausnehmungen besitzen. Die vor diesem Absatz eingestreuten Bilder zeigen entsprechende Beispiele, und zwar einen Spielewürfel, einen Ziegelstein, einen Holzrahmen und einen Möbelgriff aus Metall. Auch in einem (Holz-)Keil erkennt das geschulte Auge sofort einen halben Quader.

Die geometrisch-analysierende Betrachtung eines quaderförmigen Objekts führt unmittelbar zu der Einsicht, dass in jeder Quaderecke drei paarweise aufeinander normal stehende Kanten zusammenlaufen, welche die den Quader nach Gestalt und Größe eindeutig bestimmenden Längenabmessungen haben, zum Beispiel |AB| = 7 cm, |AD| = 5 cm und |AE| = 3 cm.

Ein Quader mit diesen Abmessungen besitzt ein Netz, wie es Fig. 1 (in maßstäblicher Verkleinerung) zeigt. Die Netzecken sind mit dem Akzent v (für Verebnung) als solche ausgewiesen. Aus diesem Netz ließe sich (durch Übertragung auf einen Zeichenkarton, Beifügung von Falzen, Ausschneiden, Falten und Kleben) ein Modell anfertigen, bei dem dann alle im Netz gleichbenannten Ecken in einer Körperecke zusammenkommen (z. B. alle F^v in der Ecke F).

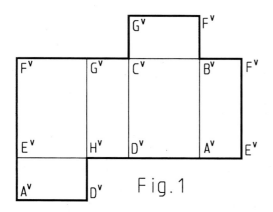

Fig. 1

Vorschläge zum Selbermachen: A) Zum Quader ABCDEFGH mit den Abmessungen |AB| = 7 cm, |AD| = 5 cm und |AE| = 3 cm ein Netz zeichnen, das sich seiner Gestalt nach von Fig. 1 unterscheidet. **B)** Ein Netz eines Würfels zeichnen, bei dem nicht mehr als **a)** drei **b)** zwei Quadrate in einer Reihe aneinanderhängen. **C)** Bei Spielewürfeln beträgt die Summe der Augenzahlen gegenüberliegender Flächen immer 7. Die Quadrate eines Würfelnetzes sollen entsprechend markiert werden. **D)** Aus sechs gleich langen Streichhölzern sind vier gleichseitige Dreiecke zu bilden. Diese bekannte Denksportaufgabe läuft auf ein Kantenmodell hinaus.

5. Das rechtwinklige Achsenystem Uxyz:

In Fig. 2 wurde dem Ziegelstein-Foto von Seite 26 das Bild eines *rechtwinkligen* (oder *orthogonalen*) *Achsensystems* Uxyz beigefügt. Sein (in Fig. 2 nicht sichtbarer) Ursprung U – alternativ auch mit O (von lat. *origo*) bezeichnet – fällt mit einer Körperecke zusammen. Die – durch Pfeile angezeigten – positiven Halbachsen tragen die von U ausgehenden Körperkanten, sodass also die Geraden x, y und z paarweise aufeinander normal stehen.

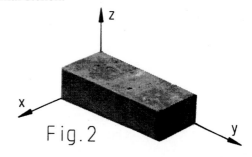

Fig. 2

Zusätzliche Bedingung ist, dass der „x-Pfeil" durch eine positive Vierteldrehung in den „y-Pfeil" übergeht, wenn wir uns diese Drehung von der Spitze des „z-Pfeils" aus ansehen. Ein Achsensystem Uxyz mit dieser Eigenschaft ist ein *Rechtssystem*. Sei der Daumen der „x-Pfeil", der Zeigefinger der „y-Pfeil" und der Mittelfinger der „z-Pfeil", dann lässt sich mit der rechten Hand ein Rechtssystem nachbilden.

Ein Achsensystem Uxyz dieser Art wird sich für die Orientierung im Raum und für die Darstellung von Körpern als sehr nützlich erweisen. Als Bezugsystem für die cartesischen Koordinaten der Punkte des R_3 (HA 3) ist es überhaupt unverzichtbar.

Vorschläge zum Selbermachen: A) Bei einem Rechtssystem werde die Vierteldrehung des „y-Pfeils" in den „z-Pfeil" von der Spitze des „x-Pfeils" und die Vierteldrehung des „z-Pfeils" in den „x-Pfeil" von der Spitze des „y-Pfeils" aus betrachtet. Was lässt sich über den jeweiligen Drehsinn aussagen? **B)** Analoge Überlegungen für einen „x-Pfeil", einen „y-Pfeil" und einen „z-Pfeil" anstellen, wenn diese so aufeinander folgen wie Daumen, Zeigefinger und Mittelfinger der linken Hand.

6. Axonometrie:

Stellen wir einen in ein Achsensystem Uxyz eingebetteten Quader oder Würfel auf eine waagrechte Unterlage und betrachten wir ihn aus gehöriger Entfernung, so bieten sich uns je nach Blickwinkel oder Drehung des Körpers um die Achse z die verschiedensten Ansichten, darunter auch jene von Fig. 2. Alle diese Ansichten, die in Form von Zeichnungen dann *Bilder* oder *Risse* genannt werden, haben folgende Eigenschaften gemeinsam:

---

1. Die Höhenkanten behalten für jede Ansicht ihre Richtung bei, während die waagrechten Kanten ihre Richtung je nach Blickwinkel bzw. Drehung ändern.
2. Parallele und gleich lange Kanten haben parallele und gleich lange Bilder. In Folge stehen die zu einer Achsenrichtung parallelen Strecken und ihre Bilder in einem konstanten Längenverhältnis.

Zeichnungen, welche diese Eigenschaften berücksichtigen, werden als *Parallelrisse* bezeichnet, woraus sich der Akzent p für die Kennzeichnung der Bildelemente ableitet. Das Wort „Riss" wurzelt im Althochdeutschen, auch das Wort „einritzen" und das englische Wort „write" haben diesen Ursprung. Der Akzent p deutet an, dass es sich nicht um den Raumpunkt selbst, sondern nur um sein Bild – seinen Parallelriss – in der Zeichenebene handelt. Diese Unterscheidung wird in HA 1 konsequent eingehalten.

Für das Darstellungsverfahren namens *Axonometrie*, worin das „x" natürlich (wie bei *koaxial* = eine gemeinsame Achse besitzend) für „ch" steht, ist kennzeichnend, dass die Parallelrisse unter Verwendung der Bildfigur $U^p x^p y^p z^p$ eines orthogonalen Rechtssystems Uxyz hergestellt werden. Diese von entsprechenden Fotos direkt abgelesene Form des Risszeichnens dient vornehmlich der Herstellung *anschaulicher Bilder* kleinerer Objekte und lässt i. A. keine Schlüsse auf die wahren Längenabmessungen des dargestellten Objekts zu. (Für die anschauliche Darstellung großer Objekte, z. B. von Bauwerken, ist die in A 0.4 genannte Perspektive das geeignetere Abbildungsverfahren, siehe Fig. 1.2.1 auf Seite 30, ein Klassenzimmer.)

Beim Zeichnen von $U^p x^p y^p z^p$ auf ein rechteckiges Blatt Papier beginnen wir mit z^p parallel zum linken und rechten Blattrand und zum oberen Rand hin orientiert, darauf wählen wir U^p, und sodann können x^p und y^p durch U^p im Prinzip beliebig angenommen werden. Zur Fixierung der *axonometrischen Annahme* können die Winkel zwischen z^p und x^p sowie zwischen x^p und y^p dienen und es wird vereinbart, diese Winkel von z^p bzw. x^p weg im positiven Sinn zu messen. Zuletzt ist (gemäß Punkt 2 der obigen Analyse) noch das Längenverhältnis $e_x : e_y : e_z$ festzulegen, das für die Bilder einer zur x-Achse, zur y-Achse bzw. zur z-Achse parallelen Einheitsstrecke e (z. B. Würfelkante) gelten soll.

Fig. 3 und Fig. 4 zeigen Parallelrisse eines Würfels für folgende axonometrische Annahmen: $\angle z^p x^p = 105°$, $\angle x^p y^p = 135°$ und $e_x : e_y : e_z = 4 : 3 : 4$ (Fig. 3) bzw. $\angle z^p x^p = 45°$, $\angle x^p y^p = 240°$ und $e_x : e_y : e_z = 6 : 8 : 7$ (Fig. 4). Im Hinblick darauf, dass es sich bei Uxyz um ein Rechtssysten handelt, machen die beiden Zeichnungen deutlich, dass für $\angle x^p y^p < 180°$ eine *Obersicht* und für $\angle x^p y^p > 180°$ eine *Untersicht* entsteht. (In diesem Fall muss die waagrechte „Standebene" des Objekts allerdings durchsichtig, also eine Glasplatte, sein.)

Bei Fig. 3 und Fig. 4 wurden, wie auch weiterhin – einer in der DG gängigen Usance folgend – die nicht sichtbaren Körperkanten durch strichlierte Linien angedeutet.

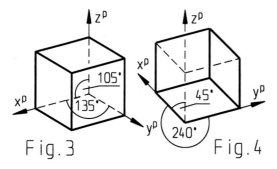

Fig. 3   Fig. 4

Nicht jede axonometrische Annahme liefert gute Bilder, es kann zu unschönen Verzerrungen kommen. Daher empfiehlt es sich, immer zuerst einen Würfel darzustellen. Die Annahme ist gut, wenn der Würfel in der Zeichnung „wie ein Würfel aussieht".

Beispiel (Fig. 5): Von dem Quader ABCDEFGH mit $|AB| = 7$ cm, $|AD| = 5$ cm und $|AE| = 3$ cm soll ein anschauliches Bild nach der axonometrischen Annahme $\angle z^p x^p = 255°$, $\angle x^p y^p = 60°$ und $e_x : e_y : e_z = 3 : 2 : 3$ gezeichnet werden. Der Gestalt nach ist die Bildfigur davon abhängig, wie das Objekt in das Achsensystem Uxyz eingepasst wird, der Größe nach auch noch von einem Ähnlichkeitsfaktor. Für U = D und A auf x, C auf y und H auf z sowie $e_x = 0{,}6$ ($\Rightarrow e_y = 0{,}4$, $e_z = 0{,}6$) gilt für die Bildlängen $|U^p A^p| = 3$ cm, $|U^p C^p| = 2{,}8$ cm und $|U^p H^p| = 1{,}8$ cm.

7. Isometrische Annahmen und normale Isometrie:

Eine axonometrische Annahme heißt *isometrisch*, wenn $e_x : e_y : e_z = 1 : 1 : 1$ gilt. Unter den isometrischen Annahmen (kurz: *Isometrien*) nehmen jene eine besondere Stellung ein, bei denen das Würfelbild von einem regelmäßigen Sechseck begrenzt wird, wie das etwa für $\angle z^p x^p = 60°$ und $\angle x^p y^p = 60°$ (Fig. 6) oder $\angle z^p x^p = 300°$ und $\angle x^p y^p = 300°$ (Fig. 7) der Fall ist. Diese Isometrien sollen *normale Isometrien* heißen und zur Kennzeichnung der Bildelemente soll anstelle von p in Hinkunft der Akzent n verwendet werden. (Die Begründung dafür findet sich in UA 0.4.6 in Verbindung mit UA 1.2.2.)

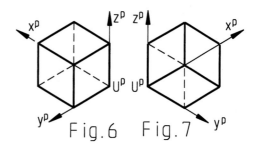

Fig. 6   Fig. 7

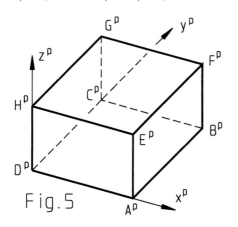

Fig. 5

Vorschlag zum Selbermachen: Von dem Quader ABCDEFGH mit $|AB| = |AD| = 3$ cm und $|AE| = 9$ cm ein anschauliches Bild nach der axonometrischen Annahme $\angle z^p x^p = 225°$, $\angle x^p y^p = 255°$ und $e_x : e_y : e_z = 4 : 6 : 5$ zeichnen. Das Objekt soll wie der Quader von Fig. 5 in das Achsensystem eingepasst und e_y mit 1 festgelegt werden ($\Rightarrow e_x = 2/3$, $e_z = 5/6$).

Vorschläge zum Selbermachen: A) Aus dem Quader von Fig. 5 einen Keil mit der Schrägfläche BCHE ableiten und von diesem ein anschauliches Bild nach der normalisometrischen Annahme $\angle z^n x^n = 240°$ und $\angle x^n y^n = 60°$ zeichnen ($e_x = e_y = e_z = 0{,}5$). **B)** Für normale Isometrien sind acht Kombinationen von $\angle z^n x^n$ und $\angle x^n y^n$ zulässig. Wie lauten sie?

8. Scheinbarer und wahrer Umriss:

Der einen Riss begrenzende Linienzug, bei einer normalen Isometrie des Würfels also das regelmäßige Sechseck, wird als *scheinbarer Umriss* bezeichnet. Die Strecken und/oder Kurvenstücke, die dem scheinbaren Umriss im Raum entsprechen, bilden den *wahren Umriss* oder die *Kontur* des Körpers in dieser Ansicht. Bei dem Quader von Fig. 5 besteht der scheinbare Umriss aus dem Sechseck $A^p B^p F^p G^p H^p D^p$, die Kontur aus dem zugehörigen geschlossenen räumlichen Streckenzug A-B-F-G-H-D-A.

1.2 Hauptrisse und Schrägrisse

Neben anschaulichen Zeichnungen von räumlichen Objekten gibt es auch welche, aus denen die Maße des dargestellten Objekts direkt abgelesen werden können. Solcherart *maßgerechte Bilder* spielen im technischen Zeichnen, z. B. bei Werkzeichnungen und Bauplänen, sogar eine wichtigere Rolle als anschauliche Bilder, was ihre Benennung als Hauptrisse rechtfertigt. Inhalt dieses Abschnittes ist es, die Hauptrisse vorzustellen, sie richtig „lesen" zu lernen und daraus anschauliche Parallelrisse abzuleiten, wofür sich vor allem Schrägrisse anbieten.

1. Orientierung im Raum:

Dank der Schwerkraft gibt es im R_3 an jedem Ort eine eindeutige *lotrechte* oder *vertikale Geradenrichtung*, auch *Höhenrichtung* genannt, und normal dazu eine eindeutige *waagrechte* oder *horizontale Ebenenstellung*. (So ist etwa beim Achsensystem Uxyz mit lotrechter z-Achse die als xy-Ebene bezeichnete Verbindungsebene der Achsen x und y waagrecht.) Alle lotrechten Geraden sind zueinander parallel und alle waagrechten Ebenen sind zueinander parallel. Damit sind sowohl der Begriff „Höhe" für die vertikale Ausdehnungsrichtung als auch die Lagehinweise „unten" und „oben" an jedem Ort eindeutig. (Die xy-Ebene hat eine Ober- und eine Unterseite.) Bei „links" und „rechts" sowie „vorne" und „hinten" ist das hingegen nicht der Fall. Das hat in A 1.1 aufwändige Lagebeschreibungen notwendig gemacht und daher soll diesem Mangel nun durch folgende Vereinbarung begegnet werden:

In einem (quaderförmigen) Vortragsraum, Kinosaal usw. sitzt das Publikum i. A. der „Stirnseite" zugewandt, wo sich das Podium und/oder die Projektionsfläche befindet bzw. von wo aus der Lehrer in einem Klassenraum (Fig. 1) „frontal" unterrichtet. Davon leitet sich die Bezeichnung *stirnparallele* oder *frontale Ebenenstellung* für alle zur Stirnwand parallelen Ebenen ab, und diese Anordnung gibt auch den Begriffen „links" und „rechts" sowie „vorne" und „hinten" einen konkreten Sinn, indem diese auf die Position des Publikums bzw. der Schüler bezogen werden. „Vorne" und „hinten" betreffen dabei das Gesichtsfeld: Je näher, umso weiter „vorne" – also im Vordergrund – und „hinten" im Sinne von „im Hintergrund".

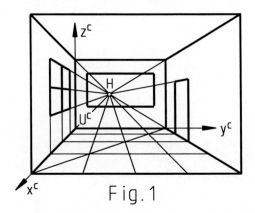

Fig. 1

Mit dieser Festlegung geht die Positionierung des Achsensystems Uxyz einher, wie es in Fig. 1 angezeigt ist. Demnach spannen die Achsen y und z eine frontale Ebene auf, die als yz-Ebene bezeichnet wird und dem Betrachter ihre Vorderseite zuwendet in dem Sinn, als die dazu normale x-Achse nach vorne weist („in den Bauch sticht"). Die y-Achse weist nach rechts, die als xz-Ebene bezeichnete Verbindungsebene der Achsen x und z befindet sich demnach links und zeigt dem Betrachter ihre rechte Seite. Die Richtung der y-Achse wird *Breitenrichtung*, jene der x-Achse wird *Tiefenrichtung* genannt, in Anlehnung an die bereits in Teil I mit den Namen „Breite" und „Tiefe" belegten waagrechten Ausdehnungsrichtungen.

Fig. 1 ist ein Zentralriss mit den in UA 0.4.3 erklärten Eigenschaften, insbesondere der Tatsache, dass die Bilder der Tiefenlinien einander in einem Punkt H schneiden. Dieses „Fluchten" der Tiefenlinien ist auch auf dem Foto von Seite 191 gut zu erkennen.

2. Grundriss, Aufriss und Kreuzriss:

Auf der Grundlage der in UA 1 getroffenen Lagevereinbarung sind beim Quader von Fig.

1.1.5 die Rechtecke AEHD und BFGC die linke bzw. rechte Fläche und die frontalen Rechtecke ABFE und DCGH die Vorder- bzw. Hinterfläche. Eine Ansicht von oben, von vorne und von rechts liefert dann als Bild jeweils nur ein Rechteck, wie es Fig. 2 für einen zum Quader mit der Breite b = 7 cm, der Tiefe t = 5 cm und der Höhe h = 3 cm ähnlichen Quader zeigt.

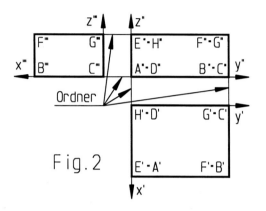

Fig. 2

Wenn wir diese drei Ansichten so anordnen, dass gleichnamige Bildpunkte auf parallelen *Ordnern* liegen, dann haben wir eine Darstellung des Quaders in seinen drei *Hauptrissen*. Diese werden *Grundriss*, *Aufriss* und *Kreuzriss* genannt. Auf die Abstände zwischen den einzelnen Rissen kommt es nicht an, gegebenenfalls können sie auch 0 sein, wie etwa in Fig. 8 (Seite 34).

Die Hauptrisse sind Normalrisse im Sinne von UA 0.4.6, anstelle des Projektionszeigers n kommen jedoch „Striche" zum Einsatz: Die Bilder der Quaderecken werden mit A' (sprich: A Strich), B', C', ... (= Grundrisse von A, B, C, ...), A" (sprich: A zwei Strich), B", C", ... (= Aufrisse von A, B, C, ...) und A''' (sprich: A drei Strich), B''', C''', ... (= Kreuzrisse von A, B, C, ...) beschriftet. Das gilt auch für die Bilder der verdeckten Ecken. (Im Kreuzriss von Fig. 2 ist die Beschriftung der verdeckten Ecken unterdrückt.)

Die Hauptrisse sind wenig anschaulich, dafür aber maßgerecht in dem Sinn, dass sich aus je zweien von ihnen alle Abmessungen des Quaders ablesen lassen. Die Ansicht von oben zeigt uns die Breite und die Tiefe des Objekts unverzerrt, seine Höhe ist nicht erkennbar. Bei der Ansicht von vorne sind Breite und Höhe unverzerrt, bei der Ansicht von rechts Tiefe und Höhe. Die dritte Abmessung ist jeweils nicht erkennbar.

Das heißt, dass wir für die Rekonstruktion der Maße im Prinzip mit zwei Hauptrissen auskommen. Unter den möglichen Kombinationen Grundriss-Aufriss und Aufriss-Kreuzriss nimmt erstere eine Vorzugsstellung ein, geht das *Grundriss-Aufriss-Verfahren* doch schon auf den Architekten Vitruvius zurück, der im ersten vorchristlichen Jahrhundert im alten Rom tätig war. Hinsichtlich der Wahl der Objekt-Aufstellung, um möglichst maßgerechte Bilder zu bekommen, sowie als Basis wichtiger Konstruktionen, sind folgende Sachverhalte hervorzuheben:

> **1.** Alle horizontalen Strecken und ebenen Figuren, und nur diese, erscheinen im Grundriss unverzerrt.
> **2.** Alle frontalen Strecken und ebenen Figuren, und nur diese, erscheinen im Aufriss unverzerrt.
> **3.** Im jeweils anderen Riss werden die horizontalen/frontalen Stecken und Figuren als zur Ordnerrichtung normale Strecken abgebildet, sofern es sich nicht um Strecken in Tiefen- oder Höhenrichtung handelt. Diese werden als Punkte abgebildet.

Im Sinne der Erklärung von UA 0.4.1 werden Gerade und Ebenen, deren Grundrisse in Punkte bzw. Gerade ausarten, als *erstprojizierende Gerade* bzw. *Ebenen* bezeichnet. Sie sind zur z-Achse parallel, also lotrecht, und umgekehrt sind lotrechte Gerade und Ebenen erstprojizierend. *Zweitprojizierende Gerade und Ebenen* sind zur x-Achse parallel und zur yz-Ebene normal, und umgekehrt sind Tiefenlinien und Ebenen, die Tiefenlinien enthalten, zweitprojizierend.

Die Hauptrisse können auch als (sehr spezielle) Sonderfälle einer Axonometrie angesehen werden, bei der zwei Achsenbilder miteinander einen rechten Winkel einschließen, während die dritte Achse als Punkt abgebildet wird. Anstelle der Proportion $e_x : e_y : e_z$ gilt beim Grundriss die Bedingung $e_x = e_y = e$ und $e_z = 0$, beim Aufriss $e_x = 0$ und $e_y = e_z = e$.

Ein Zusammenhang anderer Art besteht zwischen den Hauptrissen und normalen Isometrien, indem nämlich deren Würfelbilder als Grundrisse oder Aufrisse von Würfeln interpretiert werden können, bei denen eine Raumdiagonale lotrecht bzw. zweitprojizierend ist. Die Begründung dafür findet sich in UA 1.6.4 (Fig. 5, Seite 60).

Vorschläge zum Selbermachen: A) Eine Quaderplatte mit b = 8 cm, t = 6 cm, h = 1,5 cm in Grund- Auf- und Kreuzriss darstellen. **B)** Eine Quadersäule mit b = t = 3 cm und h = 9 cm in Grund-, Auf- und Kreuzriss darstellen. **C)** Mit Hilfe des p. L. eine Formel für die Länge der Raumdiagonalen eines **a)** Quaders aus b, t und h, **b)** Würfels aus seiner Kantenlänge a herleiten.

3. Schrägrisse eines Quaders:

Schrägrisse sind anschauliche Bilder, die einer Ansicht von schräg vorne (Frontalrisse) bzw. von schräg oben (Horizontalrisse) entsprechen. Die Bildpunkte der Ecken werden mit A^s, B^s, C^s usw. beschriftet.

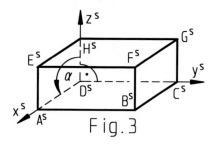

Fig. 3

Bei den *Frontalrissen* erscheinen alle frontalen Flächen unverzerrt, d. h. die Fläche im Raum und ihr Bild sind kongruente Figuren, was die Abbildung frontaler Strecken in wahrer Länge mit einschließt. (Insbesondere bleiben also Breite und Höhe unverzerrt erhalten.) Die Vorderfläche und zwei weitere Begrenzungsflächen des Quaders sind sichtbar. Handelt es sich dabei z. B. um die obere und die rechte Quaderfläche, so haben wir eine *Obersicht* von rechts (Fig. 3). Ist die untere Fläche sichtbar, so handelt es sich um eine *Untersicht*.

Bei den *Horizontalrissen* erscheinen alle horizontalen Flächen unverzerrt und alle horizontalen Strecken in wahrer Länge. (Insbesondere bleiben also Breite und Tiefe unverzerrt erhalten.) Die obere Fläche und zwei weitere Begrenzungsflächen des Quaders sind sichtbar. Handelt es sich dabei z. B. um die vordere und die rechte Quaderfläche, so haben wir eine *Vordersicht* von rechts (Fig. 4). Ist die hintere Fläche sichtbar, so handelt es sich um eine *Hintersicht*.

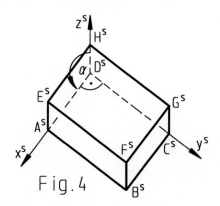

Fig. 4

Bei den Frontalrissen werden die Tiefenkanten, bei den Horizontalrissen die Höhenkanten verzerrt dargestellt. Das heißt, dass sie i. A. nicht in wahrer Länge, sondern um einen *Verzerrungsfaktor* v < 1 verkürzt gezeichnet werden. (Grundsätzlich wäre auch v > 1 möglich, doch ergibt eine solche Annahme in der Regel unschöne Verzerrungen.) Auch die rechten Winkel, welche die Tiefen- bzw. die Höhenkanten mit den anderen Kanten des Quaders bilden, werden in der Zeichnung auf spitze oder stumpfe Winkel verzerrt.

Die Größe dieser Winkel wird von der Bildfigur $U^s x^s y^s z^s$ des Achsensystems Uxyz bestimmt, welche der Zeichnung zugrunde liegt. Auch hier kann an die Axonometrie angeknüpft und die Schrägrisse als Sonderfälle einer solchen aufgefasst werden. Wird in diesem Zusammenhang für $\angle z^s x^s$ das Symbol α vereinbart, so gilt für Frontalrisse die axonometrische Annahme 0° < α < 360° und $\angle y^s z^s$ = 90° sowie $e_y = e_z = e$ und e_x = e.v. Für Horizontalrisse gilt die axonometrische Annahme 0° < α < 360° und $\angle x^s y^s$ = 90° sowie $e_x = e_y = e$ und e_z = e.v. Im Sonderfall v = 1 sprechen wir – in Analogie zur allgemeinen Axonometrie – von einer isometrischen Annahme.

Vorschläge zum Selbermachen: A) Die Quaderplatte mit b = 8 cm, t = 6 cm und h = 1,5 cm in einem Frontalriss mit $\alpha = 45°$ und v = 1/2 darstellen. **B)** Die Quadersäule mit b = t = 3 cm und h = 9 cm in einem Horizontalriß mit $\alpha = 210°$ und v = 2/3 darstellen. **C)** Wie hängt die Größe des Winkels α mit der entstehenden Ansicht zusammen **a)** bei den Frontalrissen, **b)** bei den Horizontalrissen?

4. Elemente des technischen Zeichnens:

Bei der technischen Anwendung des Risszeichnens wird auf die explizite Darstellung des Achsensystems, auf die Ordner und auf die Beschriftung der Ecken i. A. verzichtet, im Gegenzug Symmetrieebenen immer durch (dünne) strichpunktierte Linien angedeutet. Ein weiterer Unterschied zur Theorie besteht darin, dass der Kreuzriss, so nicht ausdrücklich anders definiert, als Ansicht von links gilt und rechts vom Aufriss angeordnet wird. Zusätzliche Elemente des technischen Zeichnens sind der Maßstab, die Bemaßung und Schnittdarstellungen.

Soll etwa aus einem Würfel von 90 cm Seitenlänge eine „Stiege" herausgearbeitet werden, so wird die zugehörige Werkzeichnung das nur in einer maßstäblichen Verkleinerung, etwa im Maßstab 1 : 30, anzeigen können (Fig. 5). Das heißt, die Hauptrisse der Stiege stellen nur einen Würfel von 3 cm Seitenlänge dar. Der Maßstab muss auf dem Zeichenblatt vermerkt sein.

Die *Bemaßung* einer technischen Zeichnung dient dem Zweck, Längen direkt ablesen zu können. Sie muss vollständig sein, soll aber nicht ein und dasselbe Maß mehrmals enthalten. In Fig. 5, Fig. 6 (Holzrahmen) und Fig. 7 (Metallgriff) ist eine entsprechende Bemaßung vorgenommen worden. Im Bauwesen erfolgt die Begrenzung der *Maßlinien* durch Schrägstriche, beim Holzbau aber durch „Punkte" und im Metallbau (Maschinenbau) durch Pfeile. Die angegebenen *Maßzahlen* beziehen sich immer auf die wirklichen Abmessungen des dargestellten Objekts. Die Einheit der Maßzahlen muss angegeben sein (z. B. „Maße in cm").

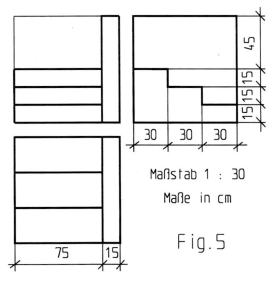

Fig. 5

Die zum Teil recht raffinierten *Schnittdarstellungen* liefern durch (gedachte) Schnitte zusätzliche Informationen über die Form des dargestellten Objekts. Hier wird anhand von Fig. 6 nur der *Symmetrie-Vollschnitt* vorgestellt. In dem Riss, in dem die Schnittfläche unverzerrt erscheint, wird sie schraffiert und es wird nur der hinter der Schnittfläche liegende Teil des Körpers dargestellt.

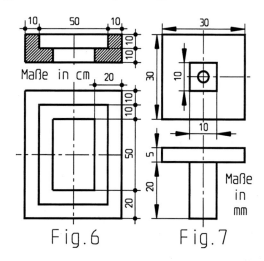

Fig. 6   Fig. 7

Vorschläge zum Selbermachen: A) Ein „Denkmal" hat die Form eines Würfels von 2 m Seitenlänge, auf dem ein Würfel von 1 m Seitenlänge, auf dem ein Würfel von 50 cm Seitenlänge steht. Die linke und die hintere Seitenfläche der drei Würfel bilden jeweils eine (ungeteilte) ebene Fläche. Darstellung in Grund- und Aufriss sowie in beiden Kreuzrissen (Ansicht von links und Ansicht von rechts) im Maßstab 1 : 50. **B)** Ein Behälter aus Beton mit durchwegs 10 cm Wandstärke hat die Form eines Quaders ($b_1 = 10$ dm, $t_1 = 8$ dm, $h_1 = 6$ dm), aus dem ein Quader ($b_2 = 8$ dm, $t_2 = 6$ dm, $h_2 = 5$ dm) ausgenommen ist. Darstellung in Grund-, Auf- und Kreuzriss im Maßstab 1 : 20 nach den Usancen des technischen Zeichnens, mit einem Symmetrie-Vollschnitt.

5. Das Aufbauverfahren:

Neben der Kompetenz, ein räumliches Objekt richtig darstellen zu können, steht gleichberechtigt die Kompetenz, Gestalt und Größe eines Objekts von einer Zeichnung richtig ablesen zu können (*Risslesen*). Eine gute Übung dazu ist es, von Objekten, die durch Hauptrisse gegeben sind, anschauliche Bilder anzufertigen.

Nach dem *Aufbauverfahren* werden Horizontalrisse über Grundrissen mit Hilfe der (mit v zu verkürzenden) Höhen, die allenfalls einem Aufriss (oder Kreuzriss) zu entnehmen sind, „aufgebaut", und Analoges gilt für Frontalrisse und Aufrisse, wobei die (mit v zu verkürzenden) Tiefenabstände ein Grundriss (oder Kreuzriss) liefert.

Beispiel (Fig. 8): Die durch Fig. 5 gegebene „Stiege" wird im Maßstab 1 : 20 in einem Frontalriss ($\alpha = 240°$, v = 1/2) dargestellt.

Erstens kann der Frontalriss direkt aus dem Aufriss „herausgezogen" werden, wobei die Verkürzung der Tiefenstrecken (aus |P''P| wird v·|P''P| = |P''P^s|) konstruktiv vorteilhaft mit Hilfe eines Proportionalwinkels zu bewerkstelligen ist. Zweitens kann der Frontalriss über einem *Schräggrundriss* (= Schrägriss des Grundrisses) mit Hilfe der wahren Höhen aufgebaut werden, wobei der in Fig. 8 ersichtliche Zusammenhang zwischen P' und P'^s eine direkte Folge des Strahlensatzes ist. Drittens kann der Frontalriss aus dem Aufriss (mittels Tiefenlinien) und dem Schräggrundriss (mittels Höhenlinien) „eingeschnitten" werden. (Grundriss und Schräggrundriss sind perspektiv affine Figuren. Dazu sowie zu Proportionalwinkeln und zum Strahlensatz siehe Teil I.)

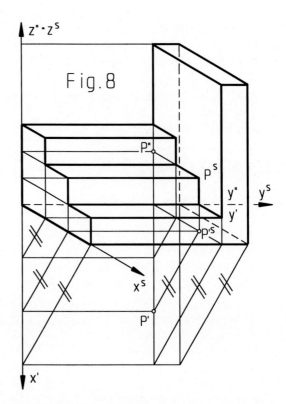

Fig. 8

Vorschlag zum Selbermachen: Durch bemaßte Hauptrisse gegebene räumliche Objekte anschaulich darstellen: **a)** Fig. 6 (Rahmen) in einem Horizontalriss ($\alpha = 210°$, v = 3/4), Maßstab 1 : 10. **b)** Fig. 7 (Möbelgriff) in einem Frontalriss ($\alpha = 75°$, v = 3/4), Maßstab 2 : 1.

6. Das Einschneideverfahren:

Von L. Eckhart (1890 – 1938), Professor an der TU Wien, stammt das folgende (eigentliche) *Einschneideverfahren*. Es besteht darin, durch Einschneiden aus Grund- und Aufriss (oder Kreuzriss) einen axonometrischen Riss zu ermitteln. Ein solcher Riss entsteht, weil dabei alle Strecken (Körperkanten), die zur x-Achse und zur y-Achse parallel sind, mit festen Faktoren $e_x : e$ bzw. $e_y : e$ verkürzt werden, während die Längen der zur z-Achse parallelen Strecken überhaupt gleich bleiben.

Die gebräuchliche Anordnung (Fig. 9) erzeugt immer eine Obersicht von rechts vorne. Dabei wird der Grundriss in einer um $-90° < \delta < 0°$ gedrehten Lage unterhalb des für das anschauliche Bild reservierten Platzes angenommen, und der Aufriss rechts oberhalb.

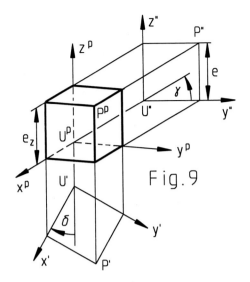

Fig. 9

Die zum Grundriss gehörigen parallelen *Einschneidegeraden* haben die Richtung von z", für die zum Aufriss gehörigen parallelen Einschneidegeraden kann noch ein Winkel $0° < \gamma < 90°$ festgelegt werden, den diese mit y" einschließen. Für $30° \leq \gamma \leq 45°$ und für $-30° \leq \delta \leq -15°$ ergibt sich stets eine günstige Bildwirkung. Fig. 9 zeigt die Ermittlung eines Würfelbildes für $\gamma = 30°$ und $\delta = -30°$. Es ist zu erkennen, dass für die nach dem Einschneideverfahren hergestellten axonometrischen Risse immer $e_z = e$ gilt.

Vorschläge zum Selbermachen: A) Durch Variieren der Winkel γ und δ verschiedene Obersichten von rechts vorne eines Würfels oder Quaders herstellen. **B)** Einen Kreuzriss anstelle des Aufrisses als Hilfsriss verwenden.

7. Zusammenfassung:

Wir haben also eine Reihe von Methoden zur Verfügung, um aus Grund- und Aufriss (oder Auf- und Kreuzriss) einen anschaulichen Riss zu erzeugen. (Moderne CAD-Programme erledigen das allerdings auf Knopfdruck bzw. Mausklick.) Einfach und übersichtlich ist es, einen Horizontalriss über einem Grundriss aufzubauen. (Es gibt Stadtpläne, in denen markante Gebäude auf diese Art hervorgehoben sind.) Frontalrisse machen, von Ausnahmen abgesehen, mehr Mühe, liefern aber oft gefälligere Ansichten.

Nach dem Einschneideverfahren lassen sich auch in verzwickten Fällen die Bildpunkte einer Axonometrie ganz mechanisch ermitteln. Vor dem CAD-Zeitalter war es eine im technischen Zeichnen häufig geübte Praxis, die auf zwei Blättern vorhandenen Hilfsrisse (= Hauptrisse) auf die Zeichenfläche (Zeichenmaschine) zu heften und „zusammenzuschneiden".

Abgesehen von Würfeln liefert unter den axonometrischen Darstellungen vor allem die normale Isometrie recht gefällige Ergebnisse. Für die anschauliche Darstellung von Kreisen und Kugeln ist sie allen anderen hier genannten Abbildungsverfahren vorzuziehen, wie in A 1.5 begründet wird.

1.3 Prismen und Kreiszylinder

Von diesem Abschnitt an stehen die geometrischen Eigenschaften der vorgestellten Körper im Vordergrund, die Darstellung erfolgt nach den bereits bekannten Verfahren. Hinzu kommt lediglich die Drehung einer ebenen Figur in eine horizontale Lage (Fig. 5, Seite 38), sodass ihr Grundriss ein unverzerrtes Bild zeigt. Diese Konstruktion dient vor allem dem Zweck, Netze und damit auch Modelle von möglichst allen hier behandelten Körpern herstellen zu können.

Aus Gründen der Zeichenökonomie wird das Achsensystem ab sofort nur mehr dann dargestellt, wenn damit ein Informationswert verbunden ist oder wo die Angabe darauf Bezug nimmt. Vor allem beim Grundriss-Aufriss-Verfahren können die Achsenbilder unterdrückt werden, solange keine Koordinatenangaben (HA 3) erfolgen.

Grundkenntnisse über regelmäßige Vielecke sowie hinsichtlich Kreisgeometrie, Winkelfunktionen und Ellipsen gehören zum vorausgesetzten Wissen und Können, auf das in Teil I zurückgegriffen werden kann.

1. Schiefe und gerade Prismen:

Ein *Prisma* ist ein Körper, der von parallelen und kongruenten n-Ecken als *Grund-* und *Deckfläche* sowie von n Parallelogrammen als *Seitenflächen*, die zusammen den *Mantel* bilden, begrenzt wird. Die Gegenseiten jeder Seitenfläche werden von je einer *Basis-* und *Deckkante* sowie von zwei *Seitenkanten* des Prismas gebildet. Alle n Seitenkanten eines Prismas sind parallel und gleich lang. Der Abstand zwischen Grund- und Deckfläche wird als *Körperhöhe* h bezeichnet. – Als Naturphänomen sind prismenförmige Basaltsäulen u. a. am Giant's Causeway an der Nordküste Irlands zu sehen (Foto).

Sei die Grundfläche ein n-Eck, dann hat das Prisma 2n Ecken, 2 + n Begrenzungsflächen und 3n Kanten (2n Grund- und Deckkanten, n Seitenkanten), also um zwei Kanten weniger als Ecken und Flächen zusammen. Das ist ein erster Beleg für die Richtigkeit des *Euler'schen Polyedersatzes*, der für alle konvexen geometrischen Körper gilt:

> Anzahl der Ecken + Anzahl der Flächen
> = Anzahl der Kanten + 2

Sind die Seitenkanten zur Grund- und Deckfläche normal, so sprechen wir von einem *geraden Prisma*, andernfalls von einem *schiefen Prisma*. Bei geraden Prismen sind die Seitenflächen Rechtecke und die Körperhöhe h stimmt mit der Seitenkantenlänge s überein. Ferner hat jedes gerade Prisma eine Symmetrieebene, deren Symmetrieschnitt zur Grund- und Deckfläche kongruent ist.

Fig. 1 zeigt einen Horizontalriss ($\alpha = 150°$, $v = 1$) zweier zu einem V vereinigten schiefen Prismen über einer gemeinsamen waagrechten quadratischen Grundfläche. Ein Grundriss dient als Hilfsriss, über dem der Schrägriss aufgebaut wird. Die entsprechenden Konstruktionslinien bilden auch zwei gerade *quadratische Prismen* (= Quader mit quadratischer Grundfläche) als Kantenmodelle ab.

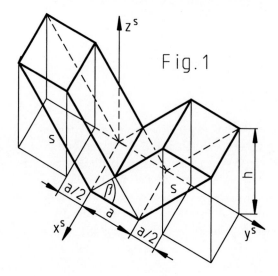

Gemäß der in Teil I eingeführten Terminologie soll die Abweichung von der Horizontallage bei Seitenkanten (allgemein: Geraden) und Seitenflächen (allgemein: Ebenen) als *Böschungswinkel β* bezeichnet werden. Bei den frontalen Geraden und bei den zur yz-Ebene normalen – also zweitprojizierenden – Ebenen ist der Böschungswinkel im Aufriss in wahrer Größe sichtbar.

Bei Prismen mit waagrechter Grundfläche deckt sich der Böschungswinkel mit dem von einer Seitenkante bzw. Seitenfläche mit der Grundfläche gebildeten *Neigungswinkel*. Bei geraden Prismen beträgt dieser 90°, bei schiefen Prismen sind die Neigungswinkel der Seitenkanten untereinander gleich, aber von den (verschiedenen) Neigungswinkeln der Seitenflächen in der Regel verschieden.

Vorschläge zum Selbermachen: A) Aus Fig. 1 sind die wahre Länge a der Basiskanten und (wegen $v = 1$) die Körperhöhe h abzulesen, nicht jedoch die Seitenkantenlänge s und der Neigungswinkel β. Beides lässt sich aber aus einem Aufriss ablesen, der problemlos herstellbar ist. **B)** Ein gleichschenkliges Trapez sei die in der yz-Ebene liegende Grundfläche eines geraden Prismas, welches **a)** die Form eines Dammes oder Kuchenstücks hat, wenn die untere, auf der y-Achse liegende Parallelkante des Trapezes die längere ist, während im Gegenfall **b)** ein Grabenstück oder ein Trog oder die zum Kuchenstück gehörige Kuchenform entsteht. In beiden Fällen lassen sich Frontalrisse problemlos herstellen, wobei im Fall b) bei einer Obersicht sichtbare Innenkanten auftreten.

2. Das Parallelepiped oder der Spat:

Wenn Grund- und Deckfläche eines Prismas Parallelogramme sind, dann wird dieser Körper von sechs paarweise parallelen und kongruenten Parallelogrammen begrenzt. Es kann damit nicht zwischen verschiedenen Arten von Begrenzungsflächen unterschieden werden und auch nicht zwischen verschiedenen Arten von Kanten. Je vier von ihnen sind parallel und gleich lang.

Ein Körper dieser Art wird als *Parallelepiped* oder – aus der Mineralogie entlehnt – als *Spat* bezeichnet. Jeder Spat hat ein Symmetriezentrum Z, wie anhand von Fig. 2 zu erkennen ist. Auch die schiefen Prismen von Fig. 1 sind Spate, ebenso das gerade Prisma mit rhombenförmiger Grundfläche, das in Fig. 3 in einem Horizontalriss dargestellt ist. Für einen Spat, bei dem alle Begrenzungsflächen Rhomben sind, ist der Name *Rhomboeder* in Verwendung.

Auch jeder Quader ist ein spezieller Spat, und umgekehrt ist jedes Parallelepiped ein affin verzerrter Quader (UA 0.3.6). Die Entsprechung in der ebenen Geometrie sind Rechteck und Parallelogramm.

Drei von einer Ecke ausgehende Kanten bestimmen einen Spat nach Form und Größe eindeutig. Sind die Kanten gleich lang und haben die drei von ihnen eingeschlossenen Winkel je 90°, so ist das Parallelepiped ein Würfel, haben sie je 60°, so liegt ein *reguläres Rhomboeder* vor, das mit dem regulären Tetraeder (UA 1.4.3) in Beziehung steht.

Vorschlag zum Selbermachen: Ein Modell **a)** eines regulären Rhomboeders, **b)** eines Spats ABCDEFGH mit |AB| = 6 cm, |AD| = 7,5 cm, |AE| = 9 cm, ∠BAD = 60°, ∠BAE = 45°, ∠DAE = 30° aus Zeichenkarton anfertigen.

3. Regelmäßige Prismen:

Regelmäßige Prismen sind gerade Prismen, deren Grund- und Deckfläche regelmäßige Vielecke sind. Ist die Grundfläche ein regelmäßiges n-Eck, so wird das Prisma (nach seinen n Seitenflächen in Form kongruenter Rechtecke) als n-seitiges regelmäßiges Prisma bezeichnet. Ein solcher Körper hat 1 + n Symmetrieebenen, nämlich neben der zu den Seitenkanten normalen so viele zur Richtung der Seitenkanten parallele Symmetrieebenen wie die Grundfläche Symmetralen besitzt. Die betreffenden Symmetrieschnitte sind Rechtecke.

Beispiel (Fig. 4): Das Rechteck ABGF, bei dem die Seite AB auf der y-Achse liegt und das die z-Achse zur Symmetralen hat, ist die hintere Seitenfläche eines geraden fünfseitiges Prisma ABCDEFGHIJ, von dem die Basiskantenlänge a und die Seitenkantenlänge s = Körperhöhe h bekannt sind. Der Körper wird in Grund- und Aufriss sowie in einem Frontalriss (α = 300°, v = 2/3) dargestellt.

Unter dem Rechteck A"B"G"F" liegt die Strecke A'B' auf y', das ihr anhängende regelmäßige Fünfeck A'B'C'D'E' ist der Grundriss des Körpers, woraus der Aufriss über die

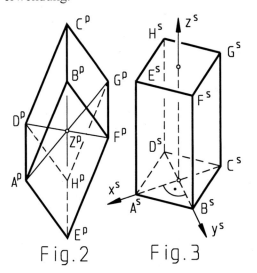

Fig. 2 Fig. 3

Ordnerbeziehung vervollständigt werden kann. Der Frontalriss, der Übersichtlichkeit halber in einer eigenen Zeichnung ausgeführt, wird gemäß Fig. 1.2.8 ermittelt. Der durch die xz-Ebene (als Symmetrieebene des Prismas) erzeugte Symmetrieschnitt ist das Rechteck DIVU.

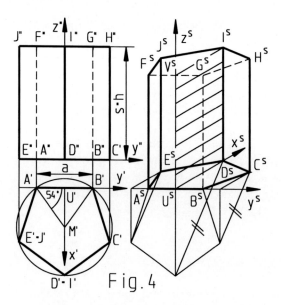

Fig. 4

Vorschläge zum Selbermachen: A) Wieviele Symmetrieebenen hat **a)** ein Quader, **b)** ein gerades quadratisches Prisma, **c)** ein Würfel? **B)** Welche regelmäßigen Prismen haben ein Symmetriezentrum, welche haben keines? **C)** Darstellen eines regelmäßigen sechsseitigen Prismas mit waagrechter Grundfläche ABCDEF und frontalem Symmetrieschnitt ADJG, a = 4 cm, h = 7 cm **a)** in den drei Hauptrissen, **b)** in einem Horizontalriss mit α = 105° und v = 1, **c)** in einem Frontalriss mit α = 210° und v = 1/2. **D)** Darstellen eines regelm. achtseitigen Prismas mit waagrechter Grundfläche ABCDEFGH und frontalem Symmetrieschnitt AEMI, r_u = 5 cm, h = 7 cm, in einem Frontalriss mit α = 120° und v = 4/5. (r_u ist der Umkreisradius des Achtecks.)

4. Netze gerader Prismen:

Beim Netz eines geraden Prismas werden die n rechteckigen Seitenflächen gewöhnlich so aneinandergereiht, dass sie ein großes Rechteck mit den Seitenlängen u (= Umfang der Grundfläche) und s = h bilden. Diesem sind Grund- und Deckfläche geeignet anzufügen.

Vorschlag zum Selbermachen: Ein Netz (und ein Modell) des regelm. fünfseitigen Prismas (Fig. 4) mit a = 4 cm und h = 7 cm herstellen.

5. Netze schiefer Prismen:

Bei schiefen Prismen sind die Seitenflächen Parallelogramme, die durch Basis- und Seitenkantenlängen noch nicht ausreichend bestimmt sind. Dem Problem kann durch einen ebenen Schnitt normal zu den Seitenkanten begegnet werden, weil die betreffende Schnittlinie in der Verebnung als zu den Seitenkanten normale Strecke auftritt.

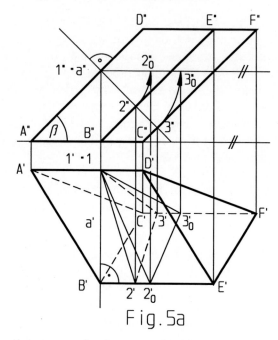

Fig. 5a

Fig. 5a dient auch als Musterbeispiel für das Legen einer Normalebene und das Drehen einer Ebene um eine projizierende Achse, wie schon in UA 0.4.6 vorweggenommen.

Die Netzkonstruktion erfolgt anhand eines dreiseitigen Prismas ABCDEF mit waagrechter Grundfläche und frontalen Seitenkanten. Die Normalebenen von frontalen Geraden sind zweitprojizierend. Der Aufriss einer kantennormalen Ebene ist also im Falle der Aufstellung von Fig. 5a eine zu den Kantenbildern normale Gerade und schneidet diese in den Aufrissen 1″, 2″ und 3″ der Schnittfigur 123. Ihr Grundriss ergibt sich durch die Ordnerbeziehung. Da wir die wahren Längen |12|, |23| und |31| benötigen, muss die Schnittfigur entzerrt werden. Das kann durch Drehen der Figur 123 in eine zur xy-Ebene parallele Lage $1_0 2_0 3_0$ geschehen. Als Drehachse dient eine zweitprojizierende Gerade a der Trägerebene, weil die räumliche Drehung dann im Aufriss als ebene Drehung mit dem Zentrum a" erscheint. Im Grundriss erscheinen die Kreisbögen als zu a' normale Strecken, die auf den Grundrissen der (frontalen) Prismenkanten liegen. In Fig. 5a ist a durch den Punkt 1 (1" = a") gelegt worden, wodurch 1 = 1_0 gilt und die Drehung nur für die Punkte 2 und 3 durchgeführt werden muss.

Beim Netz des Mantels (Fig. 5b) beginnen wir mit dem geradlinigen Streckenzug $3^v 2^v 1^v 3^v$ ($|3^v 2^v| = |3_0 2_0|$ usw.), worauf die Strecken $3^v C^v$, $2^v B^v$, $1^v A^v$ usw. normal stehen. Deren Längen sind dem Aufriss zu entnehmen ($|A^v 1^v| = |A"1"|$ usw.).

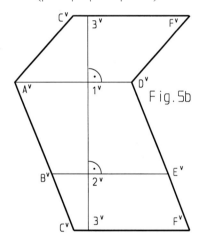

Fig. 5b

Vorschlag zum Selbermachen: Ein Netz (und ein Modell) eines schiefen Prismas herstellen, dessen Grundfläche ein regelmäßiges Sechseck ABCDEF mit a = r_u = 3,5 cm ist und dessen Seitenkanten folgende Bedingungen erfüllen: 1. Sie sind s = 7 cm lang. 2. Sie sind gegen die Grundfläche unter β = 60° geneigt. 3. Die durch A, B, E und F gehenden Seitenkanten bilden mit AB bzw. EF rechte Winkel. Hinweis: Für die Durchführung der Aufgabe gemäß Fig. 5 sind frontale Seitenkanten Grundvoraussetzung.

6. Schiefe und gerade Kreiszylinder:

Ein *Kreiszylinder* unterscheidet sich von einem Prisma lediglich dadurch, dass Grund- und Deckfläche nicht Vielecke, sondern Kreise m(M; r) und n(N; r) sind, welche *Basis- und Deckkreis* genannt werden. An die Stelle der Seitenflächen tritt der *Zylindermantel* als Teil einer grundsätzlich unbegrenzt zu denkenden Zylinderfläche (UA 0.1.6). Den Seitenkanten der Prismen entsprechen bei den Zylindern die zur *Mittenstrecke* MN parallelen und gleich langen *Mantelstrecken*. Sie überziehen zusammen mit den kongruenten *Parallelkreisen* in den zur Grundfläche parallelen Ebenen den Mantel mit einem (mehr oder weniger engmaschigen) Gitter.

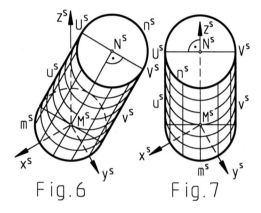

Fig. 6   Fig. 7

Sind die Mantelstrecken zu den Parallelkreis(eben)en nicht normal ($\beta \neq 90°$), so handelt es sich um einen *schiefen Kreiszylinder* (Fig. 6), andernfalls ($\beta = 90°$) um einen *geraden Kreiszylinder*, auch *Drehzylinder* oder *Walze* genannt (Fig. 7). Bei einem solchen ist die Länge s der Mantelstrecken identisch mit der *Körperhöhe* h, für schiefe Kreiszylinder gilt s > h.

Schiefe Kreiszylinder haben <u>eine</u> Symmetrieebene, die durch die Mittenstrecke MN geht und zu den Parallelkreise(bene)n normal ist. Bei Drehzylindern ist jede Ebene durch MN eine Symmetrieebene, die den Körper nach einem Rechteck schneidet, und dazu kommt noch <u>eine</u> Symmetrieebene normal zu MN.

7. Darstellung von Kreiszylindern:

Je nach Lage und Verfahren gibt es einfache wie auch anspruchsvolle Darstellungen. Nach Teil I kommt als affin verzerrtes Bild des Grund- und Deckkreises bei Parallelrissen nur eine Ellipse in Frage. Wir beschränken uns vorläufig auf jene Fälle, wo als Kreisbilder „besondere" Ellipsen, nämlich Kreise oder Strecken auftreten.

Das trifft bei Kreiszylindern mit waagrechter Grundfläche auf Horizontalrisse (Fig. 6, Fig. 7) und bei Kreiszylindern mit frontalen Parallelkreisen auf Frontalrisse zu. Die Umrisse bestehen in diesen Fällen aus zwei Halbkreisen und aus zwei Mantelstrecken bzw. deren Bildern, die als *Umrissstrecken* bezeichnet werden und auf Geraden u und v liegen. Deren Bilder u^s und v^s sind Tangenten an alle Parallelkreisbilder und auch als solche exakt zu konstruieren, etwa über ihre Berührpunkte U^s und V^s auf n^s. In diesen *Umrisspunkten* geht der Umriss von einer Mantelstrecke auf einen Kreisbogen über und umgekehrt.

Gleiches gilt für die Darstellung schiefer Kreiszylinder im Grundriss/Aufriss für eine Aufstellung, bei der die Parallelkreisebenen zur z-Achse bzw. zur x-Achse normal sind. Im Aufriss/Grundriss (und im Kreuzriss) tritt dann ein parallelogrammförmiger Umriss auf. Bei den Hauptrissen von Drehzylindern mit dieser Raumlage kommen als Umrisse nur Kreise und Rechtecke in Frage (Fig. 8a).

Bei allen anderen Kombinationen von Lage und Darstellungsart, insbesondere bei Schrägrissen, treten Ellipsen auf, deren Konstruktion gediegene Kenntnisse aus der Ellipsengeometrie (Teil I) verlangt. Fig. 5.4.9 auf Seite 190 kann hiefür als Beispiel dienen.

8. Der Zylinderhuf:

Als *Zylinderhuf* wird ein schräg abgeschnittener Drehzylinder (Radius r) bezeichnet, wie er in Fig. 8a durch Grund- und Aufriss veranschaulicht wird. Der Schnitt erfolgt durch eine zweitprojizierende Ebene mit dem Böschungswinkel β, der im Aufriss unverzerrt auftritt.

Ohne große Mühe lässt sich nachweisen, dass die Schnittfläche eine Ellipse k ist, deren Hauptscheitel A, B auf den Umrissstrecken u, v liegen (|AB| = |A"B"| = 2a) und deren Nebenscheitel C, D den Abstand 2b = 2r haben.

C, D und der Mittelpunkt K von k liegen auf einer zweitprojizierenden Geraden a, sodass C" = D" = K" gilt. Im Grundriss fällt k mit dem Basiskreis m des Drehzylinders zusammen: k' = m'. (D und m wurden in Fig. 8a nicht beschriftet.)

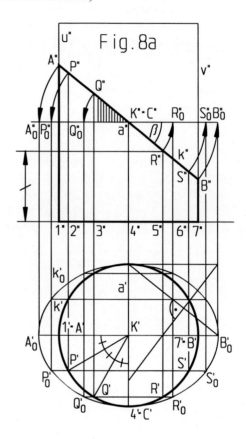

Durch Drehung der Kurve k gemäß Fig. 5 um die Gerade a in eine horizontale Lage geht diese in eine Kurve k_0 über, deren Grundriss k_0' die Gestalt und Größe von k unverzerrt wiedergibt. Jeder Punkt P_0' von k_0' ist Endpunkt einer zu a' normalen Halbsehne der Kurve k_0', und die Halbsehne von P_0' enthält auch den Punkt P', der wegen k' = m' ein Kreispunkt ist. Den im Aufriss auftretenden ähnlichen Dreiecken ist zu entnehmen, dass die Halbsehnen des Kreises k' und der Kurve k_0' ein konstantes Verhältnis $\cos\beta$ = b : a = r : a bilden, sodass nach dem Satz von Archimedes (Teil I) k_0' und damit auch k eine Ellipse sein muss.

Vorschlag zum Selbermachen: Zu beweisen: Wird einer Zylinderhufdarstellung gemäß Fig. 8a ein Kreuzriss beigefügt, so bilden die Halbsehnen der Kurve k''' und die zugehörigen Halbsehnen des Kreises k' ein konstantes Verhältnis tanβ, sodass nach dem Satz von Archimedes auch k''' eine Ellipse ist. In dieser sind A''' und B''' allerdings nur für β > 45° die Hauptscheitel, für β < 45° hingegen die Nebenscheitel. Für β = 45° ist k''' ein Kreis.

9. Netzkonstruktionen:

Alle Zylinderflächen lassen sich verebnen. Daher können von Kreiszylindern Netze gezeichnet und Modelle angefertigt werden.

Fig. 8b zeigt die zum Zylinderhuf von Fig. 8a gehörige Netzkonstruktion. Der komplette Mantel eines Drehzylinders ergibt in der Verebnung ein Rechteck mit dem Maßen u und h. Der Kreisumfang u = 2rπ wird entweder berechnet oder nach der Konstruktion von Kochanski (Teil I) ermittelt. Zur Herstellung eines Modells aus Zeichenkarton muss das Rechteck an den zwei „Umfangseiten" mit kleinzackigen Falzen versehen werden. Hier werden nach dem Fertigen des Zylindermantels die beiden Kreise angeklebt.

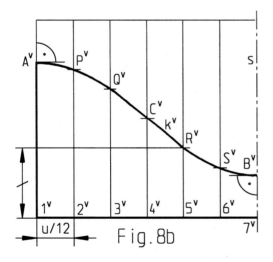

Fig. 8b

Die für das Netz eines Zylinderhufs benötigte Schnittellipse ist mit k_0' (Fig. 8a) bereits konstruiert. Für das Mantelstück muss der Basiskreis m und der Umfang u in n gleiche Teile (Punkte 1, 2, 3, ... n bzw. 1^v, 2^v, 3^v, ...n^v) geteilt werden. Die Längen der betreffenden Mantelstrecken werden aus dem Aufriss in das Netz übertragen. Sei y die jeweilige Differenz zur „mittleren Länge" |4C| und x die vom Punkt 1 weg gemessene Kreisbogenlänge, dann gilt tanβ = $\frac{y}{a}$, worin die Ankathetenlänge a mit cosx übereinstimmt, wie dem Grundriss von Fig. 8a zu entnehmen ist. Die Kurve k^v ist daher eine Funktionskurve mit der Gleichung y = tanβ·cosx.

Die Verebnung des Mantels eines real vorhandenen schiefen Kreiszylinders lässt sich bewerkstelligen, indem wir den Körper auf der Zeichenebene rollen lassen und die (kongruenten) krummen Linien m^v und n^v markieren, welche die Punkte des Basiskreises m bzw. des Deckkreises n dabei durchlaufen. Nach einmaligem Durchlauf liegt der Körper wieder auf der Mantelstrecke, längs der er die Zeichenebene in der Ausgangslage berührt hat. Der verebnete Mantel ist der Abdruck, den der (z. B. frisch eingefärbte) Zylinder bei der Rollung auf der Zeichenebene hinterlässt.

Ist ein schiefer Kreiszylinder lediglich in der Vorstellung bzw. als Zeichnung vorhanden, so gibt es nur eine Näherungslösung in der Form, dass dem Körper ein *Ersatzprisma* eingeschrieben wird, das den Zylinder hinreichend genau annähert. Der Kreiszylinder wird in einer Aufstellung mit waagrechten Parallelkreisen und frontalen Mantelstrecken in Grund- und Aufriss dargestellt, der Aufriss ist in diesem Fall mit dem Symmetrieschnitt identisch. Das Ersatzprisma ergibt sich durch Einschreiben eines regelmäßigen Vielecks in den Basiskreis, wobei mindestens 12 und höchstens 24 Ecken empfohlen werden. Die Verebnung des Prismenmantels erfolgt gemäß UA 5.

Aufgrund des affinen Zusammenhangs mit dem Basiskreis ist klar, dass jede kantennormale Ebene den Kreiszylindermantel nach einer Ellipse schneidet, die bei Verebnung des Mantels zu einer Strecke wird, deren Länge mit dem Ellipsenumfang identisch ist. Für die Näherungskonstruktion ist dieses Wissen jedoch ohne Belang.

Vorschlag zum Selbermachen: Ein Modell eines **a)** Drehzylinders, **b)** Zylinderhufs, **c)** schiefen Kreiszylinders aus Zeichenkarton herstellen.

1.4 Pyramiden und Kreiskegel

Neben der Vorstellung der im Titel genannten Körper ist die Drehung von Strecken in Frontallage zur Bestimmung ihrer wahren Länge und ihres Böschungswinkels Inhalt dieses Abschnitts. Fig. 3 dient dafür als Musterbeispiel. Diese Konstruktion bietet sich nämlich bei der Behandlung von Pyramiden und Kegeln mit waagrechter Grundfläche an und wird außerdem für die Ermittlung von Netzen der hier vorgestellten Körper benötigt. Die Kegelschnitte werden hingegen nicht hier, sondern erst in HA 4 behandelt.

1. Pyramide und Pyramidenstumpf:

Eine *Pyramide* ist ein Körper, der von einem n-Eck als *Grundfläche* sowie von n Dreiecken als *Seitenflächen*, die zusammen den *Mantel* bilden, begrenzt wird. Jede Seitenfläche wird von einer *Basiskante* und zwei *Seitenkanten* berandet. Im allgemeinen Fall sind alle Seitenflächen verschieden groß, alle Seitenkanten verschieden lang und laufen Flächen wie Kanten in der *Spitze* S der Pyramide zusammen. Der Abstand der Spitze von der Grundfläche wird als *Körperhöhe* h bezeichnet.

Ist die Grundfläche ein n-Eck, dann hat die Pyramide n + 1 Ecken, 1 + n Begrenzungsflächen und 2n Kanten (n Basis- und n Seitenkanten), was den Euler'schen Polyedersatz (UA 1.3.1) bestätigt.

Wird eine Pyramide parallel zur Grundfläche geschnitten, so entstehen zwei Teilkörper, von denen der die Spitze S enthaltende eine zum Ausgangsobjekt ähnliche Pyramide und der andere Teil ein *Pyramidenstumpf* ist. Die Schnittfläche kann als *Deckfläche* des Pyramidenstumpfs, ihre Kanten können als *Deckkanten* des Pyramidenstumpfs bezeichnet werden. Grundfläche und Deckfläche eines Pyramidenstumpfes sind ähnliche Figuren, die Seitenflächen sind Trapeze. Der Abstand zwischen den ähnlichen Vielecken ist die Körperhöhe, der Euler'sche Polyedersatz gilt, wie er für Prismen gilt.

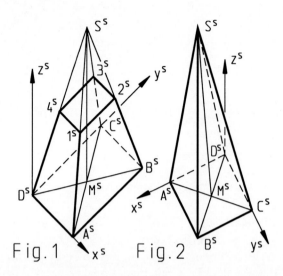

Fig. 1 zeigt einen Pyramidenstumpf über rechteckiger Grundfläche, Fig. 2 eine Pyramide über quadratischer Grundfläche jeweils in einem Horizontalriss. Gelegentlich wird der Grundkörper von Fig. 1 als gerade Pyramide und ein Körper nach Fig. 2 als schiefe Pyramide angesprochen, weil die Strecke MS in diesem Fall zur Grundfläche nicht normal ist. Andererseits: Hätte die Grundfläche keinen Mittelpunkt M, dann gäbe es keine Strecke MS, die ein bestimmtes Kriterium erfüllt oder nicht erfüllt. Bei den Pyramiden ist daher eine Einteilung in gerade und schiefe nicht möglich, ohne die Grundfläche in die Definition mit einzubeziehen, wie das in UA 3 geschehen wird.

2. Das Tetraeder oder Vierflach:

Die Figurenfolge wurde in Teil I mit dem Parallelriss einer Pyramide mit dreieckiger Grundfläche eröffnet, die als *Tetraeder* oder *Vierflach* bezeichnet wird. Alle Begrenzungsflächen dieses Körpers sind Dreiecke, zwischen Grundfläche und Seitenflächen kann also nicht unterschieden werden, auch nicht zwischen verschiedenen Arten von Kanten.

In Fig. 3 ist ein Tetraeder ABCD in Grund- und Aufriss vorgegeben, bei dem die Begrenzungsfläche ABC waagrecht ist. Damit sind die Kantenlängen |AB|, |BC| und |CA| dem

Grundriss, die Körperhöhe h und, weil die Kante AD frontal ist, auch die Länge dieser Kante und ihr Böschungswinkel dem Aufriss zu entnehmen. Die anderen Kantenlängen und ihre Böschungswinkel lassen sich durch Drehen der Kanten um eine lotrechte Achse a durch D in Frontallage ermitteln, wie es in Fig. 3 anhand der Kante BD gezeigt wird.

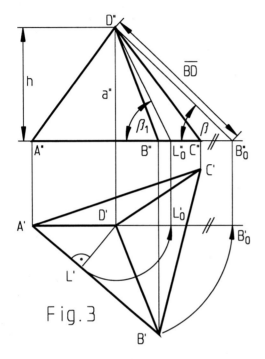

Fig. 3

Aber auch die Böschungswinkel der drei nicht waagrechten Begrenzungsflächen können nach dieser Konstruktion aufgedeckt werden, indem nämlich die durch D gehenden Höhenstrecken dieser Flächen gedreht werden. In Fig. 3 ist auf diesem Weg mit Hilfe der Höhenstrecke LD der Böschungswinkel β_1 des Dreiecks ABD konstruiert worden.

Es liegt auf der Hand, dass diese Methode zur Bestimmung von Kantenlängen und Böschungswinkeln bei allen Pyramiden mit waagrechter Grundfläche angewendet werden kann, wobei als Drehachse die lotrechte Gerade durch die Spitze S fungiert.

3. Sechs Angabestücke:

Drei von einer Ecke ausgehende Kanten bestimmen ein Tetraeder nach Gestalt und Größe eindeutig. Dieses ist Teil eines Parallelepipeds (UA 1.3.2), für welches dieselbe Angabe durch drei Kantenlängen und drei Winkel, also durch sechs Messgrößen gilt. Beim Tetraeder bietet es sich an, als Angabeelemente anstelle der Winkel die restlichen drei Kantenlängen zu verwenden, sodass also der Satz gilt:

> Ein Tetraeder ABCD ist durch die sechs Kantenlängen a, b, c, d, e und f seiner Gestalt und Größe nach eindeutig bestimmt bzw. alle Tetraeder, die in diesen sechs Größen übereinstimmen, sind kongruent.

Durch Fig. 4 wird dieser Sachverhalt mit der Existenz des Potenzzentrums dreier Kreise (Teil I) verknüpft. Die vier Dreiecke $A^V B^V C^V$, $A^V B^V D^V$, $B^V C^V D^V$ und $C^V A^V D^V$ mögen das Netz eines Tetraeders bilden. Dazu müssen die drei äußeren Dreiecke in der von A^V bzw. B^V bzw. C^V ausgehenden Seite der Länge nach übereinstimmen. Fassen wir das Dreieck $A^V B^V C^V$ als waagrechte Standfläche des Körpers auf, dann müssen die drei Ecken D^V durch Drehung um die waagrechten Geraden $a = (B^V C^V)$ bzw. $b = (A^V C^V)$ bzw. $c = (A^V B^V)$ in einem Punkt D zur Deckung kommen. Im Grundriss ($A^V B^V C^V = A'B'C'$) erscheinen die drei betreffenden Kreisbögen als Strecken, die durch D^V ($= D_0'$) gehen und zu $a (= a')$ bzw. $b (= b')$ bzw. $c (= c')$ normal sind.

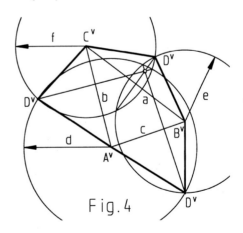

Fig. 4

Diese Strecken liegen auf den drei Potenzgeraden der Kreise mit den Mittelpunkten A^V, B^V, C^V und den Radien d, e bzw. f, die einen Punkt – das Potenzzentrum – gemeinsam haben. Dieser Punkt ist der Grundriss D' der vierten Tetraederecke D, welcher in Fig. 4 markiert, aber nicht beschriftet ist.

Aus obigem Satz folgt unmittelbar, dass die Spitze jeder Pyramide über gegebener Grundfläche durch drei gegebene Seitenkantenlängen bestimmt ist. Mehr als drei solcher Längen dürfen daher nicht willkürlich gewählt werden. Außerdem sind natürlich die Dreiecksungleichungen (Teil I) zu beachten. An die Stelle der Kantenlängen können auch andere Angabestücke treten, zum Beispiel die Körperhöhe h und Neigungswinkel von Seitenkanten oder Seitenflächen.

Ein Vierflach wird *reguläres Tetraeder* genannt, wenn alle sechs Kanten gleich lang und in Folge alle vier Begrenzungsflächen kongruente gleichseitige Dreiecke sind. Der zugehörige Spat ist ein reguläres Rhomboeder (UA 1.3.2).

Vorschläge zum Selbermachen: A) Das Modell eines Tetraeders ABCD mit den Kantenlängen a = b = 7 cm, c = 9 cm, d = 8 cm, e = 5 cm und f = 6 cm aus Zeichenkarton herstellen. **B)** Beim regulären Tetraeder gibt es für die vier gleichseitigen Dreiecke zwei verschiedene Netzanordnungen. Wie sehen sie aus?

4. Regelmäßige Pyramiden:

Wir sprechen von einer *regelmäßigen Pyramide*, wenn die Grundfläche ein regelmäßiges Vieleck mit dem Mittelpunkt M und die Strecke MS zur Grundfläche normal ist. In diesem Fall ist |MS| = h, alle Seitenkanten sind gleich lang (Länge s) und gegen die Grundfläche unter demselben Winkel β geneigt, alle Seitenflächen sind kongruente gleichschenklige Dreiecke und gegen die Grundfläche unter demselben Winkel β_1 geneigt. Ist die Grundfläche waagrecht, dann ist die Höhenstrecke MS lotrecht und für den Grundriss gilt M' = S'.

Ist die Grundfläche ein regelmäßiges n-Eck, so wird die Pyramide als regelm. n-seitige Pyramide bezeichnet. (Ein reguläres Tetraeder ist eine spezielle regelm. dreiseitige Pyramide.) Jede regelm. n-seitige Pyramide hat n Symmetrieebenen, die durch die n Symmetralen der Grundfläche und die Gerade (MS) aufgespannt werden. Ist n gerade, dann gibt es zwei Arten untereinander kongruenter Symmetrieschnitte in Form gleichschenkliger Dreiecke, nämlich solche nach Fig. 5a und solche nach Fig. 5b.

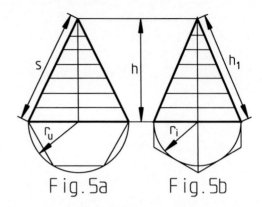

Fig. 5a   Fig. 5b

Im einen Fall wird der Schnitt durch gegenüberliegende Seitenkanten geführt, im anderen Fall normal zu gegenüberliegenden Basiskanten. r_u und r_i sind Umkreis- bzw. Inkreisradius der Grundfläche, h_1 ist die *Flächenhöhe*, das ist die Höhe der gleichschenkligen Seitendreiecke. Nach dem p. L. gelten folgende Formeln:

| $s^2 = r_u^2 + h^2$ | $h_1^2 = r_i^2 + h^2$ |

Ist n ungerade, dann sind alle Symmetrieschnitte kongruent, aber nicht gleichschenklig.

Beispiel (Fig. 6a): Eine regelm. fünfseitige Pyramide ABCDES mit waagrechter Grundfläche und einer frontalen Symmetrieebene wird in Grund- und Aufriss dargestellt, sodann in halber Höhe waagrecht geschnitten und die untere Hälfte des Körpers als Pyramidenstumpf ausgeführt. Der Umkreisradius r_u und die Seitenkantenlänge s sind vorgegeben.

Legen wir den Mittelpunkt M des Fünfecks in den Koordinatenursprung U, so liegt die Grundfläche in der xy-Ebene und die frontale Symmetrieebene ist die yz-Ebene. In Folge liegt ein Basiseckpunkt A auf der y-Achse, also A' auf y' und dem Umkreis k'(M'; r_u). Die Basiskantenlänge a wird aus dem Umkreisradius r_u konstruiert (Teil I). Der Grundriss der Pyramide besteht aus dem regelm. Fünfeck

A'B'C'D'E' (als Umriss) und den von seinen Ecken zu M' = S' führenden Strecken. Der Aufriss wird über die Ordnerbeziehung und die gegebene Länge s ermittelt, welche auf der frontalen Kante AS im Aufriss in wahrer Länge erscheint.

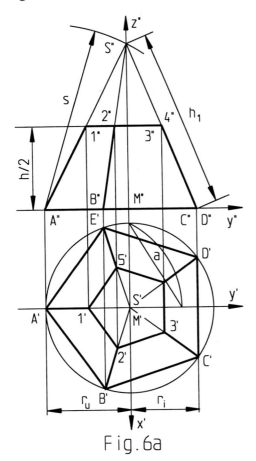

Fig. 6a

Die Figur A"S"C" = A"S"D" veranschaulicht die Form der dreieckigen Symmetrieschnitte mit den Seitenlängen $r_i + r_u$, s und h_1 sowie der Höhe h = |M"S"|. Die Darstellung des Pyramidenstumpfs mit der Höhe h/2 bedarf keiner weiteren Erklärung.

Vorschläge zum Selbermachen: A) Wieviele Symmetrieebenen besitzt ein reguläres Tetraeder? Wie sehen seine Symmetrieschnitte aus? **B)** Darstellen einer regelm. sechsseitigen Pyramide ABCDEFS mit waagrechter Grundfläche und frontalem Symmetrieschnitt GHS (|GH| = $2r_i$ = 6 cm, |GS| = |HS| = h_1 = 9,5 cm) in den drei Hauptrissen. **C)** Darstellen eines durch Abschneiden in halber Höhe aus einer regelm. quadratischen Pyramide ABCD mit waagrechter Grundfläche ABCD in achsenparalleler Lage, a = 5 cm, h = 7 cm, entstehenden Pyramidenstumpfs in einem Horizontalriss mit α = 120° und v = 1. **D)** Darstellen eines durch Abschneiden in halber Höhe aus einer regelm. sechsseitigen Pyramide ABCDEFS mit waagrechter Grundfläche und frontalem Symmetrieschnitt ADS, a = 4,5 cm, h = 8 cm, entstehenden Pyramidenstumpfs in einem Frontalriss mit α = 135° und v = 3/8. **E)** Darstellen einer aus dem Mantel einer regelm. achtseitigen Pyramide ABCDEFGHS mit waagrechter Grundfläche und frontalem Symmetrieschnitt AES, r_u = 4 cm, h = 10 cm, bestehenden „Tüte" (Spitze S unten) in einem Frontalriss mit α = 120° und v = 2/3.

5. Pyramidennetze:

Beim Netz einer regelm. Pyramide (Basiskantenlänge a, Seitenkantenlänge s) werden üblicherweise die n kongruenten Seitenflächen so aneinandergereiht, dass sie die Spitze S bzw. S^v gemeinsam haben. Die Punkte A^v, B^v, C^v, ... folgen dann auf einem Kreisbogen mit dem Mittelpunkt S^v und dem Radius s im Abstand a aufeinander. Fig. 6b zeigt den verebneten Mantel des Pyramidenstumpfs von Fig. 6a.

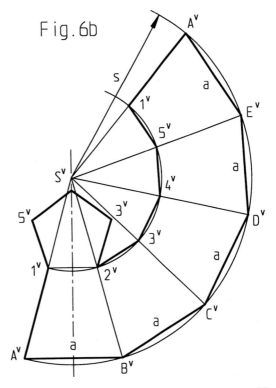

Fig. 6b

Auch im allgemeinen Fall wird sich als Verebnung des Mantels eine Abfolge von Dreiecken als günstig erweisen, die den Punkt S^v gemeinsam haben. Um diese Figur zeichnen zu können, müssen alle Kantenlängen bekannt sein, also gegebenenfalls durch Konstruktion nach UA 2 (Fig. 3) ermittelt werden.

Vorschläge zum Selbermachen: A) Ein Netz (und ein Modell) der regelm. fünfseitigen Pyramide mit $r_u = 4$ cm und $s = 8,5$ cm herstellen. **B)** Eine regelm. sechsseitige Pyramide mit $a = 4$ cm und $h = 7,5$ cm wird in halber Höhe parallel zur Grundfläche geschnitten. Von dem so entstehenden Pyramidenstumpf ein Netz (und ein Modell) anfertigen. Hinweis. Die Seitenkantenlänge s kann entweder zeichnerisch (Hilfsfigur) oder rechnerisch (p. L.) ermittelt werden. **C)** Ein Netz (und ein Modell) einer nicht regelm. vierseitigen Pyramide anfertigen: **a)** Die Grundfläche ist ein Rechteck mit dem Mittelpunkt M und die Strecke MS ist dazu normal. **b)** Die Grundfläche ist ein allgemeines Viereck.

6. Kreiskegel und Kegelstumpf:

Ein *Kreiskegel* unterscheidet sich von einer Pyramide lediglich dadurch, dass die Grundfläche kein Vieleck, sondern ein Kreis m(M; r) ist, welcher *Basiskreis* genannt wird. Der Abstand der *Spitze* S von der Basiskreisebene ist die *Körperhöhe* h. Der *Kegelmantel* ist Teil einer grundsätzlich unbegrenzt zu denkenden Kegelfläche, wie sie in UA 0.1.6 allgemein definiert wurde. Kegelflächen können, wie auch die Zylinderflächen, verebnet werden, was für krumme Flächen die Ausnahme darstellt. Den Seitenkanten der Pyramiden entsprechen bei den Kegeln die *Mantelstrecken*. Sie überziehen zusammen mit den *Parallelkreisen* in den zur Grundfläche parallelen Ebenen den Mantel mit einem (mehr oder weniger engmaschigen) Gitter (Fig. 7). Die Mittelpunkte aller Parallelkreise liegen auf der *Mittenstrecke* MS.

Denken wir uns einen Kreiskegel längs eines Parallelkreises in zwei Teile geschnitten, so bildet der Teil, welcher die Spitze S nicht enthält, einen *Kegelstumpf*, bei dem der Schnittkreis als *Deckfläche* angesprochen werden kann.

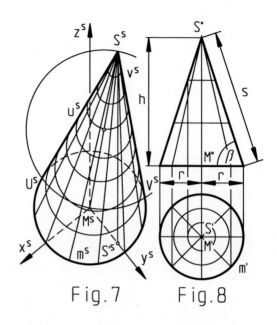

Fig. 7 Fig. 8

7. Schiefe Kreiskegel und Drehkegel:

Ist die Mittenstrecke MS zu den Parallelkreisebenen nicht normal, so handelt es sich um einen *schiefen Kreiskegel* (Fig. 7), andernfalls um einen *geraden Kreiskegel* oder *Drehkegel* (Fig. 8). Bei Letzterem ist die Länge der Strecke MS gleich der Körperhöhe h, alle Mantelstecken sind gleich lang (*Seitenlänge* s) und gegen die Grundfläche unter demselben Winkel β geneigt. $\gamma = 180° - 2\beta$ ist der *Öffnungswinkel* des Drehkegels. Zwischen h, s und dem Basiskreisradius r besteht nach dem p. L. der Zusammenhang

$$s^2 = r^2 + h^2$$

Schiefe Kreiskegel haben <u>eine</u> Symmetrieebene, die durch die Mittenstrecke MS geht und zu den Parallelkreisebenen normal ist. (In Fig. 7 ist das die yz-Ebene.) Bei Drehkegeln ist jede Ebene durch MS eine Symmetrieebene, die den Körper nach einem gleichschenkligen Dreieck mit der Basislänge 2r, der Schenkellänge s und der Höhe h schneidet. Bei einem *Drehkegelstumpf* sind alle Symmetrieschnitte kongruente gleichschenklige Trapeze.

8. Darstellung von Kreiskegeln:

Der erste und der letzte Absatz von UA 1.3.7 gelten sinngemäß. Danach lassen sich Kreiskegel mit waagrechter Grundfläche in Horizontalrissen (Fig. 7) und Kreiskegel mit frontalen Parallelkreisen in Frontalrissen (Fig. 9b) ohne Probleme darstellen. Die Umrisse bestehen in diesen Fällen entweder nur aus dem Basiskreis bzw. dessen Bild (Fig. 9b) oder aus einem Kreisbogen und aus zwei Mantelstrecken bzw. deren Bildern, die als *Umrissstrecken* bezeichnet werden und auf zwei Geraden u und v liegen (Fig. 7). Deren Bilder u^s und v^s sind Tangenten an alle Parallelkreisbilder und auch als solche mit Hilfe eines Thales-Kreises zu konstruieren. In den Berühr- bzw. *Umrisspunkten* U^s und V^s auf m^s geht der Umriss von einer Mantelstrecke auf den Kreisbogen über und umgekehrt.

Gleiches gilt für die Darstellung schiefer Kreiskegel in den Hauptrissen, sofern die Stellung der Parallelkreise zu einer der drei Achsenrichtungen normal ist. Daneben treten aber auch dreieckige Umrisse auf. Bei den Hauptrissen von Drehkegeln mit dieser Raumlage kommen als Umrisse überhaupt nur Kreise und Symmetrieschnitte, also gleichschenklige Dreiecke in Frage (Fig. 8).

Der Umriss eines Kegelstumpfs besteht für den Fall, dass beim Gesamtkegel Umrissstrecken auftreten, aus Teilen dieser Strecken und aus zwei Kreisbögen bzw. deren Bildern. Der Aufriss eines Drehkegelstumpfs mit waagrechten Parallelkreisen wird von einem Symmetrieschnitt, also einem gleichschenkligen Trapez berandet, ebenso der Kreuzriss. Gleiches gilt für den Grundriss und Kreuzriss (Fig. 9a) eines Drehkegelstumpfs mit frontalen Parallelkreisen.

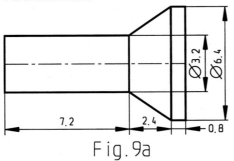

Fig. 9a

Beispiel (Fig. 9b): Die durch eine Werkzeichnung (Fig. 9a, Ansicht von links, Maße in cm) gegebene Stablampe wird im gleichen Maßstab durch einen Frontalriss ($\alpha = 225°$, v = 2/3) veranschaulicht.

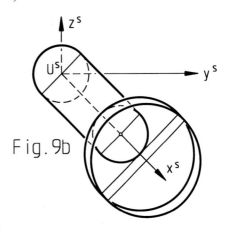

Fig. 9b

Normgerechte Bemaßung kann bei Drehzylindern und Drehkegeln einen zweiten Hauptriss erübrigen.

Vorschläge zum Selbermachen: A) Darstellen eines auf der Spitze stehenden Drehkegelmantels (einer „Tüte") mit waagrechtem Randkreis, r = 4 cm, h = 10 cm, in einem Horizontalriss für $\alpha = 120°$ und v = 1. Die Flächenwirkung lässt sich durch das Beifügen eines Rasters – die Mantelstrecken teilen den Basiskreis in 12 gleiche Teile, Parallelkreise mit je 2 cm Höhenunterschied – verbessern. **B)** Das durch Fig. 10 (Aufriss, Maße in m) gegebene Objekt („Rakete") im Maßstab 1 : 250 in einem Horizontalriss isometrisch darstellen. **C)** Der „Rohling" (= Werkstück vor dem Einfräsen des Gewindes) einer Sechskantschraube bzw. Schraubenmutter besteht aus einem regelm. sechsseitigen Prisma und einem koaxial aufgesetzten Drehzylinder bzw. einer drehzylinderförmigen „Bohrung" (= Ausnehmung mit kreisförmigem Querschnitt). Fig. 11 ist eine Werkzeichnung von einem Schraubenrohling mit 13 mm „Schlüsselweite" und 8 mm „Bolzendurchmesser" (Maße in mm). Darstellung **a)** dieses Rohlings, **b)** einer zugehörigen Mutter in einem Frontalriss, $\alpha = 135°$, v = 2/3, im Maßstab 5 : 1. Hinweis: Auch bei einer Bohrung treten Umrissstrecken auf, die (wie nicht sichtbare Kanten) strichliert ausgeführt werden.

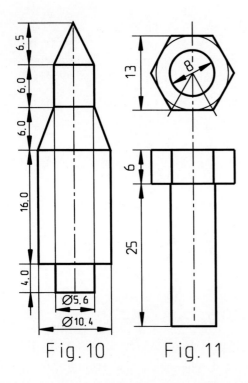

Fig. 10 Fig. 11

Fig. 11 zeigt im Aufriss die Bemaßung von Kreisen durch die Maßzahl des Durchmessers. Daneben ist auch die Bemaßung durch die Maßzahl des Radius in Gebrauch, siehe Fig. 5ab.

9. Kreiskegelnetze:

Die Verebnung des Mantels eines real vorhandenen Kreiskegels lässt sich – analog zum Kreiszylinder – bewerkstelligen, indem wir den Körper auf der Zeichenebene rollen lassen und die (krumme) Linie m^v markieren, welche die Punkte des Basiskreises m dabei durchlaufen. In der Ausgangslage berührt der Kegelmantel die Zeichenebene längs einer Mantelstrecke AS. $A = A^v$ ist der Anfangspunkt der Linie m^v und $S = S^v$ rührt sich bei exakter Rollung nicht von der Stelle. Nach einmaligem Durchlauf liegt der Körper wieder auf AS, und jetzt ist $A = A^v$ der Endpunkt der Kurve m^v.

Ein Modell aus Zeichenkarton von (irgend) einem schiefen Kreiskegel lässt sich insofern einfach herstellen, als zuerst eine Tüte gebildet und in die Tüte ein Kreis eingeklebt wird. Aus diesem Gebilde entsteht der Kreiskegel, indem wir den überstehenden Teil der Tüte wegschneiden.

Ist ein schiefer Kreiskegel lediglich in der Vorstellung bzw. als Zeichnung vorhanden, so gibt es – analog zum schiefen Kreiszylinder – nur eine Näherungslösung. Die Stelle des Ersatzprismas nimmt hier eine *Ersatzpyramide* ein, die dem Kegel eingeschrieben wird und diesen hinreichend genau annähert. Die Verebnung des Pyramidenmantels erfolgt gemäß UA 5, zweiter Absatz.

Vergleichsweise einfach ist die Verebnung eines Drehkegelmantels, weil dabei ein Kreissektor mit dem Scheitel S^v, dem Radius s und der Bogenlänge $b = u = 2r\pi$ herauskommen muss. Wegen $b = \frac{s\pi\gamma}{180}$ (Teil I) ergibt sich durch die Gleichsetzung $b = u$ für den Zentriwinkel γ dieses Kreissektors die Formel

$$\gamma = \frac{360r}{s}$$

Fig. 12 zeigt den Mantel eines Drehkegelstumpfs, der die halbe Höhe eines Drehkegels hat, für den $r : s = 2 : 5$ gilt. Die Rechnung ergibt $\gamma = 144°$.

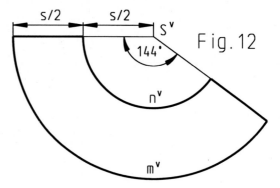

Fig. 12

Vorschläge zum Selbermachen: A) Ein Modell eines **a)** Drehkegels mit r = 4 cm und s = 8 cm, **b)** Drehkegelstumpfs nach Fig. 12 (r = 4 cm, s = 10 cm) herstellen. **B)** Einen schiefen Kreiskegel mit horizontalen Parallelkreisen und frontaler Symmetrieebene in Grund- und Aufriss darstellen sowie den Mantel näherungsweise verebnen. Hinweis: Treten bei Zylindern und Kegeln in mehreren Hauptrissen Umrissstrecken auf, so sprechen wir von *ersten Umrissstrecken* $u_1, v_1, ...,$ *zweiten Umrissstrecken* $u_2, v_2, ...,$ usw., und Analoges gilt für die Umrisspunkte.

1.5 Kugel und Kugelschnitte; der Globus

Neben der Vorstellung der Kugel(fläche) und ihrer Hauptrisse wird in diesem Abschnitt vor allem die Kreisdarstellung in Normalrissen behandelt, weil sich das anhand der Kugelschnitte anbietet und weil das betreffende Wissen für die Herstellung anschaulicher Bilder gebraucht wird. Mit dem Globus zusammenhängende Aufgaben aus der Geographie runden das Kapitel ab.

1. Die Kugelfläche:

Unter den krummflächig begrenzten Körpern ist die *Kugel* wohl der bekannteste. In der Geometrie interessiert uns nur die Form, also die Oberfläche, welche als *Kugelfläche* oder *Sphäre* κ bezeichnet wird. Analog zum Kreis im R_2 ist κ der Ort (oder die Menge) aller Punkte X des R_3, die von einem festen Punkt, dem *Mittelpunkt* M, einen konstanten Abstand, den *Radius* r, haben:

$$\kappa = \{X / |MX| = r\}$$

Die Kugelfläche hat in M ein Symmetriezentrum, jede Ebene δ durch M (*Durchmesserebene*) ist eine Symmetrieebene und alle Geraden d durch M (*Durchmessergerade*) sind Achsen von Drehungen, welche die Fläche in sich selbst überführen.

2. Kugeldarstellung und Schnittkreise:

In UA 0.4.6 wurde vorweggenommen, dass Kugelbilder nur in Normalrissen von Kreisen begrenzt werden. Zu diesen gehören die Hauptrisse und die normalen Isometrien. Bei ihnen ist der scheinbare Kugelumriss ein Kreis mit dem Radius r, dessen Mittelpunkt der jeweilige Riss des Kugelmittelpunktes ist.

Fig. 1 zeigt die Darstellung einer Kugel κ(M; r) in Grund- und Aufriss. Es tritt ein horizontaler *erster Umrisskreis* u_1 auf, dessen Bild u_1' den Grundriss der Kugel begrenzt, und ein frontaler *zweiter Umrisskreis* u_2, dessen Bild u_2'' den Aufriss der Kugel begrenzt. Im Grundriss ist nur die obere, von u_1 begrenzte Halbkugel sichtbar und im Aufriss nur die vordere, von u_2 begrenzte.

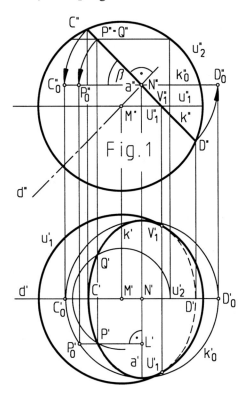

Fig. 1

Jede zu einer frontalen Durchmessergeraden d normale Ebene erscheint, wie wir bereits wissen, im Aufriss als zu d" normale Gerade (Fig. 1). Deren Schnittpunkt N mit d ist der Scheitel eines rechten Winkels in jedem Dreieck MNP, das von M, N und irgend einem auf der Kurve k, nach der die Normalebene von d die Fläche κ schneidet, liegenden Punkt P gebildet wird. In allen diesen Dreiecken sind die Längen |MN| und |MP| = r konstant, und damit ist auch die Länge |NP| = r_k konstant, sodass also k ein Kreis mit dem Mittelpunkt N und dem Radius r_k sein muss.

> Jeder ebene Schnitt einer Kugelfläche κ(M; r) ist ein Kreis, dessen Mittelpunkt N auf der zur Schnittebene normalen Durchmessergeraden d liegt und dessen Radius r_k die Gleichung $r_k^2 = r^2 - |MN|^2$ erfüllt.

Der Satz impliziert, dass jede auf einer Kugelfläche verlaufende ebene Kurve ein Kreis sein muss, worauf sich viele Beweise stützen.

In Fig. 1 ist k" eine Strecke mit der Länge $2r_k$. Um die Art der Kurve k' zu erkunden, drehen wir den Kreis k um die zweitprojizierende Gerade a durch N in Horizontallage k_0. Dann ist k_0' der Kreis mit dem Mittelpunkt N' und dem Radius r_k. Mit dem Zurückdrehen von k_0 nach k wird der Nachweis erbracht, dass k' eine Ellipse ist: Unter Beachtung der ähnlichen Dreiecke im Aufriss gilt |L'P'| = $\cos\beta$.|L'P_0'| für jeden Punkt P, was nach dem Satz von Archimedes die Ellipseneigenschaft von k' bestätigt.

Sofern ein auf einer Kugelfläche liegender Kreis k einen Umrisskreis schneidet, treten dort Umrisspunkte auf, und die Bildellipsen berühren die Umrisskreise in den zugehörigen Bildpunkten, haben dort also auch eine gemeinsame Tangente. In Fig. 1 trifft das auf *erste Umrisspunkte* U_1, V_1 zu. Die mit C und D beschrifteten Punkte sind *zweite Umrisspunkte*. C" und D" begrenzen die Strecke k", C' und D' sind die Nebenscheitel der Grundrissellipse.

Wie beim Kreis im R_2 gibt es auch bei der Kugelfläche κ Passanten, Tangenten und *Sekanten*, welche κ in zwei Punkten schneiden, die dann eine *Kugelsehne* begrenzen. Die zweitprojizierende Sekante durch P schneidet κ in einem zweiten Punkt Q: Q" = P", Q' kann (ebenso wie P') mit Hilfe eines horizontalen Schnittkreises konstruiert werden (Fig. 1). Analog gehören zu jedem Grundriss eines Flächenpunktes zwei Aufrisse, die auch mit Hilfe eines frontalen Schnittkreises gefunden werden können.

3. Kreise in allgemeiner Lage:

Der in UA 2 geführte Nachweis, dass k' eine Ellipse ist, lässt sich auf jede Lage von k und auf jeden Normalriss übertragen. Ebenso verallgemeinerungsfähig ist die Tatsache, dass die Hauptachse der Ellipse k' zur Geraden d' normal ist (Fig. 1), wobei d die durch den Kreismittelpunkt gehende, zur Kreisebene normale Gerade ist. Diese Gerade wird als *Kreisachse* bezeichnet. Für die Kreisdarstellung in Normalrissen gilt daher der folgende Satz:

> Jeder Normalriss eines Kreises k(N; r_k) ist eine Ellipse, deren Hauptachse zum Bild der Kreisachse normal ist und deren Hauptscheitel vom Bild des Kreismittelpunktes den Abstand r_k haben. Ein Kreis mit dem Radius r_k und eine Strecke mit der Länge $2r_k$ bilden die Sonderfälle.

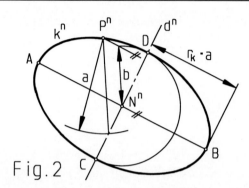

Fig. 2

Fig. 2 zeigt die Ermittlung des Bildes k^n eines Kreises k(N; r_k) für den Fall, dass die Bildelemente N^n (Normalriss des Kreismittelpunkts), d^n (Normalriss der Kreisachse) und P^n (Normalriss irgend eines Kreispunktes) bereits vorhanden sind: Mittels des rechten Winkels bei N^n und der Länge r_k (= a) gelangen wir zu A und B. Die Länge b und damit die Nebenscheitel C, D von k^n werden mittels P^n nach der Papierstreifenmethode (Teil I) konstruiert. Fig. 2 kann als Normalriss einer Drehung um die Gerade d interpretiert werden, bei welcher sich der Punkt P auf dem Kreis k bewegt.

4. Drehkörper, insbes. Kugelteile:

Wird eine ebene Fläche um eine Achse gedreht, so bilden alle ihre Lagen zusammen einen *Drehkörper*. Bei Drehkörpern ist jede durch die Achse gelegte Ebene eine Symmetrieebene und alle Symmetrieschnitte sind kongruent. Alle achsennormalen Ebenen schneiden den Drehkörper nach *Parallelkreisen*.

Drehzylinder, Drehkegel und Kugeln sind Drehkörper, weil sie durch Drehung eines Rechtecks, eines gleichschenkligen Dreiecks bzw. eines Kreises um eine (bzw. die) Symmetrieachse erzeugt werden können. Auch die folgenden Kugelteile sind Drehkörper:

Das *Kugelsegment* entsteht durch Drehung eines Kreissegments (Teil I) um seine Symmetrale. Die Länge des Teiles der Drehachse, der sich innerhalb des Körpers befindet, wird als *Höhe* h des Kugelsegments bezeichnet. Zusammen mit einem Drehkegel bildet jedes Kugelsegment einen *Kugelsektor,* der durch Drehung eines Kreissektors (Teil I) um seine Symmetrale entsteht (Fig. 3).

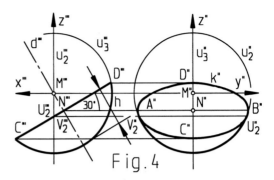

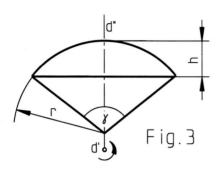

Ein Kugelsegment (oder einen *Kugelabschnitt*) können wir uns natürlich auch als Teil einer Vollkugel (Radius r) vorstellen, der durch einen ebenen Schnitt von dieser abgetrennt wurde. Ein Kugelsegment ist durch die Größen r und h nach Form und Größe eindeutig festgelegt. Der zu einem Segment gehörige Teil der Kugelfläche wird als *Kalotte* (oder *Kugelmütze*) bezeichnet.

Ein von zwei Parallelebenen aus einer Vollkugel herausgeschnittener Kugelteil ist eine *Kugelschichte*, die zugehörige krumme Fläche eine *Kugelzone*. Auch die Kugelschichte ist ein Drehkörper.

Das in UA 2 und UA 3 enthaltene Wissen über Kreisbilder erlaubt es, Normalrisse von Drehkörpern nun auch dann zu zeichnen, wenn die Drehachse nicht lotrecht ist.

Beispiel (Fig. 4): Eine um 30° nach vorne gekippte Kalotte („Schale") mit dem Kugelradius r und der Höhe h = 2r/3 wird in Auf- und Kreuzriss dargestellt. Die Zeichnung spricht für sich. Die Aufrissellipse k" bestätigt den Satz über die Kreisdarstellung. Die Hauptscheitel A" und B" haben von N" den Abstand $r_k = |N'''C'''|$.) Die (zweiten) Umrisspunkte $U_2"$ und $V_2"$ sind über den Kreuzriss zu ermitteln, wo u_2''' auf z''' zu liegen kommt.

Vorschläge zum Selbermachen: A) Den um jeweils 45° nach vorne gekippten Drehkörper in Auf- und Kreuzriss darstellen: **a)** Drehzylinder mit r = 3,5 cm und h = 5 cm. **b)** Kugel von 5 cm Radius mit zentraler drehzylinderförmiger Bohrung von 7 cm Durchmesser. **B)** In Auf- und Kreuzriss den Kugelsektor darstellen, der durch Drehung eines Kreissektors mit dem Radius r = 7 cm und dem Zentriwinkel γ = 90° um eine unter 30° gekippte – also gegenüber waagrechten Ebenen unter 60° geböschte – Achse entsteht. Die Spitze S des Drehkegelteils soll sich vorne oben befinden. Hinweis: Die Berührpunkte $U_2"$, $V_2"$ der Ellipsentangenten $u_2"$ und $v_2"$ aus dem Punkt S" der Nebenachse d" lassen sich exakt mit Hilfe der Scheitelkreisaffinität der Ellipse (Teil I) konstruieren. **C)** Einen Drehkörper in gekippter Lage nach eigenen Angaben in Auf- und Kreuzriss darstellen, z. B. eine Zwirnspule (Drehzylinder mit beiderseits aufgesetzten Drehkegelstümpfen), eine Kugel mit einer zentralen konischen (= drehkegelförmigen) Bohrung oder einen „Pokal" (Drehkegelstumpf mit aufgesetztem Drehzylinder mit aufgesetztem Kugelsegment bzw. Kalotte). Hinsichtlich der Umrissstrecken der Drehkegelteile siehe Hinweis zu Aufgabe B.

5. Zwei Kugeln:

Wie beim Kreis im R_2 können einander zwei Kugeln $\kappa_1(M_1; r_1)$ und $\kappa_2(M_2; r_2)$ mit $|M_1M_2|$ = d entweder nicht schneiden ($r_1 + r_2 < d$) oder in einem Punkt berühren ($r_1 + r_2 = d$) oder schneiden ($r_1 + r_2 > d$). Im letztgenannten Fall schneiden einander κ_1 und κ_2 nach einem Kreis $k(N; r_k)$. Eine einfache Begründung dafür besteht darin, sich die beiden Kugeln durch Drehung zweier einander schneidenden Kreise um d = (M₁M₂) entstanden zu denken. Die Schnittpunkte beschreiben bei dieser Drehung einen Kreis k.

Beispiel (Fig. 5): Von einer Kugelfläche $\kappa_1(M_1; r)$ wird durch eine zweitprojizierende Ebene mit $\beta = 45°$ eine Kalotte mit der Höhe $h = r/2$ abgeschnitten. Diese ist in zwei Punkten P, Q des Schnittkreises k drehbar gelagert und in der Endlage ist k waagrecht. Das als „Aschenbecher" dienende Objekt wird in gänzlich geöffnetem Zustand (Drehwinkel $\delta = 135°$) in einfachster Aufstellung in Grund- und Aufriss dargestellt.

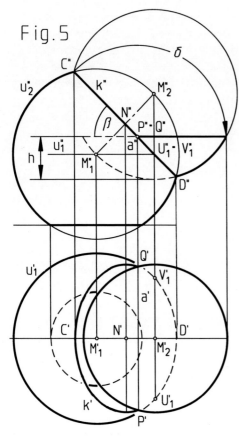

Das Reizvolle an diesem Beispiel ist die Frage, wo die Punkte P und Q, durch welche die (gedachte) Drehachse a geht, liegen, bzw. die Antwort darauf. Sie lautet: In der Endlage gehört die Kalotte der zur Kugelfläche κ_1 bezüglich der Schnittebene spiegelbildlichen Kugelfläche $\kappa_2(M_2; r)$ an und wird von dieser durch eine waagrechte Ebene so abgeschnitten, dass die Bedingung $h = r/2$ erfüllt ist. Nach dieser Überlegung lässt sich der Aufriss des beschriebenen Objekts zeichnen und aus ihm der Grundriss nach den bekannten Regeln ableiten. Schließlich ist noch ein waagrechter Kugelschnitt notwendig, um das Objekt standfest zu machen.

Vorschlag zum Selbermachen: Das Objekt von Fig. 5 in einem anderen Öffnungszustand ($\delta < 180° - \beta$) darstellen, wobei auch die Angabe von h und β variiert werden kann.

6. Kugelgerade:

Kreise in Durchmesserebenen werden *Kugelgroßkreise* genannt. Für sie stimmen Kugel- und Kreismittelpunkt (M = N) sowie Kugelradius und Kreisradius ($r = r_k$) überein. Wir müssen einem Großkreis folgen, wenn wir auf der Kugelfläche auf kürzestem Weg von einem Punkt P zu einem Punkt Q gelangen wollen. (Beweis indirekt: Jede andere sphärische Verbindung ist offensichtlich länger als der Kreisbogen mit dem Radius r von P nach Q.) Sind P und Q nicht Durchmesserendpunkte, so ist durch M, P und Q die betreffende Durchmesserebene δ und damit auch der Kugelgroßkreis eindeutig bestimmt.

Als *geodätische Linien* einer Fläche werden Kurven angesprochen, auf denen die kürzeste Verbindung zweier Flächenpunkte verläuft. Für die Ebenen sind das die Geraden und für die Kugeln ihre Großkreise. In der Maßgeometrie auf der Kugelfläche, der *sphärischen Trigonometrie*, nehmen die Großkreise daher die Rolle der Geraden ein, weswegen sie auch *Kugelgerade* genannt werden. Bei sphärischen Dreiecken ist die Winkelsumme größer als 180°, was ein Kennzeichen einer *nichteuklidischen Geometrie* (Seite 209) ist.

7. Der Globus in Grund- und Aufriss:

Der *Globus* ist ein Modell der Erdkugel und wird von einem *Gradnetz* überzogen, das aus *Längenkreisen* und *Breitenkreisen* besteht. Alle Längenkreise schneiden einander in zwei Durchmesserendpunkten N (*Nordpol*) und S (*Südpol*), sind daher Großkreise. Die Breitenkreise werden von den zur *Erdachse* a = (NS) normalen Ebenen aus der Kugelfläche ausgeschnitten.

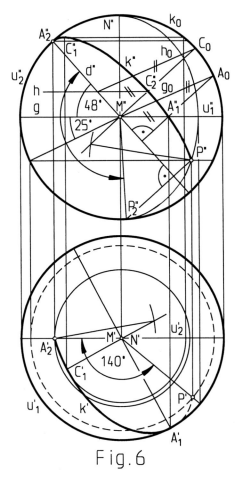

Fig. 6

Umrisskreises u_2 als Nullmeridian gewählt worden, die rechte Hälfte von u_2 ist dann der 180°-Meridian, die Datumsgrenze. Die vordere Halbkugel ist in diesem Fall die östliche, die hintere die westliche. Meridiane sind die Orte gleicher *geogr. Länge*, das ist der Winkel, den die Halbebene des Nullmeridians mit der Halbebene des betreffenden Meridians einschließt. In Fig. 6 ist der 140°O-Meridian eingezeichnet. Sein Schnittpunkt mit dem 25°S-Breitenkreis wird in *geogr. Koordinaten* als P(140°O/25°S) angegeben.

In Fig. 6 ist auch die kürzeste auf dem Globus verlaufende Verbindung (Flugroute) zwischen den Orten A_2(0°/48°N) und P(140°O/25°S) eingezeichnet. Ihr Aufriss verläuft auf der Ellipse k", deren Hauptscheitel A_2" bekannt ist und deren Nebenscheitel C_2" nach der Papierstreifenmethode konstruiert wird. Der Hauptscheitel A_1' der Grundrissellipse k' muss auf u_1' liegen, daher ist A_1" ein Schnittpunkt von k" mit u_1", welcher sich mit Hilfe der Scheitelkreisaffinität (Teil I) zwischen k" und u_2"(= k_0) exakt konstruieren lässt. (Hilfsgerade h ∥ g = u_1" durch C_2" ⇒ h_0 durch C_0 ⇒ g_0 ∥ h_0, Hilfspunkt A_0.) Der Nebenscheitel C_1' von k' ergibt sich wiederum nach der Papierstreifenmethode.

Aus der Zeichnung können auch die geogr. Koordinaten des nördlichsten Punktes C_1 der Flugroute und jene des Kreuzungspunktes A_1 mit dem Äquator abgelesen werden, allerdings nur im Rahmen der Zeichengenauigkeit, die auch vom gewählten Kugelradius abhängig ist. (Für r = 6 cm geht die Zeichnung noch leicht auf ein A4-Blatt.) Die wahre Größe des Zentriwinkels γ, mit dessen Hilfe die Länge l der Flugroute nach der Formel l = $\frac{R\pi}{180} \cdot \gamma$ mit R ≈ 6370 km näherungsweise berechnet werden kann, ergibt sich durch Drehung des Dreiecks A_2MP um die (frontale) Achse d = (A_2M) in Frontallage A_2MP_2. Der Punkt P wandert dabei auf einem Kreisbogen, der im Aufriss als zu d" normale Strecke erscheint, woraus sich P_2" auf u_2" ergibt. Über γ = ∠A_2"M"P_2" ≈ 141° – im Aufriss von Fig. 6 durch den Kreisbogen mit den Maßpfeilen angezeigt – errechnet sich die Länge l der Flugroute mit etwa 15680 km.

Am einfachsten ist die Darstellung eines Globus mit Gradnetz in Grund- und Aufriss, wenn die Achse lotrecht ist (Fig. 6). In diesem Fall ist der erste Umrisskreis der *Äquator*, der einzige Großkreis unter den Breitenkreisen. Er teilt den Globus in eine nördliche und eine südliche Hälfte. Die anderen Breitenkreise liegen in den zur Erdachse normalen, in unserem Fall also waagrechten Ebenen, sodass ihre Aufrisse Strecken und ihre Grundrisse Kreise sind. Die *geogr. Breite* β aller Punkte eines Breitenkreises ist der (Böschungs-)Winkel, den jede von M zu einem Punkt des betreffenden Breitenkreises führende Strecke mit der Äquatorebene einschließt. Für den Äquator gilt daher β = 0°. In Fig. 6 ist der Breitenkreis mit β = 48°N (mit Hilfe der frontalen Strecke MA_2) sowie der Breitenkreis mit β = 25°S eingezeichnet.

Jeder Längenkreis wird durch die Pole in zwei *Meridiane* geteilt, die Festlegung des Nullmeridians ist im Prinzip eine willkürliche. In Fig. 6 ist die linke Hälfte des zweiten

Vorschläge zum Selbermachen: **A)** Darstellen eines Globus (Achse lotrecht, r = 5 cm) mit Meridianen und Breitenkreise von 30° zu 30°, in Grund- und Aufriss. **B)** Die geogr. Länge des Kreuzungspunktes mit dem Äquator und die Länge der Flugroute ermitteln von **a)** Montevideo (58°W/34°S) nach Wien (17°O/48°N), **b)** Sydney (151°O/34°S) nach San Francisco (122°W/38°N). Tipp: Als Meridian von Montevideo bzw. Sydney die linke Hälfte von u_2 annehmen. **C)** Die geogr. Koordinaten des nördlichsten Punktes der Flugroute ermitteln von **a)** Wien (17°O/48°N) nach San Francisco (122°W/38°N), **b)** Wien (17°O/48°N) nach Chicago (88°W/42°N). Tipp: Als Meridian von Wien die rechte Hälfte von u_2 annehmen.

8. Wo geht die Sonne früher auf?

Folgende Aufgabenstellung aus dem Fundus der Geometrie-Lehrkanzel der TU Wien überrascht durch die Einfachheit der Lösung eines scheinbar schwierigen Problems mit hohem Praxisbezug.

Beispiel (Fig.7): Wo geht die Sonne am 21. Juni früher auf, in Athen (24°O/38°N) oder in Oslo (11°O/60°N)? Da beide Orte östliche Länge und nördliche Breite haben, genügt eine Darstellung der Ost-Nord-Viertelsphäre. Die Sonnendeklination erreicht am 21. Juni ihren größten Wert mit $\delta \approx 23{,}4°$, und δ ist der Böschungswinkel des frontalen Lichtstrahls l, der als Achse des Großkreises k fungiert, der die Lichtseite des Globus von der Schattenseite trennt. Athen (A) kann auf k mittels seiner geogr. Breite lokalisiert werden. Damit ist auch der 24°O-Meridian festgelegt, was zum 11°O-Meridian und zur Lage von Oslo (O) führt. Wenn in Athen die Sonne aufgeht liegt also Oslo bereits im Licht.

Es kann sogar relativ exakt der Zeitvorsprung Oslos beim Sonnenaufgang ermittelt werden. Im Ort P auf dem 60°N-Breitenkreis geht die Sonne zur selben Zeit auf wie in A. Die geogr. Längen von O und P unterscheiden sich um zirka 16°. Eine volle Erdumdrehung (360°) erfolgt in 24 Stunden, einem Grad (1°) entsprechen daher vier Minuten. Die Sonne geht am Tag der Sommersonnenwende also in Oslo um etwa 64 Minuten früher auf als in Athen.

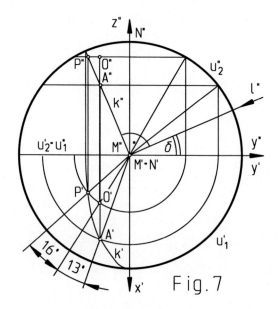

Fig. 7

In UA 3.6.5 wird eine Formel hergeleitet, mit deren Hilfe die Sonnendeklination für jeden Tag des Jahres berechnet werden kann.

Vorschlag zum Selbermachen: Wo geht die Sonne früher auf, in Chicago (88°W/42°N) oder in Montevideo (58°W/34°S), und zwar **a)** am 21. Juni. ($\delta \approx 23{,}4°$), **b)** am 1. September ($\delta \approx 8{,}5°$), **c)** am 21. Dezember ($\delta \approx -23{,}4°$), **d)** am 1. März ($\delta \approx -7{,}8°$). Um wieviel Minuten geht sie in dem einen Ort früher auf als in dem anderen?

9. Der Globus in normaler Isometrie:

Auf einer Kugel, deren Mittelpunkt der Ursprung O eines Systems Oxyz ist, werde durch die z-Achse (als Sekante) der Nordpol N und des Südpol S eines Globus markiert. Dann liegt der Äquator in der xy-Ebene und in der xz-Ebene liegt ein Längenkreis, ebenso in der yz-Ebene.

In Fig. 8 wird mit $O^n x^n y^n z^n$ vom Achsensystem einer normalen Isometrie ($\angle z^n x^n = \angle x^n y^n = 120°$) ausgegangen und mit $u^n(O^n; r)$ der Umrisskreis eines Globus gezeichnet. Weil z die Achse des Äquatorkreises k ist, müssen die auf der Normalen zu z^n durch O^n

liegenden Umrisspunkte die Hauptscheitel A^n und B^n der Ellipse k^n sein, und Analoges gilt hinsichtlich x^n und y^n für die Hauptscheitel der Ellipsen, welche die beiden genannten Längenkreise darstellen. Weil x und y einen rechten Winkel bilden, müssen einander nach dem Satz von Thales zwei zu x bzw. y parallele Gerade durch die Randpunkte des Kreisdurchmessers AB in einem Punkt von k schneiden – in der Zeichnung ergeben sich nach dieser schönen Überlegung sofort die Nebenscheitel C^n und D^n von k^n. Wegen der Isometrie haben die Nebenscheitel der Bilder der zwei Längenkreise von O^n denselben Abstand.

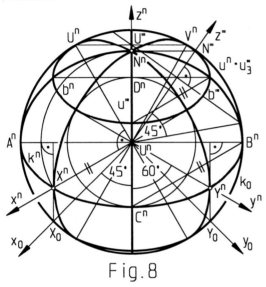

Fig. 8

Eine bestimmte Drehung des Kreises k um den Durchmesser AB muss seine wahre Größe (Lage $k_0 = u^n$) aufdecken. Die mitgenommenen Achsen x und y bilden dann einen rechten Winkel und schneiden k_0 in X_0 und Y_0. Das (gedachte) Zurückdrehen liefert auf k^n die Bilder X^n und Y^n der Schnittpunkte X und Y von k mit x bzw. y, und wegen der Isometrie muss deren Abstand von O^n gleich dem Abstand des Punktes N^n von O^n sein.

In die durch die Drehung $k \to k_0$ erzeugte Figur $O_0 x_0 y_0$ kann auch ein Grundriss als Einschneideriss gemäß Fig. 1.2.9 eingebettet werden. Die allenfalls in der Einschneiderichtung (= Richtung von z^n) nach unten verschobene Achsenfigur wird dann besser als O'x'y' angesprochen und beschriftet.

Zurück zu Fig. 8: Mögen die gezeichneten Längenkreise den 0°-, den 90°O-, den 180°- und den 90°W-Meridian darstellen. Dann stellen aus Symmetriegründen der lotrechte Kreisdurchmesser den 45°O- und den 135°W-Meridian dar, und die Ellipse mit den Hauptscheiteln A^n, B^n und dem Nebenscheitel N^n stellt den 135°O- und den 45°W-Meridian dar. (In Fig. 8 ist nur das auf der sichtbaren Hälfte des Globus liegende Gradnetz eingetragen, daher fehlt auch der zweite Nebenscheitel S^n der vorgenannten Ellipse.)

Die beiden 45°-Breitenkreise lassen sich darstellen, indem die Zeichnung als Aufriss eines Globus mit gekippter Achse aufgefasst und diesem ein Kreuzriss beigefügt wird. Dabei ist es ökonomisch, O''' mit O^n zusammenfallen zu lassen, was $u_3''' = u^n$, darauf den Punkt N''' und weiter z''' und den Kreuzriss des 45°N-Breitenkreises b ergibt. Die Umrisspunkte U^n, V^n folgen aus U''' = V''' auf u'''. Vom 45°S-Breitenkreis ist nur der kürzere Bogen zwischen den Umrisspunkten sichtbar, der beim 45°N-Breitenkreis nicht sichtbar ist.

Zuletzt noch eine kleine Rechnung: Wenden wir im Dreieck $O^n X^n X_0$ (oder $O^n Y^n Y_0$) den Sinussatz an, so ergibt sich aus (v.r) : r = sin45° : sin120° der Verzerrungsfaktor v = $\sqrt{2/3} \approx 0{,}8165$ für alle drei Achsenrichtungen. Bei Kreis- und Kugeldarstellungen in einer normalen Isometrie empfiehlt es sich, diesen Verzerrungsfaktor zugrunde zu legen, weil andernfalls die Radien nicht in wahrer Länge auftreten. Außerdem erhalten wir so ein Bild des Körpers mit den vorgegebenen Maßen und nicht nur ein dazu ähnliches.

Vorschläge zum Selbermachen: A) In normaler Isometrie ein drehzylinderförmiges Rohrstück mit dem Außendurchmesser R = 4,5 cm, dem Innendurchmesser r = 3 cm und der Höhe h = 9 cm darstellen. **B)** Normale Isometrie eines Globus mit einem Gradnetz von 30° zu 30°. Anleitung: Das Zeichnen von Breitenkreisbildern für beliebige geogr. Breiten ergibt sich unmittelbar aus Fig. 8. Über die in der xy-Ebene liegenden Längenkreis-Achsen, deren Bilder mit Hilfe der Scheitelkreisaffinität zwischen k^n und k_0 konstruiert werden können, lassen sich auch Meridianbilder für beliebige geogr. Längen zeichnen. **C)** Durch zwei Halbebenen wird aus einer Kugel ein Kugelteil in Form einer Apfel-, Orangen- oder Melonenspalte herausgeschnitten. Es lässt sich eine Vielzahl isometrischer Bilder von solchen Spalten herstellen: Keine, eine oder zwei Schnittflächen sichtbar, verschiedene Winkel zwischen den Schnittebenen, z. B. 45°, 90° oder 135°. Bei anderen Schnittwinkeln gilt die Anleitung von Aufgabe B.

1.6 Platonische Körper

Regelmäßige Vielecke zeichnen sich gegenüber den allgemeinen Vielecken dadurch aus, dass ihr Umfang aus n ≥ 3 gleich langen Strecken besteht, dass sie einen Umkreis besitzen, der alle Ecken enthält, und einen Inkreis, der alle Seiten berührt. Es ist naheliegend, danach zu fragen, ob es dazu ein räumliches Analogon gibt, ob es also Körper gibt, deren Oberflächen sich aus n kongruenten regelmäßigen Vielecken zusammensetzen, die eine *Umkugel*(fläche) besitzen, auf der alle Ecken liegen, und eine *Inkugel*, welche alle Begrenzungsflächen berührt. Von den bisher behandelten Körpern erfüllt sowohl der Würfel (n = 6) als auch das reguläre Tetraeder (n = 4) diese Bedingungen, sodass es *regelmäßige Vielflache (n-Flache)* oder *reguläre Polyeder* also jedenfalls gibt. Diese Körper waren bereits bei den alten Griechen bevorzugte Studienobjekte und nahmen wegen ihrer „Vollkommenheit" in Platons Ideenkosmos einen besonderen Platz ein. Sie werden daher auch als *platonische Körper* bezeichnet.

1. Überblick:

Im Unterschied zu den regelm. Vielecken gibt es nur fünf Arten von regelm. n-Flachen, nämlich für n = 4, 6, 8, 12 und 20. Alle regulären Polyeder derselben Art, also mit gleicher Flächenzahl n, sind untereinander ähnlich und mehr als fünf Arten kann es nicht geben. Der Beweis ist einfach, wenn wir daran denken, dass an jeder Körperecke nur gleich große regelm. Vielecke beteiligt sein dürfen und dass eine Ecke nur entstehen kann, wenn die Summe der (gleich großen) dort zusammentreffenden Winkel kleiner als 360° ist. Somit können drei (3·60° = 180°), vier (4·60° = 240°) oder fünf (5·60° = 300°) gleichseitige Dreiecke eine Körperecke bilden, weiters drei Quadrate (3·90° = 270°) und drei regelm. Fünfecke (3·108° = 324°). Damit sind alle Möglichkeiten ausgeschöpft.

Beim regelm. Vierflach (Tetraeder) bilden jeweils drei gleichseitige Dreiecke eine Ecke. Das regelm. Sechsflach (Hexaeder) ist der Würfel, je drei Quadrate bilden eine Ecke. Beim regelm. Achtflach (Oktaeder) bilden je vier gleichseitige Dreiecke eine Ecke, beim regelm. Zwölfflach (Dodekaeder) je drei regelm. Fünfecke und beim regelm. Zwanzigflach (Ikosaeder) je fünf gleichseitige Dreiecke.

Die Kantenanzahl lässt sich bei Körpern, bei denen durch jede Ecke dieselbe Anzahl a von Kanten geht, was bei allen platonischen Körpern der Fall ist, höchst einfach berechnen:

$$\boxed{k = \frac{a\,e}{2}}$$

Denn durch jede Ecke gehen a Kanten, aber an jeder Kante sind zwei Ecken beteiligt. So liefert die Formel etwa beim regulären Dodekaeder mit a = 3 und e = 20 ebenso k = 30 wie beim regulären Ikosaeder mit a = 5 und e = 12. Beim regulären Oktaeder mit a = 4 und e = 6 und beim Würfel mit a = 3 und e = 8 liefert die Formel jeweils zwölf Kanten.

Die folgende Tabelle enthält eine Zusammenstellung hinsichtlich Anzahl n der Flächen, Anzahl e der Ecken und Anzahl k der Kanten, was eine Überprüfung des Euler'schen Polyedersatzes ermöglicht und einen Zusammenhang zwischen Hexaeder und Oktaeder sowie zwischen Dodekaeder und Ikosaeder erkennen lässt:

Polyeder	n	e	k
Tetraeder	4	4	6
Hexaeder	6	8	12
Oktaeder	8	6	12
Dodekaeder	12	20	30
Ikosaeder	20	12	30

2. Das reguläre Tetraeder:

Das *reguläre Tetraeder* ist bereits in A 1.4 als Sonderfall einer Pyramide vorgestellt worden. Das aus jeder der vier Ecken auf die jeweilige Gegenfläche gefällte Lot trifft diese in ihrem Schwerpunkt, die vier *Höhenstrecken* (Länge h) schneiden einander in einem Punkt M. Die sechs (gleich langen) Kanten bilden drei Paare von Gegenkanten, das sind solche, die keine Ecke gemeinsam haben. Jede der sechs Symmetrieebenen des Körpers halbiert eine Kante unter rechtem Winkel und enthält die Gegenkante.

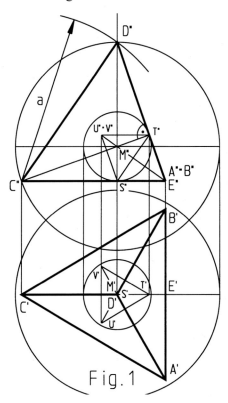

Fig. 1

Fig. 1 zeigt Grund- und Aufriss eines regulären Tetraeders ABCD, wobei der Körper so aufgestellt ist, dass der Aufriss mit dem Symmetrieschnitt CDE übereinstimmt. CD ist eine Körperkante (Länge a), CE und DE sind Flächenhöhen mit der Länge $h_1 = a/2 \cdot \sqrt{3}$ (=

Höhe im gleichseitigen Dreieck), und die beiden aus D auf CE und aus C auf DE gefällten Lote DS und CT sind zwei Höhenstrecken des Körpers. (Die beiden anderen sind BU und AV, wobei U der Schwerpunkt des Dreiecks ACD und V der Schwerpunkt des Dreiecks BCD ist.)

Im rechtw. Dreieck CSD ergibt der p. L., unter Berücksichtigung der Tatsache, dass S die Strecke CE (mit $|CE| = h_1$) im Verhältnis 2 : 1 teilt, für die Körperhöhe h die Formel

$$h = \frac{a}{3} \cdot \sqrt{6}$$

Der Schnittpunkt M der vier Höhenstrecken ist von allen Körperecken gleich weit entfernt und damit der Umkugelmittelpunkt des Tetraeders, gleichzeitig aber auch der Mittelpunkt einer Kugel, welche die vier Tetraederflächen in den Punkten S, T, U und V berührt, also auch der Inkugelmittelpunkt.

Demnach ist die Körperhöhe h die Summe aus Umkugelradius r_u und Inkugelradius r_i, was im Zusammenhang mit der obigen Rechnung und dem p. L. im rechtw. Dreieck CSM zu den Formeln

$$r_u = \frac{a}{4} \cdot \sqrt{6} \qquad r_i = \frac{a}{12} \cdot \sqrt{6}$$

führt. Daraus wiederum folgt unmittelbar, dass der Punkt M jede Höhenstrecke im Verhältnis 3 : 1 teilt.

Im Hinblick auf Würfel und Oktaeder sowie Dodekaeder und Ikosaeder sei noch auf das Polyeder STUV hingewiesen, dessen Ecken die Berührpunkte der Inkugel des Tetraeders ABCD sind. Es ist unmittelbar einsichtig, dass es sich ebenfalls um ein reguläres Tetraeder handelt, dessen Umkugel die Inkugel des Tetraeders ABCD ist, und dass sich dieses „Einschreiben" von regulären Tetraedern im Prinzip beliebig oft fortsetzen lässt.

Vorschläge zum Selbermachen: A) Zu zeigen, dass die vier Halbierungspunkte von zwei Gegenkantenpaaren eines regulären Tetraeders ein Quadrat EFGH mit dem Mittelpunkt M bilden. Hinweis: Ein Viereck ist ein Quadrat, wenn seine vier Seiten gleich lang sind und wenn seine zwei Diagonalen gleich lang sind. **B)** Ein reguläres Tetraeder nach einem Quadrat schneiden (siehe Aufg. A) und eine Hälfte in einem Schrägriss darstellen. **C)** Einem regulären Tetraeder werden durch vier Ebenen – jede von ihnen geht durch drei Kanten-Halbierungspunkte – die Ecken abgeschnitten. Den Restkörper in einem Schrägriss darstellen. Hinweis: Die Tetraederhöhe h ist allenfalls einer Hilfsfigur zu entnehmen.

3. Hexaeder und Oktaeder:

Das *reguläre Hexaeder* ist uns als *Würfel* schon bestens bekannt. Die vier Paare von Gegenecken werden durch die vier einander im Symmetriezentrum Z schneidenden Raumdiagonalen verbunden, die paarweise auch als Diagonalen der sechs rechteckigen Symmetrieschnitte des Würfels auftreten. Jeder solche Symmetrieschnitt enthält zwei Gegenkanten des Würfels als Parallelseiten (Länge a), die beiden anderen Parallelseiten haben die Länge $d_1 = a \cdot \sqrt{2}$, die Raumdiagonalen haben daher die Länge $d = a \cdot \sqrt{3}$ (Fig. 2). Neben den Symmetrieebenen durch die sechs Gegenkantenpaare gibt es noch drei zu den Würfelflächen parallele Symmetrieebenen, die einander in Z und den Körper nach Quadraten schneiden.

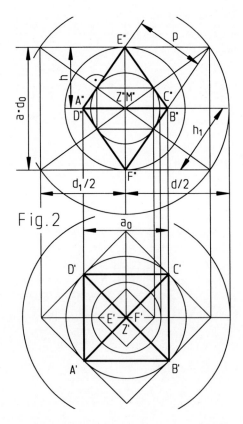

Fig. 2

Alle Würfelecken haben vom Symmetriezentrum Z den Abstand $r_u = d/2$. Alle Begrenzungsflächen des Würfels haben von Z den Abstand $r_i = a/2$, sodass also Z = M der Mittelpunkt von Umkugel und Inkugel des Würfels ist, und für die Radien gelten die Formeln

$r_u = \dfrac{a}{2} \cdot \sqrt{3}$	$r_i = \dfrac{a}{2}$

Bei dem in Fig. 2 dargestellten Würfel ist eine Symmetrieebene waagrecht und einer der sechs rechteckigen Symmetrieschnitte frontal. Diese Aufstellung erlaubt es, die Umrisse von Um- und Inkugel (mit dem gemeinsamen Mittelpunkt Z = M) unmittelbar hinzuzufügen.

Die Berührpunkte der Inkugel sind die Mittelpunkte der sechs Würfelflächen und Ecken eines Körpers ABCDEF, der von acht gleichseitigen Dreiecken begrenzt wird. Dieses *reguläre Oktaeder*, das auch durch „Eckenabschneiden" aus einem regelm. Tetraeder (UA 2, Aufg. C) abgeleitet werden kann, hat die Inkugel des Würfels zur Umkugel und selber eine Inkugel, deren Berührpunkte wieder die Ecken eines Würfels sind, usw. Daher ist die Flächenanzahl des Hexaeders mit der Eckenanzahl des Oktaeders identisch und umgekehrt, während die Kantenanzahl dieselbe ist.

Fig. 3 ist eine axonometrische Darstellung (Isometrie) eines regelm. Achtflachs. Es treten drei Paare von Gegenecken auf, die durch drei einander im Symmetriezentrum Z = M normal schneidende *Raumdiagonalen* AC, BD und EF verbunden sind. Je zwei Raumdiagonalen (Länge d_O) sind auch Diagonalen der drei quadratischen Symmetrieschnitte ABCD, AECF und BEDF des Körpers, daher gilt $d_O = a_O \cdot \sqrt{2}$, worin a_O die Kantenlänge des Oktaeders ist. Jeder solche Schnitt teilt den Körper in zwei regelm. quadratische

Pyramiden mit der Höhe $h = d_O/2 = a_O/2 \cdot \sqrt{2}$ und dieses h ist auch der Radius der Umkugel des Oktaeders (Fig. 2).

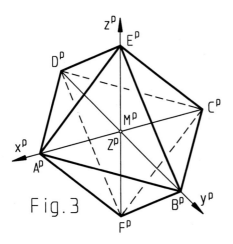

Fig. 3

Je zwei parallele Quadratseiten bilden ein Paar von Gegenkanten, und jedes der sechs Gegenkantenpaare hat eine gemeinsame Symmetrieebene, die auch Symmetrieebene des Oktaeders ist und dieses nach einem Rhombus schneidet. Der Aufriss von Fig. 2 zeigt einen solchen Rhombus unverzerrt, seine Seitenlänge ist die Höhe h_1 im gleichseitigen Dreieck, also $h_1 = a_O/2 \cdot \sqrt{3}$. Ferner belegt Fig. 2, dass der Radius der Oktaeder-Inkugel die Hälfte des Abstands p der Parallelseiten jedes rhombischen Symmetrieschnitts ist. Aus den zwei für den Rhombus geltenden Flächenformeln folgt $p \cdot h_1 = a_O \cdot h$ (Fig. 2), woraus sich $p \cdot \frac{a_O}{2} \cdot \sqrt{3} = a_O \cdot \frac{a_O}{2} \cdot \sqrt{2}$ und schließlich $p = a_O/3 \cdot \sqrt{6}$ ergibt.

Wird das Oktaeder (losgelöst vom Würfel) als eigenständiger Körper betrachtet und seine Kantenlänge mit a bezeichnet, dann gelten somit für seinen Umkugelradius r_u und seinen Inkugelradius r_i die Formeln

$r_u = \frac{a}{2} \cdot \sqrt{2}$	$r_i = \frac{a}{6} \cdot \sqrt{6}$

Vorschläge zum Selbermachen: A) Rechnerisch den Zusammenhang zwischen der Kantenlänge a eines Würfels, der Kantenlänge a_O des diesem eingeschriebenen Oktaeders und der Kantenlänge a_W des diesem eingeschriebenen Würfels herstellen. **B)** Ein Netz (und ein Modell) eines regulären Oktaeders herstellen. **C)** Ein reguläres Oktaeder und den ihm eingeschriebenen Würfel axonometrisch darstellen. Anleitung: Die Bilder von vier Würfelecken als Schwerpunkte ermitteln, dann Parallelität und Längengleichheit der Bilder paralleler Kanten ausnützen. **D)** Zu zeigen, dass es Ebenen gibt, die einen Würfel nach einem regelm. Sechseck schneiden, und einen Teilkörper axonometrisch darstellen. Hinweise: Die Ecken sind Halbierungspunkte von Würfelkanten. Ein Sechseck ist regelmäßig, wenn die sechs Seiten gleich lang und die drei Hauptdiagonalen gleich lang sind. **E)** Zu zeigen, dass die vier möglichen Schnittebenen von Aufg. D die Symmetrieebenen der Raumdiagonalen sind. Hinweis: Der Höhensatz (Teil I) ist nützlich. **F)** Zu zeigen, dass sich ein reguläres Rhomboeder ABCDEFGH (UA 1.3.2) aus zwei regulären Tetraedern ABDE, FGHC und einem regulären Oktaeder BDHFEC zusammensetzt. Hinweis: Nützlich ist eine Darstellung des Körpers in Grund- und Aufriss in einer Stellung, bei der eine Symmetrieebene frontal ist. **G)** Auf jede Begrenzungsfläche eines Würfels (Kantenlänge a) wird eine regelm. Pyramide mit der Höhe $h = a/2$ aufgesetzt. Den dadurch entstehenden Körper (*Rhomben-Dodekaeder*) in Hauptrissen sowie axonometrisch darstellen und auf Eigenschaften (Form und Anzahl der Begrenzungsflächen, Anzahl der Ecken und Kanten, Gültigkeit des Polyedersatzes, Umkugel und Inkugel) untersuchen.

4. Kepler-Stern und „Atomium":

In jedem Würfel ABCDEFGH sind zwei reguläre Tetraeder ACFH und BDEG enthalten, deren Kanten die zwölf Flächendiagonalen des Würfels sind. Fassen wir diese beiden Tetraeder als Teilmengen des Punktraumes auf, so ist deren Vereinigungsmenge der von Johannes Kepler (1571 – 1630) „stella octangula" genannte achtzackige Stern (*Kepler-Stern*), wie ihn Fig. 4 zeigt. Die Durchschnittsmenge der beiden oben genannten Punktmengen ist das bereits bekannte reguläre Oktaeder, dessen Ecken in Fig. 4 mit den Ziffern 1 bis 6 beschriftet sind.

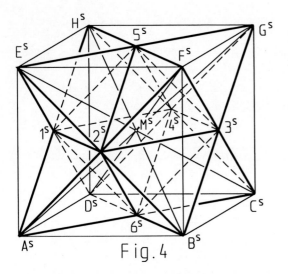

Fig. 4

Da die beiden Vierflache im Kepler-Stern zueinander bezüglich des Punktes M spiegelbildlich sind, lässt sich aus einem regulären Tetraeder ein Würfel ableiten, indem jede der vier Tetraeder-Ecken am Um- und Inkugelmittelpunkt M gespiegelt wird.

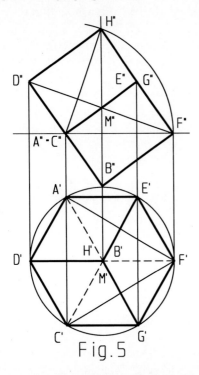

Fig. 5

Fig. 5 zeigt den Vorgang anhand eines Tetraeders ACFH mit waagrechter Begrenzungsfläche ACF, sodass die Höhenstrecke durch H und in Folge die Raumdiagonale BH des Würfels ABCDEFGH lotrecht ist. Der Grundriss zeigt diesen Würfel so, wie er auch in einer normalen Isometrie abgebildet wird.

Damit ist bestätigt, dass das bei dieser speziellen Axonometrie verwendete Bild des Achsensystems Uxyz als Normalriss interpretiert werden kann und für normale Isometrien daher (z. B. hinsichtlich der Kreis- und Kugeldarstellung) die entsprechenden Abbildungseigenschaften gelten.

Das in Brüssel anlässlich der Weltausstellung 1958 erbaute 102 m hohe „Atomium" (Foto) besteht aus neun durch Drehzylinder miteinander verbundene Kugeln, von denen acht so angeordnet sind wie die acht Ecken eines Würfels in der Aufstellung von Fig. 5. Die neunte Kugel hat das Symmetriezentrum des Würfels zum Mittelpunkt.

5. Das reguläre Dodekaeder:

Das *reguläre Dodekaeder* wird in der Literatur auch als *Pentagon-Dodekaeder* („Fünfeck-Zwölfflach") bezeichnet.

In Fig. 6 sind Grund- und Aufriss eines regelm. Zwölfflachs (Kantenlänge a) nach folgender Grundüberlegung hergestellt worden: Ist eine Begrenzungsfläche ABCDE waagrecht, so wird der Grundriss des Körpers symmetrisch bezüglich jeder der fünf Symmetralen des regelm. Fünfecks A'B'C'D'E' (Seitenlänge a) sein. Die zugehörigen lotrechten Ebenen sind Symmetrieebenen des Körpers. Wird A'B'C'D'E' zusätzlich so angenommen, dass eine Symmetrale frontal ist, dann eignet sich etwa die Gerade a = (AB) als Drehachse für die Drehung der Dodekaederfläche ABFGH in Horizontallage, was im

Grundriss (z. B.) die mit A'B'C'D'E' zusammenfallende Figur A'B'F$_0$'G$_0$'H$_0$' ergibt. Beim Zurückdrehen dieser Fläche kommt (aus den genannten Symmetriegründen) F' auf die Symmetrale durch B' zu liegen und H' auf die Symmetrale durch A'. Mit Hilfe der im Aufriss unverzerrten Bahnkurven dieser Drehung und der Ordnerbeziehung gelangen wir zu F'' = H'' und weiter zu G'', woraus wiederum G' folgt. Symmetrien, Ordnerbeziehungen und die Tatsache, dass alle Ecken der an ABCDE hängenden Fünfecke gleich hoch über der waagrechten Standebene liegen wie F und H bzw. G, erlauben das Darstellen aller dieser Fünfecke, wodurch Grund- und Aufriss eines fünfzackiges „Körbchens" entstehen. Ein dazu kongruentes Körbchen, bei dem das waagrechte Fünfeck oben liegt und um 36° verdreht ist, greift genau in die Zacken des unteren Körbchens ein und vervollständigt so die Dodekaeder-Oberfläche.

des Dodekaeders schneiden. Der (zunächst überraschende) Umstand, dass der erste scheinbare Umriss des Dodekaeders in der Aufstellung von Fig. 6 ein regelmäßiges Zehneck ist, folgt aus der Tatsache, dass je fünf der zehn Hauptdiagonalen gleich geböscht und ihre Grundrisse daher gleich lang sind.

Im Aufriss von Fig. 6 ist der Abstand h von Gegenflächen als Abstand der entsprechenden Schwerpunkte anhand zweier *Höhenstrecken* ST und UV erkennbar, die (wie die Hauptdiagonalen) in Z ihren Halbierungspunkt haben. Durch ST gehen fünf Symmetrieebenen, es gibt sechs Höhenstrecken, aber in jeder Symmetrieebene liegen zwei davon. Demnach besitzt das reguläre Dodekaeder 15 Symmetrieebenen mit Symmetrieschnitten, deren Gestalt und Größe dem Aufriss von Fig. 6 zu entnehmen ist.

Die Umrisse der Umkugel und der Inkugel sind nur im Aufriss von Fig. 6 eingezeichnet. Der Um- und Inkugelmittelpunkt ist Z = M und es gilt r_u = d/2 und r_i = h/2. (Grundriss: Der Umkreis des regelm. Zehnecks ist geringfügig kleiner als der erste Umrisskreis der Umkugel.)

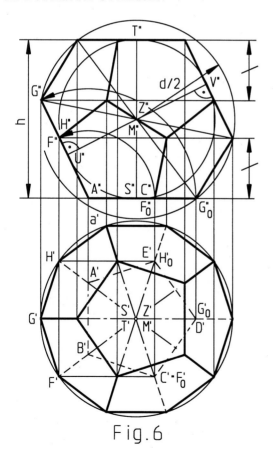

Fig. 6

Je zwei Gegenecken sind durch zehn gleich langen *Hauptdiagonalen* (Länge d) verbunden, die einander im Symmetriezentrum Z

Vorschläge zum Selbermachen: A) Einen **a)** Horizontalriss, **b)** Frontalriss eines regulären Dodekaeders nach dem Aufbauverfahren (A 1.2) aus Grund- und Aufriss ableiten. **B)** Einen axonometrischen Riss eines regulären Dodekaeders nach dem Einschneideverfahren (A 1.2) aus Grund- und Aufriss ableiten. **C)** Ein Netz (und ein Modell) eines regulären Dodekaeders herstellen. Anleitung: Die Netze zweier fünfzackigen Körbchen zeichnen und aneinanderhängen. **D)** Anhand von Fig. 6 verifizieren: Jedem regulären Dodekaeder lassen sich fünf Würfel einschreiben, bei denen parallele Diagonalen des unteren und oberen Fünfecks Gegenkanten sind. Hinweis: Ein Parallelepiped ist ein Würfel, wenn alle Seiten gleich lang und alle Raumdiagonalen gleich lang sind. **E)** In Tafel I (Seite 197) jedem der zwei oberen Horizontalrisse eines regulären Dodekaeders das Bild eines eingeschriebenen Würfels (Aufg. D) beifügen.

6. Das reguläre Ikosaeder:

Die zwölf Schwerpunkte, in denen die Inkugel das Dodekaeder berührt, sind die Ecken eines von 20 gleichseitigen Dreiecken begrenzten Körpers, der *reguläres Ikosaeder* genannt wird. Die Inkugel des Zwölfflachs ist demnach die Umkugel dieses eingeschriebenen Zwanzigflachs, und diesem kann wiederum ein regelm. Zwölfflach eingeschrieben werden, usw. Daher ist die Flächenanzahl des Dodekaeders die Eckenanzahl des Ikosaeders und umgekehrt, während die Kantenanzahl dieselbe ist.

Stellen wir uns vor, dem Dodekaeder von Fig. 6 sei ein Ikosaeder eingeschrieben. Dann müssen je fünf seiner Ecken (als Schwerpunkte der unteren bzw. oberen Reihe der schräg liegenden Dodekaederflächen) zwei horizontal liegende regelm. Fünfecke bilden, wozu noch eine Ecke als höchster und eine Ecke als tiefster Punkt dazukommen. Letztere müssen die Spitzen zweier Pyramiden sein, deren Grundflächen die besagten Fünfecke sind. Das Problem bei der Ikosaeder-Darstellung ist also der von zehn gleichseitigen Dreiecken gebildete „mittlere Ring".

Fig. 7 zeigt die Ermittlung von Grund- und Aufriss eines regelm. 20-Flachs ABCDEFGHIJKL (Kantenlänge a). Zuerst wird das untere der beiden genannten regelm. Fünfecke ABCDE waagrecht und mit einer frontalen Symmetralen platziert. Zu seinem Grundriss A'B'C'D'E' (Seitenlänge a) kann sofort das um 36° verdrehte kongruente Fünfeck F'G'H'I'J' als Grundriss des oberen waagrechten Fünfecks FGHIJ hinzugefügt werden, und im Schwerpunkt dieser beiden Fünfecke liegt K' = L'. Damit ist der Grundriss des Ikosaeders bereits fertig.

Das der Kante AB anhängende gleichseitige Dreieck ABF kann um a = (AB) in Horizontallage ABF_0 (Grundriss $A'B'F_0'$) gedreht werden, durch Zurückdrehen ergibt sich F" auf dem Ordner durch F' und in Folge der ganze Aufriss des Fünfecks FGHIJ. Die Punkte K" und L" bekommen wir durch Abschlagen der Kantenlänge a von D" (bzw. F") aus auf dem mittleren Ordner, weil die Kanten DL und FK frontal sind.

Je zwei Gegenecken sind durch sechs gleich langen *Hauptdiagonalen* (Länge d) verbunden, die einander im Symmetriezentrum M des Ikosaeders schneiden. Analog zum Dodekaeder ergibt sich daraus die gleiche Anzahl von Symmetrieebenen, nämlich 15, mit Symmetrieschnitten, deren Gestalt und Größe der Aufriss von Fig. 7 zeigt.

Je zwei Gegenflächen haben voneinander den Abstand h als Länge von zehn *Höhenstrecken*, welche die Schwerpunkte S und T, U und V usw. der Gegenflächen verbinden und (wie die Hauptdiagonalen) in M ihren Halbierungspunkt haben.

Die Umrisse der Umkugel und der Inkugel sind nur im Aufriss von Fig. 7 eingezeichnet. Der Um- und Inkugelmittelpunkt ist M und es gilt $r_u = d/2$ und $r_i = h/2$.

Vorschläge zum Selbermachen: A) Einen **a)** Horizontalriss, **b)** Frontalriss eines regulären Ikosaeders nach dem Aufbauverfahren (A 1.2) aus Grund- und Aufriss ableiten. **B)** Einen axonometrischen Riss eines regulären

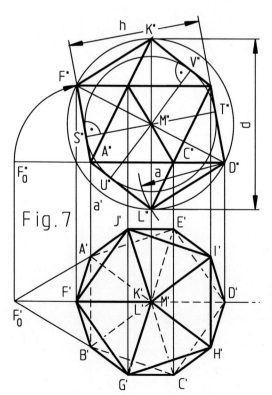

Ikosaeders nach dem Einschneideverfahren (A 1.2) aus Grund- und Aufriss ableiten. **C)** Dem Bild eines in Tafel II (Seite 198) dargestellen regulären Ikosaeders das Bild des eingeschriebenen Dodekaeders beifügen. **D)** Ein Netz (und ein Modell) eines regulären Ikosaeders herstellen. Hinweis: Der mittlere Ring kann aus zehn aneinanderhängenden gleichseitigen Dreiecken gebildet werden, wozu noch zwei Pyramidenmäntel kommen.

1.7 Archimedische Körper

Vielflache mit durchwegs gleich langen Kanten, die eine Umkugel, aber keine Inkugel besitzen, werden als *semireguläre Polyeder* oder auch als *archimedische Körper* bezeichnet. Aus dieser Definition folgt, dass die Begrenzungsflächen solcher Körper regelmäßige Vielecke sind, denn es handelt sich um Vielecke mit durchwegs gleich langen Seiten, die (wegen der Umkugel-Bedingung) einen Umkreis haben müssen. Wie bei den platonischen Körpern ist die Anzahl der durch eine Ecke gehenden Kanten konstant, sodass die dort abgeleitete Formel auch für archimedische Körper gilt.

1. Überblick:

Jedes regelmäßige Prisma, ausgenommen ein quadratisches, bei dem die Höhe h mit der Länge a der Basiskanten übereinstimmt, ist ein archimedischer Körper. Es gibt aber auch semireguläre Polyeder, die keine Prismen sind, und es sind vor allem diese gemeint, wenn von solchen Körpern die Rede ist. Sieben davon lassen sich aus regulären Polyedern durch „Eckenabschneiden" ableiten.

Dabei gibt es zwei Arten der Schnittführung. Das in Fig. 1 durch Auf- und Frontalriss dargestellte Objekt entsteht aus einem regulären Tetraeder, indem dessen Ecken durch Ebenen abgeschnitten werden, die jede Tetraederkante dritteln. Der Aufriss enthält auch den zweiten Umrisskreis der Umkugel.

Bei jedem aus einem regulären Polyeder abgeleiteten archimedischen Körper ist die Anzahl der Begrenzungsflächen die Summe aus der Flächenanzahl n und der Eckenanzahl e des Ausgangsobjekts. Das bedeutet, dass aus dem Tetraeder nur Achtflache, aus Würfel und Oktaeder nur 14-Flache und aus Dodekaeder und Ikosaeder nur 32-Flache abgeleitet werden können.

Zuletzt wird in diesem Abschnitt noch ein semireguläres 26-Flach vorgestellt, das weder ein Prisma ist noch durch Eckenabschneiden aus einem platonischen Körper abgeleitet werden kann.

Archimedische Körper mit der gleichen Anzahl von Begrenzungsflächen derselben Form sind ähnlich, ihre Größe und insbesondere ihr Umkugelradius r_u ist nur von der Kantenlänge a abhängig.

2. Prismatische archimedische Körper:

Ein semireguläres prismatisches n-Flach wird von n − 2 kongruenten Quadraten und zwei kongruenten regelm. Vielecken anderer Form begrenzt. Als Prisma hat es 2·(n − 2) Ecken und 3·(n − 2) Kanten.

Ein semireguläres Fünfflach wird von zwei gleichseitigen Dreiecken und drei Quadraten begrenzt. Das Sechsflach gleicher Bauart ist der Würfel. Zu jedem n ≥ 7 gibt es, abgese-

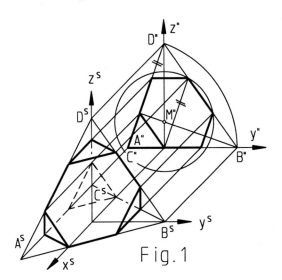

Fig. 1

hen von der Größe, genau ein semireguläres prismatisches n-Flach.

Vorschläge zum Selbermachen: A) Ein semireguläres prismatisches **a)** Fünfflach, **b)** Achtflach und seine Umkugel in Grund- und Aufriss darstellen und den funktionalen Zusammenhang zwischen Kantenlänge a und Umkugelradius r_u herstellen. **B)** Ein semireguläres prismatisches **a)** Fünfflach, **b)** Achtflach anschaulich darstellen.

3. Archimedische Körper, deren Ecken die Kantenmitten platonischer Körper sind:

Wenn das Eckenabschneiden durch kantenhalbierende Ebenen erfolgt, dann liegt auf jeder Kante des Ausgangskörpers genau eine Ecke des neuen Körpers. Die Eckenanzahl e des semiregulären Polyeders ist daher gleich der Kantenanzahl des regulären Polyeders, aus dem es hervorgeht. Durch jede Ecke gehen vier Kanten, sodass nach der Formel von UA 1.6.1 jeder archimedische Körper dieser Art doppelt so viele Kanten als Ecken hat.

Aus einen regulären Tetraeder wird auf diesem Weg allerdings kein archimedischer Körper, sondern ein anderer platonischer Körper, nämlich ein reguläres Oktaeder (UA 1.6.2, Aufg. C).

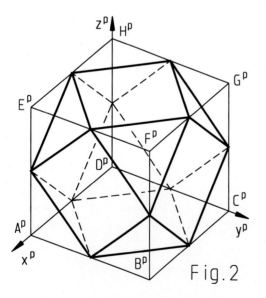

Fig. 2

Aus einem Würfel und einem regulären Oktaeder entsteht durch kantenhalbierendes Eckenabschneiden ein semireguläres Polyeder derselben Form, das von acht gleichseitigen Dreiecken und sechs Quadraten begrenzt und als *Kuboktaeder* bezeichnet wird (Fig. 2).

Ebenso entsteht ein archimedischer Körper derselben Form durch kantenhalbierendes Eckenabschneiden aus einem regulären Dodekaeder und aus einem regulären Ikosaeder. Er wird von 20 gleichseitigen Dreiecken und zwölf regelmäßigen Fünfecken begrenzt.

Die folgende Tabelle gibt für die zwei neuen Körper die Anzahl der Flächen, Ecken und Kanten an. Der Euler'sche Polyedersatz ist durchgehend erfüllt.

Art der Begrenzungsflächen	n	e	k
Dreiecke (8), Quadrate (6)	14	12	24
Dreiecke (20), Fünfecke (12)	32	30	60

Vorschläge zum Selbermachen: A) Ein Kuboktaeder aus einem regulären Oktaeder, dessen Ecken paarweise auf den Koordinatenachsen liegen, ableiten bzw. in einem Frontalriss ($\alpha = 120°$, $v = 0{,}5$) darstellen. **B)** Ein Netz (und ein Modell) eines Kuboktaeders herstellen. **C)** Den Umkugelradius r_u des Kuboktaeders als Funktionswert der Kantenlänge a darstellen. **D)** Tafel II (Seite 198) enthält Normalrisse eines regulären Ikosaeders. Aus einem davon durch Kantenhalbieren das Bild eines archim. Körpers ableiten.

4. Die zweite Art der Schnittführung:

Jedem regelm. n-Eck, das einen platonischen Körper begrenzt, wird ein regelm. 2n-Eck so eingeschrieben, dass auf jeder Seite des n-Ecks auch eine Seite des 2n-Ecks liegt. Damit sind die Schnitte markiert, nach denen das Eckenabschneiden erfolgt (Fig. 1, 3, 4, 5). Bei den von gleichseitigen Dreiecken begrenzten platonischen Körpern ist diese Vorschrift gleichbedeutend damit, dass die Schnitte kantendrittelnd geführt werden. Da mithin auf jeder Kante des Ausgangskörpers zwei Ecken des neuen Körpers liegen, ergibt sich die Eckenanzahl e des semiregulären Polyeders durch Verdoppeln der Kantenanzahl des regulären Polyeders, aus dem er hervorgeht. Durch jede Ecke gehen drei Kanten, sodass nach der Formel von UA 1.6.1 für jeden archimedische Körper dieser Art k = 1,5.e gilt.

Aus einem regulären Tetraeder entsteht bei dieser Schnittführung ein von vier gleichseitigen Dreiecken und vier regelm. Sechsecken begrenztes semireguläres Achtflach mit zwölf Ecken. In Fig. 1 wird vom Aufriss eines regulären Tetraeders in einfachster Aufstellung ausgegangen. Für das Kantendritteln nach dem Strahlensatz ist nützlich, dass die Flächenhöhen des Tetraeders vom jeweiligen Flächenschwerpunkt im Verhältnis 2 : 1 geteilt werden. Der Umkugelmittelpunkt M des Tetraeders ist auch der Mittelpunkt der Umkugel des Achtflachs.

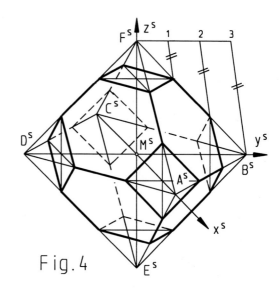

Fig. 4

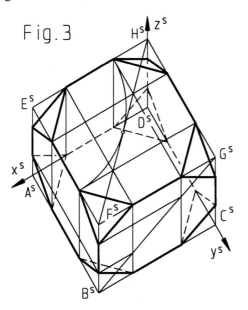

Aus einem Würfel ergibt sich ein von acht gleichseitigen Dreiecken und sechs regelm. Achtecken begrenztes semireguläres 14-Flach mit 24 Ecken. Fig. 3 zeigt den archimedischen Körper in einem Horizontalriss. Das Einschreiben des regelm. Achtecks in die quadratische Deckfläche erfolgt nach der in Teil I begründeten einschlägigen Konstruktion.

Aus einem regulären Oktaeder lässt sich durch Kantendrittelung ein von sechs Quadraten und acht regelm. Sechsecken begrenztes semireguläres Polyeder mit 24 Ecken ableiten (Fig. 4).

Werden allen Begrenzungsflächen eines regulären Dodekaeders regelm. Zehnecke eingeschrieben, so entsteht ein von 20 gleichseitigen Dreiecken und zwölf regelm. Zehnecken begrenztes semireguläres 32-Flach mit 60 Ecken. Und ein archimedischer Körper mit ebenfalls 32 Flächen und 60 Ecken ergibt sich durch Kantendrittelung aus einem regulären Ikosaeder. Er wird von zwölf regelm. Fünfecken und 20 regelm. Sechsecken begrenzt (Fig. 5). Weil an jeder Ecke ein Fünfeck und zwei Sechsecke zusammentreffen, sodass die Winkelsumme mit 2.120° + 108° = 348° schon ziemlich nahe an 360° herankommt, ist dieser Körper ziemlich „rund" und eignet sich seine Oberfläche daher als *Kugelersatzfläche*, was bei der Fertigung von Bällen gerne genützt wird.

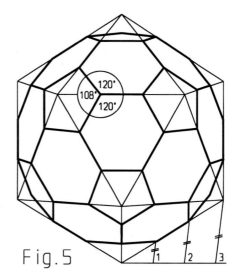

Die folgende Tabelle gibt für die fünf auf diese (zweite) Art der Schnittführung aus platonischen Körpern abgeleiteten archimedischen Körper die Anzahl der Flächen, Ecken und Kanten an. Der Euler'sche Polyedersatz ist durchgehend erfüllt.

Art der Begrenzungsflächen	n	e	k
Dreiecke (4), Sechsecke (4)	8	12	18
Dreiecke (8), Achtecke (6)	14	24	36
Quadrate (6), Sechsecke (8)	14	24	36
Dreiecke (20), Zehnecke (12)	32	60	90
Fünfecke (12), Sechsecke (20)	32	60	90

Vorschläge zum Selbermachen: A) Den Umkugelradius r_u **a)** des aus dem regulären Tetraeder, **b)** des aus dem regulären Oktaeder durch Kantendritteln abgeleiteten archimedischen Körpers als Funktionswert der Kantenlänge a darstellen. **B)** In Tafel I (Seite 197) aus dem unteren Horizontalriss das Bild des semiregulären 32-Flachs ableiten, das von 20 Dreiecken und 12 Zehnecken begrenzt wird. Anleitung: Die beiden waagrechten regelm. Zehnecke können den zugehörigen regelm. Fünfecken mit Hilfe von fünf Inkreistangenten eingeschrieben werden. Alles Weitere ergibt sich aus Symmetrien, Teilverhältnisübertragungen und Parallelitäten.

5. Ein semireguläres 26-Flach:

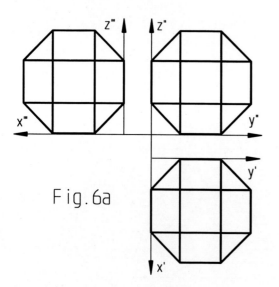

Fig. 6a

Der Körper wird von 18 Quadraten und acht gleichseitigen Dreiecken begrenzt. Die Quadrate sind so angeordnet, dass je acht von ihnen drei Ringe in Form von Mänteln eines regelm. achtseitigen Prismas bilden, wodurch ein Hohlraum mit acht Öffnungen entsteht, welche durch die Dreiecke geschlossen werden. Fig. 6a zeigt das Objekt in den drei Hauptrissen, die von gleicher Form und Größe sind und an denen sich die Eckenzahl e = 24 ablesen lässt. In Fig. 6b wird der archimedische Körper durch einen Horizontalriss (α = 295°, v = 3/4) veranschaulicht. In jeder Ecke laufen vier Kanten zusammen, was insgesamt 24.2 = 48 Kanten ergibt. Der Euler'sche Polyedersatz ist erfüllt: 26 + 24 = 48 + 2. Wie der Würfel, dem er eingeschrieben ist, besitzt dieser archimedische Körper neun Symmetrieebenen.

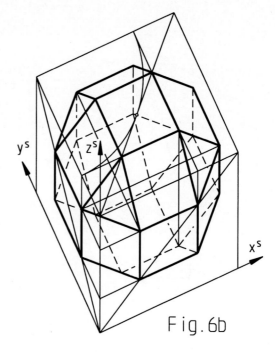

Fig. 6b

Vorschlag zum Selbermachen: Den Umkugelradius r_u des 26-Flachs als Funktionswert der Kantenlänge a darstellen. Hinweis: Der Zusammenhang zwischen der Seitenlänge a eines regelm. Achtecks und der Seitenlänge a_4 des umschriebenen Quadrats wurde in Teil I hergeleitet und lautet $a = a_4 \cdot (\sqrt{2} - 1)$ oder $a_4 = a \cdot (\sqrt{2} + 1)$.

Hauptabschnitt 2:
Oberfläche und Volumen

In der Schulgeometrie wird die Vorstellung geometrischer Körper in der Regel mit der Berechnung ihrer Oberfläche und ihres Volumens kombiniert und zieht sich über die ganze Sekundarstufe hin. Die hier gewählte Gliederung erlaubt eine kompakte Behandlung des Themas einschließlich fundierter Beweise, abgesehen von jenen Fällen, wo Grenzwerte und Integrale eine Rolle spielen, deren Grundlegung nicht Gegenstand dieses Buches ist. Bei den Vorschlägen zum Selbermachen werden praxisorientierte Anwendungen bevorzugt.

2.1 Raummaße; Würfel und Quader

Längenberechnungen sind bereits in HA 1 behandelt worden. Der Flächeninhalt O der Oberfläche eines geometrischen Körpers wird im Flächenmaß angegeben, das in Teil I eingeführt worden ist. Der *Rauminhalt* oder das *Volumen* V verlangt nun nach Einführung einer neuen Maßeinheit, nämlich dem Volumen eines Würfels, dessen Kantenlänge eine Längeneinheit (LE) beträgt. Diese Maßeinheit wird als *Volumseinheit* (VE) bezeichnet.

Bei V = q VE gibt die Maßzahl q das Verhältnis an, in dem das Volumen V des Körpers zum Volumen des *Einheitswürfels* steht. V = 15 VE oder V = 3,7 VE bedeutet, dass in den betreffenden Körper der (allenfalls in Teilstücke zerlegte) Einheitswürfel 15-mal bzw. 3,7-mal hineinpasst. Insbesondere passen in einen Würfel mit einer Seitenlänge von n LE genau n·n·n = n^3 Einheitswürfel, sein Volumen beträgt also n^3 VE (Fig. 1, n = 3).

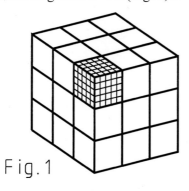

Fig. 1

1. Raum- und Hohlmaße:

Im technischen und wirtschaftlichen Bereich wird als Maßeinheit für das Volumen der *Kubikmeter* (abgekürzt m^3), der Inhalt eines Würfels mit einem Meter Seitenlänge, und seine dezimalen Teile verwendet. Dabei sind vor allem Kubikdezimeter (1 dm^3 = 0,001 m^3), Kubikzentimeter (1 cm^3 = 0,001 dm^3 = 0,000001 m^3) und Kubikmillimeter (1 mm^2 = 0,001 cm^3 = 0,000001 dm^3 = 0,000000001 m^3) in Gebrauch.

Neben diesen Raummaßen werden – vor allem für Hohlräume und die sie füllenden Flüssigkeiten – *Hohlmaße* verwendet. Die Maßeinheit für Hohlmaße ist der *Liter* (abgekürzt l), was mit dem Rauminhalt von einem Kubikdezimeter identisch ist. Hundert Liter sind ein *Hektoliter* (1 hl). Deziliter (1 dl = 0,1 l), Zentiliter (1 cl = 0,01 l) und Milliliter (1 ml = 0,001 l = 1 cm^3) bilden die gebräuchlichsten dezimalen Teile. Es gibt aber auch Hohlmaße, die nicht auf dem Liter aufbauen, wie z. B. der *Eimer* (≈ 12 l) und das *Barrel* (≈ 159 l).

2. Masse, Dichte und das archimedische Prinzip:

Im Hinblick auf den praktischen Wert von Volumsberechnungen soll an dieser Stelle ein Abstecher zur Physik gemacht werden.

Die *Masse* m ist ein – zumindest bei festen Körpern – von Außeneinflüssen unabhängiger Faktor der Gewichtskraft (des „Gewichts"), mit welcher der Körper auf seiner Unterlage lastet, an seiner Aufhängung zieht oder, falls beides nicht vorhanden ist, zum

Erdmittelpunkt hin beschleunigt wird. Masseneinheit ist das Gramm (g), tausend Gramm sind ein Kilogramm (1000 g = 1 kg).

Die *Dichte* ρ eines Körpers ist seine Masse pro Volumseinheit, und zwar in Kilogramm pro Kubikdezimeter (bzw. Liter) oder in Gramm pro Kubikzentimeter (bzw. Milliliter). Wasser hat (bei 4° C) die Dichte 1, Eis (bei 0° C) ca. 0,92, trockenes Holz je nach Art 0,4 bis 0,9, Beton je nach Mischung 1,5 bis 2,4. Auf eine Dezimale genau beträgt die Dichte für Glas 2,5, für Aluminium 2,7, für Eisen 7,8, für Kupfer 8,9, für Silber 10,5, für Blei 11,4, für Uran 18,7 und für Gold 19,3.

Aus Volumen und Dichte errechnet sich die Masse nach der Formel

$$m = \rho \cdot V$$

in kg bzw. g, je nach Volumseinheit dm^3 (l) oder cm^3 (ml). Die Formel erlaubt natürlich auch die Berechnung des Volumens aus Masse und Dichte sowie der Dichte aus Masse und Volumen.

Nach dem *archimedischen Prinzip* verliert ein in eine Flüssigkeit (völlig) eingetauchter Körper (scheinbar) soviel von seiner Gewichtskraft wie die Gewichtskraft der von ihm verdrängten Flüssigkeit ausmacht. Letztere wird als *Auftrieb* bezeichnet. Die Volumina von Körper und verdrängter Flüssigkeit sind gleich und die beiden Gewichtskräfte sind zu den Massen proportional. Daher kommt es nur auf die Dichte an, ob ein Körper in der Flüssigkeit untergeht, schwebt oder schwimmt.

Im Wasser (ρ = 1) geht ein Körper mit ρ > 1 unter, weil seine Gewichtskraft auch nach Abzug des Auftriebs noch positiv ist, und für ρ = 1 schwebt er im Wasser wie ein Fisch oder Unterseeboot. Für ρ < 1 schwimmt der Körper, seine Gesamt-Gewichtskraft und der durch den unter Wasser befindlichen Teil verursachte Auftrieb halten sich die Waage. Für entsprechende Volumsberechnungen kann die Gewichtskraft wiederum durch die Masse ersetzt werden.

Beispiel: Wieviel Prozent (p %) des Volumens eines Eisberges befinden sich unter Wasser? Ist $m_W = \rho_W \cdot pV$ die Masse des verdrängten Wassers und $m_E = \rho_E \cdot 100V$ die Masse des Eisberges, dann folgt aus $m_W = m_E$ (für $\rho_W = 1$ und $\rho_E = 0{,}92$) p = 92 %. Die über Wasser befindliche „Spitze des Eisberges" macht also nur 8 % des Gesamtvolumens aus.

Schließlich sei noch bemerkt, dass die Volumsmessung grundsätzlich durch (vollständiges) Eintauchen des Objekts und Messung der verdrängten Flüssigkeitsmenge erfolgen kann. So lässt sich also das Volumen kleiner Objekte – zumindest näherungsweise – immer mit Hilfe eines geeichten Messglases ermitteln.

3. Oberfläche und Volumen von Würfeln und Quadern:

Die Oberfläche eines Würfels mit der Seitenlänge a besteht aus sechs Quadraten mit je a^2 FE Flächeninhalt und sein Volumen beträgt a^3 VE (Fig. 1). Denn in dem Würfel sind a^3 ganze Würfel enthalten, sofern nur die Längeneinheit klein genug gewählt wird. (Ein irrationales a müssen wir uns bei dieser Betrachtungsweise allerdings durch einen rationalen Näherungswert ersetzt denken.)

$$O_W = 6a^2 \qquad V_W = a^3$$

Beispiel: In einen Würfel von 6,3 cm Kantenlänge passen genau 63^3 Würfel von 1 mm Seitenlänge hinein, sein Volumen beträgt daher $63^3 = 250047$ $mm^3 = 250{,}047$ $cm^3 = 6{,}3^3$ cm^3. Die Oberfläche beträgt $6 \cdot 6{,}3^2 = 238{,}14$ cm^2.

Die Oberfläche des Quaders mit den Kantenlängen a, b, c hat einen Flächeninhalt, der sich aus zweimal drei Rechtecksflächen zusammensetzt, und die Definition des Rauminhalts als Anzahl der in einem Körper enthaltenen Einheitswürfel führt gemäß Fig. 2 unmittelbar zur Volumsformel:

$$O_Q = 2 \cdot (ab + ac + bc) \qquad V_Q = abc$$

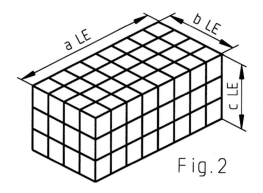

Fig. 2

Vorschläge zum Selbermachen: A) In ein quaderförmiges Gefäß von 8 cm Länge und 6 cm Breite wird ein Liter Wasser gegossen. Wie hoch steht es (auf mm genau)? **B)** Ein rechteckiges Blatt Stanniol (= dünn gewalztes reines Zinn) im A4-Format (a = 29,7 cm, b = 21 cm) hat eine Masse von 26 g. Wie dick (auf 10^{-3} mm genau) ist das Blatt, wenn Zinn die Dichte ρ = 7,3 hat? **C)** Aus einem drehzylinderförmigen Baumstamm aus Buchenholz (ρ = 0,7) mit 5 m Länge und 22,5 cm Durchmesser wird ein quaderförmiger Balken maximalen Volumens herausgeschnitten, bei dem sich die Seitenlängen des Querschnitt-Rechtecks wie 4 : 3 verhalten. Welche Masse hat der Balken? **D)** Wie lang muss ein im Wasser schwimmendes Holzstück (ρ = 0,5) in Form eines Quaders mit einer Querschnittsfläche von 625 cm^2 mindestens sein, um eine Person mit einer Masse von 75 kg zur Gänze tragen zu können?

2.2 Gerade Prismen und Drehzylinder

Die Formeln für den Rauminhalt der im Titel genannten Körper lassen sich unmittelbar aus dem Quadervolumen ableiten.

1. Oberfläche und Volumen von geraden Prismen:

Die Oberfläche von Prismen besteht aus der Grundfläche mit dem Inhalt G, der dazu kongruenten Deckfläche und dem Mantel mit dem Inhalt M, sodass für den Inhalt O der Oberfläche allgemein die Formel

$$O_{Pr} = 2G + M$$

gilt. Bei geraden Prismen mit der Höhe h ist der Mantel ein Rechteck mit den Seitenlängen u und h, sodass M = uh gilt, worin u der Umfang der Grundfläche ist. Bei einem regelm. n-seitigen Prisma mit der Basiskantenlänge a gilt u = na und daher M = nah.

In der ebenen Geometrie werden Flächeninhalte von Vielecken durch Verwandlung derselben in flächengleiche Rechtecke ermittelt. Das Verfahren ist auf Volumsberechnungen bei geraden Prismen übertragbar: Werden deren Grundflächen in flächengleiche Rechtecke verwandelt, so hat der über diesen errichtete Quader mit der Höhe h dasselbe Volumen wie das Prisma. Fig. 1 veranschaulicht das anhand eines regelm. sechsseitigen Prismas, das demnach ein Volumen von ab.h = G.h Volumseinheiten (VE) besitzt, worin G auch direkt als Flächeninhalt des regelm. Sechsecks berechnet werden kann.

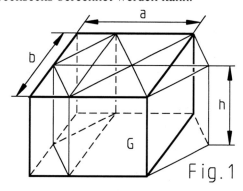

Fig. 1

Sofern nur die zugehörige Längeneinheit (LE) klein genug gewählt wird, ist G auch als Anzahl der Flächeneinheiten (FE) interpretierbar, welche die Grundfläche des Prismas vollständig ausfüllen. Ein gerades Prisma, dessen Höhe <u>eine</u> LE ausmacht, hat somit einen Rauminhalt von G VE, und ein gerades Prisma, dessen Höhe aus h LE besteht, setzt sich aus h Schichten zu je G VE zusammen. Daraus ergibt sich die Volumsformel

$$V_{Pr} = G.h$$

Für irrationale Längen ist das Prismenvolumen – wie beim Würfel – der nach derselben Formel berechenbare Grenzwert einer konvergenten Folge rationaler Näherungswerte.

Vorschläge zum Selbermachen: A) Die Grundfläche eines geraden Prismas von 28 cm Höhe ist **a)** ein Rhombus mit e = 42 cm und f = 40 cm, **b)** ein regelm. Sechseck mit a = 10 cm. Gesucht sind O (auf cm^2 genau) und V (auf cm^3 genau). **B)** Die Oberfläche eines geraden quadratischen Prismas beträgt 648 cm^2. Wie groß ist das Volumen, wenn die Mantelfläche im verebneten Zustand ein Quadrat ist? **C)** Wieviel Erdreich ist auszuheben, um einen 300 m langen (geradlinig verlaufenden) Kanal herzustellen, dessen Querschnitt die Form eines gleichschenkligen Trapezes mit a = 4,4 m, c = 1,6 m und h = 1,4 m hat?

2. Oberfläche und Volumen von Drehzylinder und Zylinderhuf:

Die gleichen Überlegungen wie für gerade Prismen führen für einen Drehzylinder mit dem Radius r und der Höhe h zur gleichen (allgemeinen) Oberflächen- und Volumsformel bzw. wegen G = r^{2}π und u = 2rπ, somit M = 2rπh, zu den speziellen Formeln

| $O_Z = 2r\pi \cdot (r + h)$ | $V_Z = r^2\pi h$ |

Beispiel: Welchen Anteil festen Holzes enthält ein *Raummeter*, das sind (im Idealfall) drehzylinderförmige Holzstücke („Rundlinge") von 1 m Länge, die so geschlichtet sind, wie es Fig. 2 zeigt?

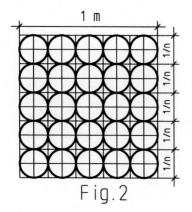

Fig. 2

Bei n^2 Rundlingen gilt für den Zylinderradius r = $\frac{1}{2n}$ m, daher für das Volumen des festen Holzes V = n$^2 \cdot$r^{2}π$\cdot$1 = n$^2 \cdot \frac{1}{4n^2} \cdot \pi = \frac{\pi}{4} \approx 0{,}785$ m^3. Der Anteil festen Holzes ist also vom Durchmesser der Rundlinge unabhängig. Im Holzhandel gilt 1 Raummeter = 3/4 *Festmeter* als Faustregel.

Für einen Zylinderhuf (Fig. 1.3.8a) gilt dieselbe Volumsformel wie für den Drehzylinder mit der Maßgabe, dass h der Abstand des Basiskreismittelpunkts vom Mittelpunkt K der Schnittellipse k ist. Was dem Huf unter der Deckfläche des volumsgleichen Drehzylinders fehlt, das hat er „oben" zu viel.

Gleiches gilt für den Mantel (Fig. 1.3.8b) des Hufs, also M = 2rπh. Hinsichtlich der Gesamtoberfläche ist <u>eine</u> Kreisfläche durch die Ellipsenfläche A = abπ (Teil I) mit b = r und a = $\frac{r}{\cos\beta}$ zu ersetzen, worin β der Böschungswinkel der Schnittebene ist.

Vorschläge zum Selbermachen: A) Wie groß (auf cm^3 genau) ist der Hubraum eines Vierzylindermotors mit 78 mm Bohrung und 118 mm Hub? Hinweis: Bohrung = Zylinderdurchmesser, Hub = Zylinderhöhe. **B)** Wie weit (auf Zehntelmillimeter genau) liegen bei einem Messzylinder von 5 cm Innendurchmesser zwei Messstriche auseinander, die eine Differenz vom 5 cm^3 angeben? **C)** Ein Bund von 100 Meter Eisendraht (ρ = 7,8) hat eine Masse von 2,5 kg. Welchen Durchmesser (auf Zehntelmillimeter genau) hat der Draht? **D)** Ein im Wasser schwimmender drehzylinderförmiger Baumstamm (ρ = 0,6) ist 3 m lang und hat einen Durchmesser von 40 cm. Welche Masse (auf kg genau) besitzt eine Person, die auf diesen Baumstamm steigt, wenn danach noch genau 1/4 des Durchmessers aus dem Wasser herausragt? **E)** Das Volumen des auf der Umschlagseite U1 abgebildeten Körpers („Wendeltreppe") für einen Stufenwinkel von 15°, eine Tritthöhe von 15 cm und r = 1,2 m berechnen. **F)** Ein drehzylinderförmiges Gefäß von 14 cm Durchmesser ist bis zum Rand mit Wasser gefüllt. Wieviel Wasser (auf ml genau) fließt ab, wenn das Gefäß um 30° geneigt wird? **G)** Aus wieviel cm^2 Blech besteht ein Kohlenkübel in Form eines Zylinderhufs von 32 cm Durchmesser und Mantelstrecken zwischen 30 cm und 48 cm Länge? Wieviel kg (auf zwei Dezimalen genau) hat der leere Kübel, wenn das Blech 0,6 mm stark ist (ρ = 7,8)?

2.3 Der Satz von Cavalieri

Wie schon Archimedes und Andere hat auch Bonaventura Cavalieri (1598 – 1647) mit seinen Studien zu Quadraturen und Kubaturen der Infinitesimalrechnung vorgearbeitet. Mit konvergenten Reihen und ihren Grenzwerten ist sein berühmter Satz leicht zu verifizieren, doch lässt auch die bloße Anschauung an dessen Richtigkeit keinen Zweifel.

> Werden zwei Körper von allen zu einer Bezugsebene parallelen Ebenen nach flächengleichen ebenen Figuren geschnitten, so haben sie das gleiche Volumen.

Der Beweis basiert auf der Idee, die zwei Körper durch n Schichten von geraden Prismen zu ersetzen. Mit wachsendem n unterscheiden sich diese Ersatzkörper nach Form und Volumen von den Originalen immer weniger, um für n → ∞ vollständig in diese überzugehen.

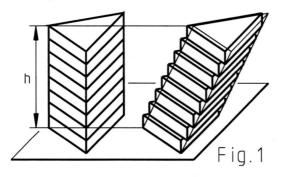

Fig. 1

1. Volumen und Oberfläche von schiefen Prismen und Zylindern:

Fig. 1 veranschaulicht den *Satz von Cavalieri* anhand seiner bekanntesten Anwendung, nämlich eines geraden und eines schiefen Prismas, deren Grundflächen kongruent und deren Höhen gleich sind. Die Form des schiefen Prismas lässt sich durch n gleich hohe Schichten annähern, die zu n Schichten gleicher Höhe des geraden Prismas kongruent und daher auch volumsgleich sind. Je größer das n, desto besser die Annäherung. Als Beispiel kann ein Stapel Fliesen oder ein Stoß Spielkarten gleicher Form und Größe dienen, die ein gerades Prisma bilden, wenn die Fliesen oder Spielkarten genau übereinander liegen, und ein volumsgleiches Objekt anderer Form, also z. B. ein schiefes Prisma, wenn das nicht der Fall ist.

Das Volumen eines schiefen Prismas stimmt also mit dem Volumen V_{Pr} = G.h eines geraden Prismas gleicher Grundfläche und gleicher Höhe überein, und es liegt auf der Hand, dass das für schiefe Kreiszylinder und Drehzylinder ebenso gilt. (Als anschauliches Beispiel dafür kann ein Stapel kreisrunder Bierdeckel oder Münzen dienen.) Auch für schiefe Zylinder mit nicht kreisförmiger Grundfläche gilt die Volumsformel V_Z = G.h.

Ebenso für gerade wie schiefe Prismen und Zylinder gilt die allgemeine Oberflächenformel O = 2G + M. Obwohl der Mantel schiefer Prismen aus Parallelogrammen besteht, lässt sich sein Inhalt auch bei ihnen als Rechtecksfläche M = us berechnen. Dabei ist u der Umfang eines Normalschnitts des schiefen Prismas (z. B. des Dreiecks 123 in Fig. 1.3.5a auf Seite 38) und s ist die Länge der Seitenkanten. Das Rechteck mit diesen Seitenlängen ist nämlich mit dem Netz des Mantels (Fig. 1.3.5b, Seite 39) flächengleich. Gleiches gilt für schiefe Kreiszylinder, wobei u in diesem Fall der Umfang einer Ellipse und s die Länge der Mantelstrecken ist.

3. Verallgemeinerung:

Die Prismen-Volumsformel V = G.h lässt sich nicht nur auf Drehzylinder übertragen, sondern auf alle geraden Zylinder, also z. B. auf solche mit einer elliptischen Grundfläche, wie sie etwa als Zierschachteln in Gebrauch sind.

Vorschläge zum Selbermachen: **A)** In einem 3,2 m hohen Raum verläuft an einer Seitenwand unter einem Böschungswinkel von 60° ein Heizungsschacht, der eine quadratische Ausnehmung (a = 0,5 m) im Boden mit einer ebensolchen in der Decke verbindet. **a)** Das Volumen des so entstehenden schiefen quadratischen Prismas berechnen. **b)** Die Mantelfläche des Luftschachtes berechnen. Hinweis: Eine Zeichnung ist nützlich. **B)** Eine Formel für das Volumen eines regulären Rhomboeders (UA 1.3.2) erstellen. Hinweis: Die Höhe dieses speziellen Spats stimmt mit der Tetraederhöhe nach UA 1.6.2 überein.

2. Das Pyramidenvolumen als Grenzwert:

Bei den Prismen (Fig. 1) unterscheidet sich das „Schichtenmodell" lediglich der Form nach vom Original, während sein Volumen V_n für jedes n mit dem Prismenvolumen V übereinstimmt. Insofern kann das Prismenbeispiel die Einsicht, dass V der Grenzwert einer konvergenten Folge von Näherungswerten ist, nur unzulänglich vermitteln.

Umso besser eignet sich dafür das Pyramidenvolumen. Die folgende Herleitung als Grenzwert beruht einerseits auf dem in Teil I entwickelten Satz, wonach sich die Flächeninhalte zentrisch ähnlicher Figuren wie die Quadrate der zugehörigen Streckfaktoren verhalten, und andererseits auf folgender Summenformel, die sich leicht durch vollständige Induktion verifizieren lässt:

$$1^2 + 2^2 + \ldots + n^2 = \frac{2n^3 + 3n^2 + n}{6}$$

Das Volumen V_n der einer Pyramide (Grundfläche G, Höhe h, Volumen V) umschriebenen „Stufenpyramide" (Fig. 2) ist die Summe der Volumina von n geraden Prismen mit den Grundflächen $G_1, G_2, \ldots, G_n = G$ und jeweils gleicher Höhe h/n. Hinsichtlich der Grundflächen gilt der oben genannte Satz, also $G_1 = G \cdot (1/n)^2$, $G_2 = G \cdot (2/n)^2$, ... $G_n = G \cdot (n/n)^2$. Daraus folgt:

$$V_n = G_1 \cdot \frac{h}{n} + G_2 \cdot \frac{h}{n} + \ldots G_n \cdot \frac{h}{n} =$$

$$= G \cdot \frac{1^2}{n^2} \cdot \frac{h}{n} + G \cdot \frac{2^2}{n^2} \cdot \frac{h}{n} + \ldots + G \cdot \frac{n^2}{n^2} \cdot \frac{h}{n} =$$

$$= G \cdot \frac{h}{n^3} \cdot (1^2 + 2^2 + \ldots + n^2)$$

Ersetzen wir hier den Klammerausdruck durch sein nach obiger Formel vorhandenes Äquivalent und multiplizieren wir dieses mit $1/n^3$, so ergibt sich zuletzt

$$V_n = G \cdot h \cdot \frac{2 + \frac{3}{n} + \frac{1}{n^2}}{6}$$

Daraus ist ersichtlich, dass die Volumina der Stufenpyramiden mit zunehmendem n von oben her dem Grenzwert

$$\boxed{V_{Py} = G \cdot \frac{h}{3}}$$

zustreben, sodass also das Pyramidenvolumen stets ein Drittel des Volumens eines Prismas mit gleicher Grundfläche und gleicher Höhe beträgt.

Das gleiche Ergebnis liefert die Folge der Volumina von Stufenpyramiden, die einer Pyramide eingeschrieben sind, nur dass in diesem Fall die Annäherung von unten her erfolgt. Die Analogie zu den Obersummen und Untersummen von Flächeninhalten bei der im Schulunterricht üblichen Herleitung bestimmter Integrale ist offensichtlich.

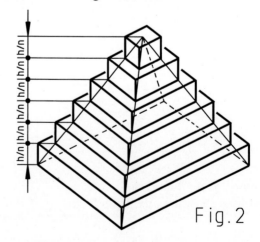

Fig. 2

Vorschlag zum Selbermachen: Die verwendete Summenformel durch vollständige Induktion beweisen.

2.4 Pyramiden und Kegelkörper

In diesem Abschnitt wird zunächst der im Schulunterricht gebräuchliche Weg zur Gewinnung der Volumsformel für Pyramiden und Kegel beschritten, bei dem die Zerlegung eines dreiseitigen Prismas in drei volumsgleiche Teile im Zentrum steht. Dieser „klassische" Beweis kommt vordergründig ohne Grenzwert-Überlegungen aus, stützt sich jedoch ganz wesentlich auf den Satz von Cavalieri.

Weiters fallen in diesen Abschnitt neben den Berechnungen an Pyramiden und Kegeln auch solche an platonischen und archimedischen Körpern, soweit diese entweder in Pyramiden zerlegt werden können oder durch das Abschneiden pyramidenförmiger Ecken aus Prismen oder Pyramiden hervorgehen.

1. Die Anwendung des Cavalieri'schen Satzes auf Pyramiden:

Werden die Ecken zweier in einer Bezugsebene liegenden kongruenten Vielecke durch Strecken mit zwei Punkten S_1 und S_2 verbunden, die von der Bezugsebene denselben Abstand h haben, so entstehen zwei Pyramiden. Jede zur Bezugsebene parallele Ebene schneidet diese Pyramiden nach zwei zu den Grundflächen zentrisch ähnlichen Figuren mit gleichem Ähnlichkeitsfaktor, sodass also auch diese zwei Schnittfiguren kongruent sind und damit die Bedingung des Satzes von Cavalieri erfüllen (Fig. 1).

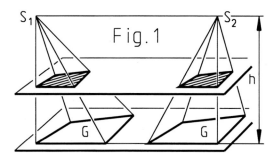

Daraus ergibt sich ein für die folgende Herleitung der Volumsformel für Pyramiden benötigter Hilfssatz wie folgt:

> Zwei Pyramiden mit kongruenten Grundflächen und gleicher Höhe sind volumsgleich.

Es liegt auf der Hand, dass dieser Satz einerseits auch für Kegel gilt und andererseits insofern eine Erweiterung erfährt, als die Grundflächen nicht unbedingt kongruent sein müssen, sondern nur flächengleich.

2. Das Volumen dreiseitiger Pyramiden:

Jedes dreiseitige Prisma ABCDEF kann in drei Pyramiden ABCF, BDEF und ABDF zerlegt werden (Fig. 2).

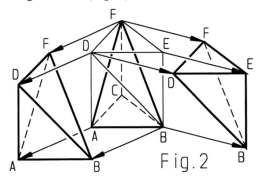

Wegen kongruenter Grundflächen ABC und DEF sowie gleicher Höhe h (= Abstand dieser Parallelflächen) sind die Pyramiden ABCF und BDEF jedenfalls volumsgleich. Aber auch die Pyramiden ABCF und ABDF erkennen wir unschwer als volumsgleich, wenn als Grundflächen die kongruenten Dreiecke ACF und ADF herangezogen werden. Denn diese zwei Pyramiden haben B als gemeinsame Spitze und damit auch gleiche Höhe, als welche der Normalabstand des Punktes B von der Trägerebene des Parallelogramms ACFD anzusehen ist.

Somit haben alle drei Pyramiden dasselbe Volumen. Eine davon, also z. B. die Pyramide ABCF, hat das Volumen V = G.h/3, worin G der Flächeninhalt der Grundfläche ist, die auch die Grundfläche des Prismas mit der Höhe h ist. Das Volumen einer dreiseitigen Pyramide beträgt also genau ein Drittel des Volumens eines Prismas mit gleicher Grundfläche und gleicher Höhe.

3. Verallgemeinerungen:

Jede Pyramide kann in dreiseitige Pyramiden zerlegt werden, indem ihre Grundfläche in Dreiecke zerlegt wird. Damit lässt sich auch das Volumen jeder Pyramide als Summe $\Sigma(A_\Delta \cdot h/3) = (\Sigma A_\Delta) \cdot h/3$ der Volumina von dreiseitigen Pyramiden berechnen und wegen $\Sigma A_\Delta = G$ gilt schließlich für das Pyramidenvolumen ganz allgemein

$$V_{Py} = G \cdot \frac{h}{3}$$

Diese Volumsformel gilt auch für Kegel als Grenzfälle von Pyramiden, insbesondere also für Kreiskegel die Formel

$$V_{Ke} = r^2 \pi \cdot \frac{h}{3}$$

Vorschläge zum Selbermachen: A) Fig. 3 zeigt ein *Walmdach* mit Bemaßung (Maße in m). **a)** Den Rauminhalt des durch das Walmdach begrenzten Dachraumes berechnen. **b)** Wieviel Ziegel sind zum Decken des Daches mindestens erforderlich, wenn 50 Stück pro m² gebraucht werden? **B)** Formeln $V = T_1(a)$ und $O = T_2(a)$ für das Volumen und die Oberfläche eines Rhomben-Dodekaeders (UA 1.6.3) herleiten, worin a die Kantenlänge des Grundwürfels ist. **C)** Die Seitenkanten einer dreiseitigen Pyramide messen der Reihe nach 8 cm, 10 cm und 12 cm und stehen paarweise aufeinander normal. Wie groß ist ihr Volumen? Hinweis: Bei der Volumsberechnung von Tetraedern lässt sich jede Begrenzungsfläche als Grundfläche auffassen.

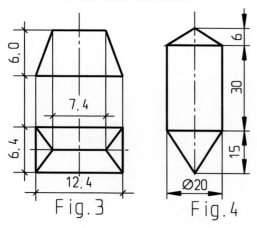

Fig. 3   Fig. 4

D) Fig. 4 zeigt Form und Größe eines Senklotes aus Messing ($\rho = 8{,}8$, Maße in mm). Seine Masse auf Gramm genau berechnen. **E)** Ein 5 cm weites und 7,5 cm tiefes drehkegelförmiges Kelchglas wird bis zur Hälfte seines Volumens gefüllt. Wie hoch steht dann (auf halbe Millimeter genau) die Flüssigkeit im Glas?

4. Die Oberfläche von Pyramiden:

Offensichtlich lautet die allgemeine Oberflächenformel

$$O_{Py} = G + M$$

Bei regelmäßigen n-seitigen Pyramiden beträgt die Mantelfläche M das n-Fache der Fläche A_Δ eines gleichschenkligen Dreiecks mit der Basiskantenlänge a und der Höhe h_1 (Flächenhöhe), die sich nach dem p. L. entweder aus dem Inkreisradius r_i der Grundfläche und der Körperhöhe h oder aus der Seitenkantenlänge s und der halben Basiskantenlänge a/2 berechnen lässt.

Vorschläge zum Selbermachen: A) Die Oberfläche einer regelm. vierseitigen Pyramide mit der Basiskantenlänge a = 32 cm beträgt 3200 cm². Wie groß ist ihr Volumen? **B)** Das Volumen einer regelm. sechsseitigen Pyramide mit der Höhe h = 80 cm beträgt $12960 \cdot \sqrt{3}$ cm³. Wie groß ist ihre Seitenkantenlänge s?

5. Die Oberfläche der Drehkegel:

Der Mantel eines Drehkegels ist nach UA 1.4.9 ein Kreissektor mit der Bogenlänge $b = 2r\pi$ und dem Radius s, daher gilt $M = (b/2) \cdot s = r\pi s$, also $G + M = r^2\pi + r\pi s$ und in Folge

$$O_{Ke} = r\pi \cdot (r + s)$$

Vorschläge zum Selbermachen: A) Ein *gleichseitiger Zylinder* ist ein Drehzylinder mit quadratischem Symmetrieschnitten (h = 2r), ein *gleichseitiger Kegel* ist ein Drehkegel mit Symmetrieschnitten in Form gleichseitiger Dreiecke (s = 2r). Wie verhalten sich **a)**

die Oberflächen, **b)** die Volumina solcher Körper für gleiches r? **B)** Der verebnete Mantel eines Drehkegels ist ein Kreissektor mit dem Radius s = 20 cm und dem Zentriwinkel γ = 216°. Oberfläche und Volumen des Körpers als Vielfache von π ausdrücken.

6. Pyramiden- und Drehkegelstumpf:

Das Volumen V eines durch das Abschneiden einer Pyramide oder eines Kegels parallel zur Grundfläche entstehenden Stumpfes ist die Differenz aus dem Volumen des Gesamtkörpers V_1 und dem Volumen V_2 des wegfallenden Teilkörpers, der zum Ausgangsobjekt ähnlich ist. Analoges gilt für die Mantelfläche M des Stumpfes, bei der Oberfläche kommt zur Grundfläche G_1 der Inhalt G_2 der Schnittfläche hinzu.

Aufgrund der Ähnlichkeit sind gleichliegende Längenstücke von Gesamt- und Teilkörper proportional, Grundfläche G_1 und Schnittfläche G_2 verhalten sich wie die Quadrate, die Volumina V_1 und V_2 wie die dritten Potenzen entsprechender Längenstücke.

Beispiel (Fig. 5): Ein Trog mit der Höhe h = 42 cm hat die Form eines Pyramidenstumpfs, Öffnung und Boden sind Rechtecke mit den Seitenlängen a_1 = 120 cm, b_1 = 72 cm und a_2 = 85 cm.

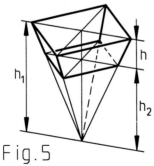

Fig. 5

Aus $a_1 : a_2 = b_1 : b_2 = h_1 : h_2 = h_1 : (h_1 - h)$ folgt b_2 = 51 cm, h_1 = 144 cm und h_2 = 102 cm. Daraus folgt V_1 = 414720 cm³, V_2 = 147390 cm³, der Trog fasst daher V = $V_1 - V_2$ = 267330 cm³ = 267,33 Liter.

Werden in den Trog 2 hl Wasser gefüllt, so gilt $V_1 : (V_2 + 200000) = h_1^3 : (h_2 + x)^3$. Der „Wasserstand" beträgt demnach x ≈ 33,7 cm.

Beim Drehkegelstumpf folgt aus der Proportion $r_1 : r_2 = h_1 : h_2 = h_1 : (h_1 - h)$ die Formel

$$h_1 = \frac{r_1 \cdot h}{r_1 - r_2}$$

In $V_{St} = V_1 - V_2 = r_1^2 \pi \cdot \frac{h_1}{3} - r_2^2 \pi \cdot \frac{h_1 - h}{3}$ eingesetzt ergibt sich durch konsequentes Umformen zunächst

$$V_{St} = \frac{h\pi}{3} \cdot \frac{r_1^3 - r_2^3}{r_1 - r_2}$$

und aufgrund der bekannten Faktorzerlegung $a^3 - b^3 = (a - b) \cdot (a^2 + ab + b^2)$ schließlich

$$\boxed{V_{St} = \frac{h\pi}{3} \cdot (r_1^2 + r_1 r_2 + r_2^2)}$$

Vorschläge zum Selbermachen: A) Eine Pyramide wird durch zwei zur Grundfläche parallele Ebenen in drei gleich hohe Schichten zerlegt. Wie verhalten sich deren Volumina? **B)** Ein Blechkübel hat die durch Fig. 6 angegebene Form und Größe (Maße in cm, auch der untere Kegelstumpf ist hohl.)

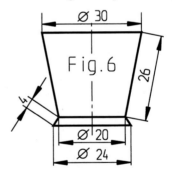

a) Wie groß (auf dl genau) ist sein Fassungsvermögen? **b)** Aus wieviel cm² Blech besteht der Behälter? Wieviel kg (auf drei Dezimalen genau) hat er, wenn das Blech (ρ = 7,8) 0,4 mm dick ist? Hinweis: Die Verwendung der Formel von Aufg. D vereinfacht die Rechnung. **C)** Das Volumen V_{St} eines Drehkegelstumpfs kann durch das Volumen V_Z eines Drehzylinders gleicher Höhe h angenähert werden, dessen Radius r das arithmetische Mittel aus r_1 und r_2 ist. Zu zeigen, dass der Fehler D = $V_{St} - V_Z$ nach der Formel D = $\frac{h\pi}{12} \cdot (r_1 - r_2)^2$ berechnet werden kann.

D) Unter Verwendung der Proportion $r_1 : r_2 = s_1 : s_2 = s_1 : (s_1 - s)$ lässt sich beweisen: Für den Mantel eines Drehkegestumpfs mit der Seitenlänge $s = s_1 - s_2$ gilt die Formel

$$\boxed{M_{St} = s\pi.(r_1 + r_2)}$$

7. Volumen und Oberfläche regulärer Tetraeder und Oktaeder:

Ist a die Kantenlänge, so gelten für Volumen und Oberfläche eines regulären Tetraeders wegen $h = a/3.\sqrt{6}$ und $h_1 = a/2.\sqrt{3}$ (UA 1.6.2) aufgrund der Pyramidenformeln die Beziehungen

$$\boxed{V_T = \frac{a^3}{12}.\sqrt{2}} \quad \boxed{O_T = a^2.\sqrt{3}}$$

Die Oberfläche eines regulären Oktaeders (Kantenlänge a) besteht aus acht gleichseitigen Dreiecken, das Volumen setzt sich aus zwei Pyramidenvolumina mit $G = a^2$ und $h = a/2.\sqrt{2}$ zusammen, woraus sich folgende Formeln ergeben:

$$\boxed{V_O = \frac{a^3}{3}.\sqrt{2}} \quad \boxed{O_O = 2a^2.\sqrt{3}}$$

Vorschläge zum Selbermachen: A) Die Formel für das Rhomboeder-Volumen nach UA 1.6.3, Aufg. F, herleiten. **B)** Wie verhält sich das Volumen eines Würfels ABCDEFGH **a)** zum Volumen des Tetraeders ACFH, **b)** zum Volumen des regulären Oktaeders, dessen Ecken die Mittelpunkte der Würfelflächen sind, **c)** zum Volumen des eingeschriebenen Kepler-Sterns? **C)** Wie verhält sich das Volumen eines regulären Oktaeders ABCDEF zum Volumen des Würfels, dessen Ecken die Schwerpunkte der Oktaederflächen sind?

8. Archimedische Körper:

Für semireguläre prismatische n-Flache mit der Kantenlänge a gelten allgemein die Formeln

$$\boxed{V = G.a} \quad \boxed{O = 2G + (n-2).a^2}$$

Darin ist G der Flächeninhalt eines regelm. (n – 2)-Ecks mit der Seitenlänge a.

Auch bei allen aus regulären Tetraedern, Würfeln und regulären Oktaedern abgeleiteten semiregulären Polyedern sei a deren Kantenlänge und a_T, a_W und a_O die Kantenlängen der Ausgangskörper.

Für das durch kantendrittelndes Abschneiden von Tetraederecken gebildete Achtflach (Fig. 1.7.1, Seite 63) gilt $a_T = 3a$, die wegfallenden Teile sind Tetraeder mit der Kantenlänge a und die Oberfläche besteht aus vier gleichseitigen Dreiecken und vier regelm. Sechsecken. Daraus folgt

$$\boxed{V = \frac{23a^3}{12}.\sqrt{2}} \quad \boxed{O = 7a^2.\sqrt{3}}$$

Für das durch kantenhalbierendes Abschneiden von Würfelecken gebildete Kuboktaeder (Fig. 1.7.2) gilt $a_W = a.\sqrt{2}$, die wegfallenden Teile sind regelm. dreiseitige Pyamiden, deren Seitenkanten die Länge $s = a_W/2$ haben und paarweise aufeinander normal stehen. Nach dem Hinweis zu Aufg. C in UA 3 fallen vom Würfelvolumen $8s^3/6$ VE weg. Die Oberfläche besteht aus acht gleichseitigen Dreiecken und sechs Quadraten. Daraus folgt

$$\boxed{V = \frac{5a^3}{3}.\sqrt{2}} \quad \boxed{O = 2a^2.(3 + \sqrt{3})}$$

Für das zweite durch Eckenabschneiden aus einem Würfel hervorgehende semireguläre 14-Flach (Fig. 1.7.3) gilt nach den in Teil I zum regelm. Achteck angestellten Überlegungen $a_W = a.(1 + \sqrt{2})$, die wegfallenden Teile sind regelm. dreiseitige Pyramiden, deren Seitenkanten die Länge $s = a/2.\sqrt{2}$ haben und aufeinander normal stehen. Die Oberfäche besteht aus acht gleichseitigen Dreiecken und sechs regelm. Achtecken mit $A = 2a^2.(1 + \sqrt{2})$ gemäß Teil I. Daraus folgt

$$\boxed{V = \frac{7a^3}{3}.(3 + 2.\sqrt{2})}$$

und

$$\boxed{O = 2a^2.(6 + 6.\sqrt{2} + \sqrt{3})}$$

Für das durch kantendritteIndes Abschneiden von Oktaederecken gebildete 14-Flach (Fig. 1.7.4) gilt $a_O = 3a$, die wegfallenden Teile sind regelm. vierseitige Pyramiden (Basiskantenlänge a, Höhe $h = a/2 \cdot \sqrt{2}$) und die Oberfläche besteht aus sechs Quadraten und acht regelm. Sechsecken. Daraus folgt

$$\boxed{V = 8a^3 \cdot \sqrt{2}} \qquad \boxed{O = 6a^2 \cdot (1 + 2 \cdot \sqrt{3})}$$

Vorschläge zum Selbermachen: A) Formeln für Volumen und Oberfläche **a)** des semiregulären prismatischen Fünfflachs, **b)** des semiregulären prismatischen Achtflachs herleiten. **B)** Die Volumsformel für das Kuboktaeder aus dem Oktaedervolumen ableiten. **C)** Wie verhält sich das Volumen des Kuboktaeders **a)** zum Volumen des Würfels, **b)** zum Volumen des Oktaeders, aus dem es durch Eckenabschneiden entstanden ist?

2.5 Kugel und Kugelteile

Neben dem im Titel genannten Inhalt werden in diesem Abschnitt auch die aus drehzylinderförmigen Zweiecken zusammengesetzten Ersatzflächen für Kugelflächen behandelt, wie sie etwa bei der Herstellung von Turmhelmen (Spenglerarbeit) und Medizinbällen (Kürschnerarbeit) Verwendung finden.

1. Das Kugelvolumen:

Fig. 1 veranschaulicht eine auf dem Satz von Cavalieri beruhende, verblüffend einfache Herleitung des Kugelvolumens.

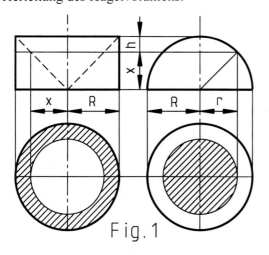

Fig. 1

Ein Drehzylinder (Durchmesser 2R, Höhe R) mit einer drehkegelförmigen Ausnehmung der in Fig. 1 gezeigten Art und eine Halbkugel (Radius R) werden von einer zur Standebene im Abstand x parallelen Ebene nach einem Kreisring bzw. nach einem Kreis geschnitten. Deren Flächeninhalte $A_1 = R^2\pi - x^2\pi = (R^2 - x^2) \cdot \pi$ und $A_2 = r^2\pi$ sind nach dem p. L. wegen $r^2 = R^2 - x^2$ für jedes x gleich groß, nach Cavalieri haben die beiden Körper daher dasselbe Volumen, nämlich

$$V = V_Z - V_{Ke} = R^3\pi - \frac{R^3\pi}{3}$$

Für das Volumen der Vollkugel bedeutet das

$$\boxed{V_{Ku} = \frac{4R^3\pi}{3}}$$

Vorschläge zum Selbermachen: A) In welchem Verhältnis steht das Volumen eines gleichseitigen Zylinders (h = 2R) zum Volumen der ihm eingeschriebenen Kugel? (Das Ergebnis 3 : 2 war schon Archimedes bekannt.) **B)** In welchem Verhältnis steht das Volumen **a)** des regulären Tetraeders, **b)** des Würfels, **c)** des regulären Oktaeders zum Volumen der Umkugel? **C)** Wie groß (auf Gramm genau) ist die Masse einer Billardkugel aus Elfenbein (ρ = 1,92) von 6 cm Durchmesser? **D)** Wie groß (auf mm genau) ist der Durchmesser einer Korkkugel (ρ = 0,15), deren Masse 50 kg beträgt?

2. Die Kugeloberfläche:

Wird eine Kugel $\kappa(M; R)$ mit einem Gradnetz überzogen und alle Gitterpunkte durch Strecken mit dem Punkt M verbunden, so ist das Kugelvolumen V die Summe der Volumina von n Körpern, deren Gestalt vierseitigen und dreiseitigen Pyramiden mit der Höhe h = R nahe kommt. Ist G_i der Flächeninhalt einer „Masche" des Netzes, so gilt für das Volumen V_i eines solchen Teilkörpers (zumindest annähernd) $V_i = G_i \cdot R/3$, und die Summe aller

G_i ergibt die Kugeloberfläche O. Im Prinzip ist es gleichgültig, ob $V_n = \Sigma V_i = \Sigma(G_i.R/3) = (\Sigma G_i).R/3 = O.R/3$ das Kugelvolumen V bereits genau oder nur näherungsweise angibt, denn mit wachsendem n muss die Folge der V_n jedenfalls dem Grenzwert V zustreben und daher $V = O.R/3$ sein. Daraus folgt $O = \dfrac{3V}{R}$

mit $V = \dfrac{4R^3\pi}{3}$, also

$$\boxed{O_{Ku} = 4R^2\pi}$$

Vorschläge zum Selbermachen: A) Die Oberflächen eines gleichseitigen Kegels und einer Kugel sind inhaltsgleich. Wie verhalten sich ihre Volumina? **B)** Die Fläche Europas beträgt ca. 10,53 Mio. km². Wieviel Prozent von der Gesamtfläche der Erde (Erdradius $R \approx 6370$ km) sind das?

3. Kugelersatzflächen:

Die Tatsache, dass die Kugelfläche nicht verebnet werden kann und sich daher auch nicht aus einer ebenen Netzfläche herstellen lässt, hat zur Entwicklung von *Kugelersatzflächen* geführt, die aus ebenen Teilstücken, wie z. B. der archimedische Körper von Fig. 1.7.5 (Seite 65), oder aus Drehzylinderteilen (ev. auch Drehkegelteilen) zusammengesetzt sind, die an Nahtkurven zusammenhängen.

Fig. 2 zeigt Grund- und Aufriss eines von sechs kongruenten drehzylinderförmigen Teilflächen (= *zylindrischen Zweiecken*) begrenzten Körpers, der einer Einheitskugel (R = 1 LE) umschrieben ist. Die an elliptischen Nahtkurven zusammenhängenden Teile treffen in zwei Punkten aufeinander, in Fig. 2 sind das die Endpunkte des zur frontalen Symmetrieebene normalen Kugeldurchmessers, der vordere ist mit W beschriftet.

Bei der Verebnung des rechten Zweiecks gelangt W in einen Wendepunkt W^v der beiden Randkurven. Die obere von ihnen genügt nach UA 1.3.8 der Gleichung $y = \tan\beta.\cos x$ mit $\beta = \pi/6$ bzw. allgemein $\beta = \pi/n$, wenn n die Anzahl der (gleich großen) Zweiecke ist, welche die Ersatzfläche bilden.

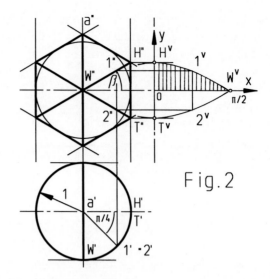

Fig. 2

Der Flächeninhalt A_n eines solchen Zweiecks ist das Vierfache der zwischen den Koordinatenachsen x und y und der Funktionskurve von $y = \tan\dfrac{\pi}{n}.\cos x$ liegenden Fläche. Grundkenntnisse der Integralrechnung vorausgesetzt ist folgende Rechnung leicht nachvollziehbar:

$$A_n = 4.\int_0^{\frac{\pi}{2}} \tan\frac{\pi}{n}.\cos x.dx = 4\tan\frac{\pi}{n}.\int_0^{\frac{\pi}{2}} \cos x.dx =$$

$$= 4\tan\frac{\pi}{n}.\sin x\Big|_0^{\frac{\pi}{2}} = 4\tan\frac{\pi}{n}$$

Weil einem Längenverhältnis von 1 : R ein Flächenverhältnis von 1 : R^2 entspricht, genügt der Flächeninhalt A_n eines zylindrischen Zweiecks vom Radius R somit der Formel

$$\boxed{A_n = 4R^2.\tan\frac{\pi}{n}}$$

und das n-fache von A_n ist der Flächeninhalt O_n der aus n kongruenten zylindrischen Zweiecken bestehenden, einer Kugel mit dem Radius R umschriebenen Ersatzfläche.

Die Ersatzfläche und ihr Flächeninhalt O_n passt sich für wachsende n der Kugelfläche und ihrer Oberfläche O_{Ku} immer besser an. Um den gemeinsamen Faktor $4R^2$ bereinigt gilt

$$O_n : O_{Ku} = n.\tan\frac{\pi}{n} : \pi$$

Für wachsende n muss $O_n : O_{Ku}$ dem Wert 1, also $n.\tan\frac{\pi}{n}$ dem Wert π zustreben:

n	$n.\tan\frac{\pi}{n}$
10	3,24919…
100	3,14262…
1000	3,14160…
10000	3,14159…

Vorschläge zum Selbermachen: A) Ein Medizinball wird von zehn zylindrischen Zweiecken mit 20 cm Radius begrenzt. **a)** Wie groß (auf dm² genau) ist seine Oberfläche? **b)** Im Maßstab 1 : 4 ein Modell aus Zeichenkarton anfertigen. **B)** Fig. 3 (Maße in m) zeigt einen Turmhelm, der aus acht zylindrischen Teilen und dem Mantel einer regelmäßigen achtseitigen Pyramide besteht. **a)** Wieviel Kilogramm hat das Dach, wenn es aus 1,2 mm starkem Kupferblech ($\rho = 8,9$) gefertigt ist? Hinweis: Wegen $\sin 45° = 1/2.\sqrt{2}$ verhält sich der Inhalt der hier auftretenden Teilflächen zum Flächeninhalt ganzer Zweiecke wie $1/2.\sqrt{2} : 1$. **b)** Im Maßstab 1 : 30 ein Modell aus Zeichenkarton anfertigen.

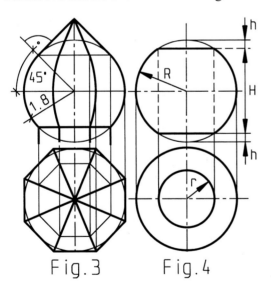

Fig. 3   Fig. 4

4. Das Volumen der Kugelteile:

Ein Kugelsegment mit der Höhe h ist nach Cavalieri volumsgleich mit einem durch einen Drehkegelstumpf ausgebohrten Drehzylinder mit der Höhe h (Fig. 1). Die Rechnung ergibt dafür ein Volumen von

$$R^2\pi h - \frac{\pi h}{3}.[R^2 + R.(R-h) + (R-h)^2] =$$
$$R^2\pi h - \frac{\pi h}{3}.(R^2 + R^2 - Rh + R^2 - 2Rh + h^2) =$$
$$= R^2\pi h - R^2\pi h + R\pi h^2 - \frac{\pi h^3}{3}$$

Daraus folgt unmittelbar

$$V_{Sg} = \frac{\pi h^2}{3}.(3R - h)$$

Beispiel: Fig. 4 zeigt eine Kugel (Radius R) mit einer zentralen zylindrischen Bohrung (Radius r, Höhe H). Die Berechnung einer Volumsformel für dieses Objekt zeitigt ein überraschendes Ergebnis.

Vom Kugelvolumen V_{Ku} sind das Volumen von zwei Kugelsegmenten V_{Sg} mit $h = \frac{2R-H}{2}$ und das Volumen eines Drehzylinders V_Z mit $r = \sqrt{R^2 - \frac{H^2}{4}}$ abzuziehen:

$$2V_{Sg} = \frac{\pi.(2R-H)^2}{6}.(3R - \frac{2R-H}{2}) =$$
$$\frac{\pi}{6}.(4R^2 - 4RH + H^2).(2R + \frac{H}{2}) =$$
$$\frac{\pi}{6}.(8R^3 - 8R^2H + 2RH^2 + 2R^2H - 2RH^2 + \frac{H^3}{2}) =$$
$$\frac{\pi}{6}.(8R^3 - 6R^2H + \frac{H^3}{2})$$
$$V_Z = (R^2 - \frac{H^2}{4}).\pi H = \frac{\pi}{6}.(6R^2H - \frac{3H^3}{2})$$
$$V = V_{Ku} - 2V_{Sg} - V_Z =$$
$$\frac{\pi}{6}.(8R^3 - 8R^3 + 6R^2H - \frac{H^3}{2} - 6R^2H + \frac{3H^3}{2})$$

Mithin ist das Volumen $V = \frac{H^3\pi}{6}$ nur von der Höhe der Bohrung, nicht jedoch vom Kugelradius abhängig. Für $H = 2R$ ergibt sich die Volumsformel der Kugel, wie es sein soll.

Beim Kugelsektor kommt zum Segmentvolumen noch das Volumen eines Drehkegels mit dem (aus $R^2 = r^2 + (R-h)^2$ ableitbaren) Basiskreisradius $r = \sqrt{h.(2R-h)}$ und der Höhe $R - h$ hinzu, und das ergibt die Formel

$$V_{Sk} = \frac{2R^2\pi h}{3}$$

Für den Rauminhalt einer Kugelschichte (Fig. 5) erübrigt sich das Herleiten einer Formel, kann dieser doch stets als Differenz aus Volumen des größeren Segments (Höhe h_1) und Volumen des kleineren Segments ($h_2 < h_1$) berechnet werden.

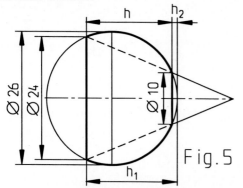

Fig. 5

Für einen durch zwei halbe Durchmesserebenen aus einer Kugel herausgeschnittenen Kugelteil in Form einer Apfel-, Orangen- oder Melonenspalte beträgt das Volumen den $\frac{\gamma}{360}$-sten Teil des Volumens der Vollkugel, wobei γ das Gradmaß des Winkels ist, den die beiden Halbebenen bilden.

Vorschläge zum Selbermachen: A) Das Volumen eines Kugelsegments (Radius R) beträgt 7/9 des zugehörigen Sektorvolumens. Wie hoch ist das Segment? **B)** Der Hohlraum einer Schale ist ein Kugelsegment mit r = 12 cm und h = 5 cm. Wieviel Liter (auf Zentiliter genau) fasst die Schale? **C)** Eine Holzkugel taucht im Wasser so tief ein, dass genau ein Drittel des Durchmessers aus dem Wasser ragt. Wie groß ist (auf zwei Dezimalen genau) die Dichte des Holzes? **D)** Ein Serviettenring aus Eichenholz ($\rho = 0{,}9$) hat die Form einer zentral drehzylinderförmig (r = 1,5 cm) ausgebohrten Kugel von 5 cm Durchmesser. Wie groß ist (auf Gramm genau) die Masse dieses Körpers? **E)** Fig. 5 (Maße in cm) zeigt eine Kugel, die konisch (= drehkegelförmig) ausgebohrt ist. Wie groß ist (auf cm^3 genau) das Volumen des ringförmigen Restkörpers? **F)** Wenn von einem konkret vorhandenen Kugelsegment, wie etwa bei der Schale von Aufg. B, das Volumen berechnet werden soll, ist der Kugelradius R nicht leicht abzumessen. In diesem Fall eignet sich besser eine Segmentformel, welche anstelle von R den Kreisradius r enthält. Zu beweisen: Für das Volumen des Kugelsements gilt auch die Formel

$$V_{Sg} = \frac{\pi h}{6} \cdot (3r^2 + h^2)$$

5. Flächeninhalte:

Die gleiche Überlegung wie bei der Kugeloberfläche (UA 2) auf einen Kugelsektor angewendet ergibt $V_{Sk} = A_{Ka} \cdot R/3$, und daraus folgt für die Fläche der zugehörigen Kalotte

$$A_{Ka} = 2R\pi h$$

Eine Kugelzone kann als Differenz einer größeren Kalotte (Höhe h_1) und einer kleineren Kalotte ($h_2 < h_1$) aufgefasst werden, und Gleiches gilt dann natürlich auch für die Flächeninhalte. Für $h = h_1 - h_2$ (Fig. 5) ergibt sich für die Kugelzone dieselbe Flächenformel wie für die Kalotte.

Für ein durch zwei halbe Durchmesserebenen aus einer Kugelfläche herausgeschnittenes *sphärisches Zweieck* beträgt der Flächeninhalt den $\frac{\gamma}{360}$-sten Teil der Kugeloberfläche, wobei γ das Gradmaß des Winkels ist, den die beiden Halbebenen bilden.

Vorschläge zum Selbermachen: A) Wie groß (auf zwei Dezimalen genau) ist der Prozentsatz des Flächeninhalts der Nordkalotte (= der vom nördl. Polarkreis mit der geogr. Breite $\beta \approx 66{,}6°$ begrenzte Teil der Erdoberfläche) an der Gesamtfläche der Erde? **B)** Zu beweisen: Für den Teil der Erdoberfläche, der aus einer Höhe von x km überblickt werden kann, gilt die Flächenformel $A(x) = \dfrac{2R^2\pi x}{R + x}$. Wieviel Quadratkilometer der Erdoberfläche können aus einem 100 m hoch fliegenden Fesselballon überblickt werden (R $\approx$ 6370 km)? Hinweis: Für kleine Höhen ist das x im Nenner zu vernachlässigen, die Formel lautet dann $A(x) \approx 2R\pi x$, also die Fläche der Kalotte mit der Höhe x, was auch der Anschauung entspricht. Darin ist $2R\pi$ der Erdumfang, also 40000 km, somit $A(x) \approx 40000x$ km^2.

2.6 Drehkörper und Guldin'sche Regeln

Dieser Abschnitt rundet die Körperberechnungen ab, indem darin zwei Universalregeln für Volums- und Oberflächenberechnungen bei Drehkörpern vorgestellt werden. Im Schulunterricht auf Sekundarstufe II wird zumindest die Volumsregel gewöhnlich im Rahmen der Integralrechnung behandelt und auch bewiesen. Hierorts begnügen wir uns mit dem Nachweis ihrer Gültigkeit anhand von Beispielen.

1. Drehkörper: Die erzeugende Figur und ihr Schwerpunkt:

Der Begriff des *Drehkörpers* ist bereits in UA 1.5.4 eingeführt worden. Im Zusammenhang mit Volumen und Oberfläche sind hinsichtlich der dort angeführten allgemeinen Definition folgende Einschränkungen notwendig:

1.1. Die Drehachse a liegt in der Ebene, in der auch die den Drehkörper erzeugende ebene Figur Φ liegt.

1.2. Die Drehachse durchtrennt die Figur Φ nicht, wie das etwa eine Symmetrieachse tut, sondern Φ liegt zur Gänze in einer der beiden durch a getrennten Halbebenen.

Danach durchläuft die erzeugende Figur den Drehkörper bei einer Volldrehung (360°) genau einmal. Bei der Herstellung eines Drehzylinders, eines Drehkegels oder einer Kugel bildet also nur ein halber Symmetrieschnitt die erzeugende Figur Φ (Fig. 1).

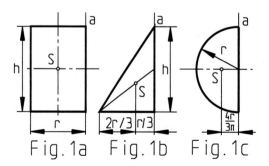

Fig.1a Fig.1b Fig.1c

Unter dem Schwerpunkt S einer ebenen Figur Φ wird i. A. ihr Flächenschwerpunkt verstanden. Der Schwerpunkt S eines Dreiecks lässt sich generell im Schnitt der drei Mittelstrecken lokalisieren, die von S außerdem im Verhältnis 2 : 1 geteilt werden (Fig. 1b). Besitzt eine Figur Φ eine Symmetrieachse, dann liegt ihr Schwerpunkt S ganz gewiss auf dieser (Fig. 1c). In Folge muss der Schwerpunkt S einer Figur Φ im Schnitt der Symmetrieachsen liegen, wenn Φ mehr als eine Symmetrieachse besitzt (Fig. 1a).

Nur bei den letztgenannten Figuren stimmt der Flächenschwerpunkt S mit dem Schwerpunkt des sie berandenden Linienzugs überein, wie er nach Guldin für Oberflächenberechnungen gebraucht wird.

2. Die Guldin'schen Regeln:

Der Mathematiker Paul Guldin (1577 – 1643) hat folgende nach ihm benannte Regeln aufgestellt und allgemein bewiesen, in denen d_1 bzw. d_2 der Abstand des jeweiligen Schwerpunkts von der Drehachse a ist:

> **1.** Der Rauminhalt eines Drehkörpers ist das Produkt aus dem Flächeninhalt A der erzeugenden Figur Φ und dem Umfang $u = 2d_1\pi$ des Kreises, auf dem sich der Flächenschwerpunkt bei der Drehung bewegt.
>
> **2.** Die Oberfläche eines Drehkörpers ist das Produkt aus der Länge l des die Figur Φ umschließenden Linienzugs und dem Umfang $u = 2d_2\pi$ des Kreises, auf dem sich der Schwerpunkt dieses Linienzugs bei der Drehung bewegt.

Anhand des Drehzylinders (Fig. 1a) lassen sich beide *Guldin'schen Regeln* überprüfen. Wegen $d_1 = d_2 = d = r/2$ und $u = 2d\pi$ gilt $u = r\pi$ und daher $V_Z = A \cdot u = rh \cdot r\pi = r^2\pi h$ sowie $O_Z = l \cdot u = 2 \cdot (r + h) \cdot r\pi = 2r\pi \cdot (r + h)$.

Beim Drehkegel (Fig. 1b) gilt für das Volumen nach Guldin $V_{Ke} = A \cdot u = \dfrac{rh}{2} \cdot \dfrac{2r\pi}{3} = \dfrac{r^2\pi h}{3}$. Der Schwerpunkt der Berandung des erzeugenden Dreiecks ist nicht bekannt.

Bei der Kugel (Fig. 1c) lassen sich weder das Volumen noch die Oberfläche nach Guldin berechnen, da (zunächst) weder der Flächenschwerpunkt noch der Schwerpunkt der Berandung eines Halbkreises bekannt ist. Allerdings liegen beide auf der Symmetralen des Halbkreises und können ihre Abstände d_1 und d_2 von der Drehachse auf der Basis der beiden Guldin'schen Regeln mit Hilfe der Volums- und der Oberflächenformel der Kugel berechnet werden:

$$V_{Ku} = \frac{4r^3\pi}{3} = A.u = \frac{r^2\pi}{2}.2d_1\pi \Rightarrow$$
$$d_1 = \frac{4r}{3\pi} \approx 0{,}42r$$
$$O_{Ku} = 4r^2\pi = l.u = r.(2+\pi).2d_2\pi \Rightarrow$$
$$d_2 = \frac{2r}{2+\pi} \approx 0{,}39r$$

Unter Benützung der Formel $V = \frac{H^3\pi}{6}$ aus UA 2.5.4 lässt sich die Berechnung des Flächenschwerpunkts S auf alle Kreissegmente mit $\gamma \leq 180°$ ausdehnen (Fig. 2): Eine Kugel mit zylindrischer Bohrung (Fig. 2.5.4) ist als Drehkörper mit einem Kreissegment als erzeugender Figur herstellbar. Die Fläche A eines Segments mit dem Radius $r = 1$ und dem Zentriwinkel $\gamma = 2\alpha$ ist die Differenz aus der Sektorfläche $\gamma.\frac{1}{2} = \alpha$ (Bogenmaß!) und der Dreiecksfläche $\sin\alpha\cos\alpha$. Nach Guldin ist das Volumen des Drehkörpers daher $V = (\alpha - \sin\alpha\cos\alpha).2d_1\pi$. Durch Gleichsetzung mit $V = \frac{H^3\pi}{6} = \frac{\pi}{6}.(2\sin\alpha)^3 = \frac{4\pi}{3}.\sin^3\alpha$ ergibt sich daraus die Formel

$$d_1 = \frac{2\sin^3\alpha}{3.(\alpha-\sin\alpha\cos\alpha)}$$

Für $r \neq 1$ kommt hier noch der Faktor r hinzu. Nach Fig. 2 ist der Abstand des Schwerpunkts S von der Segmentsehne die Differenz aus d_1 und $\cos\alpha$ bzw. (für $r \neq 1$) $r.\cos\alpha$.

Auf gleiche Weise kann auch der Schwerpunkt der Berandung eines Kreissegments lokalisiert werden. Der praktische Nutzen ist aber vergleichsweise gering.

Vorschläge zum Selbermachen: A) Ein gleichseitiges Dreieck (Seite a) wird um eine Achse gedreht, die durch eine Ecke geht und zur Gegenseite parallel ist. Der so entstehende Drehkörper besteht aus einem Drehzylinder, der von zwei Drehkegeln ausgebohrt wird. Formeln für Volumen und Oberfläche dieses Drehkörpers können **a)** mit Hilfe der Formeln für Drehzylinder und Drehkegel, **b)** mit Hilfe der Guldin'schen Regeln hergeleitet werden. **B)** Den Abstand des Flächenschwerpunktes eines **a)** Viertelkreises, **b)** Achtelkreises von seinen beiden Begrenzungshalbmessern (auf vier Dezimalen genau) berechnen. **C)** Den Abstand des Schwerpunkts S des zu einem Viertelkreis gehörigen Kreissegments von der Sehne (auf vier Dezimalen genau) berechnen.

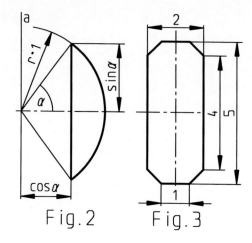

Fig. 2   Fig. 3

3. Ringkörper:

Wird die erzeugende Figur Φ von der Drehachse weder geschnitten noch berührt, dann entsteht ein Ringkörper, wie etwa die Kugel mit zylindrischer Bohrung von Fig. 2. Ist Φ ein n-Eck, dann setzt sich der Ringkörper nur aus Drehzylindern, Drehkegeln und Drehkegelstümpfen zusammen, sodass sich Rauminhalt und Oberfläche immer mit Hilfe der einschlägigen Formeln berechnen lassen. Die Guldin'schen Regeln bedeuten für solche Berechnungen aber i. A. eine Vereinfachung.

Beispiel: Wieviel Milligramm hat ein Ehering aus Gold ($\rho = 19{,}3$) mit einem Außendurchmesser von 21 mm, einem Innendurchmesser von 17 mm und einer Höhe von 5 mm, dessen Ränder drehkegelförmig abgeschliffen sind? Fig. 3 zeigt die erzeugende Figur, Maße in mm. Wegen $A = 2.5 - 2.0,5^2 = 9,5$ mm^2 und $d_1 = 9,5$ mm ergibt sich m = $V\rho = Au\rho = 9,5.19\pi.19,3 \approx 10944$ mg.

Vorschläge zum Selbermachen: A) Ein Quadrat mit der Seitenlänge a wird um eine zu einer Quadratseite parallele Achse gedreht. Der Innendurchmesser des dabei entstehenden zylindrischen Rohrstücks hat die Länge d. Eine Formel **a)** für das Volumen, **b)** für die Oberfläche des Rohrstücks ohne Guldin'sche Regel herleiten und dieselbe anhand des Ergebnisses überprüfen. **c)** Formeln für die Volumina der beiden Ringkörper herleiten, die bei Rotation der gleichsch.-rechtw. Dreiecke entstehen, in welche sich das Quadrat zerlegen lässt. Die Summe muss das Volumen des Rohrstücks ergeben. **B)** Ein gleichschenkliges Trapez wird um eine zu den 16 cm bzw. 10 cm langen Parallelseiten parallele Achse gedreht. Diese hat von der längeren Parallelseite einen Abstand von 14 cm, von der kürzeren einen Abstand von 10 cm. **a)** Das Volumen, **b)** die Oberfläche des Ringkörpers als Vielfache von π ausdrücken. **c)** Den Abstand des Flächenschwerpunkts S des Trapezes von der längeren Parallelseite berechnen. **d)** Den Abstand des Schwerpunkts der Berandung des Trapezes von der längeren Parallelseite berechnen.

4. Ringtorus und Dorntorus:

Der Ringkörper, der durch Rotation eines Kreises k(M; r) um eine Passante a entsteht, wird als *Ringtorus* (von lat. *torus* „Wulst") bezeichnet.

Fig. 4 zeigt Grund- und Aufriss der hinteren Hälfte eines Ringtorus mit lotrechter Achse a. Im Schnitt von a mit der zu a normalen Symmetrieebene befindet sich das Symmetriezentrum Z des Körpers. Z ist der Mittelpunkt des *Mittenkreises* m (Radius R), auf dem sich der Kreismittelpunkt M bei der Drehung bewegt, sowie auch Mittelpunkt des größten Parallelkreises g und des kleinsten Parallelkreises k, auf welchen sich die Punkte G bzw. K bewegen und die als *Gürtelkreis* (Radius R + r) bzw. als *Kehlkreis* (Radius R –

r) bezeichnet werden. Die beiden von den Punkten H und T durchlaufenen Parallelkreise h und t mit dem Radius R werden *Plattkreise* genannt. Längs dieser Kreise wird der Torus von zwei im Abstand 2r parallelen achsennormalen Ebenen berührt.

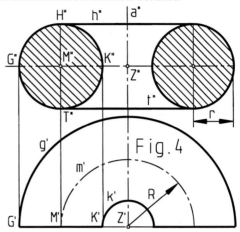

Nach den Guldin'schen Regeln ergeben sich für den Ringtorus die Formeln

$V_{Rt} = 2r^2R\pi^2$	$O_{Rt} = 4rR\pi^2$

Hinsichtlich der Anwendungsvielfalt ist der Ringtorus gleich hinter den Drehzylindern, Drehkegeln und Kugeln einzureihen. Neben dem Voll- bzw. Hohlkörper, wie er etwa bei Ringen und Reifen auftritt, ist der Ringtorus auch in Teilstücken von Bedeutung, etwa als Halb- oder Vierteltorus, wie er durch Achsenschnitte, aber auch durch einen achsennormalen Symmetrieschnitt erzeugt werden kann. Das Volumen des Teilkörpers ist in diesen Fällen der entsprechende Bruchteil vom Volumen des Vollkörpers. Nicht volumsgleich sind hingegen die zwei Teile, die durch einen Drehzylindermantel mit der Achse a und dem Radius R voneinander getrennt werden. Solche Teile sind besonders im Bauwesen, z. B. als Wülste oder Rundkehlen, aber auch im Metallbau, z. B. bei Radfelgen und Seilrollen, anzutreffen.

Rotiert der erzeugende Kreis um eine Tangente, dann tritt als Sonderfall des Ringtorus ein *Dorntorus* auf, benannt nach den beiden dornenförmigen Ausnehmungen, die im Punkt K zusammenlaufen (Fig. 5). Volumen und Oberfläche des Dorntorus erhalten wir nach den Formeln des Ringtorus für R = r.

Beispiel: Wie verteilt sich das Volumen eines Dorntorus auf die beiden durch den Mantel des gleichseitigen Zylinders mit der Achse a und dem Radius r (= R = h/2) getrennten Teile „Wulst" und „Kehle"?

Die Kehle ist (ebenso wie der Wulst) durch Drehung eines Halbkreises erzeugbar, was die Berechnung von V_K (oder V_W) nach Guldin ermöglicht (Fig. 5): $V_K = \frac{r^2\pi}{2} \cdot 2d_1\pi = r^2\pi^2 \cdot (r - \frac{4r}{3\pi}) = r^3\pi^2 - \frac{4r^3\pi}{3}$. Das ist bei genauem Hinsehen das halbe Volumen des Dorntorus minus dem Volumen einer Kugel vom Radius r. Daher ist V_W die Summe aus dem halben Dorntorus- und besagtem Kugelvolumen. In Prozenten: Vom gesamten Torusvolumen $V = 2r^3\pi^2$ entfallen rund 28,8 % auf die Kehle und ca. 71,2 % auf den Wulst.

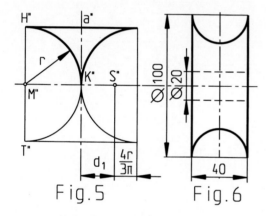

Fig. 5   Fig. 6

Vorschläge zum Selbermachen: A) Ein Rettungsring aus Kunststoff (ρ = 0,1) hat die Form eines Ringtorus mit einem Außendurchmesser von 60 cm und einen Innendurchmesser von 36 cm. Wie groß ist seine Masse (auf Gramm genau)? **B)** Ein Rohrstück aus Eisen (ρ = 7,8) hat die Form eines Vierteltorus mit einem Gürtelkreisradius von 10 cm und einem Kehlkreisradius von 6 cm, die lichte Weite des Rohres beträgt 3 cm. **a)** Das Volumen als Vielfaches von π^2 ausdrücken. **b)** Wie groß ist die Masse des Rohrstücks (auf Gramm genau)? **C)** Zu beweisen: Das Volumen eines hohlen Ringtorus mit dem Mittenkreisradius R, dem Rohrdurchmesser $2r_1$ und der lichten Weite $2r_2$ ist gleich dem Produkt aus Wandstärke $w = r_1 - r_2$ und dem arithmetischen Mittel der Oberflächen von Außentorus und Innentorus. **D)** Ein Säulenelement aus Sandstein (ρ = 1,8) setzt sich aus einem Drehzylinder und dem Wulst eines Ringtorus zusammen, es hat einen Durchmesser von 80 cm und eine Höhe von 30 cm. Wie groß ist seine Masse (auf kg genau)? **E)** Die Masse der Seilrolle aus Aluminium (ρ = 2,7) von Fig. 6 auf Gramm genau berechnen. **F)** Eine Formel für das Dorn-Volumen (Fig. 5) herleiten.

5. Spindeltorus und Apfeltorus:

Wird ein Kreissegment um die Sekante gedreht, dann entsteht für einen Zentriwinkel von γ < 180° ein *Spindeltorus* mit zwei Spitzen S_1, S_2 (Fig. 7a), für γ > 180° ein apfelförmiger Körper (Fig. 7b), für den sich die Bezeichnung *Apfeltorus* anbietet. In Relation zum Ringtorus ist die praktische Bedeutung dieser Körper gering.

Das Volumen eines Spindeltorus kann unmittelbar nach der Guldin'schen Regel berechnet werden, der Abstand $d = r \cdot (d_1 - \cos\frac{\gamma}{2})$ des Schwerpunkts von der Drehachse lässt sich nach der Formel für d_1 aus UA 2 ermitteln. Das Volumen des Apfeltorus ist, wie in Fig. 7b angedeutet, durch Zerlegung des Körpers in einen Drehzylinder, einen Ringkörper und zwei kongruente trichterförmige Teilkörper eruierbar. Das Volumen des Drehzylinders und dieser beiden Teile kann nach der Guldin'schen Regel in Einem berechnet werden.

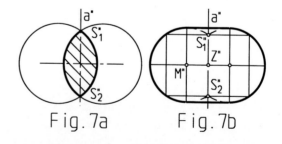

Fig. 7a   Fig. 7b

Vorschläge zum Selbermachen: A) Eine Formel für das Volumen jenes Spindeltorus herleiten, der durch Drehung eines Kreissegments mit dem Zentriwinkel γ = 90° zustande kommt. **B)** Eine Formel für das Volumen jenes Apfeltorus herleiten, der durch Drehung eines Kreissegments mit dem Zentriwinkel γ = 270° zustande kommt.

Hauptabschnitt 3:
Koordinatengeometrie im dreidimensionalen Raum

Formal ist es nur das Hinzufügen einer dritten Koordinate, was aus der ebenen Koordinatengeometrie und Vektorrechnung eine räumliche macht und die rechnerische, insbesondere algebraische Behandlung von Lagen- und Maßaufgaben im Raum ermöglicht. Basis dafür ist ein Achsensystem Uxyz, wie es bereits in HA 1 eingeführt worden ist. Eine Ausnahme stellt allerdings das Vektorprodukt dar, das es in der ebenen Geometrie nicht gibt. Den Geraden- und Kreisgleichungen im R_2 entsprechen die Ebenengleichungen bzw. die Kugelgleichungen im R_3. Im Zusammenhang mit den Ebenengleichungen wird auch auf lineare diophantische Gleichungssysteme in drei Variablen eingegangen. Die den Kegelschnitten der ebenen Geometrie im R_3 entsprechenden Flächen 2. Ordnung kommen erst in HA 4 zur Behandlung.

Den rechnerischen Verfahren werden konstruktive Lösungen zur Seite gestellt, die auf dem Grundriss-Aufriss-Verfahren unter Verwendung von Seitenrissen beruhen. Dabei wird auf das von Gaspard Monge (1746 – 1818) entwickelte Konzept mit festen Bildebenen und deren Vereinigung durch Vierteldrehung (*Monge'sche Drehung*) zurückgegriffen.

3.1 Cartesische Punktkoordinaten; Seitenrisse

Es bedarf nur der Ausführung der Achsen als Zahlengerade mit dem Ursprung U als Nullpunkt und einheitlichem Maßstab, um das in A 1.1 bzw. A 1.2 nach Form und Lage definierte Achsensystem Uxyz zu einem (cartesischen) *Koordinatensystem* auszubauen (Fig.1). In ihm lassen sich jedem Raumpunkt P drei reelle Zahlen x_P, y_P, z_P eindeutig zuordnen, und umgekehrt ist durch jedes solche Zahlentripel genau ein Raumpunkt festgelegt. Der Sachverhalt wird, analog zum R_2, durch $P(x_P/y_P/z_P)$ symbolisiert, die drei Zahlen werden als *cartesische Koordinaten* des Raumpunktes P bezeichnet.

1. Koordinatenzüge und Koordinatenquader:

Den Punkt P erreichen wir über eines von sechs möglichen Polygonen mit je zwei rechten Winkeln, die von U nach P führen. Eines davon ist $UP_xP'P$ mit $P_x(x_P/0/0)$ und $P'(x_P/y_P/0)$, sodass also P' mit dem durch x_P und y_P eindeutig bestimmten Punkt im ebenen Koordinatensystem Uxy übereinstimmt. Ein anderes Polygon ist $UP_yP''P$ mit $P_y(0/y_P/0)$ und $P''(0/y_P/z_P)$, sodass also P'' mit dem durch y_P und z_P eindeutig bestimmten Punkt im ebenen Koordinatensystem Uyz übereinstimmt. Jedes solche Polygon wird als *Koordinatenzug* bezeichnet, alle zusammen bilden den zu P gehörigen *Koordinatenquader* $UP_xP'P_yP_zP'''PP''$.

Gehen wir umgekehrt von Punkt P aus, dann ist seine x-Koordinate x_P sein positiv oder negativ notierter Abstand von der yz-Ebene π_2, je nachdem sich P vor oder hinter π_2 befindet, und seine z-Koordinate z_P ist sein positiv oder negativ notierter Abstand von der

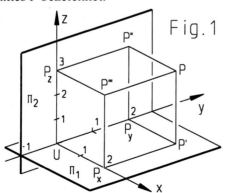

Fig. 1

xy-Ebene π_1, je nachdem sich P über oder unter π_1 befindet. Und schließlich ist y_P der (positiv oder negativ notierte) Abstand des Punktes P von der xz-Ebene.

Indem die Koordinaten jedes (eigentlichen) Punktes des R_3 drei voneinander unabhängige reelle Zahlen sind, ist der Punktraum, also die Menge aller Punkte des R_3, eine dreiparametrige Mannigfaltigkeit, was mit der Dimension des R_3, also seinen drei Ausdehnungsrichtungen, korrespondiert.

Vorschlag zum Selbermachen: Wie lauten die Koordinaten des Punktes P aus Fig. 1? Wie lauten die Koordinaten des **a)** zur xy-Ebene, **b)** zur yz-Ebene, **c)** zur xz-Ebene, **d)** zum Ursprung U spiegelbildlichen Punktes?

2. Grund- und Aufriss:

Es ist evident, dass P' der Grundriss und P" der Aufriss das Punktes P ist, wenn π_1 und π_2 die zugehörigen Bildebenen im Sinne von UA 0.4.1 sind. Die xy-Ebene und die yz-Ebene werden in diesem Zusammenhang als *Grundrissebene (erste Bildebene)* bzw. *Aufrissebene (zweite Bildebene)*, ihre Schnittgerade, die y-Achse, wird als *Rissachse 12* bezeichnet.

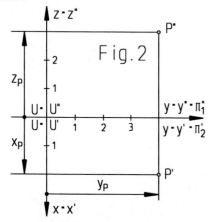

Die beiden Bildebenen können nach erfolgter Projektion durch Vierteldrehung einer von beiden um die Rissachse zu einer Zeichenebene vereinigt werden (Fig. 2). Ist diese waagrecht (z. B. Zeichenblatt), so ist mit der Drehung der Gedanke zu verbinden, dass π_2 nach π_1 gedreht wurde, wobei die obere Hälfte von π_2 nach hinten gelangt ist. Mit einer frontalen Zeichenebene (z. B. Schultafel) wird die Vorstellung verbunden, dass π_1 nach π_2 gedreht wurde, wobei die vordere Hälfte von π_1 nach unten gelangt ist. Bei den Konstruktionsanleitungen wird in diesem Buch die Schülersicht (waagrechte Zeichenebene) und damit der Grundriss bevorzugt. Prinzipiell kann bei allen Konstruktionen auch vom Aufriss ausgegangen werden.

Die Annahme fester Bildebenen erlaubt es auch, im Falle der Identität eines Raumpunktes oder einer Geraden im Raum mit dem zugeordneten Bildelement auf Projektionszeiger zu verzichten. In diesem Sinn wird der Grundriss U'x'y'z' des Achsensystems in Hinkunft (z. B. in Fig. 4) nur als Uxy und der Aufriss U"x"y"z" nur als Uyz angezeigt bzw. beschriftet, wobei U sowohl mit z' als auch mit x" zu identifizieren ist. Die Rissachse 12 ist sowohl der Aufriss von π_1 als auch der Grundriss von π_2: $\pi_1" = \pi_2'$.

Bei einem durch seine Koordinaten gegebenen Punkt $P(x_P/y_P/z_P)$ legt das (positive oder negative) y_P zunächst den *Ordner* fest, auf dem dann P' mittels x_P und P" mittels z_P lokalisiert werden (Fig. 2). Eine Beschränkung auf nicht-negative x- und z-Koordinaten empfiehlt sich, ist jedoch nicht immer möglich.

Sofern es bei Aufgabenstellungen von Belang ist, wird für Koordinaten als Längeneinheit ein Zentimeter vereinbart. Alle in HA 1 für das Grundriss-Aufriss-Verfahren entwickelten Regeln und Konstruktionsverfahren bleiben natürlich gültig.

Vorschläge zum Selbermachen: A) Grund- und Aufriss des Dreiecks ABC zeichnen sowie seine Lage bzw. die Lage einzelner Seiten und allenfalls seine Gestalt, seinen Flächeninhalt bzw. Seitenlängen und Winkel aus der Zeichnung „herauslesen": **a)** A(1/-3/2), B(5/0/2), C(2/4/2), **b)** A(1/-4/4), B(4/0/0), C(7/4/4), **c)** A(1/-3/5,5), B(3,5/-3/1), C(1/3/1). **B)** Grund- und Aufriss der Punkte P(-2/-4/3), Q(4/0/-1), R(-3/4/0) zeichnen und ihre räumliche Lage in Bezug auf π_1 und π_2 angeben.

3. Zugeordnete Normalrisse, Seitenrisse:

Zwei Normalrisse eines Objekts, bei denen die Bildebenen zueinander normal sind, werden als *zugeordnete Normalrisse* bezeichnet. Nach dem Vereinigen der Bildebenen liegt jedes zu einem Raumpunkt gehörige Punktepaar auf einem zur Rissachse normalen Ordner. Grund- und Aufriss sind zugeordnete Normalrisse.

Seitenrisse sind aus Grund- und Aufriss eines Objekts abgeleitete Ansichten dieses Objekts „von der Seite". Einem *dritten Riss* liegt die Normalprojektion des Objekts auf eine Bildebene π_3 zugrunde, die entweder zu π_1 oder zu π_2 normal ist. Grund- und Seitenriss bzw. Auf- und Seitenriss bilden dann ein Paar zugeordneter Normalrisse. Der als dritter Hauptriss bereits in A 1.2 eingeführte Kreuzriss ist jener Sonderfall eines dritten Risses, bei dem die Bildebene π_3 sowohl zu π_1 als auch zu π_2 normal ist. Grund- und Kreuzriss bilden daher ebenso ein Paar zugeordneter Normalrisse wie Auf- und Kreuzriss, wobei letztere Paarung im technischen Zeichnen allerdings klar bevorzugt wird.

In Fig. 3 wird das Zustandekommen eines dritten Risses anhand einer auf π_1 stehenden regelm. vierseitigen Pyramide ABCDS veranschaulicht. Die Schnittgerade von π_1 mit der normal dazu gewählten Bildebene π_3 ist die Rissachse 13. Die Abstände der Aufrisspunkte von der Rissachse 12, also die z-Koordinaten, sind mit den Abständen der Seitenrisspunkte von der Rissachse 13 ($\pi_3' = \pi_1'''$) identisch. Der Projektionspfeil p_3 legt den Durchlaufsinn der Projektionsstrahlen und damit die Sichtbarkeit fest.

Im Falle eines dem Aufriss zugeordneten dritten Risses ($\pi_3 \perp \pi_2$) sind die Abstände der Grundrisspunkte von der Rissachse 12 (= x-Koordinaten) mit den Abständen der Seitenrisspunkte von der Rissachse 23 ($\pi_3'' = \pi_2'''$) identisch.

Beispiel (Fig. 4): Von dem Tetraeder ABCD mit A(2/-3/1), B(4/-1/4), C(4/1/0) und D(2/3/3) wird ein dritter Riss gezeichnet, in dem die Kante AD projizierend ist.

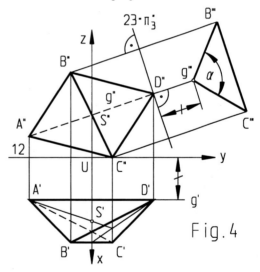

Eine Strecke (Gerade) ist in einem Normalriss dann projizierend, wenn die Bildebene zu ihr normal ist. Der Grundriss lässt erkennen, dass die Gerade g = (AD) frontal ist, sodass alle ihre Normalebenen zweitprojizierend und daher als dritte Bildebenen geeignet sind. Wir nehmen also eine Rissachse 23 = $\pi_3'' \perp g''$ an und ermitteln A''' = D''', B''' und C''' durch Übertragen der x-Koordinaten aus dem Grundriss. Der dritte Riss zeigt den von den beiden im Seitenriss projizierenden Tetra-

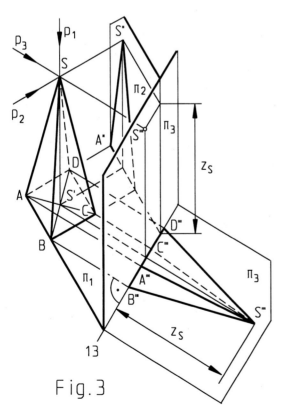

Fig. 3

Fig. 4

ederflächen ABD und ACD eingeschlossenen Winkel unverzerrt.

Vorschläge zum Selbermachen: A) Da beim letzten Beispiel auch die Tetraederkante BC frontal ist, lässt sich die wahre Größe des von ABC und BCD eingeschlossenen Winkels ebenfalls mit Hilfe eines Seitenrisses konstruktiv ermitteln. **B)** Durch A(1/0/0), C(1/0/4) und E(x>0/0/0) ist ein Würfel ABCDEFGH nach Lage und Größe eindeutig festgelegt. Zu zeichnen: Grund-, Auf- und Seitenriss zum Grundriss, wobei π_3 zur Raumdiagonalen BH **a)** normal, **b)** parallel sein soll.

4. Vierter Riss, Seitenrissregel:

Eine Gerade g lässt sich nur dann in einem dritten Riss projizierend, das heißt als Punkt g''' abbilden, wenn sie horizontal oder frontal ist (Fig. 4). Bei allgemeiner Lage ist für diesen Spezialfall der Geradendarstellung ein zweiter Seitenriss erforderlich. Ein solcher kommt durch Normalprojektion des Objekts auf eine zu einer dritten Bildebene π_3 normale Bildebene π_4 zustande (Fig. 5). Als Projektionszeiger für diesen *vierten Riss* werden nicht mehr Striche, sondern das römische Zahlzeichen IV verwendet, für die Rissachse 34 gilt $\pi_4''' = \pi_3^{IV}$.

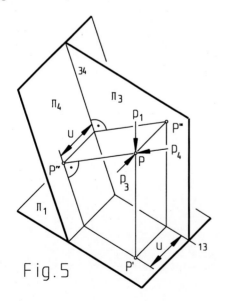

Fig. 5

Grundriss und Aufriss, Grund- oder Aufriss und dritter Riss sowie dritter und vierter Riss sind zugeordnete Normalrisse. Die durch Fig. 3 und Fig. 5 aufgedeckten Abstandsgleichheiten lassen sich in folgender Aussage zusammenfassen, die als *Seitenrissregel* bezeichnet wird:

> Sind einem Normalriss zwei (oder mehr) Normalrisse zugeordnet, so haben deren zu einem Raumpunkt gehörige Bildpunkte von den jeweiligen Rissachsen jeweils gleichen Abstand.

Nach dieser Regel können Seitenrisse quasi „mechanisch" durch Abstandsübertragungen hergestellt werden. Dabei ist allerdings zu berücksichtigen, dass es sich immer um orientierte Abstände handelt. Liegen also z. B. die Aufrisse zweier Punkte in verschiedenen Hälften der durch eine Rissachse 23 geteilten Zeichenebene, dann müssen auch die vierten Risse dieser Punkte auf verschiedenen Seiten der Rissachse 34 liegen.

Um Eindeutigkeit zu erreichen ist neben der Wahl von Bildebenen bzw. Rissachsen auch die Orientierung der Projektionsstrahlen (Pfeile p_3, p_4) festzulegen. Wenn das Seitenriss-Verfahren nur zur konstruktiven Bewältigung von Schnitt- und Maßaufgaben eingesetzt wird, wie das in diesem Buch der Fall ist, dann spielen Sichtbarkeitsfragen allerdings keine Rolle. (Das Herstellen anschaulicher Bilder nach dem Seitenriss-Verfahren ist zwar konstruktiv einfach, gilt aber als unprofessionell.)

5. Das Projizierendmachen von Geraden:

Projizierendmachen einer Geraden bedeutet den Einsatz von Seitenrissen zur Herstellung einer Ansicht, in der die Gerade als Punkt abgebildet wird. Der Grundgedanke ist, mittels eines dritten Risses eine Konstellation herzustellen, wie sie bei Fig. 4 in Grund- und Aufriss vorliegt. Ein vierter Riss liefert dann die angestrebte Ansicht.

Beispiel (Fig. 6): Vom Dreieck ABC mit A(4/-2/2), B(3,5/1/3) und C(1/-1/0) wird eine Ansicht hergestellt, in der die Gerade g = (AB) projizierend ist.

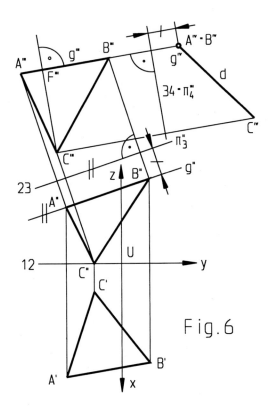

Fig. 6

Vorschlag zum Selbermachen: In UA 3.3.4, Aufg. A, wird durch Rechnung gezeigt, dass die Punkte A, B, D und E die Ecken eines Würfels sind. **a)** Den Würfel vermöge der Eigenschaft, dass parallele Kanten parallele Bilder haben, in Grund- und Aufriss darstellen. **b)** Daraus eine Ansicht ableiten, in der die Raumdiagonale BH projizierend ist.

6. Das Projizierendmachen von Ebenen:

Projizierendmachen einer Ebene bedeutet das Herstellen einer Ansicht, in der die Ebene als Gerade abgebildet wird. Dafür wird immer nur <u>ein</u> Seitenriss benötigt, wie in Fig. 7 anhand des Dreiecks ABC mit A(2/-2/0), B(1/1/1,5) und C(5/0/3) bzw. seiner Trägerebene α = (ABC) demonstriert wird.

Die Figur spricht für sich. Durch Wahl einer Rissachse 23 ∥ g″ wird eine Situation erzeugt, bei der die Gerade g zu π_3 parallel ist. Eine Rissachse 34 ⊥ g‴ bedeutet π_4 ⊥ g, sodass g^{IV} ein Punkt sein muss, was sich auch nach der Seitenrissregel ergibt.

Das Beispiel demonstriert eine konstruktive Lösung der Maßaufgabe, den Abstand eines Punktes von einer Geraden im Raum zu ermitteln, weil nämlich d = |$C^{IV} g^{IV}$| = |Cg| (= |CF|) ist. Zu dieser Einsicht verhilft die Vorstellung, beim dritten und vierten Riss handle es sich um Grund- und Aufriss. Diese Sichtweise wird durch Drehen des Zeichenblattes (bzw. des Buches) in eine Lage erleichtert, bei der die Rissachse 34 die Breitenrichtung einnimmt. Der Schnittpunkt F der aus C auf g gefällten Normalen ist im dritten Riss eingezeichnet. Sein vierter Riss F^{IV} fällt natürlich mit g^{IV} zusammen.

Die Maßaufgabe „Schnittwinkel zweier Ebenen" lässt sich konstruktiv durch Projizierendmachen der Schnittgeraden lösen (Fig. 4), der Normalabstand windschiefer Geraden durch Projizierendmachen <u>einer</u> der beiden Geraden bestimmen (Fig. 3.6.5, Seite 117).

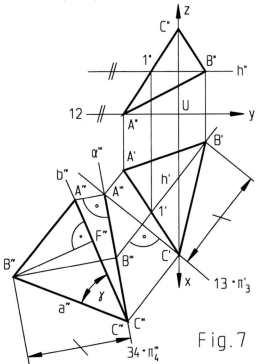

Fig. 7

Für einen Seitenriss zum Grundriss benötigen wir eine horizontale Gerade (= Höhenschichtenlinie) h der projizierend zu machenden Ebene α, weil jede zu einer horizontalen Geraden normale Ebene erstprojizierend und damit als Bildebene π_3 geeignet ist. Die zur Rissachse 12 parallele Gerade h″ durch B″ ist der Aufriss einer solchen Geraden, über den Schnittpunkt 1 von h mit der Dreiecksseite AC ergibt sich der Grundriss h'. Die mit Hilfe einer Rissachse 13 ⊥ h' nach der Seitenrissregel zu ermittelnden Punkte A''', B''' = h''' und C''' liegen auf einer Geraden α''', dem dritten Riss der Ebene α.

Da eine Ebene α in jedem Riss, in dem sie projizierend erscheint, zur betreffenden Bildebene normal ist, eignet sich jede zu ihr parallele Ebene als Bildebene für einen zugeordneten Normalriss, und jede in α liegende Figur muss in diesem Normalriss unverzerrt erscheinen. Jede Rissachse 34, die zu α''' parallel ist, gewährleistet daher einen vierten Riss, der zum Dreieck ABC kongruent ist. Insbesondere lassen sich auf diesem Weg die Maßaufgaben „Abstand Punkt – Gerade" und „Schnittwinkel zweier Geraden" konstruktiv bewältigen, wie in Fig. 7 anhand des Punktes B und der Geraden b (d = $|B^{IV}F^{IV}|$) bzw. der Geraden a und b ($\gamma = \angle a^{IV}b^{IV}$) gezeigt wird.

Es bedeutet eine kleine Vereinfachung, die Rissachse 34 nicht nur parallel zu α''' anzunehmen, sondern gleich mit α''' zusammenzulegen, wie das in Fig. 7 geschehen ist. Im Raum bedeutet das, dass die Ebene α und die Bildebene π_4 identisch sind.

Daher findet in diesem Fall gar keine Projektion statt, die Ebene α wird nur um 90° in die Bildebene gedreht, zu der sie normal ist. Solche *Umklappungen* von Ebenen gehören insbesondere bei erst- und zweitprojizierenden Ebenen zu den Standardkonstruktionen der konstruktiven Geometrie im R_3.

Vorschläge zum Selbermachen: A) In UA 2, Aufg. A, sind drei Dreiecke gegeben. **a)** Das Dreieck ist horizontal, sein Grundriss zeigt es daher unverzerrt. **b)** Das Dreieck ist erstprojizierend, seine wahre Gestalt und Größe lässt sich daher durch Umklappen nach π_1 aufdecken. **c)** Das Dreieck hat allgemeine Lage, seine wahren Abmessungen zeigen sich in einem vierten Riss. Hinweis: Für das Projizierendmachen ist sowohl eine Rissachse 13 ⊥ B'C' als auch eine Rissachse 23 ⊥ A"C" geeignet. Warum ist das so? **B)** Der in Fig. 6 durch Projizierendmachen der Geraden g = (AB) ermittelte Abstand d = |Cg| lässt sich durch Projizierendmachen des Dreiecks ABC und einen vierten Riss (bzw. Umklappen) überprüfen.

3.2 Vektorräume und Vektoralgebra

In Teil I sind der (geometrische) Vektorbegriff sowie Vektoraddition und S-Multiplikation in engem Zusammenhang mit dem cartesischen Koordinatensystem des R_2 eingeführt worden. In gleicher Weise lässt sich die Vektorrechnung im R_3 auf die Ortsvektoren der durch cartesische Koordinaten festgelegten Punkte als Repräsentanten der Vektoren des R_3 aufbauen. Für das Verständnis der in A 3.3 ff. enthaltenen Darlegungen reicht diese Sichtweise völlig aus.

Demgegenüber erfolgt in diesem Abschnitt eine deduktive Herleitung der Vektorgeometrie im R_3, die vom Strukturbegriff „Vektorraum" ausgeht, von dem das Pfeilklassenmodell nur eine Ausprägung ist. Dieses Modell wiederum ist zwar für jede beliebige Dimension n rechnerisch anwendbar, aber nur für n ≤ 3 geometrisch vorstellbar. Aus der allgemeinen Komponenten- und Koordinatendarstellung (⇒ Zeilen- und Spaltenvektoren) leitet sich als letzte Spezifizierung die Darstellung durch cartesische Koordinaten ab.

1. Definition, Dimension und Basis eines Vektorraums (Wiederholung aus Teil I):

Eine Menge V = { $\bar{v}_1, \bar{v}_2, \bar{v}_3, ...$ } ist ein *Vektorraum*, wenn folgende Eigenschaften erfüllt sind:

---

1. V ist hinsichtlich einer Verknüpfung +, der *Vektoraddition*, eine kommutative Gruppe.

2. Zwischen den Elementen von V und den reellen Zahlen (Menge R) besteht eine äußere Verknüpfung, die *S-Multiplikation*, deren Ergebnis ein Element der Menge V ist: Für alle r ∈ R und $\bar{v}_i$ ∈ V gilt r·$\bar{v}_i$ ∈ V.

---

3. Die S-Multiplikation gehorcht folgenden Bedingungen (a ∈ R, b ∈ R, $\vec{v}_i$ ∈ V): **a)** a.($\vec{v}_1 + \vec{v}_2$) = a $\vec{v}_1$ + a $\vec{v}_2$, **b)** (a + b).$\vec{v}_i$ = a $\vec{v}_i$ + b $\vec{v}_i$, **c)** a.(b $\vec{v}_i$) = (ab).$\vec{v}_i$, **d)** 1.$\vec{v}_i$ = $\vec{v}_i$

Jedes Element $\vec{v}_i$ ∈ V ist ein *Vektor*. Das neutrale Element der Vektoraddition ist der *Nullvektor* $\vec{o}$, das zu jedem Vektor $\vec{v}_i$ vorhandene inverse Element ist der *Gegenvektor* -$\vec{v}_i$. Die Summe zweier Gegenvektoren $\vec{v}_i$ und -$\vec{v}_i$ ist der Nullvektor: $\vec{v}_i$ + (-$\vec{v}_i$) = $\vec{v}_i$ – $\vec{v}_i$ = $\vec{o}$. Nach Regel 3b) ist demnach 0.$\vec{v}_i$ = $\vec{o}$ für jeden Vektor $\vec{v}_i$.

Jeder Ausdruck $r_1\vec{v}_1 + r_2\vec{v}_2 + ... + r_n\vec{v}_n$ mit r_i ∈ R und $\vec{v}_i$ ∈ V ist eine *Linearkombination* der Vektoren $\vec{v}_1, \vec{v}_2, ... \vec{v}_n$ und stellt einen Vektor dar. Die Darstellung des Nullvektors als 0.$\vec{v}_1$ + 0.$\vec{v}_2$ + ... + 0.$\vec{v}_n$ wird *triviale Darstellung* genannt. Die Vektoren $\vec{v}_1, \vec{v}_2, ..., \vec{v}_n$ heißen *linear unabhängig*, wenn der Nullvektor durch sie nur trivial darstellbar ist; andernfalls sind sie *linear abhängig*. Im Falle linearer Abhängigkeit von n Vektoren ist mindestens einer von ihnen als Linearkombination der anderen (n – 1) Vektoren darstellbar.

Jeder Vektorraum V hat eine *Dimension* n, indem es nämlich in ihm n linear unabhängige Vektoren gibt, während (n + 1) Vektoren immer linear abhängig sind. Sind in einem n-dimensionalen Vektorraum n Vektoren linear unabhängig, so bilden sie eine *Basis* dieses Vektorraums, die den Vektorraum erzeugt oder „aufspannt" in dem Sinn, dass jeder Vektor aus V als Linearkombination der n Basisvektoren darstellbar ist.

2. Das Pfeilklassenmodell eines Vektorraums (Wiederholung aus Teil I):

Eine *Pfeilklasse* ist eine Menge gleich langer, paralleler und gleich orientierter Strecken $\overrightarrow{AB}$, der Anfangspunkt A ist der *Schaft* und der Endpunkt B ist die *Spitze* des Pfeils (Fig. 1a). Jeder einzelne Pfeil ist ein *Repräsentant* des Vektors, doch wird im praktischen Sprachgebrauch zwischen Pfeil und Vektor nicht unterschieden. Maßgeblich ist allerdings, dass es auf die konkrete Lage des Pfeils nicht ankommt, sondern nur auf seine Länge, seine Richtung und seine Orientierung. Eine Ausnahme von dieser Regel stellen die Ortsvektoren (UA 5) dar.

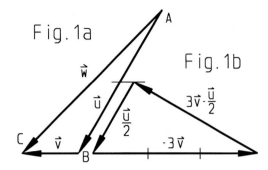

Fig. 1a veranschaulicht die Vektoraddition $\vec{u} + \vec{v} = \vec{w}$ im Pfeilklassenmodell anhand der Repräsentanten $\overrightarrow{AB}, \overrightarrow{BC}$ und $\overrightarrow{AC}$: Der Repräsentant des Summenvektors führt vom Schaft des ersten Summanden zur Spitze des zweiten, wenn Letzterer in der Spitze von Ersterem angesetzt wird. Assoziativität und Kommutativität dieser Verknüpfung sind in Teil I nachgewiesen worden. Als Nullvektor $\vec{o}$ fungiert im Pfeilklassenmodell die Menge aller Punkte (= Pfeile der Länge 0) des jeweiligen Raumes. Der Gegenvektor -$\vec{v}$ stimmt mit $\vec{v}$ in Länge und Richtung überein, ist aber entgegengesetzt orientiert. Der Gegenvektor ermöglicht die Definition einer Vektorsubtraktion als $\vec{u} - \vec{v} = \vec{u} + (-\vec{v})$.

Die S-Multiplikation bedeutet im Pfeilklassenmodell, dass der Vektor k$\vec{v}$ ein zu $\vec{v}$ paralleler Vektor von |k|-facher Länge ist, der für k > 0 die gleiche Orientierung wie $\vec{v}$ aufweist und für k < 0 entgegengesetzt orientiert ist. Fig. 1b zeigt die Vektoren 0,5.$\vec{u}$ und -3$\vec{v}$ (bzw. Repräsentanten dieser Vektoren). Die Gültigkeit der in UA 1 genannten, dem Distributivgesetz und dem Assoziativgesetz der Multiplikation nachgebildeten Regeln wurde in Teil I nachgewiesen. Insbesondere gilt 0.$\vec{v}$ = $\vec{o}$ und (-1).$\vec{v}$ = -$\vec{v}$.

3. Das Pfeilklassenmodell im R$_3$:

Im Lichte der Begriffe „Dimension" und „Basis" eines Vektorraums gelten für das Pfeilklassenmodell im dreidimensionalen Raum die folgenden Sätze:

1. Alle Vektoren, die zu einer Geraden parallel sind, bilden einen eindimensionalen Vektorraum V_1 *kollinearer Vektoren*, der von einem Vektor $\vec{v} \neq \vec{o}$ erzeugt wird.

2. Alle Vektoren, die zu einer Ebene parallel sind, bilden einen zweidimensionalen Vektorraum V_2 *komplanarer Vektoren*, der von je zwei nicht parallelen (= nicht kollinearen) Vektoren als Basis erzeugt wird.

3. Alle Vektoren des R_3 bilden einen dreidimensionalen Vektorraum V_3, der von je drei nicht komplanaren Vektoren als Basis erzeugt wird. V_3 schließt für jede Ebenenstellung einen Vektorraum V_2 und für jede Geradenrichtung einen Vektorraum V_1 mit ein.

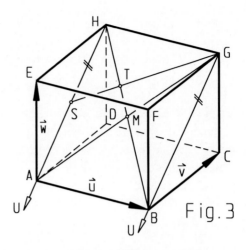

Fig. 3

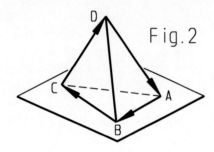

Fig. 2

Anhand eines Tetraeders ABCD und seiner Seitenvektoren $\overrightarrow{AB}, \overrightarrow{BC}, \overrightarrow{CD}$ und $\overrightarrow{DA}$ (Fig. 2) ist leicht nachvollziehbar, dass es zu je drei nicht komplanaren Vektoren des V_3 stets einen vierten gibt, der das von ihnen gebildete dreiteilige Streckenpolygon schließt, wodurch der Nullvektor nichttrivial dargestellt wird:

$$\overrightarrow{AB}+\overrightarrow{BC}+\overrightarrow{CD}+\overrightarrow{DA} = \vec{o}$$

Aus drei nicht komplanaren Vektoren lässt sich hingegen kein geschlossenes Streckenpolygon (= Dreieck) bilden. Die Vektorgleichung $x \cdot \overrightarrow{AB} + y \cdot \overrightarrow{BC} + z \cdot \overrightarrow{CD} = \vec{o}$ ist demnach nur für $x = y = z = 0$ erfüllt.

Beispiel (Fig. 3): In einem Parallelepiped ABCDEFGH teilt T die Raumdiagonale BH im Verhältnis 2 : 1. Was lässt sich hinsichtlich des Punktes S sagen, in dem die Gerade g = (GT) das Parallelogramm ADHE durchstößt, und in welchem Verhältnis teilt T die Strecke GS?

Die Kantenvektoren $\overrightarrow{AB} = \vec{u}$, $\overrightarrow{AD} = \vec{v}$ und $\overrightarrow{AE} = \vec{w}$ sind nicht komplanar und spannen daher einen Vektoraum V_3 auf. In ihm ist $\overrightarrow{BT} = 2/3 \cdot \overrightarrow{BH} = 2/3 \cdot (-\vec{u} + \vec{v} + \vec{w}) = -2/3 \cdot \vec{u} + 2/3 \cdot \vec{v} + 2/3 \cdot \vec{w}$. Da S in der durch die Vektoren $\vec{v}$ und $\vec{w}$ aufgespannten Ebene liegt, muss $\overrightarrow{AS} = x \cdot \vec{v} + y \cdot \vec{w}$ gelten. Und $\overrightarrow{TS} = z \cdot \overrightarrow{GS} = z \cdot (\overrightarrow{GC} + \overrightarrow{CB} + \overrightarrow{BA} + \overrightarrow{AS}) = z \cdot (-\vec{w} - \vec{v} - \vec{u} + x \cdot \vec{v} + y \cdot \vec{w}) = -z \cdot \vec{u} + (xz - z) \cdot \vec{v} + (yz - z) \cdot \vec{w}$.

Die von den Seitenvektoren des Vierecks ABTS gebildete Summe ergibt den Nullvektor: $\overrightarrow{AB} + \overrightarrow{BT} + \overrightarrow{TS} + \overrightarrow{SA} = \vec{o}$. Ersetzen wir in dieser Gleichung die Vektoren durch die bereits im Vorfeld ermittelten Linearkombinationen und ordnen wir den Ausdruck nach den Basisvektoren $\vec{u}$, $\vec{v}$ und $\vec{w}$, so erhalten wir zuletzt die Vektorgleichung $(1 - 2/3 - z) \cdot \vec{u} + (2/3 - x + xz - z) \cdot \vec{v} + (2/3 - y + yz - z) \cdot \vec{w} = \vec{o}$. Darin muss jeder der drei Klammerausdrücke verschwinden, weil der Nullvektor durch $\vec{u}, \vec{v}$ und $\vec{w}$ nur trivial darstellbar ist. Das ergibt aus der ersten Klammer $z = 1/3$, aus der zweiten $x = 1/2$ und aus der dritten $y = 1/2$. Aus $\overrightarrow{AS} = 1/2 \cdot \vec{v} + 1/2 \cdot \vec{w}$ folgt, dass S das Symmetriezentrum des Parallelogramms ADHE ist, und aus $\overrightarrow{TS} = 1/3 \cdot \overrightarrow{GS}$ folgt, dass T die Strecke GS im Verhältnis 2 : 1 teilt.

Das Ergebnis wird übrigens durch folgende Überlegung aus der projektiven Geometrie (Teil I) bestätigt: Auf der Raumdiagonalen BH bilden B, H, T und der Halbierungspunkt M das Doppelverhältnis (HMTB) = -1. Dieses wird durch das Strahlbüschel mit dem Scheitel G auf (HASU) = -1 übertragen, worin U der Fernpunkt der Geraden h = (AH) ist. Daher muss S der Halbierungspunkt der Strecke AH sein.

Vorschläge zum Selbermachen: A) In einem Parallelepiped ABCDEFGH ist M das Symmetriezentrum des Parallelogramms BCGF und T teilt die Strecke AM im Verhältnis 3 : 1. Was lässt sich hinsichtlich des Punktes S sagen, in dem die Gerade g = (BT) das Parallelogramm EFGH durchstößt, und in welchem Verhältnis teilt T die Strecke BS? **B)** ABCDS ist eine Pyramide mit einem Parallelogramm als Grundfläche. E ist der Halbierungspunkt der Kante AB, F ist der Schwerpunkt der Seitenfläche CDS und G teilt die Strecke EF im Verhältnis 3 : 2. Was lässt sich hinsichtlich des Punktes H sagen, in dem die Gerade g = (GS) das Parallelogramm ABCD durchstößt, und in welchem Verhältnis teilt G die Strecke HS?

4. Komponenten und Koordinaten eines Vektors, Zeilen- und Spaltenvektoren:

Konstruktiv läuft die Tatsache, dass im R_3 jeder Vektor $\bar{x}$ durch drei nicht komplanare Basisvektoren $\bar{u}$, $\bar{v}$ und $\bar{w}$ (Fig. 4b) darstellbar ist, auf das Legen einer Treffgeraden (UA 0.1.5) hinaus (Fig. 4a): Die Gerade u ∥ $\bar{u}$ durch den Schaft von $\bar{x}$ und die Gerade w ∥ $\bar{w}$ durch die Spitze von $\bar{x}$ besitzen genau eine Treffgerade v ∥ $\bar{v}$. Sie ist die Schnittgerade zweier Verbindungsebenen (uv$_1$) und (wv$_2$), wobei v$_1$ und v$_2$ zwei zum Vektor $\bar{v}$ parallele Hilfsgerade sind.

$$\bar{x} = x\bar{u} + y\bar{v} + z\bar{w}$$

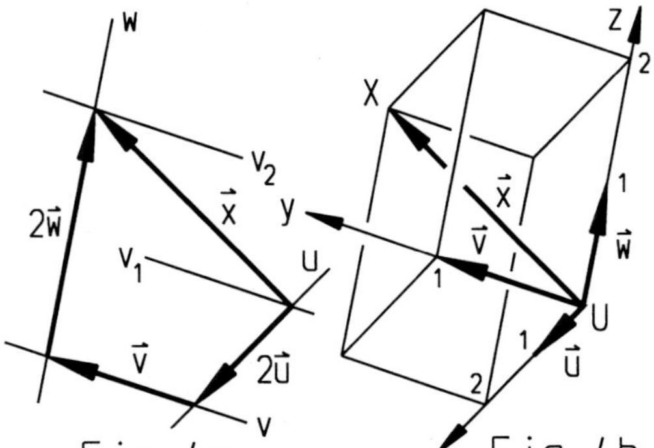

Fig. 4a   Fig. 4b

Die drei Summanden werden als *Komponenten* und die drei reellen Zahlen x, y, z werden als *Koordinaten* des Vektors $\bar{x}$ bezeichnet. Jedem Vektor im R_3 ist somit ein Zahlentripel (x, y, z) umkehrbar eindeutig zugeordnet, sodass dieses synonym für die Pfeilklasse verwendet werden kann. Das zum Vektor $\bar{x}$ in Fig. 4 gehörige Zahlentripel ist (2, 1, 2) und für die Basisvektoren gilt $\bar{u}$ = (1, 0, 0), $\bar{v}$ = (0, 1, 0) und $\bar{w}$ = (0, 0, 1).

Für das Rechnen mit Vektorkoordinaten besser geeignet als diese *Zeilenvektoren* ist die Darstellung einer Pfeilklasse als *Spaltenvektor*. Dabei werden die Koordinaten untereinander angeordnet und durch eine Matrixklammer zusammengefasst.

Zwei Vektoren $\bar{a}$ und $\vec{b}$ mit den Komponentendarstellungen $\bar{a} = a_x\bar{u} + a_y\bar{v} + a_z\bar{w}$ und $\vec{b} = b_x\bar{u} + b_y\bar{v} + b_z\bar{w}$ haben die Summe $\bar{a} + \vec{b} = (a_x + b_x).\bar{u} + (a_y + b_y).\bar{v} + (a_z + b_z).\bar{w}$. Daraus folgt für die Addition von Spaltenvektoren

$$\bar{a} + \vec{b} = \begin{pmatrix} a_x \\ a_y \\ a_z \end{pmatrix} + \begin{pmatrix} b_x \\ b_y \\ b_z \end{pmatrix} = \begin{pmatrix} a_x + b_x \\ a_y + b_y \\ a_z + b_z \end{pmatrix}$$

Für die S-Multiplikation $k\bar{a}$ ergibt sich über die Komponentendarstellung einer Pfeilklasse die Rechenvorschrift

$$k\bar{a} = k.\begin{pmatrix} a_x \\ a_y \\ a_z \end{pmatrix} = \begin{pmatrix} k.a_x \\ k.a_y \\ k.a_z \end{pmatrix}$$

5. Koordinatensysteme, Ortsvektoren:

Ein *allgemeines* (= affines) *Koordinatensystem* im R_3 wird durch drei Basisvektoren $\bar{u}$, $\bar{v}$ und $\bar{w}$ in Verbindung mit einem Koordinatenursprung U begründet (Fig. 4b). In ihm ist jeder Punkt X durch drei reelle Zahlen, nämlich die Koordinaten seines *Ortsvektors* $\overrightarrow{UX}$ eindeutig festgelegt.

Wählen wir als Basisvektoren drei gleich lange und paarweise aufeinander normal stehende Vektoren $\bar{e}_x, \bar{e}_y$ und $\bar{e}_z$, so haben wir als Spezialfall das räumliche *cartesische Koordinatensystem*, wie es in A 3.1 eingeführt worden ist (Fig. 5).

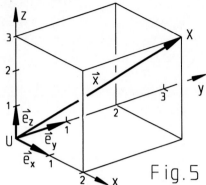

Fig. 5

Weil dimensionsunabhängig hergeleitet, gelten folgende „Ortsvektor-Formeln" nicht nur in der ebenen Koordinatengeometrie, sondern auch im dreidimensionalen Raum:

5.1 Die Koordinaten eines Vektors $\overrightarrow{AB}$ ergeben sich nach der Merkregel „Spitze minus Schaft" als Differenz der zu A und B gehörigen Ortsvektoren $\vec{a}$, $\vec{b}$:

$$\boxed{\overrightarrow{AB} = \vec{b} - \vec{a}}$$

5.2 Der Ortsvektor des Mittelpunkts M einer Strecke AB ist die Hälfte der Summe der Ortsvektoren der beiden Randpunkte:

$$\boxed{\vec{m} = \frac{\vec{a} + \vec{b}}{2}}$$

5.3 Der Ortsvektor des Schwerpunkts S eines Dreiecks ABC ist ein Drittel der Summe der Ortsvektoren der drei Eckpunkte:

$$\boxed{\vec{s} = \frac{\vec{a} + \vec{b} + \vec{c}}{3}}$$

Die Bauart der Formeln über den Mittelpunkt einer Strecke, der ja auch ihr Schwerpunkt ist, und den Schwerpunkt eines Dreiecks lässt vermuten, dass für den Schwerpunkt T eines Tetraeders ABCD bzw. den Ortsvektor $\vec{t}$ dieses Schwerpunkts die folgende Formel gilt:

$$\boxed{\vec{t} = \frac{\vec{a} + \vec{b} + \vec{c} + \vec{d}}{4}}$$

Beweis (Fig. 6): Als bekannt wird vorausgesetzt, dass T die Strecke SD im Verhältnis 1 : 3 teilt. Dann gilt

$$\vec{t} = \vec{s} + \frac{1}{4} \cdot \overrightarrow{SD} = \vec{s} + \frac{1}{4} \cdot (\vec{d} - \vec{s}) =$$

$$\vec{s} - \frac{\vec{s}}{4} + \frac{\vec{d}}{4} = \frac{3}{4} \cdot \vec{s} + \frac{\vec{d}}{4} = \frac{3}{4} \cdot \frac{\vec{a} + \vec{b} + \vec{c}}{3} + \frac{\vec{d}}{4}$$

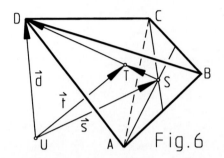

Fig. 6

Eine Anwendung der Formel auf das Tetraeder ABCD mit A(2/-3/1), B(4/-1/4), C(4/1/0) und D(2/3/3) ergibt

$$\vec{t} = \frac{1}{4} \cdot \left[\begin{pmatrix} 2 \\ -3 \\ 1 \end{pmatrix} + \begin{pmatrix} 4 \\ -1 \\ 4 \end{pmatrix} + \begin{pmatrix} 4 \\ 1 \\ 0 \end{pmatrix} + \begin{pmatrix} 2 \\ 3 \\ 3 \end{pmatrix} \right] = \frac{1}{4} \cdot \begin{pmatrix} 12 \\ 0 \\ 8 \end{pmatrix},$$

also T(3/0/2). Es handelt sich um das Tetraeder von Fig. 3.1.4 (Seite 87), wo der Schwerpunkt auch eingezeichnet ist.

Vorschläge zum Selbermachen: A) Die Koordinaten des Schwerpunkts S des Dreiecks ABC mit A(2/-4/1), B(4/-3/4), C(0/4/4) berechnen und durch eine Zeichnung (Grund- und Aufriss) überprüfen. **B)** Den Ortsvektor eines Randpunkts bzw. einer Ecke (z. B. A) **a)** einer Strecke AB, **b)** eines Dreiecks ABC, **c)** eines Tetraeders ABCD durch die Ortsvektoren des Schwerpunkts und der anderen Ecken ausdrücken und die Formeln anhand konkreter Beispiele überprüfen. **C)** Der Ursprung U bildet zusammen mit dem Dreieck ABC ein Tetraeder UABC. In ihm sei D der Halbierungspunkt von AC, E der Halbierungspunkt von UB und F der Halbierungspunkt von DE. Der Ortsvektor $\vec{f} = \overrightarrow{UF}$ lässt sich als Linearkombination der Ortsvektoren $\vec{a}, \vec{b}$ und $\vec{c}$ darstellen. Welcher Zusammenhang besteht zwischen dem Ergebnis und der Formel für den Tetraeder-Schwerpunkt?

6. Schlussbemerkung:

Bei Berechnungen zur Lagengeometrie und zur affinen Geometrie (Parallelitäten und Teilverhältnisse) ist mit der Vektoralgebra (Addition, S-Multiplikation) und affinen Koordinaten das Auslangen zu finden. Berechnungen, bei denen Abstände, Flächen und Rauminhalte sowie Winkel und damit auch Normalenbeziehungen eine Rolle spielen, sind an cartesische Koordinaten gebunden. Außerdem sind für den Bereich der metrischen Geometrie zwei weitere Verknüpfungen, nämlich das Skalarprodukt (A 3.3) und das Vektorprodukt (A 3.5) definiert und für die rechnerische Handhabung der Normalenbeziehungen zwischen Geraden und Ebenen im R_3 unerlässlich.

3.3 Streckenlängen und Winkel, Skalarprodukt

Hinsichtlich von Strecken und deren Länge sowie der von zwei Strecken gebildeten Winkel und deren Größe ist zwischen Ebene (R_2) und Raum (R_3) rein geometrisch kein Unterschied, wohl aber konstruktiv. Bei den einschlägigen Berechnungen kommt die dritte Koordinate hinzu.

1. Länge eines Vektors, Einheitsvektoren, winkelhalbierender Vektor:

Im dreidimensionalen Raum kann jedem Vektor $\vec{v}$ ein Quader zugeordnet werden, dessen Kantenlängen mit den Beträgen der cartesischen Koordinaten von $\vec{v}$ übereinstimmen (Fig. 1).

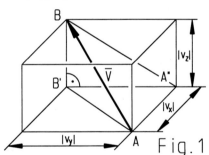

Fig. 1

Die *Länge* (Der *Betrag*) $|\vec{v}|$ von $\vec{v}$ ist mit der Länge der Raumdiagonalen dieses Quaders identisch, sodass gilt

$$|\vec{v}| = \left|\begin{pmatrix} v_x \\ v_y \\ v_z \end{pmatrix}\right| = \sqrt{v_x^2 + v_y^2 + v_z^2}$$

Einen Vektor der Länge 1 nennen wir einen *Einheitsvektor*. Wird eine Menge V_1 kollinearer Vektoren von einem Einheitsvektor $\vec{e}$ erzeugt, so ist die Länge jedes Vektors $\vec{v} = k\vec{e}$ dieser Menge mit $|k|$ identisch. Wird die Menge V_1 von einem Vektor $\vec{v}$ mit $|\vec{v}| \neq 1$ erzeugt, so gibt es in ihr zwei Einheitsvektoren $\vec{v}_e$ und $-\vec{v}_e$, die aus $\vec{v}$ durch S-Multiplikation mit dem positiv oder negativ genommenen Kehrwert seines Betrages $|\vec{v}| = \sqrt{v_x^2 + v_y^2 + v_z^2}$ entstehen:

$$\vec{v}_e = \frac{1}{|\vec{v}|} \cdot \vec{v}$$

Zu jedem von zwei Vektoren $\vec{u}$ und $\vec{v}$ gebildeter Winkel ist $\vec{w} = \vec{u}_e + \vec{v}_e$ ein *winkelhalbierender Vektor*, wenn $\vec{u}_e$ und $\vec{v}_e$ die zu $\vec{u}$ und $\vec{v}$ gehörigen Einheitsvektoren sind (Fig. 2). Denn $\vec{u}_e$ und $\vec{v}_e$ bilden einen Rhombus, dessen Diagonalvektor die gewünschte Eigenschaft besitzt. Jeder zu $\vec{w}$ kollineare Vektor kann als Richtungsvektor für die Gleichung der Winkelsymmetralen w dienen.

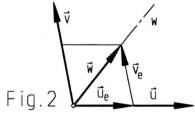

Fig. 2

Beispiel: Für $\vec{u} = (8, -9, 12)$ und $\vec{v} = (-12, 3, -4)$ ist $|\vec{u}| = 17$ und $|\vec{v}| = 13$. Daraus folgt

$$\vec{w} = \vec{u}_e + \vec{v}_e = \begin{pmatrix} \frac{8}{17} \\ -\frac{9}{17} \\ \frac{12}{17} \end{pmatrix} + \begin{pmatrix} -\frac{12}{13} \\ \frac{3}{13} \\ -\frac{4}{13} \end{pmatrix} = \frac{1}{221} \cdot \begin{pmatrix} -100 \\ -66 \\ 88 \end{pmatrix}$$

Der winkelhalbierende Vektor mit den kleinstmöglichen ganzzahligen Koordinaten ist daher $\frac{221}{2} \cdot \vec{w} = (-50, -33, 44)$.

Vorschläge zum Selbermachen: A) Den zu **a)** $\vec{u} = (0, -9, 12)$, **b)** $\vec{u} = (12, 3, -4)$ kollinearen und gleich orientierten Vektor mit $|\vec{v}| = 65$ LE berechnen. **B)** Einen winkelhalbierenden Vektor mit ganzzahligen Koordinaten zu **a)** $\vec{u} = (-5, 12, 0)$, $\vec{v} = (6, 0, -8)$, **b)** $\vec{u} = (-6, 4, 4)$, $\vec{v} = (2, -3, -2)$ ermitteln.

2. Streckenlänge und Böschungswinkel:

Die *Länge einer Strecke* AB wird im Raum wie in der ebenen Geometrie als Länge des Vektors $\overrightarrow{AB}$ berechnet, dessen Koordinaten sich aus den Ortsvektoren der Randpunkte A, B nach der Regel „Spitze minus Schaft" ergeben.

Konstruktiv besteht zur Bestimmung einer Streckenlänge die Möglichkeit des Drehens der Strecke AB in Frontallage (A 1.4) oder das Umklappen der durch AB gelegten erstprojizierenden Ebene π_3 nach π_1 durch Übertragung der z-Koordinaten (Fig. 3).

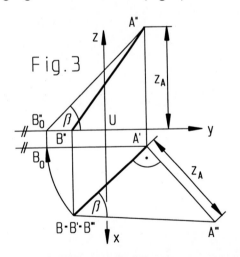

Beide Methoden führen zu einem rechtw. Dreieck, das den Böschungswinkel β der Strecke aufdeckt, von dem zufolge der Beziehung $|A'B'| = |AB| \cdot \cos\beta$ die Verkürzung des Grundrisses gegenüber der wahren Länge abhängt. Das Dreieck wird als das zur Strecke AB gehörige (erste) *Differenzendreieck* bezeichnet.

Vorschläge zum Selbermachen: A) Für A(1/2,5/6) und B(5/-2/0) Länge und Böschungswinkel der Strecke AB berechnen. Hinweis: Es handelt sich – abgesehen von einem Maßstabsfaktor – um die in Fig. 3 abgebildete Strecke. **B)** Die Länge der Strecke AB mit A(3/-6/5) und B(0/6/1) berechnen und durch Umklappen nach π_2 überprüfen. **C)** Zu zeigen, dass das Dreieck ABC mit A(5/3/9), B(0/-5/6) und C(9/-6/10) ein gleichseitiges Dreieck ist. **D)** Zu zeigen, dass das Dreieck ABC mit A(8/-2/1), B(5/3/9) und C(7/-4/8) ein gleichschenkliges Dreieck mit der Basis AB ist.

3. Winkel zweier Vektoren und Skalarprodukt:

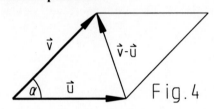

Der von zwei nicht kollinearen Vektoren $\vec{u}$, $\vec{v}$ gebildete Winkel lässt sich mit Hilfe des Cosinussatzes in einem von den Vektoren $\vec{u}$, $\vec{v}$ und $\vec{v} - \vec{u}$ (oder $\vec{u} - \vec{v}$) gebildeten Dreieck (Fig. 4) berechnen:

$$\cos\alpha = \frac{|\vec{u}|^2 + |\vec{v}|^2 - |\vec{v} - \vec{u}|^2}{2 \cdot |\vec{u}| \cdot |\vec{v}|}$$

Durch Einsetzen der Vektorkoordinaten kann der Zähler dieses Bruches wesentlich vereinfacht werden: $|\vec{u}|^2 + |\vec{v}|^2 - |\vec{v} - \vec{u}|^2 = u_x^2 + u_y^2 + u_z^2 + v_x^2 + v_y^2 + v_z^2 - (v_x - u_x)^2 - (v_y - u_y)^2 - (v_z - u_z)^2 = u_x^2 + u_y^2 + u_z^2 + v_x^2 + v_y^2 + v_z^2 - v_x^2 + 2u_xv_x - u_x^2 - v_y^2 + 2u_yv_y - u_y^2 - v_z^2 + 2u_zv_z - u_z^2 = 2u_xv_x + 2u_yv_y + 2u_zv_z = 2 \cdot (u_xv_x + u_yv_y + u_zv_z)$. Der Zahlenwert in der Klammer ist die Summe der Produkte aus den x-Koordinaten, den y-Koordinaten und den z-Koordinaten von $\vec{u}$ und $\vec{v}$. Diese Summe wird als *Skalarprodukt* $\vec{u}\vec{v}$ der Vektoren $\vec{u}$ und $\vec{v}$ bezeichnet:

$$\vec{u}\vec{v} = \begin{pmatrix} u_x \\ u_y \\ u_z \end{pmatrix} \cdot \begin{pmatrix} v_x \\ v_y \\ v_z \end{pmatrix} = u_xv_x + u_yv_y + u_zv_z$$

Wird der Zähler des obigen Bruches durch $2\vec{u}\vec{v}$ ersetzt und durch 2 gekürzt, dann ergibt sich für den von zwei (nicht kollinearen) Vektoren $\vec{u}$, $\vec{v}$ eingeschlossenen Winkel α (= *Winkel zweier Vektoren*) die Formel:

$$\cos\alpha = \frac{\vec{u}\vec{v}}{|\vec{u}|.|\vec{v}|}$$

Konstruktiv lässt sich der von zwei Vektoren, zwei Strecken oder zwei Geraden eingeschlossene Winkel gemäß Fig. 3.1.7 (Seite 89) durch Projizierendmachen der betreffenden Trägerebene und Umklappen ermittelt.

Vorschläge zum Selbermachen: A) Die Winkel im Dreieck ABC mit **a)** A(5/3/9), B(0/-5/6), C(9/-6/10), **b)** A(8/-2/1), B(5/3/9) und C(7/-4/8) berechnen. **B)** Folgende Regeln für das Rechnen mit dem Skalarprodukt mit Hilfe der zugehörigen Koordinatenrechnung überprüfen: **a)** $\vec{v}\vec{v} = \vec{v}^2 = |\vec{v}|^2$, **b)** $(k\vec{v})^2 = k^2\vec{v}^2$, **c)** $\vec{u}.(\vec{v}+\vec{w}) = \vec{u}\vec{v} + \vec{u}\vec{w}$, **d)** $(\vec{u}\pm\vec{v})^2 = \vec{u}^2 \pm 2\vec{u}\vec{v} + \vec{v}^2$.

4. Skalarprodukt und rechte Winkel:

Nach UA 3 ist der Cosinuswert des von zwei (nicht kollinearen) Vektoren $\vec{u}$, $\vec{v}$ eingeschlossenen Winkels α der Quotient aus dem Skalarprodukt $\vec{u}\vec{v}$ dieser beiden Vektoren und dem Produkt ihrer Beträge $|\vec{u}|.|\vec{v}|$. Umgekehrt kann dann das Skalarprodukt zweier Vektoren $\vec{u}$, $\vec{v}$ geometrisch definiert werden als Produkt ihrer Beträge mal dem Cosinuswert des von $\vec{u}$ und $\vec{v}$ eingeschlossenen Winkels:

$$\vec{u}\,\vec{v} = |\vec{u}|.|\vec{v}|.\cos\alpha$$

Ist keiner der beiden Vektoren der Nullvektor, dann kann $\vec{u}\,\vec{v} = 0$ nur $\cos\alpha = 0$ bedeuten, sodass also $\vec{u}$ und $\vec{v}$ miteinander einen rechten Winkel einschließen.

Beispiel (Fig. 5): Wir wollen nachweisen, dass das Oktaeder ABCDEF mit A(10/1/9), B(13/9/4), C(4/13/5), D(1/5/10), E(9/10/13) und F(5/4/1) ein regelmäßiges Oktaeder ist. Das ist sicher der Fall, wenn die einander im Mittelpunkt M schneidenden Halbdiagonalen MA, MB und ME gleich lang sind und paarweise normal aufeinander stehen.

$$\vec{m} = \frac{\vec{a}+\vec{c}}{2} = \frac{\vec{b}+\vec{d}}{2} = \frac{\vec{e}+\vec{f}}{2} = \begin{pmatrix}7\\7\\7\end{pmatrix}$$

$$\overrightarrow{MA} = \begin{pmatrix}3\\-6\\2\end{pmatrix}, \overrightarrow{MB} = \begin{pmatrix}6\\2\\-3\end{pmatrix}, \overrightarrow{ME} = \begin{pmatrix}2\\3\\6\end{pmatrix}$$

Die Länge aller drei Vektoren beträgt 7 LE und alle drei Skalarprodukte sind 0.

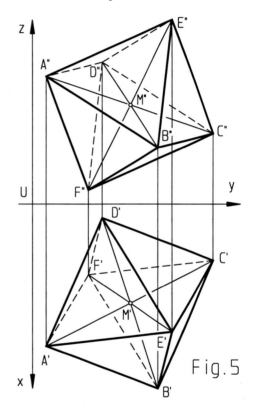

Fig. 5

Im Raum sind zu einem Vektor $\vec{v} = (v_x, v_y, v_z)$ alle Vektoren $\vec{n} = (n_x, n_y, n_z)$ normal, deren Koordinaten die homogene Gleichung

$$v_x n_x + v_y n_y + v_z n_z = 0$$

erfüllen. Deren Lösungsmenge ist zweiparametrig, alle zu $\vec{v}$ normalen Vektoren bilden also einen zweidimensionalen Vektorraum.

Vorschläge zum Selbermachen: A) Zu zeigen, dass A(6/0/4), B(8/6/1), D(0/3/6) und E(9/2/10) Ecken eines Würfels ABCDEFGH sind und die Koordinaten der Ecken C, F, G und H angeben. **B)** Zu zeigen, dass A(2/0/4),

B(-2/5/1) und E(5/5/0) Ecken eines regelm. Oktaeders ABCDEF mit dem Symmetriezentrum M(2/5/4) sind und die Koordinaten der Ecken C, D und F angeben. **C)** Nachweisen, dass die Beziehung $\vec{u}\,\vec{v} = |\vec{u}|.|\vec{v}|.\cos\alpha$ auch dann gilt, wenn die Vektoren $\vec{u}$ und $\vec{v}$ kollinear sind, also $\vec{v} = k\vec{u}$ und $\alpha = 0°$ ist.

5. Flächeninhalt von Parallelogrammen und Dreiecken:

Zwei nicht kollineare Vektoren $\vec{u}$ und $\vec{v}$ bestimmen ein Parallelogramm, wie es Fig. 4 zeigt, bzw. ein Dreieck als halbes Parallelogramm. Für den Flächeninhalt $A_\# = 2A_\Delta$ gilt nach Teil I die Formel $A_\# = |\vec{u}|.|\vec{v}|.\sin\alpha$, woraus ein Zusammenhang mit dem Skalarprodukt wie folgt hergestellt werden kann:

$$A_\#^2 = |\vec{u}|^2|\vec{v}|^2.\sin^2\alpha = |\vec{u}|^2|\vec{v}|^2.(1-\cos^2\alpha) = |\vec{u}|^2|\vec{v}|^2 - |\vec{u}|^2|\vec{v}|^2.\cos^2\alpha = |\vec{u}|^2|\vec{v}|^2 - (|\vec{u}|.|\vec{v}|.\cos\alpha)^2 = |\vec{u}|^2|\vec{v}|^2 - (\vec{u}\,\vec{v})^2.$$

$$\boxed{A_\# = 2A_\Delta = \sqrt{|\vec{u}|^2.|\vec{v}|^2 - (\vec{u}\vec{v})^2}}$$

Hier endet allerdings die Analogie des Skalarprodukts in den Räumen R_2 und R_3, indem es nämlich im dreidimensionalen Raum keinen Übergang vom Skalarprodukt zur Determinantenrechnung gibt. Dieser wird erst durch das Vektorprodukt (A 3.5) ermöglicht.

Vorschlag zum Selbermachen: Flächeninhalt A_Δ und Umkreisradius r_u des Dreiecks ABC mit A(5/-1/0), B(0/1/1) und C(1/3/2) berechnen. Hinweis: $r_u = abc : 4A_\Delta$ lt. Teil I.

3.4 Gerade und Ebenen, Lagenaufgaben

In diesem Abschnitt werden allen Geraden und Ebenen des Raumes mit Hilfe ihrer Richtungsvektoren Parametergleichungen und den Ebenen mit Hilfe ihrer Normalvektoren lineare Gleichungen in drei Variablen zugeordnet. Jeder in ein räumliches Koordinatensystem eingebetteten Ebene entspricht eine lineare Gleichung in drei Variablen x, y, z (in verschiedenen lösungsäquivalenten Formen) und umgekehrt: Jedes bei linearen Gleichungen in drei Variablen auftretende Phänomen hat eine geometrische Entsprechung.

1. Die Parametergleichung einer Geraden:

Fig. 1 zeigt eine Gerade g, welche die Bildebenen π_1 und π_2 in den *Spurpunkten* $G_1(x_1/y_1/0)$ bzw. $G_2(0/y_2/z_2)$ von g durchstößt.

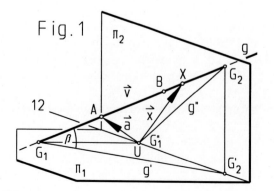

Fig. 1

Für Grund- und Aufriss ist charakteristisch, dass G_2' im Schnitt von g' mit der Rissachse 12 und G_1'' im Schnitt von g'' mit der Rissachse 12 liegt. Der von g und g' bei G_1 eingeschlossene Winkel ist der Böschungswinkel β von g, dessen wahre Größe durch Umklappen der durch g legbaren erstprojizierenden Ebene π_3 aufgedeckt werden kann.

Durch einen Punkt A und einen *Richtungsvektor* $\vec{v} \neq \vec{o}$ ist eine Gerade g eindeutig festgelegt (Fig. 1). Diese Aussage umfasst auch die Verbindungsgerade zweier Punkte g = (AB). Der Richtungsvektor ist in diesem Fall $\vec{v} = \overrightarrow{AB}$ oder $\overrightarrow{BA}$ oder ein anderer dazu kollinearer Vektor.

Zu jedem Punkt X(x/y/z) auf g führt ein Ortsvektor $\vec{x}$, und dieser lässt sich stets als Summe des Ortsvektors $\vec{a}$ und eines bestimmten zu $\vec{v}$ kollinearen Vektors $t\vec{v}$ darstellen:

$$\boxed{\vec{x} = \vec{a} + t\vec{v}}$$

Diese Vektorgleichung wird als *Parametergleichung* der Geraden g mit dem Parameter t bezeichnet.

Zu jeder Zahl $t \in R$ gibt es genau einen Punkt auf g, dessen Koordinaten sich durch Einsetzen von t in die Vektorgleichung ergeben. Insbesondere gehört zu t = 0 der Punkt A und zu t = 1 der Punkt B.

Die Parametergleichung einer Geraden ist nicht eindeutig, weil es sowohl für A als auch für $\vec{v}$ unendlich viele Möglichkeiten gibt.

Beispiel (Fig. 1): Die Verbindungsgerade g der Punkte A(4/3/2) und B(2/6/4) hat die Parametergleichung $\vec{x} = \vec{a} + t \cdot (\vec{b} - \vec{a})$, in Spaltendarstellung

$$\begin{pmatrix} x \\ y \\ z \end{pmatrix} = \begin{pmatrix} 4 \\ 3 \\ 2 \end{pmatrix} + t \cdot \begin{pmatrix} -2 \\ 3 \\ 2 \end{pmatrix}$$

Diese Vektorgleichung ist gleichbedeutend mit x = 4 − 2t, y = 3 + 3t und z = 2 + 2t. Für G_1 ist z = 0, also t = −1, woraus $x_1 = 6$ und $y_1 = 0$ folgt. Für G_2 ist x = 0, also t = 2, woraus $y_2 = 9$ und $z_2 = 6$ folgt. Die Spurpunkte sind also $G_1(6/0/0)$ und $G_2(0/9/6)$.

Die Parametergleichung des Grundrisses g' einer Geraden g im Koordinatensystem Uxy besteht aus den Zeilen 1 und 2, die des Aufrisses g" im System Uyz aus den Zeilen 2 und 3 der Parametergleichung von g. Daraus lassen sich durch Elimination des Parameters parameterfreie Gleichungen von g' und g" im ebenen System Uxy bzw. Uyz ermitteln.

Vorschlag zum Selbermachen: Wie lauten die parameterfreien Gleichungen von g' und g" für eine Gerade g mit der Parametergleichung **a)** $\vec{x} = (2, 4, 1) + t \cdot (4, 13, 5)$, **b)** $\vec{x} = (0, 6, 0) + t \cdot (1, -2, 1)$, **c)** für die in Fig. 1 dargestellte Verbindungsgerade g = (AB)? Tipp: Letztere lassen sich auch als Gleichungen der Geraden g' = (A'B') und g" = (A"B") z. B. nach der Zweipunktform gewinnen.

2. Zwei Gerade im Raum:

Zwischen der Lage zweier Geraden g, h zueinander und den durch ihre Parametergleichungen $\vec{x} = \vec{a} + s\vec{u}$, und $\vec{x} = \vec{b} + t\vec{v}$ vorgegebenen Vektoren $\overrightarrow{AB} = \vec{b} - \vec{a}$, $\vec{u}$ und $\vec{v}$ besteht der folgende Zusammenhang (Fig. 2):

2.1 Sind die drei genannten Vektoren kollinear, dann beschreiben die beiden Gleichungen ein und dieselbe Gerade, also g = h, und umgekehrt.

2.2 Sind die Vektoren $\vec{b} - \vec{a}$, $\vec{u}$ und $\vec{v}$ nicht kollinear, aber komplanar, dann legen die Geraden g und h eine Ebene, nämlich ihre Verbindungsebene $\alpha = (gh)$, fest. Sind $\vec{u}$ und $\vec{v}$ nicht kollinear, dann haben g und h einen Schnittpunkt S, andernfalls gilt g ∥ h.

2.3 Sind die Vektoren $\vec{b} - \vec{a}$, $\vec{u}$ und $\vec{v}$ nicht komplanar, dann sind die Geraden g und h windschief, und umgekehrt.

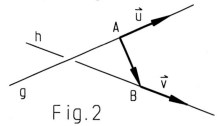

Fig. 2

Wenn es einen Schnittpunkt S gibt, dann muss sein Ortsvektor $\vec{s}$ beiden Parametergleichungen genügen, sodass $\vec{a} + s\vec{u} = \vec{b} + t\vec{v}$ gilt. Diese Vektorgleichung beschreibt ein Gleichungssystem von drei linearen Gleichungen in zwei Variablen s und t, das nur in diesem Sonderfall genau eine Zahlenpaar (s*, t*) als Lösung besitzt, und daraus folgt $\vec{s} = \vec{a} + s^* \cdot \vec{u} = \vec{b} + t^* \cdot \vec{v}$ (Kontrolle).

Hat das genannte Gleichungssystem keine Lösung, was der Regelfall ist, dann sind die Geraden windschief oder parallel, je nachdem die Vektoren $\vec{u}$ und $\vec{v}$ nicht kollinear oder kollinear sind. Hat das System eine einparametrige Lösungsmenge, dann gilt g = h.

Beispiel: Die Koordinaten des Inkreismittelpunkts I des Dreiecks ABC mit A(0/−5/0), B(12/4/0) und C(0/−5/8) berechnen. Zuerst werden Richtungsvektoren $\vec{w}_\alpha$ und $\vec{w}_\gamma$ der Winkelsymmetralen w_α und w_γ gemäß UA 3.3.1 ermittelt:

$$\overrightarrow{AB} = \begin{pmatrix} 12 \\ 9 \\ 0 \end{pmatrix} \Rightarrow \vec{e}_1 = \begin{pmatrix} 0{,}8 \\ 0{,}6 \\ 0 \end{pmatrix}, \overrightarrow{AC} = \begin{pmatrix} 0 \\ 0 \\ 8 \end{pmatrix} \Rightarrow \vec{e}_2 = \begin{pmatrix} 0 \\ 0 \\ 1 \end{pmatrix}$$

$$\Rightarrow \vec{e}_1 + \vec{e}_2 = \begin{pmatrix} 0,8 \\ 0,6 \\ 1 \end{pmatrix} \Rightarrow \vec{w}_\alpha = \begin{pmatrix} 4 \\ 3 \\ 5 \end{pmatrix}$$

$$\vec{CA} = \begin{pmatrix} 0 \\ 0 \\ -8 \end{pmatrix} \Rightarrow \vec{e}_3 = \begin{pmatrix} 0 \\ 0 \\ -1 \end{pmatrix}, \vec{CB} = \begin{pmatrix} 12 \\ 9 \\ -8 \end{pmatrix} \Rightarrow \vec{e}_4 = \begin{pmatrix} \frac{12}{17} \\ \frac{9}{17} \\ -\frac{8}{17} \end{pmatrix}$$

$$\Rightarrow \vec{e}_3 + \vec{e}_4 = \begin{pmatrix} \frac{12}{17} \\ \frac{9}{17} \\ -\frac{25}{17} \end{pmatrix} \Rightarrow \vec{w}_\gamma = \begin{pmatrix} 12 \\ 9 \\ -25 \end{pmatrix}$$

Nun werden die Gleichungen $\vec{x} = \vec{a} + s\vec{w}_\alpha$ und $\vec{x} = \vec{c} + t\vec{w}_\gamma$ der beiden Winkelsymmetralen gleichgesetzt, d. h. das lineare Gleichungssystem in s und t erstellt:

$$\begin{pmatrix} 0 \\ -5 \\ 0 \end{pmatrix} + s \cdot \begin{pmatrix} 4 \\ 3 \\ 5 \end{pmatrix} = \begin{pmatrix} 0 \\ -5 \\ 8 \end{pmatrix} + t \cdot \begin{pmatrix} 12 \\ 9 \\ -25 \end{pmatrix}$$

Aus der ersten (und zweiten) Gleichung folgt $s = 3t$, aus der dritten Gleichung folgt daraus $s^* = 0,6$ und $t^* = 0,2$, was auf zweifache Art zu I(2,4/-3,2/3) führt.

Das Dreieck ABC ist erstprojizierend, weshalb durch eine Umklappung nach π_1 seine wahre Gestalt und Größe aufgedeckt und der Inkreismittelpunkt I''' konstruktiv ermittelt werden kann. Daraus ergibt sich dann I' und I'' (Kontrolle). Außerdem ist aus der Zeichnung $r_i = 3$ LE abzulesen.

Vorschlag zum Selbermachen: Durch Rechnung und Zeichnung verifizieren, dass **a)** die Punkte A(0/-1/2), B(2/-5/0), C(2/-2/9) und D(0/0/5) ein ebenes Viereck, **b)** die Punkte A(4/0/4), B(2/2/5), C(4/5/4) und D(6/5/0) ein Tetraeder bilden. Anleitung: Im Fall a) haben die Geraden g = (AC) und h = (BD) einen Schnittpunkt, im Fall b) sind sie windschief. In Grund- und Aufriss liegen bei schneidenden Geraden g, h die Schnittpunkte von g' und h' sowie von g'' und h'' auf einem Ordner, bei windschiefen Geraden ist das i. A. nicht so. Hier lassen sich mit Hilfe der Ordner durch die Grundriss- bzw. Aufrissschnittpunkte (erste und zweite „Deckpunkte") Sichtbarkeitsfragen entscheiden: Welche der zwei Geraden (bzw. Tetraederkanten) liegt im Kreuzungspunkt weiter oben/vorne?

3. Die Parametergleichung der Ebene:

Fig. 3 zeigt eine Ebene α, welche die Bildebenen π_1 und π_2 in den (von G. Monge als „trace" eingeführten) *Spurgeraden* oder *Spuren* a_1 bzw. a_2 schneidet. Sind $A_x(\bar{x}/0/0)$, $A_y(0/\bar{y}/0)$ und $A_z(0/0/\bar{z})$ die Durchstoßpunkte von α mit den Koordinatenachsen x, y, z, so gilt $a_1 = (A_x A_y)$ und $a_2 = (A_y A_z)$.

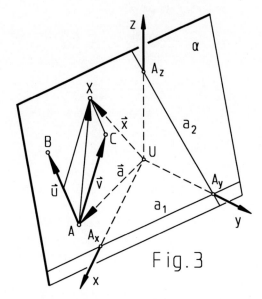

Fig. 3

Als Verbindungsebene von A_x, A_y und A_z ist α durch die drei reellen Zahlen $\bar{x}$, $\bar{y}$ und $\bar{z}$ eindeutig bestimmt. Die Ebenen des Raumes bilden daher eine dreiparametrige Mannigfaltigkeit, den Ebenenraum, wie bereits in A 0.1 angegeben. Die Zahlen $\bar{x}$, $\bar{y}$ und $\bar{z}$ werden als *Achsenabschnitte* von α bezeichnet und gelegentlich wird zu Angabezwecken auch die Schreibweise $\alpha(\bar{x}/\bar{y}/\bar{z})$ verwendet. Dabei ist bei erstprojizierenden Ebenen anstelle von $\bar{z}$ und bei zweitprojizierenden Ebenen anstelle von $\bar{x}$ das Symbol ∞ zu verwenden, weil in diesen Fällen A_z bzw. A_x Fernpunkte sind.

Durch einen Punkt A und zwei nicht kollineare *Richtungsvektoren* $\vec{u}$ und $\vec{v}$ ist eine Ebene α eindeutig festgelegt (Fig. 3). Bei drei gegebenen Punkten A, B, C sind $\vec{u} = \overrightarrow{AB}$ und $\vec{v} = \overrightarrow{AC}$ Richtungsvektoren der Verbindungsebene $\alpha = (ABC)$.

Zu jedem Punkt X(x/y/z) in α führt ein Ortsvektor $\vec{x}$, und dieser lässt sich stets als Summe des Ortsvektors $\vec{a}$ und einer bestimmten Linearkombination $s\vec{u} + t\vec{v}$ der Richtungsvektoren darstellen:

$$\vec{x} = \vec{a} + s\vec{u} + t\vec{v}$$

Diese Vektorgleichung wird als *Parametergleichung* der Ebene α mit den Parametern s und t bezeichnet. (Die Zahlen s und t sind die Koordinaten von X im affinen System, das in der Ebene α durch A als Ursprung und die Basisvektoren $\vec{u}$ und $\vec{v}$ definiert ist.) Zu jedem Zahlenpaar (s, t) gibt es genau einen Punkt in α, dessen Koordinaten sich durch Einsetzen von s und t in die Vektorgleichung ergeben. Z. B. gehört zu (0, 0) der Punkt A, zu (1, 0) gehört B und zu (0, 1) gehört C.

Die Parametergleichung einer Ebene ist nicht eindeutig, weil es sowohl für A als auch für $\vec{u}$ und $\vec{v}$ unendlich viele Möglichkeiten gibt.

Beispiel: Von der Ebene α mit der Parametergleichung

$$\begin{pmatrix} x \\ y \\ z \end{pmatrix} = \begin{pmatrix} 0 \\ 2 \\ 5 \end{pmatrix} + s \cdot \begin{pmatrix} -1 \\ 0 \\ 2 \end{pmatrix} + t \cdot \begin{pmatrix} -5 \\ 6 \\ -5 \end{pmatrix}$$

werden zunächst die Achsenabschnitte berechnet. Für den Punkt $A_x(\bar{x}/0/0)$ lautet die zweite Zeile der Vektorgleichung $0 = 2 + 6t$, also $t = -1/3$, und die dritte Zeile lautet $0 = 5 + 2s - 5t$, woraus $s = -10/3$ folgt. Aus der ersten Zeile ergibt sich somit $\bar{x} = 10/3 + 5/3 = 15/3 = 5$. Auf gleichem Weg erhalten wir $\bar{y} = 4$ und $\bar{z} = 10$.

Die Parametergleichung von α steht für die drei linearen Gleichungen

(1) x =   -s − 5t
(2) y = 2   + 6t
(3) z = 5 + 2s − 5t

Bei jedem solchen System können die beiden Parameter eliminiert werden, wodurch eine lineare Gleichung in den Variablen x, y, z entsteht. Im vorliegenden Beispiel ergibt sich durch Addieren der mit 2 erweiterten Gleichung (1) und (3) die Gleichung (4) $2x + z = 5 - 15t$, und aus (2) folgt $t = \frac{y-2}{6}$. Substitution in (4) führt zu $2x + z = 5 - 15 \cdot \frac{y-2}{6}$, woraus durch die üblichen Umformungen schließlich die parameterfreie Gleichung $4x + 5y + 2z = 20$ hervorgeht.

Da sich am algebraischen Zusammenhang durch diese Umformungen nichts geändert hat, müssen die Koordinaten aller Punkte von α diese Gleichung erfüllen. Das lässt sich anhand der Punkte $A_x(5/0/0)$, $A_y(0/4/0)$, $A_z(0/0/10)$ und $A(0/2/5)$ leicht überprüfen.

Parameterfreie Ebenengleichungen sind beim praktischen Rechnen, insbesondere bei der Lösung der Lagen- und Maßaufgaben (z. B. Durchstoßpunkt mit einer Geraden oder Abstand Punkt – Ebene) den Parametergleichungen vorzuziehen.

Vorschläge zum Selbermachen: A) Gegeben ist eine Ebene α durch den Punkt A und die Vektoren $\vec{u}$, $\vec{v}$ sowie eine Ebene β durch den Punkt B und die Vektoren $\vec{v}$, $\vec{w}$. Unter welchen Bedingungen sind die beiden Ebenen **a)** identisch ($\alpha = \beta$), **b)** parallel ($\alpha \parallel \beta$), **c)** schneidend? Hinweis: In letzterem Fall ist $\vec{v}$ ein Richtungsvektor der Schnittgeraden. **B)** Gegeben ist eine Ebene α durch den Punkt A und die Vektoren $\vec{u}$, $\vec{v}$ sowie eine Gerade g durch den Punkt B und den Richtungsvektor $\vec{w}$. Unter welchen Bedingungen gilt **a)** $g \subset \alpha$, **b)** $g \parallel \alpha$, **c)** $g \cap \alpha = \{D\}$?

4. Die Normalvektorform der Ebenengleichung:

Durch einen Punkt A und einen *Normalvektor* $\vec{n} \neq \vec{o}$ ist eine Ebene α eindeutig festgelegt (Fig. 4). Für jeden Punkt X(x/y/z) in α ist $\overrightarrow{AX}$ ein Vektor, der zu $\vec{n}$ normal ist, weshalb das Skalarprodukt von $\overrightarrow{AX} = \vec{x} - \vec{a}$ und $\vec{n}$ gleich 0 sein muss:

$$(\vec{x} - \vec{a}) \cdot \vec{n} = \vec{x}\vec{n} - \vec{a}\vec{n} = 0$$

Diese als *Normalvektorform* bezeichnete Gleichung ist keine Vektorgleichung. Denn von den beiden Skalarprodukten ist das erste ein linearer Term $ax + by + cz$, worin a, b und c die Koordinaten von $\vec{n}$ sind, und $\vec{a}\vec{n}$ ist ein Skalar, also eine Zahl. Damit entpuppt sich die Normalvektorform als lineare Gleichung in drei Variablen $ax + by + cz + d = 0$, wie sie auch aus der Parametergleichung durch Elimination der Parameter entsteht.

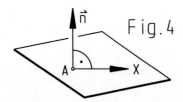

Fig. 4

Es ist aber nicht erforderlich, die parameterfreie Gleichung auf diesem Weg aus der Parametergleichung herzuleiten. Denn oft ergibt sich ein Normalvektor direkt aus dem geometrischen Zusammenhang, wie z. B. bei der Symmetrieebene einer Strecke PQ ($\vec{n} = \overrightarrow{PQ}$). Und in A 3.5 wird mit dem Vektorprodukt ein Verfahren vorgestellt, nach dem sich ein Normalvektor direkt aus zwei Richtungsvektoren der Ebene herleiten lässt.

Vorschlag zum Selbermachen: Die parameterfreie Gleichung der Symmetrieebene der Strecke von P(1/-2/4) nach Q(5/2/2) erstellen.

5. Die allgemeine parameterfreie Ebenengleichung:

Sei umgekehrt $ax + by + cx + d = 0$ eine vorgegebene lineare Gleichung und (x_0, y_0, z_0) eine ihrer Lösungen. Dann ist $ax_0 + by_0 + cz_0 + d = 0$ jedenfalls richtig und die Differenz aus $ax + by + cz + d$ und $ax_0 + by_0 + cz_0 + d$ muss ebenfalls 0 sein, also $ax - ax_0 + by - by_0 + cz - cz_0 = a \cdot (x - x_0) + b \cdot (y - y_0) + c \cdot (z - z_0) = 0$. Das ist aber die Normalvektorform einer Ebene mit dem Normalvektor $\vec{n} = (a, b, c)$ durch den Punkt $A(x_0/y_0/z_0)$. Somit ist jede lineare Gleichung in drei Variablen

$$ax + by + cz + d = 0$$

eine *parameterfreie Ebenengleichung* in dem Sinn, dass jeder Lösung (x_0, y_0, z_0) dieser Gleichung ein Punkt $P(x_0/y_0/z_0)$ in einer Ebene α entspricht und umgekehrt. Eine weitere Entsprechung betrifft die zu x, y und z gehörigen Koeffizienten a, b und c als Koordinaten eines Normalvektors der Ebene α.

Da es hinsichtlich der Lösungsmenge einer linearen Gleichung auf einen gemeinsamen Faktor bei den Koeffizienten a, b, c, d nicht ankommt, ist diese Ebenendarstellung nicht eindeutig bzw. könnte ein Koeffizient willkürlich, z. B. mit 1, festgelegt werden, wie in UA 6 durchgeführt. Die allgemeine Ebenengleichung hat allerdings den Vorteil, dass durch sie <u>jede</u> Ebene des R_3 dargestellt werden kann. Die Koeffizienten a, b, c, d werden auch als *homogene Koordinaten* der durch sie bestimmten Ebene bezeichnet. Folgende Sonderfälle sind möglich:

5.1 Für $c = 0$ ist der Normalvektor $\vec{n} = (a, b, 0)$ horizontal, die Ebene daher lotrecht und damit erstprojizierend. Ihre Gleichung $ax + by + d = 0$ stimmt mit der Gleichung ihrer ersten Spur im Koordinatensystem Uxy überein. Für die frontalen, also zur x-Achse normalen Ebenen artet die Gleichung in $x = k$ aus, insbesondere ist $x = 0$ die Gleichung der yz-Ebene π_2.

5.2 Für $a = 0$ ist der Normalvektor $\vec{n} = (0, b, c)$ frontal, die Ebene daher zweitprojizierend. Ihre Gleichung $by + cz + d = 0$ stimmt mit der Gleichung ihrer zweiten Spur im Koordinatensystem Uyz überein. Für die horizontalen, also zur z-Achse normalen Ebenen artet die Gleichung in $z = k$ aus, $z = 0$ ist die Gleichung der xy-Ebene π_1.

5.3 Für $b = 0$ ist der Normalvektor $\vec{n} = (a, 0, c)$ zur xz-Ebene (mit der Gleichung $y = 0$) parallel, die zugehörigen Ebenen mit der Gleichung $ax + cz + d = 0$ werden als *Pultebenen* bezeichnet. Bei Pultebenen sind erste und zweite Spur (zur y-Achse) parallel.

5.4 Für $d = 0$ ist die Ebenengleichung homogen und hat die Lösung $(0, 0, 0)$. Die zugehörige Ebene enthält den Koordinatenursprung.

6. Abschnittsform und Funktionsgleichung einer Ebene:

Für $d \neq 0$ kann die allgemeine Ebenengleichung $ax + by + cz + d = 0$ durch $-d$ dividiert werden, wodurch eine lösungsäquivalente Form entsteht, bei der die Kehrwerte der Koeffizienten von x, y und z mit den Achsenabschnitten $\bar{x}, \bar{y}$ bzw. $\bar{z}$ übereinstimmen:

$$\frac{x}{\bar{x}} + \frac{y}{\bar{y}} + \frac{z}{\bar{z}} = 1$$

Werden nämlich in dieser *Abschnittsform* einer Ebenengleichung zwei Variable mit 0 belegt, dann kommt für die jeweils dritte das Ergebnis $\bar{x}, \bar{y}$ bzw. $\bar{z}$. Umgekehrt ist es besonders einfach, aus der Angabe $\alpha(\bar{x}/\bar{y}/\bar{z})$ über die Abschnittsform zur Ebenengleichung zu gelangen.

Beispiel: In welchen Punkten schneidet die Ebene mit der Gleichung $2x - 2y + 3z - 12 = 0$ die Koordinatenachsen?

$$2x - 2y + 3z = 12 \,|\, :12 \Rightarrow \frac{x}{6} - \frac{y}{6} + \frac{z}{4} = 1$$

Daraus lässt sich $A_x(6/0/0)$, $A_y(0/-6/0)$ und $A_z(0/0/4)$ unmittelbar ablesen.

Eine Gleichung der Gestalt $z = T(x, y)$ wird als *Funktionsgleichung* bezeichnet, die jedem Zahlenpaar (x, y) aus einer bestimmten Definitionsmenge genau eine Zahl z zuordnet. Die zugehörigen Punkte $X(x/y/z)$ erfüllen eine *Funktionsfläche*. Für $c \neq 0$ kann jede Ebenengleichung lösungsäquivalent zu einer Funktionsgleichung umgeformt werden, deren Funktionsfläche die nämliche Ebene ist. Gehen wir von der Abschnittsform aus, so lautet die Funktionsgleichung

$$z = \bar{z} - \frac{\bar{z}}{\bar{x}} \cdot x - \frac{\bar{z}}{\bar{y}} \cdot y$$

Vorschläge zum Selbermachen: A) In welchen Punkten schneidet die Ebene mit der Gleichung $5x + 2y - 10z - 10 = 0$ die Koordinatenachsen? Wie lautet die zugehörige Funktionsgleichung? **B)** Wie lautet eine parameterfreie Gleichung **a)** der erstprojizierenden Ebene $\alpha(5/3/\infty)$, **b)** der zweitprojizierenden Ebene $\beta(\infty/-3/5)$?

7. Inzidenz von Punkten und Geraden mit Ebenen:

Ein Punkt $P \in \alpha$ ist durch zwei Koordinaten eindeutig festgelegt, weil sich die dritte aus der Ebenengleichung ergibt. Sind die x- und die y-Koordinate von P bekannt, dann ist für die Berechnung der z-Koordinate die Funktionsgleichung zu bevorzugen.

Beispiel (Fig. 5): Das Dreieck ABC mit $A(4/1/z_A)$, $B(2/2/z_B)$ und $C(1/-2/z_C)$ liegt in der Ebene mit der Gleichung $2x - 2y + 3z - 12 = 0$. Isolation von z führt zur Funktionsgleichung $z = \frac{12 - 2x + 2y}{3}$, aus welcher sich durch Einsetzen der Zahlenpaare (4, 1), (2, 2) und (1, -2) die Werte $z_A = 2$, $z_B = 4$ bzw. $z_C = 2$ ergeben.

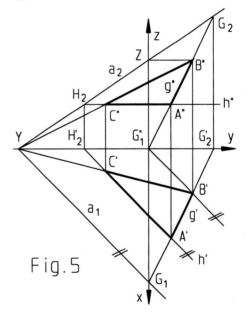

Fig. 5

Konstruktiv handelt es sich bei dem Beispiel um eine *Vervollständigungsaufgabe*: In einer z. B. durch ihre Spuren gegebenen Ebene α liegt ein Dreieck, von dem der Grundriss A'B'C' bekannt ist. Die Gerade $g = (AB)$ liegt in α, daher liegen ihre Spurpunkte auf den Spuren von α:

$$g \subset \alpha \Leftrightarrow (G_1 \in a_1) \wedge (G_2 \in a_2)$$

Über die bekannten, auf g' = (A'B') liegenden Grundrisse der Spurpunkte gelangen wir zu deren Aufrissen, damit zu g", A" und B". Gern werden bei der Vervollständigungsaufgabe die auch als (erste bzw. zweite) *Hauptgerade* der Ebene bezeichneten horizontalen und frontalen Geraden h (= h_1) und h_2 verwendet. Der Grundriss h' (= h_1') ist zu a_1 parallel, der Aufriss h_2" ist zu a_2 parallel. In Fig. 5 wurde C" auf diesem Weg ermittelt.

Der Tatbestand, dass die Spurpunkte jeder Geraden einer Ebene auf deren Spuren liegen, erlaubt auch die Lösung der Umkehraufgabe, nämlich die Spuren (und Hauptgeraden) der Trägerebene α = (ABC) eines gegebenen Dreiecks ABC konstruktiv zu ermitteln. Gleiches gilt für die Schnittgerade s zweier durch ihre Spuren gegebenen Ebenen (Fig. 8).

Vorschlag zum Selbermachen: In Grund- und Aufriss die Spuren der Trägerebene des Dreiecks ABC mit A(1/0/4), B(2/5/1) und C(3,5/-2/2,5) ermitteln.

8. Durchstoßpunkte:

Eine Gerade g mit der Parametergleichung $\bar{x} = \bar{a} + t.\bar{v}$ und eine Ebene α mit der Gleichung ax + by + cz + d = 0 haben (genau) einen Durchstoßpunkt D, wenn der Richtungsvektor $\bar{v}$ und der Normalvektor $\bar{n}$ nicht normal aufeinander stehen, also $\bar{v}.\bar{n} \neq 0$ ist. Werden in der Ebenengleichung die Variablen x, y, z durch die entsprechenden Terme $a_x + tv_x$, $a_y + tv_y$ und $a_z + tv_z$ aus der Geradengleichung ersetzt, so entsteht eine lineare Gleichung in der Variablen t. Deren Lösung t* führt zu den Koordinaten von D.

Beispiel (Fig. 6): Die Koordinaten des Punktes D, in dem die Gerade g = (PQ) mit P(0/2/1) und Q(4/8/8) die Ebene α(4/8/6) durchstößt, erhalten wir also wie folgt:

$$\frac{x}{4} + \frac{y}{8} + \frac{z}{6} = 1 \mid .24 \Rightarrow 6x + 3y + 4z = 24$$

$$\begin{pmatrix} x \\ y \\ z \end{pmatrix} = \begin{pmatrix} 0 \\ 2 \\ 1 \end{pmatrix} + t.\begin{pmatrix} 4 \\ 6 \\ 7 \end{pmatrix}$$

$$\Rightarrow 24t + 3.(2 + 6t) + 4.(1 + 7t) = 24$$

$$\Rightarrow 24t + 6 + 18t + 4 + 28t = 24 \Rightarrow t^* = 0,2$$

Durch Einsetzen von t* in die Geradengleichung ergibt sich D(0,8/3,2/2,4).

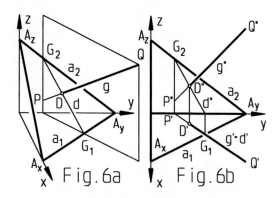

Fig. 6a Fig. 6b

Die Ermittlung eines *Durchstoßpunktes* in Grund- und Aufriss mittels einer (ersten) *Deckgeraden* d ⊂ α wird in Fig. 6a veranschaulicht und in Fig. 6b konstruktiv durchgeführt. Den Aufriss d" der sich im Grundriss mit g deckenden Geraden d (g' = d') erhalten wir über die Spurpunkte, und g" ∩ d" = {D"}. Die Ausführung der Zeichnung geht davon aus, dass von der Ebene das Dreieck $A_xA_yA_z$ (z. B. aus Karton) und von der Geraden die Strecke PQ materialisiert ist.

Sind mehrere Gerade (bzw. Strecken) mit <u>einer</u> Ebene α zum Durchstoß zu bringen, dann empfiehlt es sich, die Ebene projizierend zu machen, wie Fig. 7 anhand eines Pyramidenschnitts zeigt.

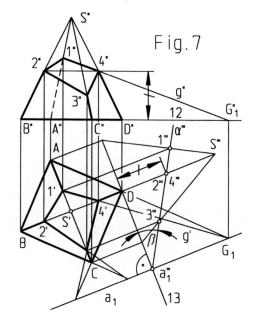

Fig. 7

Die Zeichnung spricht für sich. Die Schnittebene ist durch ihre Spur a_1 und ihren Böschungswinkel β gegeben, der im Seitenriss mit einer Rissachse $13 \perp a_1$ in wahrer Größe erscheint. Die Grundfläche ABCD der Pyramide und die Schnittfigur 1234 sind durch Zentralprojektion aus S aufeinander bezogen, was nach A 0.4 zur Folge hat, dass ABCD und 1'2'3'4' perspektiv kollineare Figuren mit dem Zentrum S' und der Achse $a_1 = \pi_1 \cap \alpha$ sind. Dieser Tatbestand stellt eine wertvolle Konstruktionshilfe bzw. Zeichenkontrolle dar.

Vorschläge zum Selbermachen: A) Die Koordinaten des Durchstoßpunkts D einer Geraden g mit einer Ebene α können auch durch Gleichsetzen der Parametergleichungen von g (Parameter r) und α (Parameter s, t) bzw. Auflösen des Gleichungssystems mit den Variablen r, s, t berechnet werden. Konkrete Angabe: $\bar{x} = (4, 1, 6) + r \cdot (1, -4, 4)$ ist die Gleichung von g, α = (ABC) mit A(3/7/4), B(1/5/0) und C(5/3/2). **B)** Eine regelmäßige sechsseitige, auf π_1 stehende Pyramide mit einer Ebene allgemeiner Lage schneiden und den unteren Teilkörper in Grund- und Aufriss darstellen.

9. Die Schnittgerade zweier Ebenen:

Nach den Gesetzen der Algebra hat ein aus zwei linearen Gleichungen

(1) $a_1 x + b_1 y + c_1 z + d_1 = 0$
(2) $a_2 x + b_2 y + c_2 z + d_2 = 0$

bestehendes Gleichungssystem in der Regel eine einparametrige Lösungsmenge L. Dem entspricht geometrisch die Tatsache, dass zwei Ebenen α und β einander i. A. nach einer Geraden s schneiden. Diese *Schnittgerade* wird algebraisch entweder unmittelbar durch die zwei linearen Gleichungen oder durch eine Parametergleichung repräsentiert. Letztere beschreibt L, allerdings nicht in der bei Mengen üblichen Symbolik. Ihre Herleitung aus zwei Gleichungen (1) und (2) wird in A 3.5 behandelt.

Die Schnittgerade einer Ebene α mit der Grundrissebene π_1 ist die erste Spur a_1, sodass diese durch die Gleichungen $ax + by + cz + d = 0$ und $z = 0$ beschrieben wird bzw. im ebenen Koordinatensystem Uxy durch die Gleichung $ax + by + d = 0$. Analog wird die zweite Spur a_2 durch die Gleichungen $ax + by + cz + d = 0$ und $x = 0$ bzw. im ebenen System Uyz durch die Gleichung $by + cz + d = 0$ beschrieben.

Die Ausnahme, dass das aus zwei Gleichungen (1) und (2) bestehende System entweder unlösbar ist oder eine zweiparametrige Lösungsmenge L besitzt, läuft geometrisch auf zwei parallele Ebenen hinaus bzw. dass die Gleichungen (1) und (2) dieselbe Ebene beschreiben, deren Parametergleichung inhaltlich mit L übereinstimmt. Für beide Sonderfälle ist notwendig und hinreichend, dass die Normalvektoren $\bar{n}_1$ und $\bar{n}_2$ kollinear sind, also die Proportion $a_1 : b_1 : c_1 = a_2 : b_2 : c_2$ gilt.

Vorschlag zum Selbermachen: Unter den vier Ebenen α, β, γ und δ mit den Gleichungen (1) $3x - 4y + 2z = 5$, (2) $-5x - 3y + 6z = 1$, (3) $6x - 8y + 4z = 5$ und (4) $10x + 6y - 12z = -2$ gibt es schneidende, parallele und identische. Was trifft zu auf **a)** α und β, **b)** α und γ, **c)** α und δ, **d)** β und γ, **e)** β und δ?

10. Der Schnittpunkt dreier Ebenen:

Drei lineare Gleichungen in drei Variablen besitzen im Regelfall genau eine gemeinsame Lösung (x_0, y_0, z_0), was geometrisch auf den (einzigen) *Schnittpunkt* $S(x_0/y_0/z_0)$ dreier Ebenen α, β und γ hinausläuft, in dem die drei Schnittgeraden $\alpha \cap \beta$, $\beta \cap \gamma$ und $\gamma \cap \alpha$ aufeinandertreffen.

Der Sonderfall, dass keine eindeutige Lösung vorhanden ist, hat seine geometrische Entsprechung in der Tatsache, dass drei Ebenen auch so liegen können wie die Seitenflächen eines dreiseitigen Prismas oder wie drei Buchseiten. Außerdem können zwei der drei Ebenen (oder alle drei) parallel sein oder überhaupt zusammenfallen. Wer sich diese räumlichen Situationen vorzustellen vermag, der kann unschwer davon ableiten, dass in allen genannten Sonderfällen die drei Normalvektoren $\bar{n}_1$, $\bar{n}_2$ und $\bar{n}_3$ zumindest komplanar, wenn nicht gar kollinear sind.

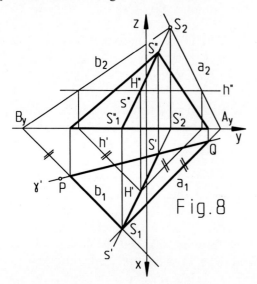

Beispiel (Fig. 8): Die Koordinaten des Schnittpunktes S der Ebenen α, β und γ mit den Gleichungen

(1) $2x + 2y + z = 12$
(2) $2x - 2y + 3z = 20$
(3) $4x + y = 9$

werden durch Elimination wie folgt ermittelt: Die Differenz aus (2) und der mit 3 erweiterten Gleichung (1) ergibt (4) $-4x - 8y = -16$ und die Summe aus (3) und (4) ergibt (5) $-7y = -7$ bzw. $y_0 = 1$. Aus (3) folgt $x_0 = 2$ und zuletzt aus (1) $z_0 = 6 \Rightarrow S(2/1/6)$.

In Fig. 8 ist nach Ermittlung der Spuren a_1, a_2, b_1 und b_2 über die Abschnittsformen von α und β die Schnittgerade $s = \alpha \cap \beta$ mit Hilfe ihrer Spurpunkte S_1, S_2 (oder Schichtenlinien gleicher Höhe, Punkt H) ermittelt worden, und s durchstößt die durch die errechneten Hilfspunkte P(4/-7/0) und Q(1/5/0) festgelegte erstprojizierende Ebene γ im Punkt S. Die drei Ebenen umschließen zusammen mit π_1 das in Fig. 8 hervorgehobene Tetraeder.

Vorschlag zum Selbermachen: Die Koordinaten des Punktes D berechnen, in dem die durch die Gleichungen (1) $x + y = 8$ und (2) $y + z = 15$ bestimmte Gerade g die Ebene α mit der Gleichung $x + y + z = 17$ durchstößt.

3.5 Vektorprodukt und Spatprodukt

Im Unterschied zum R_2 gibt es im dreidimensionalen Raum eine innere Verknüpfung von Vektoren, die *Vektorprodukt* genannt wird. Wegen des dabei verwendeten Verknüpfungssymbols × ist dafür auch die Bezeichnung *Kreuzprodukt* in Gebrauch. Das skalare Produkt aus einem Kreuzproduktvektor und einem dritten Vektor heißt *Spatprodukt*, weil sein Zahlenwert dem Betrag nach mit der Maßzahl des Volumens jenes Parallelepipeds übereinstimmt, das von den drei an dieser Verknüpfung beteiligten Vektoren gebildet wird. Neben der Maßgeometrie sind beide Produktbildungen für die Erstellung parameterfreier Ebenengleichungen von großem Nutzen.

1. Das Vektorprodukt:

Das Bildungsgesetz für die Koordinaten w_x, w_y und w_z des aus zwei Vektoren $\bar{u} = (u_x, u_y, u_z)$ und $\bar{v} = (v_x, v_y, v_z)$ gebildeten Produktvektors $\bar{w} = \bar{u} \times \bar{v}$ („$\bar{u}$ Kreuz $\bar{v}$") wird am einprägsamsten durch Determinanten dargestellt:

$$w_x = \begin{vmatrix} u_y & v_y \\ u_z & v_z \end{vmatrix} \quad w_y = -\begin{vmatrix} u_x & v_x \\ u_z & v_z \end{vmatrix} \quad w_z = \begin{vmatrix} u_x & v_x \\ u_y & v_y \end{vmatrix}$$

Das bedeutet in Spaltenschreibweise:

$$\begin{pmatrix} u_x \\ u_y \\ u_z \end{pmatrix} \times \begin{pmatrix} v_x \\ v_y \\ v_z \end{pmatrix} = \begin{pmatrix} u_y v_z - u_z v_y \\ u_z v_x - u_x v_z \\ u_x v_y - u_y v_x \end{pmatrix}$$

Es wird zu zeigen sein, dass der so gebildete Vektor die folgenden geometrischen Eigenschaften besitzt (Fig. 1):

1. Der Vektor $\bar{w} = \bar{u} \times \bar{v}$ ist sowohl zu $\bar{u}$ als auch zu $\bar{v}$ normal.

2. Die Maßzahl der Länge von $\vec{w} = \vec{u} \times \vec{v}$ ist identisch mit der Maßzahl des Flächeninhalts, den das von $\vec{u}$ und $\vec{v}$ aufgespannte Parallelogramm besitzt.

3. Die Vektoren $\vec{u}, \vec{v}$ und $\vec{w}$ liegen zueinander wie die Basisvektoren $\vec{e}_1, \vec{e}_2$ und $\vec{e}_3$ des zugrunde liegenden Koordinatensystems, im Falle eines Rechtssystems also wie Daumen, Zeige- und Mittelfinger der rechten Hand.

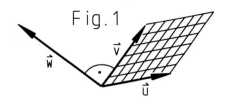

Fig. 1

$$\begin{pmatrix}1\\0\\0\end{pmatrix} \times \begin{pmatrix}0\\1\\0\end{pmatrix} = \begin{pmatrix}0.0-0.1\\0.0-1.0\\1.1-0.0\end{pmatrix} = \begin{pmatrix}0\\0\\1\end{pmatrix}$$

Eine unmittelbare Folge von Regel 3 ist das *Antikommutativgesetz*:

$$\boxed{\vec{v} \times \vec{u} = -(\vec{u} \times \vec{v})}$$

Beweis 1: Die Vektoren $\vec{u}$ und $\vec{w}$ sind zueinander normal, wenn ihr Skalarprodukt 0 ist:

$$\begin{pmatrix}u_x\\u_y\\u_z\end{pmatrix} \cdot \begin{pmatrix}u_y v_z - u_z v_y\\u_z v_x - u_x v_z\\u_x v_y - u_y v_x\end{pmatrix} = u_x u_y v_z - u_x u_z v_y +$$
$$u_y u_z v_x - u_y u_x v_z + u_z u_x v_y - u_z u_y v_x = 0$$

Der Beweis für $\vec{v} \perp \vec{w}$ erfolgt analog.

Beweis 2: In A 3.3 wurde für den Flächeninhalt des von zwei Vektoren $\vec{u}$ und $\vec{v}$ aufgespannten Parallelogramms die Formel

$$A_\# = \sqrt{|\vec{u}|^2 \cdot |\vec{v}|^2 - (\vec{u}\vec{v})^2}$$

abgeleitet. Wenn wir in ihr den Radikanden durch die Koordinaten von $\vec{u}$ und $\vec{v}$ darstellen, dann erhalten wir die Koordinatendarstellung von $|\vec{w}|^2 = \vec{w}^2$:

$(u_x^2 + u_y^2 + u_z^2) \cdot (v_x^2 + v_y^2 + v_z^2) - (u_x v_x + u_y v_y + u_z v_z)^2 = u_x^2 v_x^2 + u_x^2 v_y^2 + u_x^2 v_z^2 + u_y^2 v_x^2 + u_y^2 v_y^2 + u_y^2 v_z^2 + u_z^2 v_x^2 + u_z^2 v_y^2 + u_z^2 v_z^2 - u_x^2 v_x^2 - u_y^2 v_y^2 - u_z^2 v_z^2 - 2u_x v_x u_y v_y - 2u_x v_x u_z v_z - 2u_y v_y u_z v_z = (u_y v_z - u_z v_y)^2 + (u_z v_x - u_x v_z)^2 + (u_x v_y - u_y v_x)^2 = w_x^2 + w_y^2 + w_z^2$

Zwei Anwendungen des Vektorprodukts springen ins Auge, einmal die Ermittlung des Normalvektors einer Ebene aus zwei Richtungsvektoren, und zum Anderen die Berechnung des Flächeninhalts eines Parallelogramms oder Dreiecks im Raum.

Beispiel: Der Flächeninhalt des Dreiecks ABC mit A(3/3/3), B(4/4,5/4) und C(7/3/5) ist die Hälfte des Inhalts, den das von $\overrightarrow{AB}$ und $\overrightarrow{AC}$ gebildete Parallelogramm besitzt, und das ist der Betrag des Vektorprodukts

$$\overrightarrow{AB} \times \overrightarrow{AC} = \begin{pmatrix}1\\1,5\\1\end{pmatrix} \times \begin{pmatrix}4\\0\\2\end{pmatrix} = \begin{pmatrix}1,5 \cdot 2 - 1 \cdot 0\\1 \cdot 4 - 1 \cdot 2\\1 \cdot 0 - 1,5 \cdot 4\end{pmatrix} = \begin{pmatrix}3\\2\\-6\end{pmatrix}$$

$\sqrt{3^2 + 2^2 + (-6)^2} = \sqrt{9 + 4 + 36} = \sqrt{49} = 7$ FE
$\Rightarrow A_\Delta = 3,5$ FE

Vorschläge zum Selbermachen: A) Zu zeigen: Das Vektorprodukt kollinearer Vektoren ist der Nullvektor. **B)** Zu zeigen, dass das Distributivgesetz $\vec{u} \times (\vec{v} + \vec{w}) = (\vec{u} \times \vec{v}) + (\vec{u} \times \vec{w})$ gilt. **C)** Einen Normalvektor der Trägerebene des Dreiecks ABC mit A(3/7/4), B(1/5/0) und C(5/3/2) berechnen und über die Normalvektorform eine parameterfreie Ebenengleichung erstellen. Hinweis: Es handelt sich um die Ebene von Aufg. 3.4.8A. Die Koordinaten des dort gefragten Durchstoßpunkts sind mit dieser Gleichung einfacher zu bekommen.

2. Die Parametergleichung einer Schnittgeraden:

Von einer durch zwei Ebenengleichungen

(1) $a_1 x + b_1 y + c_1 z + d_1 = 0$
(2) $a_2 x + b_2 y + c_2 z + d_2 = 0$

gegebenen (Schnitt-)Geraden g lassen sich die Koordinaten einzelner Punkte A, B, ... immer so berechnen, dass eine Koordinate, z. B. x_A, willkürlich festgelegt und in (1) und

(2) eingesetzt wird. Im Regelfall haben die beiden so entstehenden linearen Gleichungen in zwei Variablen dann genau eine Lösung, z. B. (y_A, z_A), womit die Koordinaten eines Punktes A $\in$ g bestimmt sind. Mit Hilfe der Koordinaten eines zweiten Punktes B $\in$ g kann dann eine Parametergleichung von g erstellt werden. Insbesondere ergeben sich für die Annahme z = 0 der erste Spurpunkt $G_1(x_1/y_1/0)$ und für x = 0 der zweite Spurpunkte $G_2(0/y_2/z_2)$ von g.

Beispiel (Fig. 3.4.8): Die Parameterform der durch die beiden Gleichungen

(1) $2x + 2y + z = 12$
(2) $2x - 2y + 3z = 20$

festgelegten Geraden s = $\alpha \cap \beta$ werden mit Hilfe der Spurpunkte S_1, S_2 berechnet:

z = 0: Aus $2x + 2y = 12$ und $2x - 2y = 20$ folgt $4x = 32$, also $x_1 = 8$ und $y_1 = -2$. (Es handelt sich um eine Schnittpunktberechnung im System Uxy aus den Gleichungen der ersten Spuren a_1 und b_1.)

x = 0: Aus $2y + z = 12$ und $-2y + 3z = 20$ folgt $4z = 32$, also $z_2 = 8$ und $y_2 = 2$. (Es handelt sich um eine Schnittpunktberechnung im System Uyz aus den Gleichungen der zweiten Spuren a_2 und b_2.)

Aus $S_1(8/-2/0)$ und $S_2(0/2/8)$ folgt $\overrightarrow{S_1S_2}$ = (-8, 4, 8), was zu $\vec{v}$ = (-2, 1, 2) vereinfacht werden kann, und schließlich

$$\begin{pmatrix} x \\ y \\ z \end{pmatrix} = \begin{pmatrix} 8 \\ -2 \\ 0 \end{pmatrix} + t \cdot \begin{pmatrix} -2 \\ 1 \\ 2 \end{pmatrix}$$

Bilden wir das Vektorprodukt der beiden Normalvektoren (2, 2, 1) und (2, -2, 3), so kommt (8, -4, -8), also ein zu $\vec{v}$ = (-2, 1, 2) kollinearer Vektor. Das hat folgenden Grund:

Indem die Normalvektoren $\vec{n}_1$ und $\vec{n}_2$ der Ebenen α und β zu allen Geraden von α bzw. β normal sind, müssen beide zu s = $\alpha \cap \beta$ normal sein, muss also das Vektorprodukt $\vec{n}_1 \times \vec{n}_2$ ein Richtungsvektor der Schnittgeraden sein.

Unter Nutzung dieses Sachverhalts bedarf es nur <u>eines</u> Punktes A bzw. der Berechnung <u>eines</u> Zahlentripels (x_A, y_A, z_A), um die Parametergleichung einer (Schnitt-)Geraden zu erstellen.

Vorschlag zum Selbermachen: Eine Parametergleichung der Schnittgeraden der Ebenen mit den Gleichungen **a)** (1) $2x + y = 6$ und (2) $x + 5y + 9z = 30$, **b)** (1) $x + y + z = 2$, (2) $x - 3y - z = 4$, **c)** (1) $x + 2y - 6z = 4$, (2) $2x - y + z = 1$ herleiten.

3. Diophantische Gleichungen:

Die algebraische Aufgabe, ein System von zwei linearen Gleichungen in drei Variablen aufzulösen, also seine einparametrige Lösungsmenge L zu beschreiben, kann stets als geometrische Aufgabe behandelt werden, wonach die Koordinaten eines Punktes (= eine *Einzellösung* des Systems) und eines Richtungsvektors der Schnittgeraden zweier Ebenen zu ermitteln sind. Nach dem bei Mengen üblichen beschreibenden Verfahren lautet die Lösungsmenge L des im Beispiel von UA 2 aus den Gleichungen (1) und (2) bestehenden Systems: L = {(x, y, z) / x = 8 - 2t, y = -2 + t, z = 2t, t $\in$ R}.

Die Lösungsmenge L eines Systems, bei dem alle Koeffizienten ganzzahlig sind und in dessen Beschreibung nur ganze Zahlen vorkommen, wird auf ganze Zahlen eingeschränkt, wenn wir als Parameterbedingung nicht t $\in$ R, sondern t $\in$ Z angeben. Eine solche Einschränkung kann bei praxisorientierten Aufgaben durchaus Sinn machen, wenn es sich bei den gesuchten Lösungen z. B. um Stückzahlen handelt. Nach dem spätgriechischen Algebraiker Diophant werden ganzzahlig zu lösende Gleichungen als *diophantische Gleichungen* bezeichnet.

Im Gleichungssystem

(1) $a_1x + b_1y + c_1z + d_1 = 0$
(2) $a_2x + b_2y + c_2z + d_2 = 0$

habe jede der beiden Gleichungen ganzzahlige und teilerfremde Koeffizienten. Eine ganzzahlige Darstellung von L steht und fällt damit, dass eine ganzzahlige Einzellösung (x_0, y_0, z_0) gefunden wird. Dieses Problem lässt sich für den Fall, dass wenigstens einer der sechs Koeffizienten a_1, b_1, c_1, a_2, b_2 und c_2 den Wert 1 hat, auf den in Teil I behandelten Fall von einer linearen Gleichung in zwei Variablen zurückführen.

Schritt 1: Durch Elimination aus (1) und (2) eine Gleichung (3) ableiten, die jene Variable nicht enthält, deren Koeffizient 1 ist. Ist z. B. x die betreffende Variable, dann hat Gleichung (3) die Gestalt $ay + bz + c = 0$.

Schritt 2: Eine ganzzahlige Lösung (= ein Zahlenpaar) der Gleichung (3) ermitteln, wozu die Auflösung einer Kongruenzgleichung nützlich sein kann. Wie in Teil I nachgewiesen, gibt es eine solche Lösung nicht, wenn bei teilerfremden Koeffizienten a, b, c die Koeffizienten a und b nicht teilerfremd sind. In diesem Fall ist $L = \{\}$.

Schritt 3: Zu dem gefundenen Zahlenpaar, z. B. (y_0, z_0), ergibt sich ein ganzzahliger dritter Wert (z. B. x_0) jedenfalls aus der Gleichung, wo der Koeffizient 1 (z. B. bei x) auftritt.

Beispiel: Ist es möglich, an 36 Mitarbeiter Prämien zu 950 Euro, 1100 Euro und 1375 Euro so zu verteilen, dass der gesamte zur Verfügung stehende Betrag von 40.000 Euro zur Gänze ausgeschöpft wird?

Sei x, y und z die Anzahl der Mitarbeiter, die 950 Euro bzw. 1100 Euro bzw. 1375 Euro bekommen, so lautet das aufzulösende System

(1) $x + y + z = 36$
(2) $950x + 1100y + 1375z = 40000$

Die erste Gleichung erfüllt die Bedingung, dass 1 als Koeffizient auftritt, die zweite kann durch 25 gekürzt werden. Wird von dieser reduzierten Gleichung die mit 38 erweiterte Gleichung (1) abgezogen, so ergibt sich die Gleichung (3) $6y + 17z = 232$. Diese ist lösungsäquivalent zur Gleichung $y = \frac{232 - 17z}{6}$, in ihr muss der Zähler durch 6 teilbar sein, damit zu einem ganzzahligen z auch y ganzzahlig wird. Die Kongruenzgleichung lautet daher $232 - 17z \equiv 0 \ (6) \Rightarrow 232 \equiv 17z \ (6) \Rightarrow -2 \equiv -z \ (6) \Rightarrow 2 \equiv z \ (6) \Rightarrow z_0 = 2$. Daraus folgt $y_0 = 33$ und aus Gleichung (1) $x_0 = 1$.

Der Richtungsvektor ergibt sich als Vektorprodukt, daraus folgt die Parametergleichung:

$$\begin{pmatrix}1\\1\\1\end{pmatrix} \times \begin{pmatrix}38\\44\\55\end{pmatrix} = \begin{pmatrix}11\\-17\\6\end{pmatrix} \Rightarrow \begin{pmatrix}x\\y\\z\end{pmatrix} = \begin{pmatrix}1\\33\\2\end{pmatrix} + t \cdot \begin{pmatrix}11\\-17\\6\end{pmatrix}$$

Als Lösungen unseres Beispiels zählen nur nichtnegative Tripel, und diese gibt es nur für t = 0 und t = 1. Der „Prämientopf" kann also durch die Aufteilungen (1, 33, 2) und (12, 16, 8) vollständig geleert werden.

Vorschläge zum Selbermachen: **A)** Aus 10 Scheinen zu 20, 50 und 100 Euro soll ein Betrag von 550 Euro gebildet werden. Wieviele Möglichkeiten gibt es, wie lauten sie? **B)** Wieviele Möglichkeiten gibt es, 100 Liter Apfelsaft vollständig in insgesamt 80 Halbliter-, Liter und Zweiliterflaschen abzufüllen? **C)** Ein Betrag von 3350 Euro soll so unter 15 Personen verteilt werden, dass nur Beträge von 150 Euro, 200 Euro und 300 Euro zur Auszahlung kommen. Wieviele Möglichkeiten gibt es, wie lauten sie?

4. Ebenenbüschel und die Gleichungen der Hauptrisse einer Geraden:

Aus zwei eine Gerade g festlegenden Ebenengleichungen

(1) $a_1 x + b_1 y + c_1 z + d_1 = 0$
(2) $a_2 x + b_2 y + c_2 z + d_2 = 0$

ergibt sich für jedes Zahlenpaar $(s, t) \neq (0, 0)$ durch das Bildungsgesetz $s \cdot (a_1 x + b_1 y + c_1 z + d_1) + t \cdot (a_2 x + b_2 y + c_2 z + d_2) = 0$ die Gleichung einer Ebene, die durch g geht, sodass also durch dieses Bildungsgesetz ein *Ebenenbüschel* festgelegt ist. (s, t) sind die *homogenen Koordinaten* der Büschelebene in Bezug auf die durch (1) und (2) festgelegte Basis.

Unter den Büschelebenen befinden sich auch jene drei zur z-Achse, y-Achse bzw. x-Achse parallelen (projizierenden) Ebenen, die im Regelfall durch eine Gerade im Raum gelegt werden können. Ihre Gleichungen ergeben sich durch Elimination des z, des y bzw. des x aus den zwei Ausgangsgleichungen, was z. B. für die lotrechte Ebene durch die Parameter $s = c_2$ und $t = -c_1$ erreicht wird. In den Koordinatensystemen Uxy und Uyz stellen die Gleichungen der erst- bzw. zweitprojizierenden Ebene nach UA 3.4.5 die zugehörigen Spuren dar, die mit den Gleichungen von Grund- und Aufriss der durch (1) und (2) bestimmten Geraden identisch sind (Fig. 2).

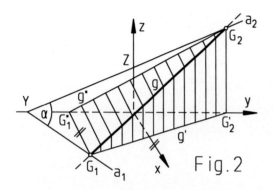

Fig. 2

Vorschlag zum Selbermachen: Von der durch (1) $x + 2y - 6z = 4$ und (2) $2x - y + z = 1$ festgelegten Geraden g die Gleichungen von Grund- und Aufriss berechnen. Hinweis: Es handelt sich um dieselbe Gerade g, für die bereits in Aufg. 3.4.1a die Gleichungen von g' und g'' zu berechnen waren.

5. Erweiterungen (Eliminationsregel und Ebenenbündel):

Die Beschreibung einer (Schnitt-)Geraden durch zwei (Ebenen-)Gleichungen bleibt nicht auf Gerade beschränkt, sondern ist auf jede Schnittkurve im Raum anwendbar. So kann etwa ein Kreis des R_3 durch eine Ebenengleichung und eine Kugelgleichung (A 3.7) und jeder Kegelschnitt durch eine Ebenengleichung und eine Drehkegelgleichung (A 4.3) dargestellt werden. Gleiches gilt für Raumkurven, die als Durchdringungskurven von zwei Flächen (A 5.3) zustande kommen.

Indem bei der Normalprojektion eines räumlichen Gebildes auf eine Koordinatenebene lediglich die zur Projektionsrichtung gehörige Koordinate verschwindet, gilt auch die *Eliminationsregel* über die Geraden hinaus:

> Bei allen durch zwei Gleichungen in drei Variablen x, y, z festgelegten Schnittkurven lässt sich durch Elimination des z die Gleichung des Grundrisses im System Uxy ermitteln. Analog führt die Elimination von x bzw. y zur Gleichung des Aufrisses/Kreuzrisses der Kurve im System Uyz bzw. Uxz.

Ebenso kann das Bildungsgesetz für Ebenenbüschel auf *Ebenenbündel* erweitert werden. Hat das Gleichungssystem

(1) $a_1x + b_1y + c_1z + d_1 = 0$
(2) $a_2x + b_2y + c_2z + d_2 = 0$
(3) $a_3x + b_3y + c_3z + d_3 = 0$

genau eine Lösung (x_0, y_0, z_0), dann gehört zu jeder Ebene des Bündels durch $S(x_0/y_0/z_0)$ ein Zahlentripel $(r, s, t) \neq (0, 0, 0)$ und alle seine Vielfachen, das die Gleichung der Ebene in der Form $r.(a_1x + b_1y + c_1z + d_1) + s.(a_2x + b_2y + c_2z + d_2) + t.(a_3x + b_3y + c_3z + d_3) = 0$ darstellt. (r, s, t) sind die *homogenen Koordinaten* der Bündelebene in Bezug auf die durch (1), (2) und (3) festgelegte Basis.

Damit ist auch der geometrische Hintergrund des Eliminationsverfahrens aufgedeckt, das zur Lösung (x_0, y_0, z_0) führt. Zuerst werden aus (1), (2) und (3) die Gleichungen von zwei projizierenden Bündelebenen und daraus die Gleichung einer achsennormalen Bündelebene $x = x_0$ oder $y = y_0$ oder $z = z_0$ abgeleitet.

6. Das Spatprodukt:

Je drei nicht komplanare Vektoren $\bar{u}, \bar{v}$ und $\bar{w}$, die in einem Punkt A angreifen, bilden ein Parallelepiped oder einen Spat, für dessen Volumen $V_S = G.h$ gilt (Fig. 3). Nach UA 1 ist für das von $\bar{u}$ und $\bar{v}$ aufgespannte Parallelogramm als Grundfläche der Flächeninhalt $G = |\bar{u} \times \bar{v}|$, und h ist der Abstand der Spitze S des Vektors $\bar{w}$ von der Parallelogrammebene. Im rechtw. Dreieck ASF gilt $\cos\alpha = h : |\bar{w}|$, also $h = |\bar{w}|.\cos\alpha$. Der Winkel α wird auch von den Vektoren $\bar{u} \times \bar{v}$ und $\bar{w}$ eingeschlossen, sodass nach der geometrischen Definition des Skalarprodukts $(\bar{u} \times \bar{v}).\bar{w} = |\bar{u} \times \bar{v}|.|\bar{w}|.\cos\alpha$ sein muss. Hier steht rechts als erster Faktor G, das Produkt aus dem zweiten und dritten Faktor ist h. Das Ergebnis unserer Überlegungen hinsichtlich des Spatvolumens V_S lautet daher

$$V_S = (\bar{u} \times \bar{v}) \cdot \bar{w}$$

Das Vorzeichen des als *Spatprodukt* bezeichneten Skalarprodukts aus einen Vektorprodukt und einem dritten Vektor ist allerdings nur dann positiv, wenn die Vektoren $\bar{u}$, $\bar{v}$ und $\bar{w}$ ein Rechtssystem bilden. Andernfalls ist der von den Vektoren $\bar{u} \times \bar{v}$ und $\bar{w}$ eingeschlossene Winkel zu dem im Dreieck ASF auftretenden Winkel supplementär, und im Skalarprodukt kommt statt $\cos\alpha$ der negative Wert $\cos(180° - \alpha)$ zum Einsatz. Bei Volumsberechnungen ist somit immer nur der Betrag eines Spatprodukts maßgeblich.

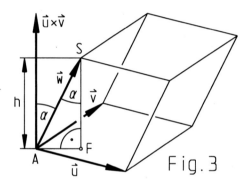

Fig. 3

Nichts ändert sich beim Spatprodukt, wenn die Reihenfolge der Vektoren zyklisch vertauscht wird, weil dadurch sowohl das Volumen des gebildeten Parallelepipeds als auch die Lage der drei Vektoren zueinander erhalten bleibt:

$$(\bar{u} \times \bar{v}) \cdot \bar{w} = (\bar{v} \times \bar{w}) \cdot \bar{u} = (\bar{w} \times \bar{u}) \cdot \bar{v}$$

Vorschlag zum Selbermachen: Zu zeigen, dass A(4/2/6), B(2/6/1), D(0/0/6) und E(1/8/12) Ecken eines Quaders ABCDEFGH sind und dessen Volumen auf verschiedene Arten berechnen.

7. Das Volumen des Tetraeders:

Das Volumen V_T eines von drei Vektoren $\bar{u}$, $\bar{v}$ und $\bar{w}$ aufgespannten Tetraeders ABCD beträgt 50 % des Volumens einer Pyramide, welche dieselbe Grundfläche G und dieselbe Höhe h aufweist wie der von den drei genannten Vektoren gebildete Spat. Daher gilt die Formel

$$V_T = \frac{1}{6} \cdot |(\bar{u} \times \bar{v}) \cdot \bar{w}|$$

Vorschlag zum Selbermachen: Zu zeigen, dass die Punkte A(8/-2/1), B(5/3/9), C(0/-5/6) und D(9/-6/10) Ecken eines regelm. Tetraeders ABCD sind und dessen Volumen auf verschiedene Arten berechnen.

8. Dreireihige Determinanten:

Soweit *dreireihige Determinanten* aus der Algebra bekannt sind, kann nachgewiesen werden, dass das Spatprodukt $(\bar{u} \times \bar{v}) \cdot \bar{w}$ mit dem Wert Δ einer dreireihigen Determinante übereinstimmt, deren drei Zeilen oder Spalten mit den Koordinaten der Vektoren $\bar{u}$, $\bar{v}$ und $\bar{w}$ übereinstimmen. Δ kann aber auch auf diese Art definiert werden:

$$\Delta = \begin{vmatrix} u_x & v_x & w_x \\ u_y & v_y & w_y \\ u_z & v_z & w_z \end{vmatrix} = \left[\begin{pmatrix} u_x \\ u_y \\ u_z \end{pmatrix} \times \begin{pmatrix} v_x \\ v_y \\ v_z \end{pmatrix}\right] \cdot \begin{pmatrix} w_x \\ w_y \\ w_z \end{pmatrix} =$$

$$= (u_y v_z - u_z v_y) \cdot w_x + (u_z v_x - u_x v_z) \cdot w_y + (u_x v_y - u_y v_x) \cdot w_z = u_y v_z w_x - u_z v_y w_x + u_z v_y w_x - u_x v_z w_y + u_x v_y w_z - u_y v_x w_z$$

Das Bildungsgesetz (= die *Regel von Sarrus*) für den Determinantenwert lautet: Die drei Faktoren jedes Summanden kommen aus verschiedenen Zeilen und Spalten, in Hauptdiagonalenrichtung – von links oben nach rechts unten – multipliziert ist das Produkt $u_x v_y w_z$, $u_y v_z w_x$ bzw. $u_z v_x w_y$ selbst, in der Gegenrichtung die Gegenzahl $-u_z v_y w_x$, $-u_y v_x w_z$ bzw. $-u_x v_z w_y$ zu nehmen. Das Ergebnis ist davon unabhängig, ob die Determinante aus Spaltenvektoren oder aus Zeilenvektoren aufgebaut ist.

Da von drei nicht komplanaren Vektoren jedenfalls ein Spat gebildet wird, dessen Volumen $V_S \neq 0$ sein muss, sind für $\Delta \neq 0$ die drei im Determinantenschema stehenden Vektoren sicher nicht komplanar. Umgekehrt deutet $\Delta = 0$ auf komplanare Vektoren hin, doch ist das Spatprodukt dafür bisher nicht definiert worden. Bilden wir aus drei komplanaren Vektoren $\vec{u}$, $\vec{v}$ und $s\vec{u} + t\vec{v}$ die Determinante, so erhalten wir

$$\Delta = \begin{vmatrix} u_x & v_x & su_x+tv_x \\ u_y & v_y & su_y+tv_y \\ u_z & v_z & su_z+tv_z \end{vmatrix} =$$

$= u_xv_y.(su_z + tv_z) + u_yv_z.(su_x + tv_x) + u_zv_x.(su_y + tv_y) - u_zv_y.(su_x + tv_x) - u_yv_x.(su_z + tv_z) - u_xv_z.(su_y + tv_y) = u_xv_ysu_z + u_xv_ytv_z + u_yv_zsu_x + u_yv_ztv_x + u_zv_xsu_y + u_zv_xtv_y - u_zv_ysu_x - u_zv_ytv_x - u_yv_xsu_z - u_yv_xtv_z - u_xv_zsu_y - u_xv_ztv_y =$
$s.(u_xv_yu_z - u_xv_yu_z + u_xu_yv_z - u_xu_yv_z + v_xu_yu_z - v_xu_yu_z) + t.(u_xv_yv_z - u_xv_yv_z + v_xu_yv_z - v_xu_yv_z + v_xv_yu_z - v_xv_yu_z) = 0$

Daher ist $\Delta \neq 0$ wirklich notwendig und hinreichend dafür, dass drei Vektoren nicht komplanar sind. In Folge haben drei Ebenen dann und nur dann genau einen Schnittpunkt, wenn die aus den drei Normalvektoren gebildete Determinante nicht „verschwindet" ($\Delta \neq 0$) bzw. ist ein lineares Gleichungssystem von drei Gleichungen in drei Variablen

(1) $a_1x + b_1y + c_1z + d_1 = 0$
(2) $a_2x + b_2y + c_2z + d_2 = 0$
(3) $a_3x + b_3y + c_3z + d_3 = 0$

genau dann eindeutig lösbar, wenn der Wert seiner *Systemdeterminante*

$$\begin{vmatrix} a_1 & b_1 & c_1 \\ a_2 & b_2 & c_2 \\ a_3 & b_3 & c_3 \end{vmatrix}$$

von Null verschieden ist. Das Lösungstripel (x_0, y_0, z_0) lässt sich dann auch nach der Cramer'schen Regel ermitteln, worauf aber hier nicht eingegangen wird.

9. Die Determinantenform der Ebenengleichung:

Die allgemeine parameterfreie Gleichung einer Ebene α, von der ein Punkt A und zwei Richtungsvektoren $\vec{u}$ und $\vec{v}$ (oder drei Punkte A, B und C) gegeben sind, lässt sich (nach UA 3.4.3) aus der Parametergleichung durch Elimination der Parameter und (nach UA 3.4.4 in Verbindung mit dem Vektorprodukt, UA 3.5.1) aus der Normalvektorform ableiten. Die Einführung dreireihiger Determinanten eröffnet nun einen dritten Weg. Die einfache Erklärung dafür lautet, dass drei Vektoren einer Ebene komplanar sind, die aus ihnen aufgebaute Determinante also den Wert $\Delta = 0$ haben muss. Sei X(x/y/z) ein beliebiger Punkt der Ebene α, dann sind $\vec{u}$ (= $\vec{b}-\vec{a}$), $\vec{v}$ (= $\vec{c}-\vec{a}$) und $\overrightarrow{AX}$ drei komplanare Vektoren (Fig. 4).

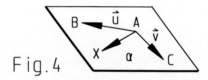

Fig. 4

Werden sie in ein Determinantenschema gestellt, dann entsteht bei Anwendung der Regel von Sarrus ein linearer Term $ax + by + cz + d$, der für jede Belegung mit Koordinaten von Punkten aus α den Wert 0 annehmen muss. Die *Determinantenform* der Ebenengleichung lautet daher

$$\begin{vmatrix} u_x & v_x & x-a_x \\ u_y & v_y & y-a_y \\ u_z & v_z & z-a_z \end{vmatrix} = 0$$

Vorschlag zum Selbermachen: Die Gleichung der Ebene durch A(7/0/8), B(5/-4,5/2) und C(2/2,5/4) mit Hilfe der Determinantenform erstellen und das Ergebnis mit Hilfe des Vektorprodukts und der Normalvektorform überprüfen.

10. Umkreismittelpunkt und Höhenschnittpunkt bei Dreiecken im Raum:

Im R_3 wird der Umkreismittelpunkt U und der Höhenschnittpunkt H eines Dreiecks ABC algebraisch als Schnittpunkt dreier Ebenen behandelt, während es für die Koordinaten des Schwerpunktes S eine einfache Formel (UA 3.2.5) gibt und der Inkreismittelpunkt I als Schnittpunkt zweier Geraden (UA 3.4.2) berechnet werden kann.

Die drei Ebenen sind jedenfalls die Trägerebene α = (ABC) des Dreiecks sowie zwei Normalebenen. Für U sind es zwei Seitensymmetrieebenen durch Seitenmittelpunkte M_1 und M_2, für H sind die Ebenen β und γ durch zwei Ecken (z. B. B, C) und normal zu den jeweiligen Gegenseiten zu legen.

Die jeweils dritte Normalebene liefert keinen Beitrag, weil sie mit den beiden anderen die (zur Ebene α normale) Schnittgerade gemeinsam hat. Die räumliche Situation lässt sich unschwer an einem etwa in π_1 liegenden Dreieck erkennen, bei dem die genannten Normalebenen dann jene lotrechten Ebenen sind, die sich durch die drei Seitensymmetralen bzw. die drei Höhenlinien des Dreiecks legen lassen.

Beispiel (Fig. 5): Für das Dreieck ABC mit A(1/2/4), B(6/0/1), C(2/-3/9) werden die Koordinaten des Umkreismittelpunktes U berechnet und das Ergebnis durch eine Zeichnung überprüft.

Die Gleichung der Ebene α = (ABC) wird über die Determinantenform mittels der Richtungsvektoren $\vec{AB}$ = (5, -2, -3) und $\vec{AC}$ = (1, -5, 5) ermittelt.

$$\begin{vmatrix} 5 & 1 & x-1 \\ -2 & -5 & y-2 \\ -3 & 5 & z-4 \end{vmatrix} =$$

$$= -25 \cdot (z-4) - 10 \cdot (x-1) - 3 \cdot (y-2)$$
$$- 15 \cdot (x-1) + 2 \cdot (z-4) - 25 \cdot (y-2) =$$
$$-23 \cdot (z-4) - 25 \cdot (x-1) - 28 \cdot (y-2) = 0$$
$$\Rightarrow \alpha: 25x + 28y + 23z = 173$$

$\vec{AB}$ und $\vec{AC}$ eignen sich auch als Normalvektoren für die Ebenen β durch M_1 mit $\vec{m}_1 = \dfrac{\vec{a}+\vec{b}}{2}$ bzw. γ durch M_2 mit $\vec{m}_2 = \dfrac{\vec{a}+\vec{c}}{2}$:

$$\beta: \begin{pmatrix} x-\frac{7}{2} \\ y-1 \\ z-\frac{5}{2} \end{pmatrix} \cdot \begin{pmatrix} 5 \\ -2 \\ -3 \end{pmatrix} = 0 \Rightarrow 5x - 2y - 3z = 8$$

$$\gamma: \begin{pmatrix} x-\frac{3}{2} \\ y+\frac{1}{2} \\ z-\frac{13}{2} \end{pmatrix} \cdot \begin{pmatrix} 1 \\ -5 \\ 5 \end{pmatrix} = 0 \Rightarrow 2x - 10y + 10z = 73$$

Durch Elimination des x ergibt sich aus den Gleichungen von α und β die Gleichung 38y + 38z = 133 und aus den Gleichungen von β und γ die Gleichung 46y - 56z = -349. Durch Elimination des y folgt daraus $z_0 = 5$, was zu $y_0 = -1{,}5$ und schließlich zu $x_0 = 4$ führt.

Die Kontrolle des Rechenergebnisses U(4/-1,5/5) erfolgt zeichnerisch in Grund- und Aufriss durch Projizierendmachen der Ebene α, Umklappen, Konstruktion des Umkreismittelpunkts U^{IV} im Dreieck $A^{IV}B^{IV}C^{VI}$ und Zurückführen dieses Punktes über U''' in die Hauptrisse. Für das Projizierendmachen wurde eine frontale (= zweite) Hauptgerade h_2 von α verwendet. Die Zeichnung zeigt, dass das Dreieck ABC rechtwinklig ist, also U in den Halbierungspunkt des Seite BC fällt.

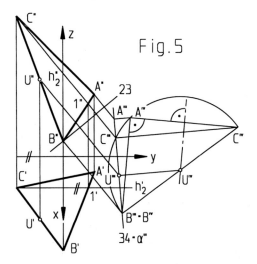

Fig. 5

Vorschläge zum Selbermachen: **A)** Beim Dreieck ABC mit A(5/-1/0), B(0/1/1), C(1/3/2) **a)** die Koordinaten des Umkreismittelpunkts U und den Umkreisradius r_u berechnen. **b) Konstruktive Lösung.** **B)** Beim Dreieck ABC mit A(4/-7/9), B(6/-5/1), C(0/1/1) **a)** die Koordinaten des Umkreismittelpunkts U, des Höhenschnittpunkts H und die Gleichung der Euler'schen Geraden e berechnen sowie zeigen, dass der Schwerpunkt S auf e liegt. **b) Konstruktive Lösung.**

3.6 Maßaufgaben und Anwendungen

Indem der Abstand zweier Punkte A, B (als Länge des Vektors $\overrightarrow{AB}$) und der von zwei Vektoren eingeschlossene Winkel rechnerisch und konstruktiv bereits behandelt worden sind, besteht hinsichtlich der Lösung von Maßaufgaben im R_3 nur noch wenig Erklärungsbedarf. Die Hesse'sche Normalform, die wir im R_2 beim Abstand Punkt – Gerade kennengelernt haben, findet beim Abstand Punkt – Ebene ihre räumliche Entsprechung. Anwendungen auf Phänomene der Geographie belegen die Praxistauglichkeit der dreidimensionalen Koordinatengeometrie.

1. Der Abstand Punkt – Gerade im R_3:

Wie der *Abstand eines Punktes* P *von einer Geraden* g = (AB) konstruktiv ermittelt werden kann, entweder durch Projizierendmachen der Geraden (Fig. 3.1.6) oder durch Umklappen der Verbindungsebene (Fig. 3.1.7), ist bereits behandelt worden.

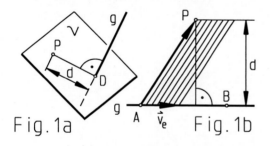

Fig. 1a Fig. 1b

Rechnerisch stehen ebenfalls mehrere Methoden zur Auswahl. So kann etwa die Gerade g mit ihrer durch P gehenden Normalebene ν zum Durchstoß gebracht und dann die Länge der Strecke PD berechnet werden (Fig. 1a). Oder es wird der Abstand d = |Pg| als Betrag eines Vektorprodukts ermittelt:

$$d = |Pg| = |(\vec{p} - \vec{a}) \times \vec{v}_e|$$

Die Begründung für diese Formel kann aus Fig. 1b abgelesen werden: Der Vektor $\overrightarrow{AP}$ und der zum Richtungsvektor $\overrightarrow{AB} = \vec{v}$ gehörige Einheitsvektor $\vec{v}_e$ spannen ein Parallelogramm auf, und der oben angegebene Betrag des Kreuzprodukts ist sein Flächeninhalt $A_\#$.

Nach der Standard-Flächenformel gilt $A_\# = |\vec{v}_e| \cdot d = 1 \cdot d = d$, was zu beweisen war.

Beispiel: Der Abstand des Punktes P(4/5/7) von der Geraden g = (AB) mit A(1/3/1) und B(3/3/0) wird auf zwei Arten berechnet.

1. Für die Normalebene ν ergibt sich nach der Normalvektorform ($\vec{n} = \overrightarrow{AB}$) die Gleichung $2x - z - 1 = 0$ und der nach UA 3.4.8 berechnete Durchstoßpunkt ist der Punkt A(1/3/1), woraus d = |AP| = 7 LE folgt.

2. Aus $\vec{v} = \overrightarrow{AB}$ folgt $\vec{v}_e = (\frac{2}{\sqrt{5}}, 0, -\frac{1}{\sqrt{5}})$, daher

$$d = |(\vec{p} - \vec{a}) \times \vec{v}_e| = \left| \begin{pmatrix} 3 \\ 2 \\ 6 \end{pmatrix} \times \begin{pmatrix} \frac{2}{\sqrt{5}} \\ 0 \\ -\frac{1}{\sqrt{5}} \end{pmatrix} \right| = \left| \begin{pmatrix} -\frac{2}{\sqrt{5}} \\ \frac{15}{\sqrt{5}} \\ -\frac{4}{\sqrt{5}} \end{pmatrix} \right| =$$

$$= \sqrt{\frac{4}{5} + \frac{225}{5} + \frac{16}{5}} = \sqrt{49} = 7 \text{ LE}$$

Der Abstand paralleler Geraden g ∥ h wird als Abstand eines Punktes P ∈ h von g (oder umgekehrt) berechnet.

Vorschläge zum Selbermachen: **A)** Den Abstand des Koordinatenursprungs U von der Geraden g[$\vec{x}$ = (11, 8, 0) + t·(6, 2, 1)] auf zwei Arten berechnen. **B)** Den Inkreisradius r_i des zum Beispiel aus UA 3.4.2 (Seite 99) gehörigen Dreiecks berechnen. **C)** Den Abstand des Punktes C von der Geraden g = (AB) aus Fig. 3.1.6 (Seite 89) berechnen. **D)** Den Abstand des Punktes B von der Geraden b = (AC) aus Fig. 3.1.7 (Seite 89) berechnen.

2. Der Abstand Punkt – Ebene:

Nach Fig. 0.2.2 ist der *Abstand eines Punktes* P *von einer Ebene* α der Abstand dieses Punktes vom Punkt D, in dem die Normalgerade $n_\alpha = n$ durch P die Ebene α durchstößt, und d = |Pα| = |PD| ist auf diesem Weg auch berechenbar.

Beispiel (Fig. 2): Für P(6/0/6) und α[12x − 12y + 14z = 35] ist $\bar{x} = (6, 0, 6) + t \cdot (6, -6, 7)$ die Parametergleichung der Normalgeraden n. Nach dem bekannten Verfahren ergibt sich daraus D(3/3/2,5) und weiter d = |Pα| = |PD| = 5,5 LE.

Anhand der konstruktiven Lösung lässt sich zur Normalenbeziehung n ⊥ α der folgende Zusammenhang zwischen den Rissen von n und den Spuren von α aufdecken:

$$n \perp \alpha \Leftrightarrow (n' \perp a_1) \wedge (n'' \perp a_2)$$

Anstelle von a_1 ist auch der Grundriss $h_1' \parallel a_1$ (irgend) einer ersten Hauptgeraden und anstelle von a_2 auch der Aufriss $h_2'' \parallel a_2$ (irgend) einer zweiten Hauptgeraden von α dienlich.

Nach dieser Zeichenregel sind in Fig. 2 Grund- und Aufriss von n durch P gelegt und anschließend die Bilder des Durchstoßpunktes D mit Hilfe einer zweiten Deckgeraden d_2 konstruiert worden. (Vgl. mit Fig. 3.4.6 auf Seite 104, wo eine erste Deckgerade verwendet worden ist.)

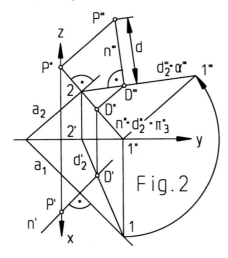

Fig. 2

Die Ermittlung der wahren Länge d = |PD| erfolgt durch Umklappen der zweitprojizierenden Ebene π_3 durch PD, es hätte aber genau so gut auch die erstprojizierende Ebene durch PD genommen werden können. Beide Ebenen sind zu α normal, ihre Schnittgerade muss also die zu α normale Gerade n durch P sein. Damit bewahrheitet sich die oben genannte Zeichenregel auf einfache Weise.

In Fig. 2 ist bei der Umklappung von π_3 auch die Deckgerade d_2 „mitgenommen" worden, wobei $d_2''' = \alpha'''$ gilt. Der rechte Winkel bei D''' dient als Zeichenkontrolle, hätte aber auch – mit π_3'' durch P'' beginnend – zur Konstruktion von D mittels Seitenriss benützt werden können.

Der Abstand Punkt – Ebene kann auch, analog zum Abstand Punkt – Gerade im R_2, nach einer Formel berechnet werden, die sich aus der Hesse'schen Normalvektorform, kurz *Hesse'sche Normalform* (oder HNF) genannt, der Ebenengleichung ableiten lässt. So wird die Normalvektorform $(\bar{x} - \bar{a}) \cdot \bar{n} = 0$ dann bezeichnet, wenn $\bar{n}$ ein Einheitsvektor ist.

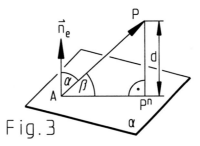

Fig. 3

Nach Fig. 3 ist $\cos\alpha = \sin\beta = \dfrac{d}{|AP|}$, also d = |AP|·cos α, und das ist wegen $\overrightarrow{AP} \cdot \bar{n}_e = |AP| \cdot 1 \cdot \cos\alpha$ auch das Skalarprodukt $(\bar{p} - \bar{a}) \cdot \bar{n}_e$, also genau der Zahlenwert, der sich ergibt, wenn in der HNF der Ebenengleichung die Variablen x, y, z mit den Koordinaten von P belegt werden. Für P ∈ α ist dieser Wert 0, wie es sein soll, für P ∉ α kommt eine Zahl d ≠ 0, deren Betrag der Abstand des Punktes P von α ist. (Das Vorzeichen von d hängt davon ab, wie $\bar{n}_e$ orientiert ist.)

> Werden in der HNF der Gleichung einer Ebene α die Variablen x, y und z mit den Koordinaten eines Punktes P belegt, dann ist der daraus resultierende Zahlenwert dem Betrag nach der Abstand d des Punktes P von der Ebene α.

Wenn eine Ebenengleichung ax + by + cz + d = 0 durch $\sqrt{a^2 + b^2 + c^2}$ dividiert wird, so entsteht daraus eine lösungsäquivalente Gleichung, in der die Koeffizienten des x, des y und des z einen Einheitsvektor bilden. Damit ist die Bedingung der Hesse'schen Normalform erfüllt, sodass sich letztlich die folgende Formel für den Abstand d eines Punktes $P(x_0/y_0/z_0)$ von einer durch die Gleichung $ax + by + cz + d = 0$ bestimmten Ebene α ergibt:

$$d = |P\alpha| = \left|\frac{ax_0 + by_0 + cz_0 + d}{\sqrt{a^2 + b^2 + c^2}}\right|$$

Die Anwendung der Formel auf das obige Beispiel (Fig. 2) ergibt

$$d = \left|\frac{12.6 + 14.6 - 35}{\sqrt{2.144 + 196}}\right| = \left|\frac{121}{22}\right| = 5,5 \text{ LE},$$

was das Ergebnis $|PD| = 5,5$ LE bestätigt.

Folgende Maßaufgaben lassen sich auf den Abstand Punkt – Ebene zurückführen:

2.1 Der *Abstand paralleler Ebenen* $\alpha \parallel \beta$ ist der Abstand jedes Punktes $P \in \beta$ von α (oder umgekehrt).

2.2 Der *Abstand einer Gerade g von einer Parallelebene* α ist der Abstand jedes Punktes $P \in g$ von α, aber nicht umgekehrt.

2.3 Der *Abstand windschiefer Geraden* a und b ist der Abstand jedes Punktes $P \in a$ von der zu a parallelen Ebene γ durch b (und umgekehrt).

Vorschläge zum Selbermachen: A) Den Abstand des Punktes P(5/-5/4) von der Ebene $\alpha = (ABC)$ mit A(0/1/5), B(0/0/2), C(6/3/2) **a)** berechnen, **b)** konstruktiv ermitteln. **B)** Im Tetraeder ABCD mit A(1/0/0), B(-1/2/3), C(2/2/-6) und D(3/9/5) den Abstand h des Punktes D vom Dreieck ABC auf zwei Arten berechnen. **B)** Den Abstand der windschiefen Geraden a[$\bar{x} = (4, -2, 0) + s.(4, -1, 0)$] und b[$\bar{x} = (5, 10, 4) + t.(4, 7, -4)$] mit Hilfe der HNF berechnen.

3. Windschiefe Gerade, Schnittpunkte mit der gemeinsamen Normalen:

Sollen bei windschiefen Geraden a, b nicht nur der Abstand d, sondern auch die Koordinaten der Punkte S, T und die Gleichung der gemeinsamen Normalen g (Fig. 0.2.4) berechnet werden, dann ist es nützlich, die Vektorsumme $\overrightarrow{AS} + \overrightarrow{ST} + (-\overrightarrow{BT}) + \overrightarrow{BA} = \bar{o}$ zu bilden, wie Fig. 4 zeigt.

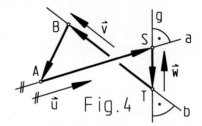

Fig. 4

Sind $\bar{u}$ und $\bar{v}$ Richtungsvektoren von a bzw. b, dann ist wegen $g \perp a$ und $g \perp b$ der Vektor $\bar{u} \times \bar{v} = \bar{w}$ ein Richtungsvektor von g. Die in obiger Vektorgleichung genannten Vektoren $\overrightarrow{AS}$, $\overrightarrow{ST}$ und $\overrightarrow{BT}$ sind zu diesen Richtungsvektoren kollinear, also $\overrightarrow{AS} = s\bar{u}$, $\overrightarrow{ST} = k\bar{w}$ und $\overrightarrow{BT} = t\bar{v}$. Da die Vektorgleichung für drei lineare Gleichungen steht, können s, k und t daraus berechnet werden.

Beispiel (Fig. 5): Die Gerade a ist durch A(4/-2/0) und P(8/-3/0), die Gerade b durch B(5/10/4) und Q(3/6,5/6) gegeben. Zuerst ermitteln wir den Vektor $\overrightarrow{BA} = (-1, -12, -4)$ sowie einen Richtungsvektor $\bar{w} = (1, 4, 8)$ der gemeinsamen Normalen g als Vektorprodukt $\overrightarrow{AP} \times \overrightarrow{BQ}$. Damit kann die Vektorgleichung

$$s.\begin{pmatrix} 4 \\ -1 \\ 0 \end{pmatrix} + k.\begin{pmatrix} 1 \\ 4 \\ 8 \end{pmatrix} - t.\begin{pmatrix} 4 \\ 7 \\ -4 \end{pmatrix} + \begin{pmatrix} -1 \\ -12 \\ -4 \end{pmatrix} = \begin{pmatrix} 0 \\ 0 \\ 0 \end{pmatrix}$$

erstellt werden. Aus Zeile (1) und (2) ergibt sich durch Elimination von s die Gleichung $17k - 32t - 49 = 0$. Durch Elimination von t aus dieser Gleichung und Zeile (3) erhalten wir $k = 1$, woraus $t = -1$, also T(1/3/8), und $s = -1$, also S(0/-1/0) folgt. Der Abstand $d = |ab|$ lässt sich als Länge der Strecke ST berechnen: $d = |ST| = 9$ LE.

Fig. 5 zeigt die konstruktive Lösung der Aufgabe durch Projizierendmachen <u>einer</u> Geraden. Im Grundriss sind a, b und g materialisiert ausgeführt, der Aufriss dient nur als Hilfsriss für die Herstellung des Seitenrisses.

Weil a horizontal ist kommen wir bei diesem Beispiel mit einem Seitenriss aus, während im allgemeinen Fall ein vierter Riss erforderlich wäre. Die Rissachse 13 ⊥ a' wurde durch B' gelegt, die Punkte a''' (= S'''), B''', Q''' und damit auch (B'''Q''') = b''' ergeben sich nach der Seitenrissregel. g''' durch S''' schneidet b''' in T''' unter rechtem Winkel und |S'''T'''| = d. Die Gerade g' durch T' ist zur Rissachse 13 parallel und schneidet a' in S' (= S'' = S).

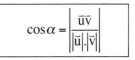

$$\cos\alpha = \left|\frac{\bar{u}\bar{v}}{|\bar{u}|\cdot|\bar{v}|}\right|$$

Für den *Schnittwinkel zweier Ebenen* α und β sind nach der Definition von A 0.2 als Vektoren ū und v̄ die Richtungsvektoren zweier Normalgeraden n_α und n_β, also Normalvektoren der beiden Ebenen, zu verwenden. Die konstruktive Lösung des Problems durch Projizierendmachen der Schnittgeraden wurde bereits in A 3.1 vorweggenommen.

Der (Schnitt-)*Winkel α einer Geraden g mit einer Ebene α* ist nach Fig. 0.2.2 komplementär zu dem Winkel, den jede g schneidende Normalgerade n_α mit g bildet. Obige Generalformel kann also für diesen Fall wie folgt adaptiert werden, v̄ ist ein Richtungsvektor von g und n̄ ist ein Normalvektor von α:

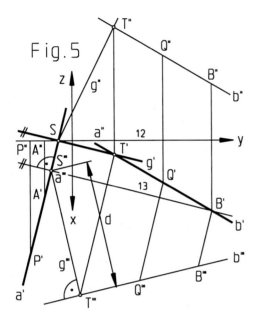

$$\sin\alpha = \left|\frac{\bar{v}\bar{n}}{|\bar{v}|\cdot|\bar{n}|}\right|$$

Vorschlag zum Selbermachen: Die Koordinaten der Schnittpunkte S, T und den Abstand der windschiefen Geraden a, b berechnen für **a)** a[x̄ = (6, 1, 7) + s.(2, 0, -1)], b[x̄ = (3, 0, 0) + t.(-2, 3, 2)], **b)** a = (UV) mit U(0/0/0) und V(1/1/2), b = (PQ) mit P(1/6/-1) und Q(4/6/1).

4. Winkelberechnungen:

Vereinbarungsgemäß gilt von den zwei Supplementärwinkeln, welche zwei schneidende oder windschiefe Gerade und zwei scheidende Ebenen miteinander bilden, die Maßzahl des kleineren als Schnittwinkel α ≤ 90°. Gleiches gilt für den Winkel, den eine Gerade mit einer Ebene einschließt. Der in UA 3.3.3 hergeleitete Cosinuswert ist daher auf den Betrag einzuschränken, um als Generalformel für alle Winkelberechnungen dienen zu können:

Beispiel: Die Punkte A(8/-2/1), B(5/3/9), C(0/-5/6) und D(9/-6/10) bilden die Ecken eines regelm. Tetraeders ABCD (vgl. UA 3.5.7). Um den Winkel α zu berechnen, den zwei Tetraederflächen miteinander bilden, ermitteln wir Normalvektoren der Flächen ABC und ABD als Vektorprodukte: Zum Vektor $\overrightarrow{AB}\times\overrightarrow{AC}$ ist der Vektor $\bar{n}_1 = (1, -1, 1)$ kollinear, zum Vektor $\overrightarrow{AB}\times\overrightarrow{AD}$ ist der Vektor $\bar{n}_2 = (11, 5, 1)$ kollinear. Daraus folgt

$$\cos\alpha = \left|\frac{\bar{n}_1\bar{n}_2}{|\bar{n}_1|\cdot|\bar{n}_2|}\right| = \frac{11-5+1}{\sqrt{3}\cdot\sqrt{121+5+1}} = \frac{7}{\sqrt{3}\cdot\sqrt{3.49}} = \frac{1}{3}$$

Um den Winkel β zu berechnen, den die Tetraederkanten mit den Tetraederflächen einschließen, verwenden wir den Normalvektor n̄ = (1, -1, 1) der Fläche ABC und $\overrightarrow{CD} = \bar{v} = (9, -1, 4)$ als Richtungsvektor der Kante CD. Daraus folgt

$$\sin\beta = \left|\frac{\bar{v}\bar{n}}{|\bar{v}|\cdot|\bar{n}|}\right| = \frac{9+1+4}{\sqrt{3}\cdot\sqrt{81+1+16}} = \frac{14}{\sqrt{3}\cdot\sqrt{2.49}} = \frac{2}{\sqrt{6}}$$

Ermitteln wir den Winkel α konstruktiv durch Projizierendmachen der Geraden g = (AB), so ist der betreffende (i. A. vierte) Riss mit dem bekannten Symmetrieschnitt des Tetraeders deckungsgleich, in dem nicht nur die Kantenlänge a und die Flächenhöhe h_1, sondern auch die Winkel α und β in wahrer Größe zutage treten (Fig. 6). Aus dieser Figur ist $\cos\alpha = 1/3$ und $\beta = 1/2 \cdot (180° - \alpha)$ unmittelbar abzulesen, woraus $\alpha \approx 70{,}5°$ und $\beta \approx 54{,}7°$ folgt.

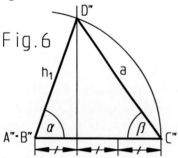

Fig. 6

Vorschläge zum Selbermachen: A) Das im letzten Beispiel verwendete regelm. Tetraeder ABCD in Grund- und Aufriss darstellen und daraus einen Seitenriss ableiten, in dem die Kante AB projizierend erscheint (1 LE = 0,5 cm). **B)** Im Tetraeder von Fig. 3.1.4 (Seite 87) den Winkel berechnen, den die beiden **a)** an der Kante AD, **b)** an der Kante BC zusammenhängenden Flächen miteinander einschließen. **C)** Zu zeigen, dass ABCDS mit A(0/0/2), B(10/0/2), D(0/6/10) und S(5/-1/9) eine regelmäßige quadratische Pyramide ist und die Winkel α und β berechnen, unter denen die Seitenflächen bzw. Seitenkanten gegen die Grundfläche geneigt sind.

5. Die Berechnung der Sonnendeklination:

Im Folgenden wird eine Methode vorgestellt, mit der die Sonnendeklination für jeden Tag des Jahres überraschend einfach und überraschend genau berechnet werden kann.

Wie bei allen anwendungsorientierten Aufgaben muss im Vorfeld ein Wissen aufbereitet werden, das über das rein mathematische weit hinausgeht. In unserem Fall handelt es sich um Kenntnisse über den jährlichen Umlauf der Erde um die Sonne.

Der Erdmittelpunkt M bewegt sich dabei auf einer nahezu kreisförmigen Ellipse k, von der ein Brennpunkt der Sonnenmittelpunkt O ist. Die von der Erdachse a und der Äquatorebene α eingenommenen Lagen sind während des ganzen Umlaufs (nahezu) parallel, daher bleibt auch der Winkel γ, unter dem die Äquatorebene α gegen die Ebene der Bahnkurve k geneigt ist, nahezu konstant. Diese „Schiefe der Ekliptik" bewirkt, dass der als *Sonnendeklination* bezeichnete Winkel δ, unter dem die – wegen der großen Entfernung als parallel anzunehmenden – Sonnenstrahlen s auf die Äquatorebene α auftreffen, zwischen dem Wert γ am längsten Tag auf der Nordhalbkugel (Sommersonnenwende, 21. Juni) und $-\gamma$ am kürzesten Tag auf der Nordhalbkugel (Wintersonnenwende, 21. Dezember) hin und her schwankt. ($\delta < 0$ bedeutet, dass die Lichtstrahlen auf der von der Nordhalbkugel abgewandten Seite von α auftreffen.) Für $\delta = 0°$ ist Tag- und Nachtgleiche, die gewöhnlich am 21. März (Frühlingsanfang) und am 23. September (Herbstanfang) erreicht wird.

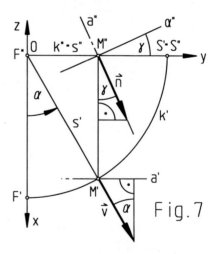

Fig. 7

In Fig. 7 wurde der zwischen dem Frühlingsanfang F und der Sommersonnenwende S liegende Teil der Erdbahn in π_1 als Viertelkreis mit dem Mittelpunkt O angenommen und die Erde (Mittelpunkt M, Achse a, Ebene α) in einer Lage eingezeichnet, in der sie sich gegenüber dem Punkt F, an dem die Äquatorebene den Punkt O enthält, um den *Streichwinkel* α weiterbewegt hat. Die Deklination δ ist der vom Sonnenstrahl s (Richtungsvektor v̄) und der Ebene α (Normalvektor n̄) gebildete Winkel, dessen Sinuswert der Quotient aus dem Skalarprodukt v̄ n̄ und dem Produkt der Beträge |v̄|.|n̄| ist. Aus Fig. 7 ist v̄ = (cosα, sinα, 0) und n̄ = (0, sinγ, cosγ) ablesbar. v̄ und n̄ sind Einheitsvektoren, daher gilt

$$\sin\delta = \begin{pmatrix}\cos\alpha\\ \sin\alpha\\ 0\end{pmatrix} \cdot \begin{pmatrix}0\\ \sin\gamma\\ \cos\gamma\end{pmatrix} = \sin\alpha \cdot \sin\gamma$$

Darin ist für konstantes γ auch sinγ eine Konstante, die Sonnendeklination ist also eine Funktion des Streichwinkels α. In grober Näherung wäre für ihn 1° pro Tag ab Frühlingsbeginn zu veranschlagen, aber es geht sehr viel genauer, wenn wir berücksichtigen, dass der Erdumlauf in mehr als 360 Tagen und auch nicht mit konstanter Geschwindigkeit erfolgt. Von den 365 Tagen des Jahres liegen nämlich nur 89 Tage zwischen Wintersonnenwende und Frühlingsanfang, 92 Tage entfallen auf den Frühling, 94 auf den Sommer und 90 auf den Herbst. Unter Beibehaltung der in Fig. 7 getroffenen Annahme, die Erde durchlaufe pro Quartal einen Viertelkreis, ergibt sich daraus, dass für den Streichwinkel pro Wintertag 90/89 Grad, pro Frühlingstag 90/92 Grad, pro Sommertag 90/94 Grad und pro Herbsttag 90/90 = 1° zu veranschlagen sind.

Tag	t	α	δ	δ real
20.01.	30	270+90/89.t	−20,08	−20,04
20.02.	61	270+90/89.t	−10,88	−10,78
20.03.	0	90/92.t	0	−0,01
20.04.	31	90/92.t	11,59	11,65
20.05.	61	90/92.t	20,08	20,06
21.06.	0	90 + 90/94.t	23,44	23,44
21.07.	30	90 + 90/94.t	20,42	20,40
21.08.	61	90 + 90/94.t	12,03	11,99
23.09.	0	180 + t	0	−0,22
21.10.	28	180 + t	−10,76	−10,83
21.11.	59	180 + t	−19,94	−19,99
21.12.	0	270+90/89.t	−23,44	−23,44

In der Tabelle, in der unter t die Anzahl der Tage nach Quartalsbeginn angegeben ist, sind die unter den genannten Bedingungen zustande kommenden Rechenergebnisse – auf zwei Dezimalen gerundet – für 12 Tage angeführt und den realen Deklinationswerten des Jahres 2009 gegenübergestellt. Der Vergleich zeigt, dass die Rechnung trotz aller Vereinfachungen – zum Beispiel ist die Umlaufgeschwindigkeit natürlich auch innerhalb eines Quartals nicht konstant – überraschend genaue Daten liefert. Wegen des Schalttages im Jahr 2008 passt für 2009 als Frühlingsanfang besser der 20. als der 21. März, auch die relativ starke Abweichung am 23. September ist noch eine Folge des Schaltjahres. (Am 22. September 2009 galt δ = 0,17°.) Für γ wurde 23,44°, die Sonnendeklination am 20. und 21. Juni 2009, eingesetzt.

6. Von wann bis wann scheint die „Mitternachtssonne"?

In Teil I wurde die Sonnendeklination zur Berechnung von Schattenlängen verwendet, in A 1.5 ist sie bei Konstruktionsaufgaben zum Globus vorgekommen. Eine weitere – besonders für Skandinavienreisende – interessante Anwendung betrifft die Berechnung des Zeitraumes, in dem an einem bestimmten Ort auf der Nordkalotte die Sonne nicht untergeht, also das Phänomen der „Mitternachtssonne" zu beobachten ist.

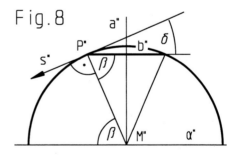

Fig. 8

Die Nordkalotte ist der vom nördl. Polarkreis begrenzte Teil der Erdkugel, der den Nordpol enthält. Fig. 8 veranschaulicht den Zusammenhang δ + β = 90°. Der Punkt P, in dem der Sonnenstrahl s mit der Deklination δ den Kugelumriss berührt, bestimmt die geogr. Breite β, für die der 24-Stunden-Tag gerade noch gilt, und zwar für alle Orte, die auf dem betreffenden Breitenkreis b liegen. Für δ = γ ≈ 23,44° ist das der nördl. Polarkreis mit β = 90° − γ ≈ 66,56°.

Aus dem in UA 5 ermittelten Zusammenhang $\sin\delta = \sin\alpha.\sin\gamma$ folgt

$$\sin\alpha = \frac{\sin\delta}{\sin\gamma} = \frac{\sin(90°-\beta)}{\sin\gamma} = \frac{\cos\beta}{\sin\gamma}$$

Nach dieser Formel kann für jede geogr. Breite β der Streichwinkel α und weiter mittels $t \approx 92/90.\alpha$ die Anzahl t der Tage berechnet werden, die vom 21. März weg vergehen müssen, bis an den Orten mit der betreffenden Breite β zum ersten Mal in diesem Jahr die Sonne nicht untergeht. Vom 21. Juni aus gerechnet sind $t_1 = 92 - t$ oder (gerundet) $92/90.(90° - \alpha)$ Tage abzuziehen sowie $t_2 = 94 - 94/90.\alpha$ oder (gerundet) $94/90.(90° - \alpha)$ Tage hinzuzuzählen, um das Ende der Periode des 24-Stunden-Tags für diesen Breitenkreis zu bekommen.

Beispiel: Das Nordkap (norw. *nordkapp*) hat eine geogr. Breite von ca. 71,2°. Obige Formel ergibt dazu einen Streichwinkel von ca. 54,1°, was für t_1 rund 36,5 Tage ergibt, womit wir auf frühestens 15. Mai für den Beginn der Periode des 24-Stunden-Tages auf dem Nordkap-Breitenkreis kommen. Zum Ende der Periode gelangen wir, wenn wir vom 21. Juni weg $t_2 \approx 37,5$ Tage hinzuzählen. Das Ende der Periode ist daher am 28. oder 29. Juli.

Vorschläge zum Selbermachen: A) Die Periode der Mitternachtssonne **a)** für Tromsö ($\beta = 69,7°$), **b)** für Kiruna ($\beta = 67,8°$) berechnen. **B)** Welche Formel gilt für den Streichwinkel α, der (vom Punkt F weg) den Tag bestimmt, an dem an Orten auf der Nordkalotte mit der geogr. Breite β die „Polarnacht" endet, also die Sonne wieder erscheint?

3.7 Kugelgleichungen

Mit der Kugelfläche κ steht uns, analog zum Kreis unter den krummen Linien des R_2, das einfachste Beispiel für die algebraische Behandlung krummer Flächen zur Verfügung. Der Gleichklang zwischen zweidimensionaler und dreidimensionaler Koordinatengeometrie ist bei Kreis und Kugel besonders augenscheinlich und Skizzen zur Kugelgeometrie visualisieren oft nur Inhalte der Kreisgeometrie. Deshalb und in der Hoffnung, dass das bisher erworbene Vorstellungsvermögen ausreicht, um die verbalen Erklärungen nachvollziehen zu können, wird auf Zeichnungen in diesem Abschnitt weitgehend verzichtet.

1. Mittelpunktsform, allgemeine (parameterfreie) Gleichung und Vektorform:

Indem die Kugelfläche κ als Menge aller Punkte $X(x/y/z)$ definiert ist, die von einem Punkt $M(u/v/w)$ einen konstanten Abstand r haben, gilt für jeden solchen Punkt X die Beziehung $|MX| = r$ oder $|\overrightarrow{MX}|^2 = r^2$, also

$$\boxed{(x-u)^2 + (y-v)^2 + (z-w)^2 = r^2}$$

Aus dieser, als *Mittelpunktsform* bezeichneten Kugelgleichung sind die Koordinaten des Mittelpunkts unmittelbar abzulesen. Durch „Ausquadrieren" entsteht daraus die Gleichung $x^2 + y^2 + z^2 - 2ux - 2vy - 2wz + u^2 + v^2 + w^2 - r^2 = 0$, also eine quadratische Gleichung, bei der die reinquadratischen Glieder denselben Koeffizienten 1 haben und gemischtquadratische Glieder nicht auftreten.

Umgekehrt ist jede Gleichung der Gestalt $x^2 + y^2 + z^2 + dx + ey + fz + g = 0$ eine Kugelgleichung: Aus $d = -2u$, $e = -2v$ und $f = -2w$ ergeben sich die Koordinaten des Mittelpunkts und schließlich aus $g = u^2 + v^2 + w^2 - r^2$ der Radius r. Weil es bei den Koeffizienten auf einen konstanten Faktor nicht ankommt, kann das Ergebnis noch wie folgt verallgemeinert werden:

> Jede quadratische Gleichung in drei Variablen, bei der die reinquadratischen Glieder denselben Koeffizienten haben und alle gemischtquadratischen Glieder fehlen, ist eine Kugelgleichung.

Jeder Lösung (x_0, y_0, z_0) einer solchen *allgemeinen* (parameterfreien) *Kugelgleichung* entspricht ein Punkt $P(x_0/y_0/z_0)$, der auf einer Kugelfläche κ liegt, und umgekehrt.

Das folgende Beispiel zeigt, wie die Mittelpunktsform aus einer allgemeinen Kugelgleichung durch das Bilden „vollständiger Quadrate" abgeleitet werden kann.

Beispiel: Es sind Mittelpunkt und Radius der durch die Gleichung $\frac{x^2}{2} + \frac{y^2}{2} + \frac{z^2}{2} + 3x + 4y - 2z + 2 = 0$ gegebenen Kugel zu ermitteln. Die Multiplikation der Gleichung mit 2 und Umordnung ergibt $x^2 + 6x + y^2 + 8y + z^2 - 4z + 4 = 0 \Rightarrow (x+3)^2 - 9 + (y+4)^2 - 16 + (z-2)^2 - 4 + 4 = 0 \Rightarrow (x+3)^2 + (y+4)^2 + (z-2)^2 = 25 \Rightarrow M(-3/-4/2)$, $r = 5$ LE.

Bei freier Wahl von d, e, f und g kann für r^2 auch ein negativer Wert herauskommen. In diesem Fall sprechen wir von einer *nullteiligen Kugel(fläche)*. Sie besitzt keine reellen Punkte, weil mindestens eine Zahl in jedem Lösungstripel der entsprechenden Gleichung komplex ist. Bei der „Nullkugel" ($r = 0$) ist immerhin <u>ein</u> Punkt $X = M$ reell.

Im Fall einer Kugel in *Ursprungslage* (M = U) vereinfacht sich die Gleichung auf

$$\boxed{x^2 + y^2 + z^2 = r^2}$$

Die nullteilige Kugelfläche mit der Gleichung $x^2 + y^2 + z^2 = -1$ enthält u. a. die komplexen Punkte P(i/0/0), Q(0/i/0) und R(0/0/i).

Schließlich lassen sich Kugeln auch in *Vektorform* darstellen, und zwar gilt wegen $|\overrightarrow{MX}|^2 = |\vec{x} - \vec{m}|^2 = (\vec{x} - \vec{m})^2$

$$\boxed{(\vec{x} - \vec{m})^2 = r^2}$$

Bei der Herleitung der Gleichungen von Polarebenen (A 3.8) wird diese Darstellung von Nutzen sein.

Vorschlag zum Selbermachen: Die Koordinaten des Mittelpunkts und den Radius der Kugel mit der Gleichung **a)** $x^2 + y^2 + z^2 - 6x + 4y - 8z - 7 = 0$, **b)** $x^2 + y^2 + z^2 - 2x - 8y + 21 = 0$, **c)** $2x^2 + 2y^2 + 2z^2 - 2x - 6y - 27 = 0$ berechnen.

2. Flächenpunkte als Angabestücke:

2.1 Ein Flächenpunkt P ersetzt wegen |MP| = r den Radius als Angabestück.

2.2 Zwei Flächenpunkte P, Q begrenzen eine *Kugelsehne* PQ, deren Symmetrieebene α eine Durchmesserebene der Kugel ist, also den Mittelpunkt M enthält. Daher ist eine Kugel i. A. durch die Angabe einer Durchmessergeraden d und zweier Flächenpunkte P, Q eindeutig festgelegt: $d \cap \alpha = \{M\}$, |MP| = |MQ| = r.

2.3 Drei Flächenpunkte P, Q, R, die ein Dreieck bilden, bestimmen drei Durchmesserebenen, auf deren gemeinsamer Schnittgeraden s der Kugelmittelpunkt M liegt. Ist etwa der Radius r als viertes Angabestück bekannt, dann hat die Aufgabe zwei Lösungen, indem s die Kugel mit dem Mittelpunkt P (oder Q oder R) und dem Radius r in zwei Punkten M_1, M_2 schneidet (UA 3).

Die Aufgabe kann auch rein algebraisch aufgefasst und gelöst werden: Das Einsetzen der Punktkoordinaten in eine mit unbestimmten Koeffizienten u, v und w angesetzte Kugelgleichung, in der r bekannt ist, führt zu einem System von drei quadratischen Gleichungen, das durch Elimination auf zwei lineare und nur mehr eine quadratische Gleichung reduziert werden kann.

Beispiel: Durch die Punkte P(4/8/5), Q(7/5/5) und R(7/8/2) lassen sich zwei Kugelflächen mit dem Radius $r = 9$ LE legen. Einsetzen der Punktkoordinaten, Quadrieren und Ordnen führt zu den Gleichungen

(1) $u^2 + v^2 + w^2 - 8u - 16v - 10w + 24 = 0$
(2) $u^2 + v^2 + w^2 - 14u - 10v - 10w + 18 = 0$
(3) $u^2 + v^2 + w^2 - 14u - 16v - 4w + 36 = 0$

Subtraktion der Gleichungen (2) und (3) von (1) ergibt (4) $6u - 6v + 6 = 0 \Rightarrow v = u + 1$ bzw. (5) $6u - 6w - 12 = 0 \Rightarrow w = u - 2$. Durch Substitution in (1) entsteht die quadratische Gleichung

$u^2 + (u+1)^2 + (u-2)^2 - 8u - 16 \cdot (u+1) - 10 \cdot (u-2) + 24 = 0 \Rightarrow u^2 - 12u + 11 = 0 \Rightarrow u_1 = 11$, $u_2 = 1 \Rightarrow M_1(11/12/9)$, $M_2(1/2/-1)$

2.4 Vier Flächenpunkte P, Q, R, S, die nicht in einer Ebene liegen, bestimmen vier Dreiecke mit je drei einander längs einer Durchmessergeraden schneidenden Seitensymmetrieebenen. Diese vier Geraden schneiden einander im Mittelpunkt M der Umkugel des Tetraeders PQRS. Daher gilt der Satz:

> Durch vier Flächenpunkte, die ein Tetraeder bilden, ist eine Kugelfläche eindeutig bestimmt.

Bei der algebraische Lösung der Aufgabe ist von jenen vier quadratischen Gleichungen auszugehen, die durch Einsetzen der Punktkoordinaten in die mit unbestimmten Koeffizienten u, v, w und r angesetzte Mittelpunktsform entstehen. Aus diesen vier Gleichungen lassen sich durch Elimination sechs lineare Gleichungen in den Variablen u, v, w ableiten, die alle von den Koordinaten des Kugelmittelpunkts M erfüllt werden. Diese linearen Gleichungen unterscheiden sich von den Gleichungen der oben genannten Seitensymmetrieebenen nur in der Bezeichnung der Variablen, was in A 3.8 geometrisch begründet wird. Nach Berechnung der Koordinaten von M aus drei solchen Gleichungen ergibt sich schließlich der Radius (und eine Kontrolle) aus $r = |MP| = |MQ| = |MR| = |MS|$.

Eine weiterer, rein algebraischer Lösungsweg besteht darin, die Punktkoordinaten in die allgemeine Kugelgleichung einzusetzen und das lineare System von vier Gleichungen in vier Variablen d, e, f und g aufzulösen.

Vorschläge zum Selbermachen: A) Die Gleichung der Kugel durch P(7/0/0) und Q(5/2/8) berechnen, deren Mittelpunkt auf der Geraden $d[\bar{x} = (3, -2, 4) + t \cdot (2, -1, 5)]$ liegt. **B)** Die Gleichung der Umkugel des Tetraeders ABCD mit **a)** A(2/3/6), B(3/-6/2), C(-6/2/3), D(0/0/-7), **b)** A(8/3/4), B(9/-6/0), C(0/2/1), D(6/0/-9) berechnen.

3. Kugel und Gerade:

Die Berechnung der Schnittpunkte einer Kugel $\kappa[(\bar{x} - \bar{m})^2 = r^2]$ mit einer Geraden $g[\bar{x} = \bar{a} + t\bar{v}]$ läuft algebraisch auf das Auflösen jener quadratischen Gleichung in t hinaus, die dadurch zustande kommt, dass die Variablen x, y, z in der Kugelgleichung durch die linearen Terme in t aus der Geradengleichung ersetzt werden.

Sind die zwei Lösungen dieser quadratischen Gleichung reell getrennt, dann gibt es zwei reelle Schnittpunkte S, T, die Gerade g ist eine *Sekante* von κ. Fallen die Lösungen zusammen, dann gibt es nur einen Berührpunkt T und g = t ist eine *Tangente* von κ. Hat die lineare Gleichung in t keine reelle Lösung, dann ist g eine *Passante* von κ.

Ein Linienelement (T, t) zählt für zwei Flächenpunkte, indem nämlich die Normalebene von t durch T – ebenso wie die Symmetrieebene einer Kugelsehne PQ – eine Durchmesserebene δ von κ ist.

Durch ihren Mittelpunkt M und eine Tangente t ist eine Kugelfläche wegen $r = |Mt|$ eindeutig bestimmt. Der Berührpunkt T kann entweder als Durchstoßpunkt von t mit der Durchmesserebene $\delta \perp t$ oder auf algebraischem Weg ermittelt werden: Die Berechnung des Schnittpunkts der Tangente mit der Kugel ergibt bei variablem r eine lineare Gleichung in r und t. Nach t aufgelöst muss die Diskriminante verschwinden, was den Radius r ergibt, und der einzige Wert für t liefert die Koordinaten des Berührpunktes.

Beispiel: Für $x^2 + y^2 + z^2 = r^2$ und $t[\bar{x} = (1, 6, -16) + t \cdot (4, 1, -6)]$ lautet die lineare Gleichung in t (und r)

$$(1 + 4t)^2 + (6 + t)^2 + (-16 - 6t)^2 = r^2 \Rightarrow 1 + 8t + 16t^2 + 36 + 12t + t^2 + 256 + 192t + 36t^2 = r^2$$
$$\Rightarrow 53t^2 + 212t + (293 - r^2) = 0 \Rightarrow$$
$$t^2 + 4t + \frac{293 - r^2}{53} = 0 \Rightarrow t = -2 \pm \sqrt{4 - \frac{293 - r^2}{53}}$$

Daraus ist t = -2, also T(-7/4/-4), und die Gleichung $4 \cdot 53 - 293 + r^2 = 0 \Rightarrow r = 9$ LE abzulesen. Geht es nur um die Gleichung einer durch Mittelpunkt M und Tangente t gegebenen Kugel, so kann $r = |Mt|$ auch nach der Formel aus UA 3.6.1 (Seite 114) berechnet werden.

Vorschläge zum Selbermachen: A) Die Koordinaten der Schnittpunkte S_1, S_2 der Kugel $\kappa[x^2 + y^2 + z^2 - 6x + 4y - 8z - 7 = 0]$ mit der Geraden $g[\bar{x} = (7, 0, 0) + t \cdot (-1, 1, 4)]$ und den Flächeninhalt des vom Kugelmittelpunkt M und den beiden Schnittpunkten gebildeten Dreiecks berechnen. **B)** Die Gerade $t = (PQ)$ mit $P(11/8/0)$ und $Q(5/6/-1)$ ist Tangente einer Kugel in Ursprungslage. Den Radius (auf zwei Arten) und die Koordinaten des Berührpunktes T berechnen.

4. Kugel und Ebene, Spurkreise:

4.1 Eine Ebene α, deren Abstand d vom Kugelmittelpunkt M kleiner ist als der Kugelradius r, schneidet die Kugelfläche κ nach einem Kreis $k(\alpha, N; r_k)$. Dessen Mittelpunkt N ist der Durchstoßpunkt von α mit der Normalgeraden $n_\alpha = n$ durch M, und für den Radius r_k gilt $r_k^2 = r^2 - d^2$.

Beispiel (Fig. 1): Eine Kugel in Ursprungslage mit dem Radius $r = 4$ LE wird von der Pultebene mit der Gleichung $x + z = 4$ nach einem Kreis k geschnitten. Aus der Zeichnung ist $N(2/0/2)$ und $r_k = 2 \cdot \sqrt{2}$ LE ablesbar sowie für die Aufrissellipse k" im System Uyz der Mittelpunkt $N''(0/2)$ und die Längen $a = 2 \cdot \sqrt{2}$ LE und $b = 2$ LE.

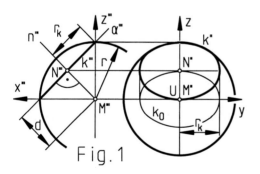

Fig. 1

Nach UA 3.5.5 (Seite 110) lässt sich der Schnittkreis k algebraisch durch die Gleichungen (1) $x^2 + y^2 + z^2 = 16$ und (2) $x + z = 4$ beschreiben, und die Gleichung von k" im ebenen Koordinatensystem Uyz ergibt sich durch Elimination des x aus diesen zwei Gleichungen:

$(4 - z)^2 + y^2 + z^2 = 16 \Rightarrow y^2 + 2z^2 - 8z = 0$

Zur Translation von k" nach k_0 gehören die Abbildungsgleichungen $y = y_0$ und $z = z_0 + 2$. Aus der Gleichung

$$y_0^2 + 2z_0^2 = 8 \Rightarrow \frac{y_0^2}{8} + \frac{z_0^2}{4} = 1$$

von k_0 sind die Werte $a = 2 \cdot \sqrt{2}$ LE und $b = 2$ LE für die Ellipsen k_0 und k" ablesbar.

Analog zu den Spurgeraden einer Ebene sollen die Schnittkreise einer Kugelfläche $\kappa(M; r)$ mit den Bildebenen π_1 und π_2 als *Spurkreise* k_1 bzw. k_2 bezeichnet werden. Im Raum werden diese (ersten bzw. zweiten) Spurkreise durch die Kugelgleichung und $z = 0$ bzw. $x = 0$ beschrieben. Für k_1 ergibt das im System Uxy die Gleichung, die aus der Kugelgleichung durch Nullsetzen der Variablen z entsteht. Die Gleichung von k_2 im System Uyz entsteht durch das Nullsetzen von x.

4.2 Für $d = r$ schrumpft der Schnittkreis auf einen Punkt T zusammen und die Ebene $\alpha = \tau$ ist dann eine *Tangentialebene* der Kugelfläche, T ist ihr Berührpunkt. Die charakteristischen Eigenschaften dieser Konstellation sind $MT \perp \tau$ und $|MT| = r = |M\tau|$.

Beispiel: Die Punkte $A(2/0/4)$, $B(-2/5/1)$ und $E(5/5/0)$ sind Ecken eines regulären Oktaeders ABCDEF mit dem Symmetriezentrum $M(2/5/4)$, wie in UA 3.3.4, Aufg. B, nachzuweisen war. Dessen Inkugel hat den Mittelpunkt M und berührt die acht Flächen, sodass also $\tau = (ABE)$ eine Tangentialebene dieser Kugel ist. Aus $\vec{AB} \times \vec{AE}$ ergibt sich ein Normalvektor $\bar{n} = (1, 5, 7)$ von τ und nach der Normalvektorform die Ebenengleichung $x + 5y + 7z - 30 = 0$. Der Inkugelradius r_i ist der Abstand des Punktes M von τ und lässt sich mit Hilfe der HNF dieser Gleichung berechnen:

$$r_i = \frac{1 \cdot 2 + 5 \cdot 5 + 7 \cdot 4 - 30}{\sqrt{75}} = \frac{25}{5 \cdot \sqrt{3}} = \frac{5}{3} \cdot \sqrt{3} \text{ LE}$$

Sind auch die Koordinaten des Berührpunktes T gefragt, so ist die Normalgerade n von τ durch M mit τ zum Durchstoß zu bringen, und der Kugelradius r ergibt sich dann auch als Streckenlänge $|MT|$.

Eine Tangentialebene samt Berührpunkt wird als *Flächenelement* (τ, T) bezeichnet. Ein Flächenelement gilt für drei Flächenpunkte, indem nämlich ein weiterer (vierter) Flächenpunkt P die Kugel bereits eindeutig festlegt: Ihr Mittelpunkt M ist der Durchstoßpunkt der Normalgeraden n von τ durch T mit der Symmetrieebene der Strecke TP.

Berührt eine Kugel eine Bildebene, so ist der betreffende Spurkreis ein „Nullkreis", also ein Kreis mit dem Radius 0. Die Kugel mit der Gleichung $x^2 + y^2 + (z - r)^2 = r^2$ berührt die xy-Ebene im Ursprung U. Durch Nullsetzen von z kommt $x^2 + y^2 = 0$ als Gleichung des ersten Spurkreises. Diese hat wegen $x^2 + y^2 = (x - iy) \cdot (x + iy)$ nicht nur (0, 0) als Lösung, sondern auch alle Lösungen der Gleichungen $x + iy = 0$ und $x - iy = 0$. Die zugehörigen Geraden werden als *isotrope Gerade* bezeichnet. Ein „Nullkreis" besteht daher aus zwei isotropen Geraden, die einander in einem reellen Punkt schneiden.

4.3 Für d > r ergibt sich als Schnittkreis ein *nullteiliger Kreis*, als welcher – analog zur Kugel – ein Kreis bezeichnet wird, in dessen Gleichung ein negatives Radiusquadrat auftritt und der keinen reellen Punkt besitzt.

Vorschläge zum Selbermachen: A) Die Koordinaten des Mittelpunkts N und den Radius r_k des Schnittkreises k der Kugel κ[$(x - 4)^2 + (y - 2)^2 + (z - 4)^2 = 25$] mit der Ebene α[$2x + y + 2z - 9 = 0$] berechnen. **B)** Eine Kugel in Ursprungslage berührt das Dreieck ABC mit A(7/4/-11), B(11/10/-8) und C(15/1/-10). Wie groß ist der Kugelradius und wie lauten die Koordinaten des Berührpunktes T? **C)** Die Kugel κ(M; r) geht durch den Punkt P(0/2/1) und berührt die Ebene τ[$4y + 3z = -5$] im Punkt T(4/-2/z_T). Wie lauten die Koordinaten von M, wie groß ist r?

5. Zwei Faltmodelle:

Bei den folgenden Beispielen werden sich zweite Spurkreise als sehr nützlich erweisen.

Wird ein Quadrat ABCD (Seitenlänge 2a, Diagonalenlänge d = 2a.$\sqrt{2}$) mit dem Mittelpunkt M und den Seitenhalbierungspunkten E, F, G, H längs der Strecken AC und BD (zu Dreiecken) sowie längs der Strecken EG und FH (zu Rechtecken) zusammengefaltet, so können daraus zwei recht verschieden aussehende räumliche Objekte gebildet werden.

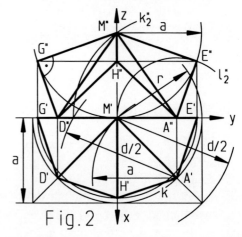

Fig. 2

Das Objekt von Fig. 2, bei dem das Viereck ABCD eine waagrechte Basis bildet, könnte z. B. zur Überdachung eines Ausstellungspavillons Verwendung finden. Im Fall von Fig. 3 bildet das Viereck EFGH die waagrechte Basis und würde sich das Objekt ebenfalls als Dachform eignen. Es ist zu empfehlen, diese höchst einfach herzustellenden Faltmodelle anzufertigen, bevor eine konstruktive und rechnerische Auseinandersetzung mit dem Thema erfolgt.

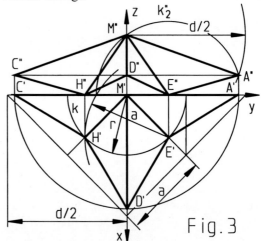

Fig. 3

Es bedeutet schon eine erste Spezifizierung, wenn wir im Weiteren voraussetzen, dass die vier Basispunkte auf einem Kreis k im Quadrat angeordnet sind. Die anderen vier Randpunkte (E, F, G, H in Fig. 2 bzw. A, B, C, D in Fig. 3) bilden dann ebenfalls ein waagrechtes Quadrat und M bildet die Spitze des Objekts (Höhe h), deren Grundriss M' der Mittelpunkt des Kreises k mit dem Radius r ist. Wird das Basisquadrat so angenommen, dass seine Ecken die Schnittpunkte der ersten und zweiten Mediane der xy-Ebene π_1 mit dem Kreis k(U; r) sind, dann gilt M(0/0/h) und zwei Ecken des „mittleren Quadrats" liegen in der yz-Ebene π_2.

Im Weiteren konzentrieren wir uns auf das Objekt von Fig. 2, und zwar zunächst auf die Konstruktion, mit A beginnend: Von A hat der Punkt M den Abstand d/2 und der Punkt E den Abstand a. M liegt daher auf der Kugel κ(A; d/2), und zwar wegen M $\in \pi_2$ auf deren zweitem Spurkreis k_2. Analog liegt E auf dem zweiten Spurkreis l_2 der Kugel λ(A; a) und hat auch von M den Abstand a. Damit sind M" und E" konstruierbar, der Rest ist Routine.

Für die Darstellung spielt die spezielle Wahl von r < d/2 keine Rolle, für die Rechnung hingegen schon. Wir beschränken uns daher auf den Fall r = a (Fig. 2), wofür der Rechenaufwand vergleichsweise gering ist.

Für r = a gilt A($\frac{a}{2}.\sqrt{2} / \frac{a}{2}.\sqrt{2} /0$) und wegen der allgemein nach dem p. L. bestehenden Beziehung $r^2 + h^2 = (d/2)^2$ gilt $h^2 = 2a^2 - a^2 = a^2$, also M(0/0/a). E(0/y/z) liegt auf dem Spurkreis l_2, dessen Gleichung (1) im System Uyz aus $(x - \frac{a}{2}.\sqrt{2})^2 + (y - \frac{a}{2}.\sqrt{2})^2 + z^2 = a^2$ und x = 0 hervorgeht, und auf dem Kreis mit dem Mittelpunkt M und dem Radius a mit der Gleichung (2):

(1) $y^2 + z^2 - ay.\sqrt{2} = 0$
(2) $y^2 + z^2 - 2az = 0$

Daraus folgt durch Subtraktion $-2az + ay.\sqrt{2} = 0$ oder $z = \frac{\sqrt{2}}{2}.y$, durch Substitution in Gleichung (1) $y^2 + \frac{y^2}{2} - ay.\sqrt{2} = 0 \Rightarrow$

$\Rightarrow y^2 - \frac{2a.\sqrt{2}}{3}.y = 0 \Rightarrow$ E(0/$\frac{2a.\sqrt{2}}{3}$/$\frac{2a}{3}$)

Aus Symmetriegründen gilt H($\frac{2a.\sqrt{2}}{3}$/0/$\frac{2a}{3}$).

Darauf lässt sich nun z. B. die Berechnung der Winkel aufsetzen, unter denen die Dachflächen einander längs der *Grate* ME, MF, MG und MH sowie längs der *Yxen* MA, MB, MC und MD schneiden. (Die Bezeichnungen stammen aus der Baugeometrie. Von einem Grat rinnt das Wasser weg, auf eine Yxe rinnt es zu.)

Da es bei Winkelberechnungen auf einen Maßstabsfaktor nicht ankommt, wird dafür a = 6 LE gewählt, weil dann bei den Koordinaten der maßgeblichen Punkte keine Brüche auftreten: A(3.$\sqrt{2}$/3.$\sqrt{2}$/0), M(0/0/6), E(0/4.$\sqrt{2}$/4), H(4.$\sqrt{2}$/0/4). Daraus ergibt sich entweder als Vektorprodukt oder aus der Gleichung der Ebene (AHM) für diese Ebene ein Normalvektor $\bar{n}_1 = (1, 3, 2.\sqrt{2})$. Die Ebene (DHM) ist zu (AHM) bezüglich der xz-Ebene spiegelbildlich, was dann auch für ihre Normalvektoren gilt, sodass einer davon $\bar{n}_2 = (1, -3, 2.\sqrt{2})$ ist. Aus $\bar{n}_1.\bar{n}_2 = 0$ folgt, dass je zwei Teilflächen in Graten rechte Winkel bilden, was sich auch aus Fig. 2 ablesen lässt: Die von den vier Punkten E, F, G, H zu den Basispunkten führenden je zwei Strecken sind zu den Kanten EM, FM, GM bzw. HM normal, sodass der von ihnen eingeschlossene Winkel auch der gesuchte Flächenwinkel ist. Und die Dreiecke DAH, ABE, BCF und CDG sind wegen |AB| = |BC| = |CD| = |DA| = d/2 = a.$\sqrt{2}$ gleichsch.-rechtw., ihr Scheitelwinkel hat also 90°.

Vorschläge zum Selbermachen: A) Beim Faltmodell von Fig. 2 den von den Teilflächen, die eine Yxe gemeinsam haben, gebildeten Winkel $\beta > 90°$ berechnen. **B)** Beim Faltmodell von Fig. 3 für a = 6 LE und r = 3.$\sqrt{2}$ LE die Koordinaten der Punkte E, M, A, D und die Winkel α, β berechnen, welche je zwei Teilflächen längs Graten und Yxen miteinander einschließen. **C)** Durch eine andere Wahl von r und mehr noch durch eine nichtquadratische Anordnung der vier Basispunkte (z. B. im Rechteck) kann die Aufgabenstellung variiert werden.

3.8 Potenz- und Polarebenen der Kugel

Die Potenzgerade zweier Kreise und die zu einem Pol gehörige Polargerade, insbesondere Kreistangente, finden bei den Kugeln als Potenzebene, Polarebene und Tangentialebene ihre räumliche Entsprechung. Im Schulunterricht kommen diese im Prinzip leicht nachvollziehbaren Gesetzmäßigkeiten aus Zeitmangel oft nicht mehr zur Sprache.

1. Die Potenz eines Punktes in Bezug auf eine Kugelfläche, Potenzebenen:

Nach A 1.5 schneidet jede Durchmesserebene δ die Kugelfläche κ nach einem Großkreis k(δ, M; r). Sei P ≠ M irgend ein Raumpunkt, so schneiden alle durch d = (MP) gehenden Ebenen die Kugelfläche nach Großkreisen, und P weist bezüglich jedes solchen Kreises k nach Teil I die gleiche Potenz p = ± |PS$_1$|.|PS$_2$| auf. (S$_1$ und S$_2$ sind die zwei auf einer Geraden s durch P liegenden Schnittpunkte mit dem Großkreis bzw. der Kugelfläche, das Vorzeichen richtet sich danach, ob P außerhalb oder innerhalb der Strecke S$_1$S$_2$ liegt.) Es ist naheliegend, diese Zahl p als *Potenz des Punktes* P *in Bezug auf die Kugelfläche* κ zu bezeichnen.

Aus der ebenen Geometrie wissen wir, dass alle Punkte, die in Bezug auf zwei Kreise k$_1$(M$_1$; r$_1$) und k$_2$(M$_2$; r$_2$) dieselbe Potenz haben, auf einer Geraden p liegen, die Potenzgerade genannt wird. Bei Drehung von k$_1$ und k$_2$ um die gemeinsame Durchmessergerade d werden daraus Kugeln, und aus p wird eine *Potenzebene*, die alle Punkte enthält, die bezüglich zweier Kugeln κ_1(M$_1$; r$_1$) und κ_2(M$_2$; r$_2$) dieselbe Potenz haben. Wie die Gleichung einer Potenzgeraden durch Subtraktion der beiden Kreisgleichungen entsteht, so entsteht die Gleichung einer Potenzebene durch Subtraktion der beiden Kugelgleichungen, wodurch alle quadratischen Glieder wegfallen.

Bei zwei gleich großen Kugeln (r$_1$ = r$_2$) ist die Potenzebene die Symmetrieebene der von den beiden Mittelpunkten M$_1$, M$_2$ begrenzten Strecke. Darauf bezieht sich die Bemerkung in UA 3.7.2, wonach die Durchmesserebenen einer Kugel, die als Symmetrieebenen der von je zwei Flächenpunkten P, Q, R und S begrenzten Sehnen bestimmt sind, mit jenen Ebenen übereinstimmen, deren Gleichungen sich auf rein algebraischem Weg ergeben. Die durch das Einsetzen der Koordinaten von P, Q, R und S in die unbestimmt angesetzte Kugelgleichung entstehenden Gleichungen beschreiben nämlich vier Kugeln mit den Mittelpunkten P, Q, R, S und dem Radius r, und das darauf angewendete Eliminationsverfahren liefert Gleichungen von Potenzebenen, die mit den oben genannten Sehnensymmetrieebenen identisch sind.

Vorschlag zum Selbermachen: Den Mittelpunkt der Umkugel des Tetraeders ABCD mit A(0/0/0), B(2/-1/1), C(4/-2/-4), D(1/-3/0) als Schnittpunkt dreier Potenzebenen berechnen.

2. Schnitt zweier Kugelflächen:

Nach A 1.5 schneiden einander zwei Kugelflächen κ_1(M$_1$; r$_1$) und κ_2(M$_2$; r$_2$) für |M$_1$M$_2$| = d < r$_1$ + r$_2$ nach einem reellen Kreis k, und für d = r$_1$ + r$_2$ haben sie ein Flächenelement (τ, T) gemeinsam. Nach UA 3.7.4 ist der Schnittkreis in diesem Fall ein „Nullkreis" und für d > r$_1$ + r$_2$ ist der Schnittkreis nullteilig.

Die Trägerebene des Schnittkreises zweier Kugeln ist die Potenzebene, deren Gleichung aus den Kugelgleichungen durch Elimination von x^2, y^2 und z^2 entsteht. Zu dieser Einsicht verhilft wiederum die Vorstellung, dass die beiden Kugeln durch Drehung zweier Kreise um d = (M$_1$M$_2$) entstanden sind, wobei die Schnittpunkte R, S der Kreise zum Schnittkreis und die Potenzgerade p = (RS) der Kreise zur Potenzebene der Kugeln wird.

Die Aufgabe, die Koordinaten des Mittelpunkts N und den Radius r$_k$ des Schnittkreises zweier Kugeln zu berechnen, ist damit auf den in UA 3.7.4 behandelten Fall zurückgeführt. Für berührende Kugeln ist die Potenzebene die gemeinsame Tangentialebene.

Vorschläge zum Selbermachen: A) Die Gleichung der Potenzebene der beiden Kugeln $\kappa_1[x^2 + y^2 + z^2 - 4x + 6y - 2z = 126]$ und $\kappa_2[x^2 + y^2 + z^2 - 14x - 24y + 48z = -454]$ berechnen und zeigen, dass diese Ebene beide Kugeln in einem Punkt T berührt. Wie lauten die Koordinaten des Berührpunktes? **B)** Die Koordinaten des Mittelpunkts N und den Radius r_k des Schnittkreises k der Kugeln $\kappa_1[x^2 + y^2 + z^2 = 225]$ und $\kappa_2[x^2 + y^2 + z^2 + 28x - 14y - 28z + 153 = 0]$ berechnen.

3. Pol und Polarebene:

Analog zu Potenzgerade und Potenzebene kann auch die Beziehung Pol – Polare vom Kreis auf die Kugel übertragen werden, wobei anstelle von Polargeraden Polarebenen auftreten und jede Tangentialebene der Kugel die zum Berührpunkt gehörige Polarebene ist. Ebenso kann der Tatbestand, dass die Schnittpunkte S_1, S_2 einer Kreissekante s mit einem Pol $P \in s$ und dem Schnittpunkt Q mit der Polaren p von P das Doppelverhältnis $(S_1S_2PQ) = -1$ bilden, auf die Kugel übertragen werden.

> Auf jeder Sekante einer Kugel bilden die beiden Flächenpunkte zusammen mit einem dritten Punkt als *Pol* und dem Schnittpunkt mit der zugehörigen *Polarebene* einen harmonischen Wurf.

In Fig. 1 ist eine Kugel κ durch M(3/0/3) und r = 3 LE sowie ein Punkt S(3/4,5/7,5) vorgegeben. Die zugehörige Polarebene σ ist zur frontalen Geraden d = (MS) normal, daher zweitpojizierend und kann also ihr Aufriss σ" als Polare von S" bezüglich u_2" ermittelt werden. Bei der Drehung um d wird der zur Konstruktion benützte Thales-Kreis l zu einer Kugel λ, die κ längs des Kreises k = κ ∩ σ schneidet, und auf k liegen die Berührpunkte aller Tangenten, die sich aus S an die Kugel κ legen lassen. Diese Tangenten bilden die der Kugel aus S *umschriebene Drehkegelfläche*. (Der Mantel des Drehkegels mit der Spitze S und dem Basiskreis k ist ein Teil dieser Fläche und in Fig. 1 der Kugel „aufgesetzt".) Die – bereits in A 0.4 erwähnte – einer Kugel *umschriebene Drehzylinderfläche* ist jener

Sonderfall, der auftritt, wenn der Pol ein Fernpunkt und (in Folge) die Polarebene die zu dieser Richtung normale Durchmesserebene ist.

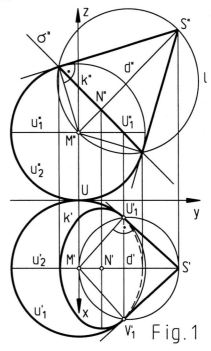

Fig. 1

Die Fertigstellung der Zeichnung erfolgt mit dem Wissen, das bereits in A 1.5 vermittelt worden ist, einschließlich der Konstruktion der ersten Umrisspunkte von k bzw. ihrer Risse U_1' und V_1'. Diese können aber auch wie folgt ermittelt werden:

Treten bei der einer Kugel κ umschriebenen Drehkegelfläche Umrisserzeugende auf, so müssen diese als Kugeltangenten auch den betreffenden Umrisskreis von κ berühren. Ihre Risse können daher mittels Thales-Kreis konstruiert werden, wie im Grundriss von Fig. 1 geschehen: Der Kreis über dem Durchmesser M'S' schneidet u_1' in U_1' und V_1'. Mittels einer umschriebenen Drehkegelfläche können also in jedem Normalriss, z. B. auch in normaler Isometrie, die Umrisspunkte auf Schnittkreisen von Kugeln exakt konstruiert werden.

Umgekehrt lassen sich die Umrisspunkte auf dem Basiskreis k eines Drehkegels (und die Umrissstrecken) mit Hilfe einer Kugel finden, die den Kegel längs k berührt. Die *Kugel-Kegel-Methode* besteht darin, die Umrisspunkte des Schnittkreises einer Kugel mittels des umschriebenen Drehkegels und die Umrisspunkte bei der Drehkegeldarstellung mittels der *eingeschriebenen Kugel* zu ermitteln.

Die oben erwähnte Kugel λ über dem Durchmesser MS und die Kugel κ haben die Polarebene σ zur Potenzebene. Dieser Sachverhalt kann dazu genützt werden, nach dem Eliminationsverfahren eine Formel für die *Polarebenengleichung* abzuleiten.

Die Gleichung (Vektorform) von λ lautet
$$\left(\vec{x} - \frac{\vec{m}+\vec{s}}{2}\right)^2 = \left(\frac{\vec{m}-\vec{s}}{2}\right)^2$$

Wegen $\vec{x} - \frac{\vec{m}+\vec{s}}{2} = \vec{x} - \vec{m} + \frac{\vec{m}}{2} - \frac{\vec{s}}{2}$ kann sie auf $\left[(\vec{x}-\vec{m}) + \frac{\vec{m}-\vec{s}}{2}\right]^2 = \left(\frac{\vec{m}-\vec{s}}{2}\right)^2$ umgeformt werden, und daraus folgt

$$(\vec{x}-\vec{m})^2 + \left(\frac{\vec{m}-\vec{s}}{2}\right)^2 + 2\cdot(\vec{x}-\vec{m})\cdot\frac{\vec{m}-\vec{s}}{2} = \left(\frac{\vec{m}-\vec{s}}{2}\right)^2.$$

In dieser durch Wegfall von $\left(\frac{\vec{m}-\vec{s}}{2}\right)^2$ und Kürzen zu vereinfachenden Gleichung wird nun die Substitution $(\vec{x}-\vec{m})^2 = r^2$ (Gleichung von κ) vorgenommen, wodurch schließlich

$$\boxed{(\vec{x}-\vec{m})\cdot(\vec{s}-\vec{m}) = r^2}$$

bzw. in Koordinatenschreibweise

$$\boxed{\begin{array}{c}(x-u)\cdot(x_S-u) + (y-v)\cdot(y_S-v) \\ + (z-w)\cdot(z_S-w) = r^2\end{array}}$$

entsteht. Damit ergibt sich, analog zur ebenen Geometrie, die Gleichung einer Polarebene – insbesondere einer Tangentialebene – durch „Aufspalten" der Mittelpunktsform der Kugelgleichung, d. h. das Schreiben der Quadrate als Produkte und das Ersetzen der Variablen x, y, z in einer der beiden Klammern durch die Koordinaten des Poles $S(x_S/y_S/z_S)$.

Beispiel: Der Berührkreis k von Fig. 1 liegt in der Polarebene σ mit der Gleichung $(x - 3)\cdot(3 - 3) + (y - 0)\cdot(4{,}5 - 0) + (z - 3)\cdot(7{,}5 - 3) = 9 \Rightarrow y + z = 5$. Der Durchstoßpunkt dieser Ebene mit $d[\vec{x} = (3, 0, 3) + t\cdot(0, 1, 1)]$ ist $N(3/1/4)$, woraus sich für der Kreisradius $r_k = \sqrt{7}$ LE ergibt.

Vorschläge zum Selbermachen: A) Einer Kugel κ wird aus dem Punkt S eine Drehkegelfläche umschrieben. Wie lauten die Koordinaten des Mittelpunkts N des Berührkreises k, wie groß ist sein Radius r_k und welchen Öffnungswinkel γ hat die Kegelfläche? **a)** $κ[x^2 + y^2 + z^2 + 4x - 6y + 8z = 7]$, $S(6/7/-12)$; **b)** $κ(M; r)$ mit $M(5/-2/1)$ und $r = 6$ LE, $S(9/6/9)$. **B)** Die Kugel $κ[\vec{x}^2 = 108]$ wird von der Geraden $g[\vec{x} = (12, 0, 0) + t\cdot(-1, 1, 1)]$ in den Punkten S und T geschnitten. Gesucht ist eine Parametergleichung der Schnittgeraden der beiden zugehörigen Tangentialebenen.

4. Hauptsatz der Polarentheorie, Poltetraeder, Hauptpoltetraeder:

Für einen Punkt $P \in σ$ ist die Gleichung $(\vec{p}-\vec{m})\cdot(\vec{s}-\vec{m}) = r^2$ sicher richtig, daher erfüllt $\vec{s}$ die Gleichung $(\vec{x}-\vec{m})\cdot(\vec{p}-\vec{m}) = r^2$ der Polarebene π von P. Der in Teil I formulierte Hauptsatz der Polarentheorie hat also eine räumliche Entsprechung, was allerdings bereits aus dem Satz vom harmonischen Wurf hätte gefolgert werden können:

Liegt ein Punkt P in einer Ebene σ, dann liegt der Pol S von σ in der Polarebene π von P.

Anstelle von Poldreiecken treten im R_3 *Poltetraeder* PQRS auf, wobei etwa $(PQR) = σ$ die Polarebene von S und $(QRS) = π$ die Polarebene von P ist. Sind X_u, Y_u und Z_u die Fernpunkte der x-Achse, der y-Achse bzw. der z-Achse, dann ist $MX_uY_uZ_u$ ein als *Hauptpoltetraeder* bezeichnetes Poltetraeder. Denn die zu den drei Fernpunkten gehörigen Polarebenen sind Durchmesserebenen der Kugel, schneiden einander daher im Kugelmittelpunkt M, dem Pol der Fernebene $ω = (X_uY_uZ_u)$.

Vorschlag zum Selbermachen: Die Koordinaten des vierten Punkts D des Poltetraeders ABCD mit $A(1/5/1)$, $B(-2/7/3)$ und $C(5/-1/0)$ der Kugel $κ[\vec{x}^2 = 27]$ berechnen.

5. Reziproke Polare:

Zu jeder Kugelsekanten p mit T_1, T_2 als den darauf liegenden Flächenpunkten gehört eine Gerade q, längs der einander die Tangentialebenen τ_1 und τ_2 schneiden. Die Geraden p und q kreuzen einander unter rechtem Winkel. Ist p eine zur z-Achse parallele Gerade in der zur x-Achse normalen Durchmesserebene der Kugel κ, dann ist q eine zur x-Achse parallele Gerade in der zur z-Achse normalen Durchmesserebene von κ (Fig. 2).

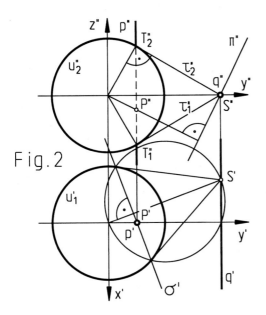

Fig. 2

Diese Annahme erleichtert die Einsicht, dass für jeden Punkt $P \in p$ die zugehörige Polarebene π durch q geht, und für jeden Punkt $S \in q$ geht die Polarebene σ durch p. Zwei so aufeinander bezogene Gerade p, q werden als *reziproke Polare* bezeichnet.

> Alle auf einer Geraden p liegenden Punkte haben Polarebenen, die ein Ebenenbüschel mit der Schnittgeraden q bilden und umgekehrt.

Vorschlag zum Selbermachen: An die Kugel $\kappa(M; r)$ mit $M(0/0/0)$ und $r = 9$ LE die beiden Tangentialebenen legen, die einander in $q = (AB)$ mit $A(1/37/9)$ und $B(24/-3/-27)$ schneiden. Wie lauten die Koordinaten der Berührpunkte?

6. Schlussbemerkungen:

In Teil I ist ausführlich dargestellt worden, dass die Beziehung Pol – Polare eine projektive Eigenschaft des Kreises und daher auf jede zu einem Kreis kollineare Kurve, also auf jeden Kegelschnitt, übertragbar ist. In gleicher Weise lässt sich die Beziehung Pol – Polarebene von der Kugel auf alle aus ihr durch eine räumliche Kollineation (A 0.3) hervorgehenden Flächen 2. Ordnung übertragen, wie sie in HA 4 vorgestellt werden.

Für die Riss-Darstellung solcher Flächen ist das insofern von Bedeutung, als ihr wahrer Umriss bei Projektion aus einem Punkt O die Schnittkurve der Fläche mit der zu O gehörigen Polarebene ist. Bei Parallelprojektion ist O ein Fernpunkt und die Trägerebene des Umrisses ist dann eine Durchmesserebene der Fläche. In Fig. 4.3.4 (Seite 142) wird der Sachverhalt anhand eines eiförmigen Drehellipsoids veranschaulicht.

3.9 Alternative Koordinatensysteme

Neben der Fixierung von (eigentlichen) Punkten im R_3 durch drei reelle Zahlen x, y und z gibt es mehrere Möglichkeiten, Raumpunkte durch Abstände und Winkel festzulegen. Außerdem werden in diesem Abschnitt homogene Punktkoordinaten eingeführt. Durch den Übergang von Zahlentripeln (x, y, z) zu Quadrupeln (x_0, x_1, x_2, x_3) erschließen sich, analog zum R_2, auch Fernelemente einer algebraischen Behandlung.

1. Zylinderkoordinaten:

Wird das Zahlenpaar (x, y) durch Polarkoordinaten (r, α) ersetzt, wie solche in Teil I definiert worden sind, so besteht zwischen allen nicht auf der z-Achse liegenden (eigentlichen) Raumpunkten und den Tripeln (r, α, z) ebenso eine umkehrbar eindeutige Zuordnung wie das bei den cartesischen Koordinaten der Fall ist.

Allerdings ist r eine nichtnegative Zahl, die den Abstand des Punktes X von der z-Achse angibt, und α ist ein Winkelwert, für den $0° \leq \alpha < 360°$ gilt (Fig. 1). Die Punkte der z-Achse sind durch r = 0 und $z \in R$ festgelegt.

Zylinderkoordinaten heißen die Tripel (r, α, z) deswegen, weil alle Punkte mit gleichem r auf einer Drehzylinderfläche liegen, welche die z-Achse zur Drehachse und r zum Radius hat. Zu jeder ihrer Erzeugenden gehört ein bestimmter Wert α, zu jedem ihrer Parallelkreise ein bestimmter Wert z.

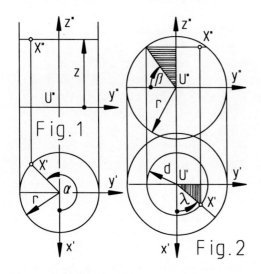

2. Kugelkoordinaten:

In A 1.5 ist die Lokalisierung der Punkte des Globus durch ihre geogr. Länge λ und ihre geogr. Breite β behandelt worden. Die Einführung von *Kugelkoordinaten* beruht im Wesentlichen darauf, auch den Kugelradius r als variable nichtnegative Zahl (Koordinate) anzusehen. Die Winkel behalten ihre Definition bei, allerdings werden die geographischen Beifügungen Ost und West bzw. Nord und Süd durch Vorzeichenregelungen ersetzt.

Gehen wir vom bekannten, nach Gestalt und Lage eindeutig definierten cartesischen Rechtssystem Uxyz aus, so wird allen Punkten der xy-Ebene der Winkelwert $\beta = 0°$ zugeordnet, allen darüber liegenden Punkten ein positives $\beta \leq 90°$ und allen darunter liegenden Punkten ein negatives $\beta \geq -90°$. Den Punkten der xz-Ebene wird der Winkelwert $\lambda = 0°$ zugeordnet, wenn sie vor der z-Achse liegen, und $\lambda = 180°$, wenn sie hinter der z-Achse liegen. Für die von der z-Achse begrenzten und rechts der xz-Ebene liegenden Halbebenen ist $\lambda > 0°$ und für die links davon liegenden Halbebenen ist $\lambda < 0°$ (Fig. 2).

Mit Ausnahme der Punkte der z-Achse ist durch jedes Tripel (r, λ, β) mit r > 0, $-180° < \lambda \leq 180°$ und $-90° \leq \beta \leq 90°$ genau ein (eigentlicher) Raumpunkt festgelegt und umgekehrt. Die Punkte der z-Achse sind bereits durch r und $\beta = \pm 90°$ eindeutig festgelegt, der Koordinatenursprung bereits durch r = 0. Alle Punkte mit gleichem r liegen auf einer Kugel, alle Punkte mit gleichem λ in einer von der z-Achse begrenzten (lotrechten) Halbebene und alle Punkte mit gleichem β auf einer Drehkegelfläche (Achse z, Spitze U, Öffnungswinkel $180° - 2|\beta|$).

3. Die Parametergleichung der Kugel:

Der Fig. 2 kann auch der Zusammenhang zwischen den cartesischen und den Kugelkoordinaten eines Punktes X entnommen werden. Der Aufriss zeigt, dass für den Abstand d des Punktes X von der z-Achse d = r.cosβ sowie z = r.sinβ gilt. Dem Grundriss ist x = d.cosλ und y = d.sinλ zu entnehmen, sodass also x = r.cosβ.cosλ und y = r.cosβ.sinλ gilt.

Die Vektorgleichung

$$\vec{x} = \begin{pmatrix} x \\ y \\ z \end{pmatrix} = \begin{pmatrix} r.\cos\beta.\cos\lambda \\ r.\cos\beta.\sin\lambda \\ r.\sin\beta \end{pmatrix}$$

wird als *Parametergleichung einer Kugel(fläche)* in Ursprungslage bezeichnet. Sie ordnet jedem Paar (λ, β) von Parameterwerten das Koordinatentripel (x, y, z) des Flächenpunktes X mit diesen Kugelkoordinaten zu. Für einen Kugelmittelpunkt M ≠ U ergibt sich die Parametergleichung durch die übliche Koordinatentransformation.

Vorschlag zum Selbermachen: Durch Kugelkoordinaten (r, λ, β) gegebene Punkte auf cartesische Koordinaten umschreiben: P(4, 30°, 60°), Q(6, 135°, -45°), R(4, -150°, -60°), S(6, -45°, 45°).

4. Homogene Punktkoordinaten:

Vier reelle Zahlen $x_0 \neq 0$, x_1, x_2 und x_3 bestimmen unter der Bedingung, dass $x_1/x_0 = x$, $x_2/x_0 = y$ und $x_3/x_0 = z$ sein soll, die Lage eines Punktes $P(x/y/z)$ in einem Achsensystem Uxyz eindeutig. Nicht eindeutig ist hingegen die Darstellung von P durch vier solche Zahlen, weil kx_0, kx_1, kx_2 und kx_3 für jedes $k \neq 0$ denselben Punkt festlegen. Die Schreibweise $P(x_1:x_2:x_3:x_0)$ deutet an, dass es bei diesen *homogenen Punktkoordinaten* nur auf das Verhältnis der vier Zahlen zueinander ankommt, so wie es bei den bereits in A 3.4 als homogene (Ebenen-)Koordinaten bezeichneten Koeffizienten a, b, c und d der allgemeinen Ebenengleichung $ax + by + cz + d = 0$ auch nur auf das Verhältnis ankommt. Die Analogie kann durch die Schreibweise $\varepsilon(a:b:c:d)$ zum Ausdruck gebracht werden.

Scheiben wir die allgemeine Ebenengleichung auf homogene Punktkoordinaten um und multiplizieren sie dann mit x_0, so kommt

$$\boxed{ax_1 + bx_2 + cx_3 + dx_0 = 0}$$

Sind in dieser Gleichung a, b, c, d die Konstanten und x_0, x_1, x_2, x_3 die Variablen, so wird durch sie eine bestimmte Ebene $\varepsilon(a:b:c:d)$ mit allen ihren Punkten, also ein Punktfeld, festgelegt. Es können aber ebenso x_0, x_1, x_2, x_3 als Konstante und a, b, c, d als Variable aufgefasst werden. Dann wird durch die Gleichung ein bestimmter Punkt $P(x_1:x_2:x_3:x_0)$ mit allen durch ihn hindurchgehenden Ebenen, also ein Ebenenbündel festgelegt. Punktfeld und Ebenenbündel sind duale Gebilde im Sinne des Dualitätsgesetzes des R_3, und dieses Gesetz findet in der Doppeldeutigkeit der obigen Gleichung seine algebraische Begründung.

5. Fernpunkte und Fernebene:

Analog zum R_2 ist der für eigentliche Punkte ausgeschlossene Fall $x_0 = 0$ für Fernpunkte kennzeichnend und ist $x_0 = 0$ als Gleichung der Fernebene ω anzusehen. Für einen Fernpunkt $G_u(x_1:x_2:x_3:0)$ beschreibt das Tripel (x_1, x_2, x_3) einen Richtungsvektor aller Geraden mit diesem Fernpunkt. Zum Nachweis der Kompatibilität dieser Festlegung mit bisherigen Erkenntnissen betrachten wir die Schnittgerade s zweier Ebenen ε_1 und ε_2 mit folgenden Gleichungen:

(1) $a_1x_1 + b_1x_2 + c_1x_3 + d_1x_0 = 0$
(2) $a_2x_1 + b_2x_2 + c_2x_3 + d_2x_0 = 0$

Diese Schnittgerade besitzt nach A 3.4 den Richtungsvektor

$$\vec{v} = \vec{n}_1 \times \vec{n}_2 = \begin{pmatrix} a_1 \\ b_1 \\ c_1 \end{pmatrix} \times \begin{pmatrix} a_2 \\ b_2 \\ c_2 \end{pmatrix} = \begin{pmatrix} b_1c_2 - c_1b_2 \\ c_1a_2 - a_1c_2 \\ a_1b_2 - b_1a_2 \end{pmatrix}$$

Die Koordinaten dieses Vektors erfüllen als x_1, x_2 und x_3 zusammen mit $x_0 = 0$ die Gleichungen (1) und (2). Sie beschreiben also im Sinne der obigen Definition einen Fernpunkt, der beiden Ebenen angehört, der also der Fernpunkt S_u von $s = \varepsilon_1 \cap \varepsilon_2$ ist.

6. Ferngerade:

Ersetzen wir in der allgemeinen Ebenengleichung von UA 4 das x_0 durch 0, so ergibt sich die Gleichung der zugehörigen Ferngeraden. Für die Ebenen ε_1 und ε_2 sind das die Gleichungen

(1) $a_1x_1 + b_1x_2 + c_1x_3 = 0$
(2) $a_2x_1 + b_2x_2 + c_2x_3 = 0$

Der Fernpunkt S_u der Schnittgeraden $s = \varepsilon_1 \cap \varepsilon_2$ ist der Schnittpunkt der beiden Ferngeraden, seine Koordinaten können nach dem Eliminationsverfahren berechnet werden:

$$\begin{array}{r} a_1a_2x_1 + a_1b_2x_2 + a_1c_2x_3 = 0 \\ -a_1a_2x_1 - b_1a_2x_2 - c_1a_2x_3 = 0 \\ \hline x_2 \cdot (a_1b_2 - b_1a_2) - x_3 \cdot (c_1a_2 - a_1c_2) = 0 \end{array}$$

$$\Rightarrow x_2 = \frac{x_3 \cdot (c_1a_2 - a_1c_2)}{a_1b_2 - b_1a_2}$$

Für $x_3 = a_1b_2 - b_1a_2$ folgt daraus $x_2 = c_1a_2 - a_1c_2$ und schließlich aus (1) oder (2) $x_1 = b_1c_2 - c_1b_2$. Das Ergebnis stimmt mit demjenigen von UA 5 überein.

7. Der absolute Kegelschnitt:

Schreiben wir die allgemeine Kugelgleichung $x^2 + y^2 + z^2 + dx + ey + fz + g = 0$ auf homogene Koordinaten um und multiplizieren wir sie anschließend mit x_0^2, so kommt $x_1^2 + x_2^2 + x_3^2 + dx_1x_0 + ex_2x_0 + fx_3x_0 + gx_0^2 = 0$. Analog zu den Ferngeraden erhalten wir daraus durch das Nullsetzen von x_0 die Gleichung des Schnittkreises der Kugel mit der Fernebene:

$$\boxed{x_1^2 + x_2^2 + x_3^2 = 0}$$

Da (0, 0, 0, 0) als einzigem Koordinatenquadrupel weder ein eigentlicher Punkt noch ein Fernpunkt zugeordnet ist, beschreibt diese Gleichung keinen einzigen reellen Punkt. Sie ist also die Gleichung eines nullteiligen Kreises (UA 3.7.4), der als *absoluter Kegelschnitt* $k_\omega = \kappa \cap \omega$ bezeichnet wird. Da von d, e, f und g unabhängig, ist k_ω allen Kugeln gemeinsam, sodass einander zwei Kugeln immer längs k_ω schneiden. Wiederum sei ausdrücklich betont, dass sich mit dem absoluten Kegelschnitt k_ω absolut keine räumliche Vorstellung verbinden lässt.

Die Schnittpunkte der Ferngeraden einer Ebene ε mit dem absoluten Kegelschnitt sind die bereits in Teil I vorgestellten *absoluten Kreispunkte* aller Kreise, die in ε oder einer zu ε parallelen Ebene liegen. So handelt es sich z. B. für jede zur z-Achse normale Ebene (mit der Ferngeradengleichung $x_3 = 0$) um die Punkte I(1:i:0:0) und J(1:-i:0:0). Das sind ebenso die Fernpunkte aller reellen Horizontalkreise wie auch die Fernpunkte der in UA 3.7.4 genannten isotropen Geraden.

Hauptabschnitt 4:
Geometrie verschiedener Flächengattungen

Die in diesem Hauptabschnitt angeschnittenen Themen sind mehrheitlich nicht mehr Gegenstand des schulischen Geometrieunterrichts, obgleich es sich teilweise um ein Wissen mit großem Paxisbezug handelt. Wer an Geometrie interessiert ist, der wird wohl als Benützer einer Wanderkarte, einer Wendeltreppe, einer Parabolantenne oder eines Korkenziehers über die Einordnung dieser Dinge in die abstrakte Welt der Geometrie Bescheid wissen wollen. Außerdem werden in diesem Kapitel die Kegelschnitte (endlich) ihrem Namen entsprechend als ebene Schnitte einer Drehkegelfläche behandelt. Die in Teil I ausführlich erläuterten metrischen, affinen und projektiven Eigenschaften der Kegelschnitte fließen vielfach in die Betrachtungen ein und rechtfertigen damit die ihnen geschenkte Aufmerksamkeit.

4.1 Erzeugung, Schnitte, Tangentialebenen

Eine Fläche kann als zweifach ausgedehnte Mannigfaltigkeit von Punkten des R_3 definiert werden. Wie bei den in Teil I behandelten Kurven (als einfach ausgedehnter Punktmannigfaltigkeiten des R_2) unterscheiden wir zwischen *graphischen* und *gesetzmäßigen Flächen*. Erstere sind empirischen Charakters, wie etwa die Außenhaut eines Schiffskörpers, die das Ergebnis von Strömungsversuchen ist, oder eine *Geländefläche*, die sich nur durch eine Schar von Höhenschichtlinien beschreiben lässt. Demgegenüber unterliegen gesetzmäßige Flächen einem mathematischen Bildungsgesetz, das entweder als Koordinatengleichung oder mit zwei Parametern geschrieben werden kann, sodass sich jede solche Fläche auch als zweiparametrige Punktmannigfaltigkeit des dreidimensionalen Raumes bezeichnen lässt.

1. Verschiedene Erzeugungsarten:

Jede einen Drehkörper (A 1.5, A 2.6) begrenzende krumme Fläche ist Teil einer *Drehfläche*, die durch Drehung einer *erzeugenden Linie* e um eine Achse a zustande kommt. Jeder Punkt X von e beschreibt dabei einen *Parallelkreis*. Insbesondere kommen Drehkegel- und Drehzylinderflächen durch Drehung einer a schneidenden bzw. zu a parallelen Geraden e zustande. Liegt die erzeugende Linie in einer Ebene, die auch die Drehachse a enthält, dann ist sie eine *Meridiankurve* m der Fläche. Das Drahtmodell auf dem Foto von Seite 26 zeigt eine Drehfläche mit Parallelkreisen und Meridiankurven.

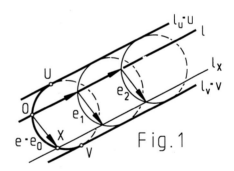

Fig. 1

Schiebflächen entstehen durch das Verschieben einer Linie e längs einer sie in einem Punkt O schneidenden Linie l. Dabei beschreibt jeder Punkt X von e eine zu l kongruente und „gleichgestellte" Linie in dem Sinn, dass je zwei solche Linien durch eine räumliche Translation (A 0.3) aufeinander bezogen sind. Auch alle Lagen e_0, e_1, e_2,... von e sind kongruent und gleichgestellt, Rollentausch ist daher möglich. Ein einfaches Beispiel für eine Schiebfläche ist die Kreiszylinderfläche (Fig. 1). Dabei ist e ein Kreis und l eine Erzeugende oder umgekehrt.

Schraubflächen werden von einer Linie e erzeugt, die im Sinne der Erklärung von A 0.3 verschraubt wird. Dabei beschreibt jeder Punkt X von e eine *Schraublinie*. Ist e eine die Schraubachse a normal schneidende Gerade, so entsteht auf diese Art eine *Wendelfläche*, die auch zu den Strahlflächen gehört. Alle Drehflächen sind Sonderfälle von Schraubflächen, nicht jedoch alle Schiebflächen.

Ein *einschaliges Drehhyperboloid* wird durch Drehung einer Hyperbel um ihre Nebenachse erzeugt. Die gleiche Fläche kommt aber auch durch Drehung einer zur Achse a windschiefen Geraden e zustande. Drehkegel- und Drehzylinderflächen sowie einschalige Hyperboloide gehören zu den bereits in UA 0.1.6 erwähnten *Strahlflächen*.

Schließlich kann eine Fläche φ auch als *Hüllfläche* einer (einparametrigen) *Flächenschar* definiert und erzeugt werden. Jede Fläche der Schar berührt die Hüllfläche nach einer Kurve, welche als Schnitt benachbarter Scharflächen interpretiert werden kann. Im Fall einer Ebenenschar sind diese Berührkurven daher Gerade, sodass die Hüllflächen einer *Ebenenschar* ganz gewiss auch Strahlflächen sind, die als *Torsen* bezeichnet werden. Besteht die Flächenschar aus kongruenten Kugeln, deren Mittelpunkte alle auf einer *Mittenkurve* m liegen, so ist die zugehörige Hüllfläche eine *Rohrfläche* und die Berührkurven sind (kongruente) Kreise. Zu den Rohrflächen gehören alle Formen des Torus (A 2.6), der sich aber auch als Drehfläche erzeugen lässt. Bei einer *Schraubrohrfläche* ist die Mittenkurve m eine Schraublinie.

Vorschläge zum Selbermachen: A) Unter welcher Bedingung ist eine Schiebfläche der Sonderfall einer Schraubfläche? **B)** Welche Fläche gehört allen in diesem Unterabschnitt genannten Flächengattungen an?

2. Algebraische Flächen n-ten Grades:

Eine gesetzmäßige Fläche heißt *algebraische Fläche n-ten Grades*, wenn die Koordinaten ihrer Punkte eine Gleichung P(x, y, z) = 0 erfüllen, in welcher P(x, y, z) ein Polynom n-ten Grades ist. Alle Flächen 1. Grades sind daher Ebenen und die Kugel ist eine Fläche 2. Grades. Für Flächen 2. Grades ist der Kurzname *Quadrik* in Gebrauch. In Folge sind *Drehquadriken* Drehflächen 2. Grades und *Strahlquadriken* sind Strahlflächen 2. Grades.

Wenn überhaupt, dann werden Flächengleichungen im Weiteren nur für die einfachstmögliche Einbettung der Fläche in das Koordinatensystem Uxyz abgeleitet bzw. angegeben. Das bedeutet, dass Symmetrieebenen mit den Koordinatenebenen zusammenfallen und dass im Falle eines Symmetriezentrums Z dieses im Ursprung liegt (U = Z). Bei Dreh- oder Schraubachsen wird die z-Achse bevorzugt.

Die Berechnung der Schnittpunkte einer algebraischen Fläche n-ten Grades $\varphi^{(n)}$ mit einer durch eine Parametergleichung $\bar{x} = \bar{a} + t \cdot \bar{v}$ gegebenen Geraden p erfolgt durch Substitution, wodurch aus P(x, y, z) = 0 eine Gleichung n-ten Grades mit einer Unbekannten t entsteht. Entsprechend deren bis zu n reellen Lösungen ergibt das bis zu n reelle Schnittpunkte.

Indem als *Ordnung einer* (algebraischen) *Fläche* $\varphi^{(n)}$ die Anzahl ihrer Schnittpunkte mit einer Geraden p definiert wird, ist jede Fläche n-ten Grades auch eine *Fläche n-ter Ordnung*. Die Begriffe „Grad" und „Ordnung" lassen sich daher synonym verwenden, wenngleich der eine mehr den Algebraiker und der andere mehr den Geometriker anspricht. Im Weiteren wird der Begriff „Ordnung" bevorzugt.

Dual zu den Schnittpunkten mit einer Geraden sind die von einer Geraden q aus an eine Fläche legbaren Tangentialebenen. Deren bei algebraischen Flächen von der Lage von q unabhängige Anzahl wird als *Klasse einer Fläche* $\varphi^{(n)}$ bezeichnet. Eine Kugel ist sowohl eine Fläche 2. Ordnung als auch 2. Klasse, wie aus der Paarbeziehung reziproker Polaren p, q leicht zu erkennen ist. Das Beispiel verdeutlicht aber auch, dass „Anzahl" immer im Sinne der algebraischen Wurzelzählung zu verstehen ist. Schnittpunkte und Tangentialebenen können also sowohl zusammenfallen als auch komplex sein, d. h. mindestens eine komplexe Koordinate enthalten. Mit komplexen Punkten und Ebenen lässt sich allerdings keine räumliche Vorstellung verbinden.

3. Ebene Schnittkurven:

Lassen wir komplexe Koordinaten gelten, dann kann gesagt werden, dass jede gesetzmäßige Fläche φ von jeder Ebene α nach einer ebenen Kurve k geschnitten wird. Solche Schnittkurven können keinen, genau einen oder unendlich viele reelle Punkte besitzen. Erstere werden als *nullteilige* und Letztere als *einteilige Kurven* bezeichnet.

Die *Fernkurve* k_u einer Fläche ist ihre Schnittkurve mit der Fernebene ω. Als Beispiel für eine Fernkurve ist der absolute Kegelschnitt in A 3.9 bereits genannt worden. Sofern die Fernkurve k_u einer Fläche φ von der Ferngeraden s_u einer Ebene σ in reellen Punkten geschnitten wird, hat die Schnittkurve k = σ ∩ φ reelle Fernpunkte.

Legen wir durch eine Gerade p, welche eine algebraische Fläche $φ^{(n)}$ in n Punkten schneidet, eine Ebene α, so hat die ebene Schnittkurve k = α ∩ $φ^{(n)}$ mit p ebenfalls genau n Punkte gemeinsam, ist also eine Kurve n-ter Ordnung (Fig. 2).

Flächen n-ter Ordnung werden von Ebenen nach Kurven n-ter Ordnung geschnitten, die allerdings auch zerfallen oder nullteilig sein können.

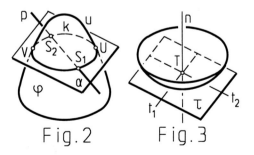

Fig. 2   Fig. 3

In Fig. 2 sind auch die *Umrisskurve* u einer Fläche und die auf ihr liegenden Umrisspunkte U, V, ... einer Flächenkurve k angedeutet. Als bisher bekannte Sonderfälle treten bei Kegel- und Zylinderflächen (Fig. 1) Umrisserzeugende, bei der Kugelfläche Umrisskreise auf.

4. Tangentialebenen:

Jede durch einen *regulären Flächenpunkt* T laufende (Schnitt-)Kurve hat in T eine Tangente t im Sinne der ebenen Geometrie, und t ist auch eine *Flächentangente* in den Sinn, dass sie mit der Fläche φ (mindestens) zwei zusammengerückte Schnittpunkte hat.

Alle zu einem Punkt T gehörigen Flächentangenten liegen in eine Ebene τ, der *Tangentialebene* der Fläche φ im Punkt T, die Normalgerade n ⊥ τ durch T ist eine *Flächennormale* (Fig. 3). Eine Tangentialebene τ ist demnach entweder durch zwei Flächentangenten t_1, t_2 oder durch die Flächennormale n samt Berührpunkt T eindeutig bestimmt.

Für die Darstellung von Flächen ist von Belang, dass die Umrisskurve u der Ort der Berührpunkte projizierender Tangentialebenen ist. Längs u wird die Fläche von einem *Projektionszylinder* (Parallelprojektion) bzw. *Projektionskegel* (Zentralprojektion) berührt, dessen Erzeugende Projektionsstrahlen sind. Für die Kugel ist das die bereits mehrfach genannte umschriebene Drehzylinder- bzw. Drehkegelfläche.

Neben den regulären Flächenpunkten gibt es auch *singuläre Flächenpunkte*, wie etwa die Spitze einer Kegelfläche, für welche die eineindeutige Zuordnung T ↔ τ nicht gilt.

Im Sinne von UA 3 hat auch eine Tangentialebene τ mit einer Fläche φ nicht nur den Berührpunkt T, sondern eine ganze Schnittkurve k = τ ∩ φ gemeinsam. Dabei sind folgende drei Fälle zu unterscheiden:

4.1 In *elliptischen Flächenpunkten* ist nur der Berührpunkt T ein reeller Punkt der Schnittkurve (Fig. 3). Als Beispiel können alle Kugelpunkte gelten, die Schnittkurve besteht hier aus den einander im Berührpunkt schneidenden isotropen Geraden (UA 3.7.4).

4.2 In *hyperbolischen Flächenpunkten* tritt eine reelle Schnittkurve k auf, die in T einen *Doppelpunkt* hat (Fig. 4). Die zugehörigen Doppelpunktstangenten werden als *Haupttangenten* h_1, h_2 von φ in diesem Punkt T bezeichnet.

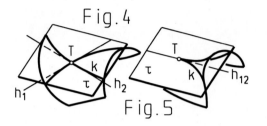

Bei einer Quadik ist k in diesem Fall eine einteilige Kurve 2. Ordnung mit Doppelpunkt, also ein Geradenpaar. Alle Quadriken mit hyperbolischen Flächenpunkten sind daher Strahlflächen.

4.3 Bei *parabolischen Flächenpunkten* fallen die beiden Haupttangenten entweder zusammen, sodass T eine *Spitze* der Kurve k ist (Fig. 5), oder die Tangentialebene berührt φ nicht nur in diesem Punkt, sondern längs einer ganzen Kurve (z. B. den Erzeugenden bei Kegel- und Zylinderflächen oder den Plattkreisen beim Torus).

4.2 Geländeflächen und Geländekarten

Geländeflächen sind durch *Geländekarten*, das sind Landkarten mit großem Maßstab und Schichtenplan, gut dokumentiert und daher soll auf sie beispielhaft für graphische Flächen etwas näher eingegangen werden. Dazu kommt, dass damit zu einer Reihe von Begriffen (Kote, Höhenschichtlinie, Böschung, Längenprofil, Böschungslinie u. a.), die unter dem Titel „Geländegeometrie" bereits in Teil I vorweggenommen worden sind, ein Kontext hergestellt werden kann.

1. Schichtenplan; Gipfel-, Mulden- und Sattelpunkte; Falllinien:

Eine Landkarte mit großem Maßstab kann als Ergebnis einer Normalprojektion des (entsprechend dem gegebenen Maßstab verkleinerten) Geländes auf eine waagrechte Ebene gedeutet werden. Dasselbe Ergebnis liefert die Vorstellung, dass das Gelände auf eine waagrechte Ebene normalprojiziert und dieser Grundriss dann dem gegebenen Maßstab entsprechend verkleinert wird. Bei markanten Bildpunkten wird die *Kote* (= absolute Höhe über dem Meer = *Seehöhe*) des zugehörigen Raumpunktes (in Klammer) angegeben. Die Bildpunkte werden daher als *kotierte Grundrisse* angesprochen, wenngleich in den Landkarten die Beschriftung der Bildpunkte (mit P', Q', ...) üblicherweise entfällt.

(Höhen-)*Schichtenlinien* sind (gedachte) Schnittlinien des Geländes mit waagrechten Ebenen (*Schichtebenen*). Sie enthalten somit nur Punkte gleicher Kote. Die Grundrisse von Schichtenlinien mit ganzzahlig in gleichen Abständen aufeinanderfolgenden Koten bilden einen *Schichtenplan*. Dieser beschreibt gewissermaßen das „Skelett" des Geländes, die zwischen den Schichtenlinien liegenden Geländestreifen denken wir uns möglichst „glatt" und berührend zusammengefügt. Aus dem Schichtenplan müssen die Koten der dargestellten Schichtenlinien ablesbar sein, was durch Beschriften der Kurven mit den entsprechenden Zahlen erreicht wird (Fig. 1).

Gipfelpunkte G und *Muldenpunkte* M eines Geländes sind Punkte, in deren unmittelbarer Umgebung sich kein höher bzw. tiefer liegender Geländepunkt befindet. In der Nähe solcher Punkte sind die Schichtenlinien geschlossen. Ein Schnittpunkt von Schichtenlinien mit gleicher Kote heißt *Sattelpunkt* S des Geländes (Fig. 1).

Gipfel-, Mulden- und Sattelpunkte sind Berührpunkte des Geländes mit Schichtebenen. Gipfel und Muldenpunkte sind elliptische, Sattelpunkte sind hyperbolische Flächenpunkte.

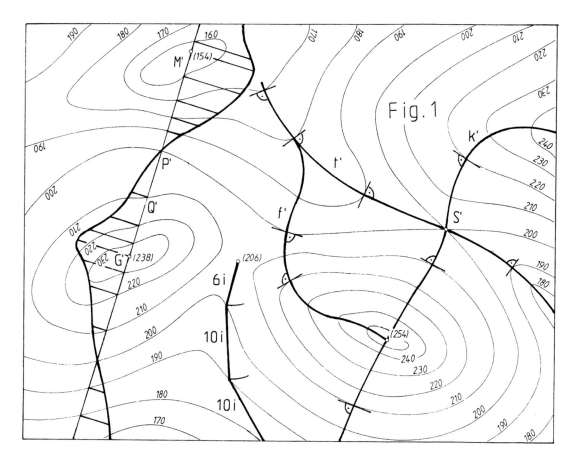

Geländekurven, die alle Schichtenlinien rechtwinklig schneiden, heißen *Falllinien* f des Geländes. Ihre Grundrisse schneiden alle Linien des Schichtenplans rechtwinklig. Durch einen Sattelpunkt gehen i. A. zwei besondere Falllinien, nämlich die nach beiden Seiten ansteigende und über Gipfelpunkte führende *Kammlinie* k und die nach beiden Seiten fallende und über Muldenpunkte führende *Tallinie* t (Fig. 1). Längs Kammlinien verläuft eine *Wasserscheide*, längs Tallinien ein *Gerinne*.

Vorschlag zum Selbermachen: In eine der in Tafel III (Seite 199) enthaltenen Geländekarten die Kammlinie k und die Tallinie t einskizzieren, die durch den Sattelpunkt mit der Kote 206 gehen.

2. Konstruktive Geländegeometrie:

Die Schnittlinien eines Geländes mit lotrechten Ebenen werden als *Profilschnitte* (kurz: *Profile*) bezeichnet. Über die Schnittpunkte mit den Schichtenlinien kann der Verlauf eines Profils aus einer Geländekarte näherungsweise rekonstruiert werden. In Fig. 1 ist ein (fiktives) Gelände durch einen Schichtenplan im Maßstab 1 : 2500 vorgegeben. Der Profilschnitt durch den Gipfelpunkt G und den Muldenpunkt M wird mittels Umklappen der betreffenden lotrechten Ebene in die Schichtenebene mit der Kote 200 veranschaulicht, wobei einer Höhendifferenz von 10 Metern in der Zeichnung 4 mm entsprechen. Die so ermittelten Punkte werden durch eine möglichst „glatte" Kurve miteinander verbunden.

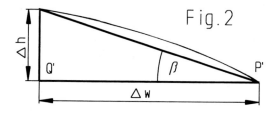

Fig. 2 zeigt ein Detail des Profilschnitts in einer Vergrößerung. Das Verhältnis k aus der Höhendifferenz Δh und der waagrechten Entfernung Δw zwischen benachbarten Schnittpunkten P, Q ist die (mittlere) *Böschung,* die im Anstieg *Steigung* und im Abstieg *Gefälle* genannt wird. Aus $k = \tan\beta$ ergibt sich der *Böschungswinkel* β, unter dem die Verbindungsstrecke der beiden Punkte P und Q gegen die Schichtenebenen geneigt ist. Bei Verkehrswegen werden Steigung bzw. Gefälle üblicherweise durch eine Prozentzahl $p = 100k$ angegeben.

Der Kehrwert $1/k = i$ wird als *Intervall* bezeichnet und gibt in Metern die waagrechte Entfernung an, die zu einer Höhendifferenz von einem Meter gehört.

Analog zu den Profilschnitten lassen sich auch Steigung und Gefälle längs einer Geländekurve (z. B. längs der Falllinie f von Fig. 1) veranschaulichen. Ein entsprechendes Diagramm wird als *Längenprofil* bezeichnet. Die waagrechten Längen können dabei allerdings nur näherungsweise (durch mehrmaliges Unterteilen der zwischen je zwei Linien des Schichtenplanes liegenden Kurvenstücke) z. B. mit einem Stechzirkel übertragen werden (Fig. 3).

Eine Geländekurve mit konstanter Böschung k wird als *Böschungslinie* bezeichnet. Das Längenprofil von Böschungslinien verläuft geradlinig, weil gleichen Höhenunterschieden Δh gleiche waagrechte Entfernungen Δw entsprechen. In Fig. 1 ist die Projektierung eines vom unbenannten Sattelpunkt mit der Kote 206 mit 20 % Gefälle abwärts führenden Güterweges angedeutet. Zu $k = 0{,}2$ gehört ein Intervall i von 5 Metern, was im vorgegebenen Maßstab 2 mm entspricht. Wir schlagen vom Sattelpunkt aus eine Streckenlänge von 6i zur Schichtenlinie 200 ab und von hier aus jeweils 10i zur nächstunteren Schichtenlinie, wobei es i. A. jeweils zwei Möglichkeiten gibt. Der Güterweg verfolgt eine Böschungslinie der Geländefläche.

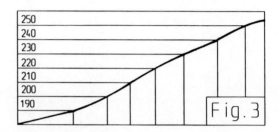

Fig. 3

Vorschläge zum Selbermachen: **A)** In eine der in Tafel III (Seite 199) im Maßstab 1 : 2500 enthaltenen Geländekarten **a)** den Profilschnitt durch die beiden Gipfelpunkte einzeichnen, **b)** einen Weg mit konstantem Gefälle (i = 7 m) projektieren, der vom Sattelpunkt mit der Kote 200 in die Mulde führt. **B)** Das Längenprofil der Kammlinie von Fig. 1 zeichnen.

4.3 Drehflächen, insbes. Drehquadriken

Allen *Drehflächen* lässt sich durch *Parallelkreise* k_i und *Meridiankurven* m_i ein (mehr oder weniger engmaschiges) *orthogonales Gitter* anlegen (Fig. 1). In jedem regulären Flächenpunkt T ist die Tangentialebene τ durch die Parallelkreistangente und die dazu normale Meridiantangente festgelegt. Alle zu den Punkten eines Kreises k_i gehörigen Meridiantangenten bilden eine Drehkegelfläche, welche die Drehfläche längs k_i berührt. Artet diese in einen Zylinder aus, dann ist der Parallelkreis ein *Gürtelkreis* (k_2) oder ein *Kehlkreis* (k_5). Artet die berührende Kegelfläche in eine Ebene aus, dann ist der Berührkreis ein *Plattkreis* (k_6), wie schon in A 2.6 anhand des Torus bemerkt worden ist. Wendepunkte der Meridiankurven sind parabolische Flächenpunkte und liegen auf einem Parallelkreis (k_4), der die Teilfläche mit elliptischen Flächenpunkten von jener mit hyperbolischen Flächenpunkten trennt.

1. Darstellung von Drehflächen:

Bei Normalprojektion einer Drehfläche auf eine Bildebene, die zur Drehachse parallel ist, ergibt sich als Umriss ein Symmetrieschnitt der Drehfläche, welcher als *Meridianprofil* m bezeichnet wird. Treten Plattkreise auf, so bilden diese bzw. ihre Bilder einen zusätzlichen Bestandteil des Umrisses (z. B. beim Aufriss von Fig. 1).

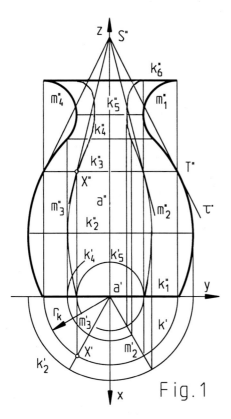

Fig. 1

Die bereits in A 1.5 behandelte Darstellung, bei der die Drehachse gekippt ist, erfordert einen Kreuzriss als Hilfsriss. Bei ihm bildet das Meridianprofil den Umriss, der Kreuzriss wird in diesem Zusammenhang daher auch als *Meridianriss* bezeichnet. Indem die normale Isometrie als Aufriss mit gekippter z-Achse interpretiert werden kann, ist auch für solche Darstellungen ein Kreuzriss als Hilfsriss gefragt, dessen Beiordnung durch Fig. 2 veranschaulicht wird:

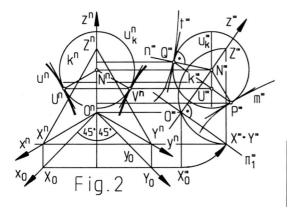

Fig. 2

Die Kreuzrissfigur mit O''' und $z''' \perp \pi_1'''$ lässt sich entweder mittels Thales-Kreis über der (in beliebigem Abstand) parallel zu z^n anzunehmenden Strecke $Z'''X''' = Z'''Y'''$ ermitteln, oder, mit O''' beginnend, durch das Nachvollziehen der Drehung von π_1 ($X^n \to X_0 \to X_0'''$ $\to X'''$ bzw. $X^n \to X'''$).

In Meridianrissen lassen sich Flächennormale n als Normale zu den projizierenden Tangentialebenen (= Tangenten t''' von m''') leicht auffinden bzw. darstellen. Jede Gerade n schneidet die Drehachse in einem Punkt N, welcher Mittelpunkt einer Kugel ist, welche die Drehfläche längs eines Parallelkreises k berührt. Mit Hilfe solcher *eingeschriebenen Kugeln* lässt sich der Umriss u einer Drehfläche mit gekippter Achse punkt- und tangentenweise ermitteln, wie es Fig. 2 zeigt.

Für eine anschauliche Darstellung von Drehflächen mit lotrechter Achse eignen sich auch Horizontalrisse. Der scheinbare Umriss lässt sich dabei – zumindest näherungsweise – als Hüllkurve der Kreisschar zeichnen, die von den Schrägrissen der Parallelkreise gebildet wird (Fig. 5, Seite 143).

2. Flächengleichungen:

Bei Drehung um die z-Achse durchläuft eine Meridiankurve, die in der yz-Ebene durch die Gleichung $T(y, z) = 0$ festgelegt ist, nur Lagen, die durch Gleichungen gekennzeichnet sind, wo anstelle des y der Parallelkreisradius r_k steht (Fig. 1). Für jeden Punkt $X(x/y/z)$ der Fläche gilt $r_k = \sqrt{x^2 + y^2}$, sodass als Flächengleichung aus $T(y, z) = 0$ über $T(r_k, z) = 0$ schließlich

$$\boxed{T(\sqrt{x^2 + y^2}, z) = 0}$$

entsteht. Ist $T(y, z)$ ein Polynom n-ten Grades, dann kann diese Flächengleichung durch Quadrieren in eine Polynomgleichung $P(x, y, z) = 0$ vom Grad 2n umgeformt werden, sodass gilt:

> Durch Drehung einer ebenen algebraischen Kurve n-ter Ordnung um eine Achse a entsteht i. A. eine algebraische Drehfläche 2n-ter Ordnung.

Eine Ausnahme bildet allerdings der Fall, dass die Gleichung $T(y, z) = 0$ das ganze Meridianprofil darstellt, wie er bei Drehung einer Kurve n-ter Ordnung um eine ihrer Symmetrieachsen auftritt. Dann kommt das y nämlich nur in geraden Potenzen vor, sodass sich das Quadrieren erübrigt und nur eine Flächengleichung n-ten Grades entsteht. Das einfachste Beispiel dafür ist die Kugel, die durch Drehung des Kreises mit der Gleichung $y^2 + z^2 = r^2$ um die z-Achse erzeugt wird. Über $r_k^2 + z^2 = r^2$ ergibt sich $x^2 + y^2 + z^2 = r^2$, wie es sein soll.

Als Drehflächen 2. Ordnung sind uns bisher Drehzylinder, Drehkegel und Kugeln bekannt geworden. Weitere Drehquadriken sind die Drehellipsoide (UA 5), die Drehparaboloide (UA 6) und die Drehhyperboloide (UA 7).

3. Die Gleichung der Drehkegelfläche:

Wird die Gerade mit der Gleichung $z = ky$ um die z-Achse gedreht, so entsteht eine *Drehkegelfläche* mit der Spitze $S(0/0/0)$, deren Öffnungswinkel $\gamma = 180° - 2\beta$ sich aus $|k| = \tan\beta$ berechnen lässt. Für die halbe (obere oder untere) Teilfläche gilt die Funktionsgleichung $z = kr_k = k \cdot \sqrt{x^2 + y^2}$, woraus sich durch Quadrieren und Umformen die allgemeine Flächengleichung

$$k^2x^2 + k^2y^2 - z^2 = 0$$

ergibt. Der Mantel eines Drehkegels mit dem Basiskreismittelpunkt $M(0/0/0)$ und der Spitze $S(0/0/h)$ ist ein Teil der Fläche mit der Gleichung $k^2x^2 + k^2y^2 - (z-h)^2 = 0$. Bei gegebenem Basiskreisradius r und $h > 0$ ist $k = \tan\beta = h/r$.

Beispiel (Fig. 3): Für $M(0/0/0)$, $S(0/0/8)$ und $r = 5$ LE lautet wegen $k = h/r = 1,6$ und $h = 8$ LE die Gleichung der Kegelfläche $2,56x^2 + 2,56y^2 - (z-8)^2 = 0$ bzw. ganzzahlig $64x^2 + 64y^2 - 25 \cdot (z-8)^2 = 0$. Die Durchstoßpunkte der Geraden $g[\bar{x} = (\frac{9}{2}, -\frac{13}{2}, 0) + t \cdot (-6, 17, 8)]$ mit dieser Fläche errechnen sich aus der Gleichung $64 \cdot (4,5 - 6t)^2 + 64 \cdot (-6,5 + 17t)^2 - 25 \cdot (8t - 8)^2 = 0$, die sich auf $8t^2 - 6t + 1 = 0$ vereinfachen lässt. Sie hat die Lösungen $t_1 = 0,25$, $t_2 = 0,5$, was die Schnittpunkte $P(3/-2,25/2)$ und $Q(1,5/2/4)$ ergibt.

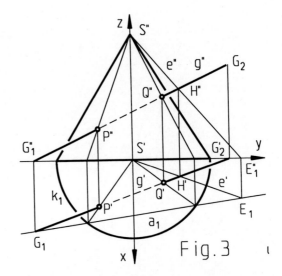

Fig. 3 zeigt die konstruktive Durchführung dieser Schnittaufgabe mit Hilfe der durch die Gerade g und die Spitze S festgelegten Hilfsebene (*Scheitelebene*) α. Ihre erste Spur a_1 geht durch G_1 und den ersten Spurpunkt E_1 jeder durch S gehenden und g (in einem auf g beliebig wählbaren Hilfspunkt H) schneidenden Geraden e. Die Spur a_1 schneidet den Spurkreis k_1 in den Spurpunkten der Mantelstrecken, auf denen der Punkt P bzw. der Punkt Q liegt.

Da eine Drehkegelfläche von 2. Ordnung ist, sind ihre ebenen Schnitte Kurven 2. Ordnung, was in A 4.4 auch auf dem traditionellen anschaulich-geometrischen Weg nachgewiesen wird. Interessieren wir uns insbesondere für die Fernkurve der Drehkegelfläche, so muss die Flächengleichung zunächst auf homogene Koordinaten umgeschrieben, dann mit x_0^2 erweitert und schließlich $x_0 = 0$ gesetzt werden.

Auf diesem Weg kommt die Gleichung $k^2x_1^2 + k^2x_2^2 = x_3^2$ zustande. Sie bildet zusammen mit der Gleichung $ax_1 + bx_2 + cx_3 = 0$ einer Ferngeraden ein homogenes Gleichungssystem, bei dem die Lösungsvektoren sowohl reell getrennt als auch zusammenfallend als auch konjugiert komplex sein können. Als Schnittkurven kommen daher sowohl Hyperbeln (zwei reell getrennte Fernpunkte) als auch Parabeln (Doppelfernpunkt) als auch Ellipsen in Frage. Geht die Schnittebene α durch die Spitze S, dann zerfällt der Kegelschnitt entweder in zwei verschiedene reelle

Erzeugende oder im Falle einer Tangentialebene in die (doppelt zu zählende) Berührerzeugende oder in konjugiert komplexe Schnitterzeugende. So ergibt etwa der Schnitt der Ebene $\pi_1[z = 0]$ mit der Kegelfläche $\varphi[k^2x^2 + k^2y^2 - z^2 = 0]$ den „Nullkreis" mit der Gleichung $x^2 + y^2 = 0$, die Schnitterzeugenden sind also die isotropen Geraden.

In die Gleichung $k^2x_1^2 + k^2x_2^2 = x_3^2$ der reellen Fernkurve eines Drehkegels mit lotrechter Achse geht nur die Steigung k der Erzeugenden ein. Das bedeutet, dass alle Drehkegelflächen mit parallelen Achsen und gleichem Öffnungswinkel eine gemeinsame Fernkurve besitzen, was auch mit der Anschauung übereinstimmt. Denn auf je zwei Drehkegeln mit diesen Gemeinsamkeiten gibt es unendlich viele Paare paralleler Erzeugenden, deren jeweils gemeinsame Fernpunkte die Fernkurve bilden.

Vorschläge zum Selbermachen: A) Die Koordinaten der Schnittpunkte des Drehkegels mit M(0/0/0), S(0/0/7) und r = 7 LE mit der Geraden $g[\bar{x} = (3, -4, 2) + t \cdot (-10, 11, 5)]$ berechnen. **B)** Zu zeigen, dass die Gerade $g[\bar{x} = (-4, 3, 8) + t \cdot (7, 1, -4)]$ den Drehkegel mit M(0/0/0), S(0/0/8) und r = 10 LE berührt, und das Ergebnis durch eine Zeichnung (Grund- und Aufriss) bestätigen.

4. Die Gleichung der Drehzylinderfläche:

Wird eine in der yz-Ebene liegende, zur z-Achse parallele Gerade mit der Gleichung y = r um die z-Achse gedreht, so führt das Verfahren der Gleichungsermittlung bei Drehflächen zu

$$x^2 + y^2 = r^2$$

als Gleichung der *Drehzylinderfläche* mit dem Radius r und der Achse z. Ihr Fernkegelschnitt mit der Gleichung $x_1^2 + x_2^2 = 0$ besteht aus dem reellen Punkt $Z_u(0:0:1:0)$, dem Fernscheitel, und den durch ihn hindurchgehenden isotropen Geraden $x_1 + ix_2 = 0$ und $x_1 - ix_2 = 0$. Abgesehen von den achsenparallelen Schnitten können als ebene Schnittkurven also nur Ellipsen, insbes. Kreise auftreten.

5. Drehellipsoide:

Drehen wir eine Ellipse um ihre Hauptachse, so entsteht ein *eiförmiges Drehellipsoid*, drehen wir sie um die Nebenachse, so ist die dadurch erzeugte Drehfläche ein *linsenförmiges Drehellipsoid*.

Für die z-Achse als Drehachse und die in der yz-Ebene liegende Ellipse mit der Gleichung $\frac{y^2}{r^2} + \frac{z^2}{c^2} = 1$ ergibt sich nach dem bewährten Verfahren die Flächengleichung

$$\frac{x^2}{r^2} + \frac{y^2}{r^2} + \frac{z^2}{c^2} = 1$$

Für r < c ist die z-Achse die Hauptachse der Ellipse und das Drehellipsoid ist daher eiförmig, für r > c beschreibt die obige Gleichung ein linsenförmiges Drehellipsoid und für r = c eine Kugel. Der Mittelpunkt M(0/0/0) ist ein Symmetriezentrum der Fläche, die (für r ≠ c) zwei *Scheitel* A(0/0/c), B(0/0/-c) und in der xy-Ebene einen *Gürtelkreis* g mit dem Radius r hat. Die Gleichung der Fernkurve lautet $c^2x_1^2 + c^2x_2^2 + r^2x_3^2 = 0$, der Fernkegelschnitt ist daher nullteilig, sodass als ebene Schnittkurven nur Ellipsen und Kreise in Frage kommen. Aus diesem Grund sind auch alle Flächenpunkte elliptisch.

Fig. 4 zeigt ein eiförmiges Drehellipsoid φ in normaler Isometrie mit beigeordnetem Meridianriss (Hilfsriss) gemäß Fig. 2. Die Meridianellipse m''' ist durch ihre Scheitel P''' und Q''' festgelegt. Im Wesentlichen geht es um die Ermittlung der Umrisskurve u bzw. des scheinbaren Umrisses u^n, der grundsätzlich punkt- und tangentenweise mittels eingeschriebener Kugeln nach Fig. 2 zu gewinnen wäre. Für die Hilfskugel mit dem Mittelpunkt M ergeben sich so die Punkte C^n und D^n. Weitere „besondere" Punkte von u bzw. u^n müssen dort liegen, wo die Projektionsstrahlen den Meridian m „streifen". Im Meridianriss sind das die Punkte A''' und B''' von m''' mit zu p''' parallelen Tangenten. Sie lassen sich exakt mittels der in Teil I eingehend behandelten perspektiven Affinität konstruieren, in der die Ellipse m''' und ihr großer Scheitelkreis k_1 aufeinander bezogen sind. A'''B''' ist der zu p''' konjugierte Durchmesser von m''', A^n und B^n liegen wegen $m^n = z^n$ auf dem Normalriss der z-Achse.

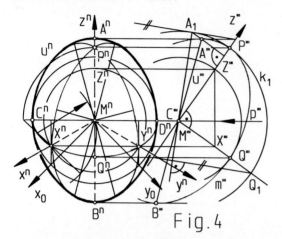

Fig. 4

Damit liefert Fig. 4 zwar keinen Beweis, aber ein schönes Beispiel für den in UA 3.8.6 genannten Sachverhalt. (A'''B''') = δ''' ist der Meridianriss einer in diesem Riss projizierenden Durchmesserebene δ, welche die zum Fernpunkt der Projektionsstrahlen (als Pol) gehörige Polarebene des Ellipsoids ist. In ihr liegt der wahre Umriss als Schnittkurve u = δ ∩ φ. Daher ist u eine Ellipse mit den Scheiteln A, B und C, D und der Ort aller Punkte mit projizierenden Flächentangenten, welche eine dem Ellipsoid umschriebene Zylinderfläche 2. Ordnung bilden. Die Schnittkurve dieser Fläche mit der Bildebene ist die Ellipse u^n mit den Scheiteln A^n, B^n und C^n, D^n.

Im Hauptriss von Fig. 4 sind auch die Schnittkurven der Fläche φ mit den drei Koordinatenebenen, also der Gürtelkreis und zwei Meridianellipsen, eingezeichnet, allerdings nur die sichtbaren Teile und ohne exakte Ermittlung der Umrisspunkte. Für die Meridianbilder sind M^nP^n und M^nX^n bzw. M^nY^n konjugierte Halbmesser, woraus sich nach der Rytz'schen Konstruktion – der Radius des Hilfskreises ist hervorgehoben – die Achsen ergeben.

Vorschlag zum Selbermachen: In einer normalen Isometrie ein linsenförmiges Drehellipsoid darstellen.

6. Das Drehparaboloid:

Eine in der yz-Ebene liegende, zur z-Achse symmetrische Parabel mit dem Scheitel A(0/0/0) hat die Gleichung $y^2 = 2pz$, woraus sich als Gleichung des zugehörigen *Drehparaboloids*

$$x^2 + y^2 = 2pz$$

ergibt. A und z werden als *Scheitel* bzw. *Achse* der Fläche angesprochen. Drehparaboloide haben nur <u>einen</u> Scheitel und weder Platt- noch Gürtel- oder Kehlkreise. Wie bereits in Teil I ausgeführt, sind Drehparaboloide für die Aussendung ebenso wie zum Empfang paralleler Strahlen geeignet, daher von großer praktischer Bedeutung und z. B. als Parabolscheinwerfer, Parabolantennen (z. B. „Sat-Schüsseln") oder Parabolspiegel (z. B. „Sonnenöfen") in Verwendung.

Beim Drehparaboloid sind nicht nur alle Symmetrieschnitte Parabeln mit gleichem Parameter p, sondern überhaupt alle achsenparallelen Schnitte. So genügt etwa die in der Ebene mit der Gleichung x = a liegende Schnittparabel der Gleichung $a^2 + y^2 = 2pz$ oder $y^2 = 2pz - a^2 = 2p \cdot (z - \frac{a^2}{2p})$, was einer Parabel mit dem Parameter p und dem Scheitel $A_1(a/0/\frac{a^2}{2p})$ entspricht.

Fig. 5 zeigt einen Teil eines Drehparaboloids mit der Gleichung $x^2 + y^2 = 6z$ in einem isometrischen Horizontalriss, wobei die Bilder der Parallelkreise mit z = 0 („Nullkreis" = Scheitel), z = 0,5 ($r_{0,5} = \sqrt{3}$), z = 1 ($r_1 = \sqrt{6}$), z = 1,5 ($\underline{r_{1,5} = 3}$), z = 2 ($r_2 = 2 \cdot \sqrt{3}$), z = 2,5 ($r_{2,5} = \sqrt{15}$), z = 3 ($r_3 = 3 \cdot \sqrt{2}$), z = 3,5 ($r_{3,5} = \sqrt{21}$ und z = 4 ($r_4 = 2 \cdot \sqrt{6}$) die maßgebliche Kurvenschar bilden. Mit deren Hilfe können dann auch die Bilder von Meridianen, achsenparallelen Schnitten sowie der scheinbare Umriss u^s als Hüllkurve gezeichnet werden. Zur Konstruktion der Punkte S^s, U^s und V^s: Die zu Fernpunkten gehörigen Polarebenen sind bei den Paraboloiden – wie die zu Fernpunkten gehörigen Polaren bei den Parabeln

– achsenparallel. Sie werden als *Durchmesserebenen* der Paraboloide bezeichnet. Die Kontur u ist also eine Parabel, und nach dem letzten Absatz ist deren Parameter p = 3. Wegen der Isometrie sind u und u^s kongruente Kurven, das Parallelkreisbild mit dem Radius p = 3 LE ist daher der Scheitelkrümmungskreis von u^s, darauf liegt S^s. In U^s und V^s auf k_4^s müssen die Kreistangente und die Parabeltangente t übereinstimmen, also geht die gemeinsame Normale n durch den Kreismittelpunkt. Daraus ergibt sich die Verbindungsgerade (U^sV^s) mittels Parameter p nach einer in Teil I angegebenen Parabeleigenschaft.

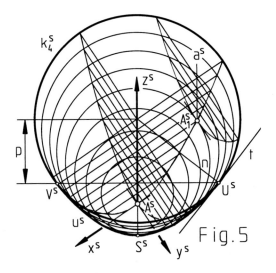

Fig. 5

Der Fernkegelschnitt hat dieselbe Gleichung wie der des Drehzylinders. Der einzige reelle Punkt $Z_u(0:0:1:0)$ ist allerdings ein regulärer Punkt des Paraboloids, sodass dieses die Fernebene in diesem Punkt berühren muss. Das bestätigt, dass alle achsenparallelen Schnitte Parabeln sind, während alle anderen ebenen Schnittkurven ihre Fernpunkte auf den isotropen Ferngeraden durch Z_u haben und daher nur Ellipsen bzw. Kreise sein können. Alle Flächenpunkte sind elliptisch.

Vorschläge zum Selbermachen: A) Die Koordinaten der Durchstoßpunkte der Geraden s[$\bar{x}$ = (-2, 4, 5) + t.(-6, 14, 5)] mit dem Drehparaboloid $\varphi[x^2 + y^2 = 4z]$ berechnen. **B)** Ein Drehparaboloid (Scheitel U, Achse z) in einer normalen Isometrie darstellen. **C)** Ein eiförmiges Drehellipsoid in einem isometrischen Horizontalriss (wie Fig. 5) darstellen.

7. Drehhyperboloide:

Drehen wir eine Hyperbel um ihre Hauptachse, so entsteht ein *zweischaliges Drehhyperboloid*, drehen wir sie um die Nebenachse, so ist die dadurch erzeugte Drehfläche ein *einschaliges Drehhyperboloid*.

Bei Drehung einer in der yz-Ebene liegenden Hyperbel mit der Gleichung $\frac{z^2}{c^2} - \frac{y^2}{r^2} = 1$ um die z-Achse ergibt sich ein zweischaliges Drehhyperboloid mit der Gleichung

$$\boxed{\frac{z^2}{c^2} - \frac{x^2}{r^2} - \frac{y^2}{r^2} = 1}$$

Diese Drehfläche hat im Koordinatenursprung einen Mittelpunkt M(0/0/0), zwei *Scheitel* A(0/0/c) und B(0/0/-c), keinen Gürtel- oder Kehlkreis und auch keinen Plattkreis. Fig. 6a zeigt als Teile der grundsätzlich unbegrenzt zu denkenden Fläche zwei „Schalen", die von Parallelkreisen mit gleichem Radius r_p begrenzt werden.

Bei Drehung einer in der yz-Ebene liegenden Hyperbel mit der Gleichung $\frac{y^2}{r^2} - \frac{z^2}{c^2} = 1$ um die z-Achse entsteht ein einschaliges Drehhyperboloid mit der Gleichung

$$\boxed{\frac{x^2}{r^2} + \frac{y^2}{r^2} - \frac{z^2}{c^2} = 1}$$

Auch diese Drehfläche hat im Koordinatenursprung einen Mittelpunkt, aber keine Scheitel, sondern einen *Kehlkreis* k mit dem Radius r. Fig. 6b zeigt von der grundsätzlich unbegrenzt zu denkenden Fläche ein zwischen zwei Parallelkreisen mit gleichem Radius r_p liegendes Teilstück, wie es im Hochbau z. B. bei der Ummantelung von Kühltürmen in Verwendung ist.

Eine Gemeinsamkeit beider Hyperboloide ist der *Asymptoten(dreh)kegel*, der von den bei der Drehung „mitgenommenen" Asymptoten f_1, f_2 der Meridianhyperbel m gebildet wird. Die in Fig. 6a eingegangene Beziehung $r^2 = r_1^2 - r_p^2$ zwischen der Größe r aus der Hyperbelgleichung, dem Parallelkreisradius r_p und dem Radius r_1 des zugehörigen Parallelkreises des Asymptotenkegels folgt aus der Hyperbelgeometrie (Stechzirkelkonstruktion), ebenso die in Fig. 6b eingegangene Beziehung $r^2 = r_p^2 - r_1^2$.

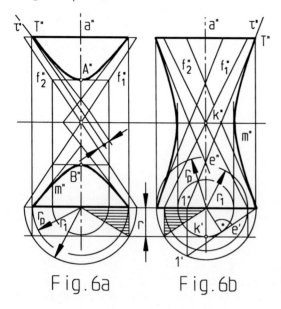

Fig. 6a   Fig. 6b

Ersetzen wir in den Hyperboloidgleichungen 1 durch 0, so haben wir die Gleichungen der zugehörigen Asymptotenkegel, wie sich mit Hilfe der Gleichung von f_1 ($z = \frac{c}{r} \cdot y$) gemäß UA 3 leicht verifizieren lässt. Beide Hyperboloidformen und ihre Asymptotenkegel haben mithin dieselbe Fernkurve mit der Gleichung $c^2 x_1^2 + c^2 x_2^2 = r^2 x_3^2$. Diese Identität hat zur Folge, dass jedes Hyperboloid und sein Asymptotenkegel von jedem Parallelebenenbüschel nach Kegelschnitten mit denselben Fernpunkten geschnitten wird, dass als ebene Schnittkurven daher Ellipsen, Parabeln und Hyperbeln (einschließlich Kurvenzerfall) in Frage kommen.

Ein ganz wesentlicher Unterschied zwischen zwei- und einschaligen Hyperboloiden besteht darin, dass Erstere nur elliptische und Letztere nur hyperbolische Flächenpunkte enthalten. In Fig. 6a ist die Hyperbeltangente in T", welche die zweitprojizierende Tangentialebene τ in T darstellt, nach der in der ebenen Geometrie gebräuchlichen Methode konstruiert worden, und es ist evident, dass T der einzige reelle Punkt ist, den τ mit der Fläche gemeinsam hat. Nicht so hingegen in Fig. 6b: Die Tangentialebene τ durchschneidet die Fläche, und nach UA 4.1.4 zerfällt die Schnittkurve in zwei Gerade e, ē, die bezüglich der frontalen Symmetrieebene (= Meridianebene) symmetrisch sind. Weil zur Gänze auf der Fläche liegend, muss e den Kehlkreis k berühren, was zunächst zu e' und dann zu e" = ē" führt.

Ein einschaliges Drehhyperboloid kommt damit auch durch Drehung einer *Erzeugenden* e um die Achse a zustande und alle Lagen von e bilden eine *Erzeugendenschar* (e-Schar). Weil aber die Drehung von ē dieselbe Fläche erzeugt, gibt es auf der Fläche noch eine zweite Erzeugendenschar (ē-Schar). Alle Erzeugenden derselben Schar sind zueinander windschief und werden von allen Erzeugenden der anderen Schar geschnitten. In jedem Schnittpunkt (Flächenpunkt) spannen die beiden daran beteiligten Erzeugenden die Tangentialebene auf.

Beispiel: Die Asymptote f_1 in Fig. 6b fällt mit dem Aufriss jener Erzeugenden der e-Schar zusammen, die durch den vorderen Kehlkreispunkt geht. Durch diesen Punkt geht auch jene Erzeugende der ē-Schar, deren Aufriss mit f_2 zusammenfällt. Die Verbindungsebene der beiden Erzeugenden berührt die Fläche im vorderen Kehlkreispunkt.

Ein anschauliches Modell eines einschaligen Drehhyperboloids kann relativ einfach wie folgt hergestellt werden: Zwei kongruente Kreisscheiben werden so auf eine gemeinsame Drehachse a montiert, dass sich <u>eine</u> Scheibe noch um a drehen und längs a verschieben lässt. Dann werden die Randpunkte der Scheiben so durch gleich lange Fäden miteinander verbunden, dass das *Fadenmodell* eines Drehzylinders entsteht. Drehen wir nun die bewegliche Scheibe, was auch eine Schiebung längs a bewirkt, dann entsteht ein Fadenmodell eines einschaligen Drehhyperboloids bzw. einer Drehkegelfläche, sobald die Fäden miteinander zum Schnitt kommen.

Einschalige Drehhyperboloide gehören zu den Strahlflächen und werden wir unter diesem Titel in A 4.8 darauf zurückkommen.

Vorschläge zum Selbermachen: A) Die Schnittpunkte des Drehhyperboloids φ[$9z^2 = 36 + 4 \cdot (x^2 + y^2)$] mit der Geraden **a)** a[$\bar{x} = (0, 0, -2) + t \cdot (6, 3, 10)$], **b)** b[$\bar{x} = (4, -1/2, 3) + t \cdot (1, -2, 0)$], **c)** c[$\bar{x} = (3, 0, 2) + t \cdot (0, 3, 2)$] berechnen. Welcher Sonderfall liegt vor bei b), welcher bei c)? **B)** Das Flächenstück, das von der Strecke PQ mit P(4/0/0) und Q(0/4/8) bei Drehung um die z-Achse erzeugt wird, **a)** in Grund- und Aufriss, **b)** in normaler Isometrie darstellen. Anleitung: Die Umrisspunkte auf den Bahnkreisen von P und Q ergeben sich mittels eingeschiebener Kugeln. Die im Meridianriss projizierende Trägerebene δ der Umrisskurve u wird von den Erzeugenden nach weiteren Umrisspunkten geschnitten.

4.4 Drehkegelschnitte

In diesem Abschnitt wird gezeigt, dass jede Kurve 2. Ordnung als ebener Schnitt der Drehkegelfläche auftritt, wobei hinsichtlich der Ellipsen, Parabeln und Hyperbeln auf die Brennpunktdefinition zurückgegriffen wird. Die *Dandelin'schen Beweise* beruhen im Wesentlichen auf der Tatsache, dass für alle aus einem Punkt X an eine Kugel κ legbaren Tangenten der Abstand vom Punkt X zum Berührpunkt derselbe ist.

1. Überblick:

In Fig. 1 sind drei Drehkegelflächen mit lotrechten Achsen a und gleichem Öffnungswinkel in Aufrissen dargestellt, sodass also auch der Böschungswinkel β der Erzeugenden bei allen drei Kegeln der Gleiche ist. Der Böschungswinkel der drei Schnittebenen α_1, α_2 und α_3 ist kleiner bzw. gleich bzw. größer als β, was eine geschlossene, eine offene und eine aus zwei Teilen bestehende Schnittkurve k zur Folge hat. Es wird zu zeigen sein, dass es sich um eine Ellipse, eine Parabel und eine Hyperbel handelt.

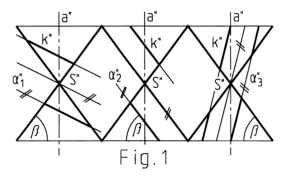

Fig. 1

Diesen drei Fällen entsprechen für die zu α_1, α_2 bzw. α_3 parallelen *Richtebenen* durch die Kegelspitze, dass es nur <u>einen</u> reellen Schnittpunkt S, eine Berührerzeugende (Doppelgerade) bzw. zwei Schnitterzeugende gibt. Allesamt sind das (in ein Paar komplexer bzw. zusammenfallender bzw. reell getrennter Geraden) zerfallende Kurven 2. Ordnung. Die gemeinsame Ferngerade von Schnittebene und Richtebene schneidet den (reellen) Fernkegelschnitt der Fläche im Fall von α_1 nach konjugiert komplexen und im Fall von α_3 nach reell getrennten Fernpunkten. Im Fall von α_2 berührt die Ferngerade die Fernkurve im (einzigen) Fernpunkt der Schnittkurve, was die Parabel einmal mehr als Grenzfall zwischen Ellipse und Hyperbel ausweist.

2. Der Dandelin'sche Beweis für Schnitte nach Ellipsen:

Der Drehkegelfläche lassen sich (genau) zwei Kugeln κ_1 und κ_2 einschreiben, welche den Kegel längs der Parallelkreise p_1 bzw. p_2 und die Schnittebene α in den Punkten F_1 bzw. F_2 berühren (Fig. 2). Die durch einen Punkt X der Schnittkurve k gehende Kegelerzeugende e berührt κ_1 in einem Punkt X_1 auf p_1 und κ_2 in einem Punkt X_2 auf p_2. Damit sind (XF_1) und (XX_1) zwei aus X an κ_1 gelegte Tangenten, woraus $|XF_1| = |XX_1|$ folgt. Weiters sind (XF_2) und (XX_2) zwei aus X an κ_2 gelegte Tangenten, woraus $|XF_2| = |XX_2|$ folgt. Daher gilt

$$|XF_1| + |XF_2| = |XX_1| + |XX_2| = |X_1X_2|$$

Die Tatsache, dass die Länge $|X_1X_2| = |1_02_0|$ konstant, also von der speziellen Wahl des Punktes X auf k unabhängig ist, weist k nach der Brennpunktdefinition als Ellipse aus. Fig.

2 ist auch zu entnehmen, dass $|X_1X_2| = |1_02_0|$ mit der Länge der Stecke A"B" auf α" übereinstimmt. A und B sind die Hauptscheitel von k und $|A"B"| = |AB| = 2a$.

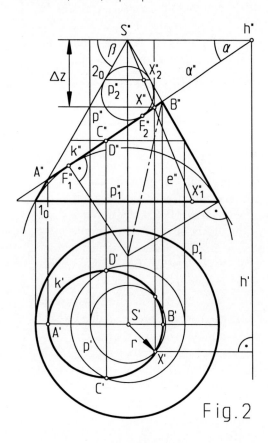

Fig. 2

Damit ist die Brennpunktdefinition der Parabel für alle Punkte der Schnittkurve erfüllt.

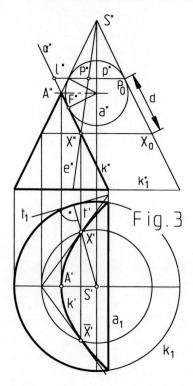

Fig. 3

Vorschlag zum Selbermachen: Auf gleichem Weg kann bewiesen werden, dass alle Schrägschnitte einer Drehzylinderfläche Ellipsen sind.

3. Der Dandelin'sche Beweis für Schnitte nach Parabeln:

Ist die Schnittebene zu einer Kegelerzeugenden parallel, so lässt sich der Drehkegelfläche nur eine Kugel κ einschreiben, welche den Kegel längs des Parallelkreises p und die Schnittebene α im Punkt F berührt (Fig. 3). Die durch einen Punkt X der Schnittkurve k gehende Kegelerzeugende e berührt κ in einem Punkt P auf p, und analog zum Beweis von UA 2 ist $|XF| = |XP| = |X_0P_0| = d$. Von der (in Fig. 3 zweitprojizierenden) Schnittgeraden l der Trägerebene von p mit der Schnittebene α hat X denselben Abstand d = $|Xl| = |X"l"|$, und zwar für alle Punkte X auf k.

Vorschlag zum Selbermachen: Eine Zeichnung belegt, dass der Drehkegel $\gamma[x^2 + y^2 = (z - h)^2]$ und die Ebene $\varepsilon[y + z = 0]$ einander nach einer Parabel k schneiden. Wie lautet die Gleichung ihres Grundrisses k'?

4. Der Dandelin'sche Beweis für Schnitte nach Hyperbeln:

Bei einer Schnittführung gemäß Fig. 4 lassen sich der Drehkegelfläche wiederum (genau) zwei Kugeln κ_1 und κ_2 einschreiben, welche den Kegel längs der Parallelkreise p_1 bzw. p_2 und die Schnittebene α in den Punkten F_1 bzw. F_2 berühren. Die durch einen Punkt X der Schnittkurve k gehende Kegelerzeugende e berührt κ_1 in einem Punkt X_1 auf p_1 und κ_2 in einem Punkt X_2 auf p_2, und es gilt $|XF_1| = |XX_1|$ sowie $|XF_2| = |XX_2|$. Daher ist auch der Betrag der Differenz

$$||XF_1| - |XF_2|| = ||XX_1| - |XX_2|| = |X_1X_2|$$

konstant, womit die Brennpunktdefinition der Hyperbel für jeden Punkt X der Kurve k erfüllt ist. Wie in UA 2 gilt weiter $|X_1X_2| = |1_02_0| = |A"B"| = |AB| = 2a$.

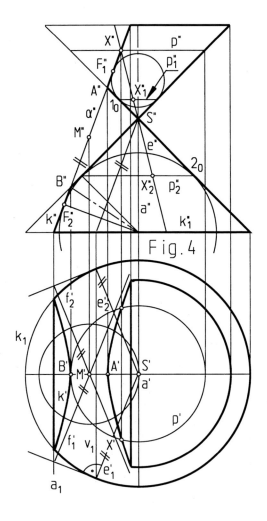

Fig. 4

apollonischen Kegelschnittdefinition. Der Grundriss X' von X ∈ k liegt auf dem Bild p' des Parallelkreises p durch X. (Auf diesem Weg lassen sich insbesondere die Nebenscheitel C' und D' konstruktiv ermitteln, wenn k' eine Ellipse ist.) Für die in Fig. 2 ausgewiesenen Größen α, β, r und Δz lautet das Abstandsverhältnis des Punktes X' von S' und dem Grundriss h' der in Höhe der Spitze S liegenden (Haupt-)Geraden h der Schnittebene wie folgt:

$$|X'S'| : |X'h'| = r : \Delta z . \cot\alpha =$$
$$\Delta z . \cot\beta : \Delta z . \cot\alpha = \cot\beta : \cot\alpha = k$$

Für $\beta > \alpha$ ist k < 1 ($\Rightarrow$ k' ist eine Ellipse), für $\beta = \alpha$ ist k = 1 ($\Rightarrow$ k' ist eine Parabel), und für $\beta < \alpha$ ist k > 1 ($\Rightarrow$ k' ist eine Hyperbel).

Es darf nicht überraschen, dass die Brennpunkte F_1, F_2 der Kurve k für den Grundriss k' ohne Bedeutung sind. Denn eine metrische Eigenschaft (z. B. eine konstante Abstandssumme) bleibt bei einer affinen Abbildung, wie sie die Parallelprojektion vermittelt, eben nicht erhalten. (Ausnahme: Schnitt- und Bildebene sind parallel.) Die in Teil I ausführlich behandelten affinen Eigenschaften gehen indessen in alle (nicht ausgearteten) Parallelrisse von Drehkegelschnitten ein. Das betrifft vor allem konjugierte Durchmesser(gerade), Sehnen, Tangenten und insbesondere die Asymptoten bei der Hyperbel.

Der Grundriss von Fig. 4 zeigt mehrere Möglichkeiten auf, wie die Asymptoten f_1' und f_2' der Hyperbel k' zu bekommen sind. Die planimetrische Methode benützt den Kreis mit dem Mittelpunkt M' durch den Brennpunkt S', dessen Schnittpunkte mit den Scheiteltangenten durch A' und B' auf f_1' bzw. f_2' liegen. Der aus der räumlichen Situation abgeleitete Konstruktionsgang benützt die Schnitterzeugenden e_1, e_2 mit der Richtebene, zu denen die Asymptoten f_1 und f_2 von k parallel sein müssen, und das gilt natürlich dann auch für die Grundrisse: $f_1' \parallel e_1'$, $f_2' \parallel e_2'$. Diese Parallelität ist darin begründet, dass e_1 und f_1 sowie e_2 und f_2 einander (nach UA 1) in den Fernpunkten der Hyperbel k schneiden müssen. Die perspektive Kollineation eröffnet noch einen dritten Weg.

5. Normalrisse von Drehkegelschnitten bei projizierender Kegelachse:

In Fig. 2, Fig. 3 und Fig. 4 sind den Aufrissen Grundrisse beigefügt. In ihnen ist die Drehachse projizierend: a' = S'. In so einem Fall gehorcht die Kurve k' folgenden Gesetzen:

1. Der Grundriss S' der Spitze S ist ein Brennpunkt des Grundrisses k' der Schnittkurve k.

2. Der Spurkreis k_1 der Drehkegelfläche und die Grundrisskurve k' entsprechen einander in einer perspektiven Kollineation mit dem Zentrum S'. Die Kollineationsachse ist die Spur a_1 der Schnittebene α und die Verschwindungsgerade ist die Spur v_1 der zugehörigen Richtebene.

Der mit Hilfe von Fig. 2 geführte Beweis zu Punkt 1 beruht auf der in Teil I angegebenen

Dieser unter Punkt 2 genannte Zusammenhang zwischen k_1 und k' fußt auf dem bereits beim Pyramidenschnitt von Fig. 3.4.7 (Seite 104) genannten Sachverhalt. Danach liegt eine Zentralprojektion mit dem Zentrum S vor, die in der Schnittebene α und in π_1 kollineare Punktfelder in perspektiver Lage erzeugt, deren Normalprojektion die genannte perspektive Kollineation liefert. In Fig. 3 sind die Parabeltangenten in X' und $\overline{X}$' – alternativ zu einer planimetrischen Konstruktion – mit Hilfe der zugeordneten Kreistangenten ermittelt worden. Fig. 4 zeigt die Nutzung der perspektiven Kollineation für die Konstruktion der Asymptoten f_1' und f_2' von k', denen die Kreistangenten in den Schnittpunkten von k_1 mit v_1 zugeordnet sind.

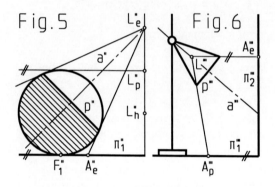

Vorschläge zum Selbermachen: A) Einer Kugel wird durch Sonnenstrahlen eine Drehzylinderfläche und durch Lichtstrahlen, die von einer punktförmigen Lichtquelle L ausgehen, eine Drehkegelfläche umschrieben. Liegt die Kugel auf einer waagrechten Ebene (π_1), so erzeugt sie auf dieser einen Schatten, dessen Rand die Schnittkurve der Drehzylinder- bzw. Drehkegelfläche mit der Ebene ist. Bei Sonnenbestrahlung ist das immer eine Ellipse, bei Zentralbeleuchtung je nach Lage von L ein Hyperbelast, eine Parabel oder eine Ellipse, wobei der Berührpunkt in jedem Fall ein Brennpunkt der Kurve ist (Fig. 5). **B)** Mit einer Stablampe (Fig. 1.4.9) lässt sich auf dem Fußboden (π_1) oder auf einer Wand (π_2, π_3) ein Lichtfleck erzeugen, der entweder von einer Ellipse oder einer Parabel oder einem Hyperbelast berandet wird. Das gleiche Phänomen tritt bei einer Decken- oder Wandleuchte bzw. Stehlampe auf, die einen Schirm mit kreisförmiger Öffnung besitzt (Fig. 6). Ist die Achse a lotrecht, dann ist der achsenparallele Schnitt des Lichtkegels mit der Wandebene immer eine Hyperbel, und auf dem Fußboden oder der Decke entsteht ein kreisförmiger Lichtfleck. **C)** Konstruktiv und durch Rechnung bestätigen, dass der Drehkegel $\gamma[x^2 + y^2 = (z-8)^2]$ von der Ebene $\alpha[3y - 5z + 24 = 0]$ nach einer Ellipse k mit den Scheiteln A(0/-8/0), B(0/2/6), C(4/-3/3) und D(-4/-3/3) geschnitten wird.

4.5 Rohrflächen; Torus und Torusschnitte

In A 4.1 sind die *Rohrflächen* als Hüllflächen einer Schar kongruenter Kugeln (Radius r) eingeführt worden, deren Mittelpunkte auf einer Mittenkurve m liegen. Da zwei Kugeln einander immer nach Kreisen schneiden und die Berührkurve einer Scharfläche mit der Rohrfläche als Schnittkurve benachbarter Scharflächen interpretiert werden kann, wird jede Rohrfläche von einer Schar kongruenter Kreise überzogen. Jeder Scharkreis hat als Großkreis mit der zugehörigen Kugel den Mittelpunkt und den Radius r gemeinsam. Also liegen auch alle Kreismittelpunkte auf der Mittenkurve m und alle Kreisebenen sind Normalebenen von m.

1. Der scheinbarer Umriss von Rohrflächen in Normalrissen:

Im Gegensatz zur algebraischen Darstellung von Rohrflächen, deren Gleichungen nur mittels infinitesimaler Methoden zu gewinnen sind, ist ihre Darstellung in Normalrissen relativ einfach und lässt sich dabei an ein Wissen anknüpfen, das in Teil I aufbereitet worden ist. Der scheinbare Umriss von Rohrflächen besteht nämlich aus *Parallelkurven* zum Normalriss der Mittenkurve m im Abstand r (Fig. 1). Das ist Folge des Umstands, dass bei Normalprojektion die Umrisse der Scharkugeln lauter Kreise mit dem Radius r sind, welche den Rohrflächenumriss zur Hüllkurve haben. Parallelkurven haben eine gemeinsame Evolute k* als Hüllkurve der Kurvennormalen und Ort der Krümmungskreismittelpunkte, auf der (daher) auch die Spitzen ihrer Evolventen liegen. Umgekehrt hat k* in jedem Mittelpunkt M* eines Scheitelkrümmungskreises k_S ihrer Evolventen in der Regel eine Spitze.

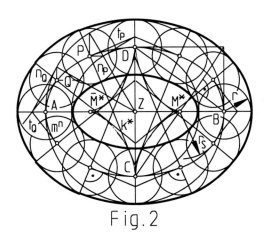

Fig. 2

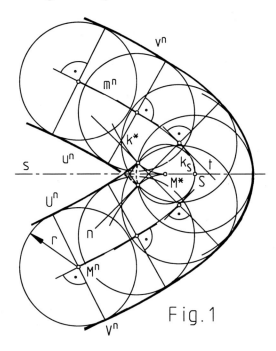

Fig. 1

Die Umrisskurven von Rohrflächen sind in Normalrissen also punkt- und tangentenweise konstruierbar, wenn der Normalriss m^n der Mittenkurve punkt- und tangentenweise bekannt ist. Hat m^n eine Symmetrieachse s und darauf einen Scheitel S mit bekanntem Krümmungskreismittelpunkt M*, so ist M* auch Mittelpunkt der Scheitelkrümmungskreise der Parallelkurven u^n und v^n (Fig. 1).

2. Normalrisse der Torusfläche:

Ist die Mittenkurve einer Rohrfläche (Kugelradius r) ein Kreis m (Radius R), dann handelt es sich um eine *Torusfläche*. In der Aufstellung mit lotrechter (Dreh-)Achse a wird der Grundriss eines Ringtorus (A 2.6) von den Bildern des Gürtel- und des Kehlkreises begrenzt, der zweite wahre Umriss besteht aus zwei Meridiankreisen und den zwei Plattkreisen, deren Bilder Strecken sind.

Nach den Ausführungen von UA 1 ist es ein Leichtes, auch den Normalumriss eines Ringtorus zu zeichnen, dessen Achse a zur Bildebene π nicht normal oder parallel ist, sondern mit π einen Winkel α einschließt. Denn das Bild des Mittenkreises m ist dann eine Ellipse m^n mit a = R und b = R·sinα, die wir hinsichtlich ihrer Punkte, Tangenten, Normalen und Scheitelkrümmungskreise konstruktiv vollständig beherrschen. Fig. 2 zeigt einen solchen Normalriss für r = 1,5 LE, R = 3,5·$\sqrt{2}$ LE und b = 3,5 LE (⇒ α = 45°).

Die zweiteilige Umrisskurve wird als *Toroide* bezeichnet. Die äußere Teilkurve ist stets ein Oval, während die Form der inneren Teilkurve von dem zu den Hauptscheiteln der Ellipse m^n gehörigen Krümmungskreisradius r_S abhängt. Ist r_S größer als der Kugelradius r, dann ist auch die innere Teilkurve ein Oval (Fig. 2), während sie für r_S = r zwei und für r_S < r vier Spitzen aufweist.

Vorschläge zum Selbermachen: A) Einen Ringtorus (Kugelradius r) in einem Normalriss darstellen, von dem das Bild des Mittenkreises m^n durch R = a und b gegeben ist: **a)** r = 2 cm, a = 4,5 cm, b = 3 cm, **b)** r = 2,5 cm, a = 5 cm, b = 2,5 cm. **B)** In normaler Isometrie einen Drei-Viertel-Ringtorus mit a = z, R = 4 cm und r = 1,5 cm darstellen. Es fehlt das Viertel, welches sich zwischen den Meridiankreisen in den vorderen Hälften der xz-Ebene und der yz-Ebene befindet. **C)** Eine reizvolle Konstruktionsaufgabe besteht darin, den Torusumriss bei geneigter Achse mit Hilfe eines Meridianrisses nach dem für

149

Drehflächen auf Seite 139 (Fig. 4.3.2) vorgestellten Kugelverfahren zu ermitteln. Dabei lässt sich erkennen, dass Spitzen im scheinbaren Umriss dort auftreten, wo die wahre Umrisskurve Projektionsstrahlen zu Tangenten hat, was im Meridianriss ersichtlich ist.

3. Die Gleichung der Torusfläche:

Indem ein Torus auch durch Drehung eines Kreises k(M; r) um eine in der Kreisebene liegende, aber nicht durch M hindurchgehende Gerade a erzeugt werden kann, lässt sich seine Gleichung nach dem für Drehflächen entwickelten Verfahren herleiten. Ist, wie in Fig. 3, die Drehachse a die z-Achse und bewegt sich M auf einem in der xy-Ebene liegenden Kreis m(U; R), dann lautet die Gleichung von k in der yz-Ebene

$$(y - R)^2 + z^2 = r^2$$

In ihr wird y durch $\sqrt{x^2+y^2}$ ersetzt und die Gleichung rational gemacht:

$$(\sqrt{x^2+y^2} - R)^2 + z^2 - r^2 = 0 \Rightarrow$$
$$x^2 + y^2 + R^2 + z^2 - r^2 = 2R \cdot \sqrt{x^2+y^2} \;|^2 \Rightarrow$$

$$\boxed{(x^2 + y^2 + z^2 + R^2 - r^2)^2 - 4R^2 \cdot (x^2 + y^2) = 0}$$

Somit ist die Torusfläche eine algebraische Fläche 4. Ordnung und ihre ebenen Schnitte sind algebraische Kurven 4. Ordnung, die allerdings auch in zwei Kreise zerfallen können. Beispiele dafür sind die Achsenschnitte (zwei Meridiankreise) und die achsennormalen Schnitte (zwei Parallelkreise), insbesondere die als zwei Schnittkreise zu zählenden Plattkreise für die Ebenen mit den Gleichungen z = r und z = -r. Das lässt sich auch aus der Berechnung der Grundrisse dieser Schnittkurven nach der Eliminationsregel (Seite 110) ablesen: Substitution $z^2 \to r^2$ in der Flächengleichung ergibt

$$(x^2 + y^2 + R^2)^2 - 4R^2 \cdot (x^2 + y^2) = 0 \Rightarrow (x^2 + y^2)^2 + 2R^2 \cdot (x^2 + y^2) + R^4 - 4R^2 \cdot (x^2 + y^2) = 0$$
$$\Rightarrow (x^2 + y^2)^2 - 2R^2 \cdot (x^2 + y^2) + R^4 = 0 \Rightarrow$$
$$(x^2 + y^2 - R^2)^2 = 0$$

Die Plattkreise teilen den Torus in eine äußere Teilfläche, die nur elliptische Flächenpunkte enthält, und in eine innere Teilfläche, die nur hyperbolische Flächenpunkte enthält. Im einen Fall haben die Tangentialebenen mit dem Torus den Berührpunkt als einzigen reellen Punkt gemeinsam, im anderen Fall schneiden sie den Torus nach einer reellen Kurve vierter Ordnung mit Doppelpunkt.

Schreiben wir die Torusgleichung auf homogene Koordinaten um, multiplizieren wir sie anschließend mit x_0^4 und setzen wir schließlich $x_0 = 0$, so kommt $x_1^4 + x_2^4 + x_3^4 + 2x_1^2x_2^2 + 2x_1^2x_3^2 + 2x_2^2x_3^2 = (x_1^2 + x_2^2 + x_3^2)^2 = 0$. Die Berechnung der Fernkurvengleichung ergibt also das Quadrat der Gleichung des absoluten Kegelschnitts k_ω (Seite 132). Die Fernkurve 4. Ordnung des Torus ist demnach der (als Doppelkurve zu betrachtende) absolute Kegelschnitt. Auf die Unmöglichkeit, mit diesem von der Theorie her sehr interessanten Sachverhalt irgendeine konkrete Vorstellung zu verbinden, sei wiederum hingewiesen. Wohl aber lässt sich daraus schlussfolgern, dass alle Torusschnitte die absoluten Kreispunkte ihrer Trägerebenen zu (Doppel-) Fernpunkten haben.

4. Spirische Linien:

Die achsenparallelen ebenen Schnitte des Ringtorus stießen schon in vorchristlicher Zeit auf reges Interesse, was auch ihre Benennung als *spirische Linien* dokumentiert. (*Spira* ist die von einem Säulenelement mit torusförmiger Hohlkehle abgeleitete Benennung des Torus im antiken Griechenland.)

Alle spirischen Linien besitzen zwei Symmetrieachsen und (folglich) auch ein Symmetriezentrum. Ihre Form ist von den Radien R und r sowie von der Distanz d der Schnittebene α zur Torusachse a abhängig. Mit Hilfe von Fig. 3 lässt sich erkennen, dass die Ebene $α_0$ mit d = R + r eine Tangentialebene in einem elliptischen Flächenpunkt ist, dass $α_1$ mit R + r > d ≥ R den Torus nach einem Oval schneidet, während für $α_2$ mit R > d > R − r eine „Biskottenform", für die Tangentialebene $α_3$ (d = R − r) eine Achterschleife und für

α_4 mit d < R – r eine zweiteilige Schnittkurve entsteht. In Fig. 3 sind eine ovale Schnittkurve s_1 und eine biskottenförmige Schnittkurve s_2 eingezeichnet, wobei Parallelkreise als Träger markanter Punkte für die Aufrissermittlung benützt wurden.

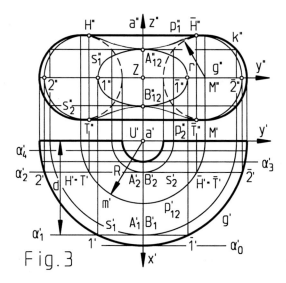

Fig. 3

Alle genannten Formen sind auch unter den cassinischen Linien zu finden, die in Teil I als algebraische Kurven mit der Gleichung

$$(x^2 + y^2)^2 - 2e^2 \cdot (x^2 - y^2) = a^4 - e^4$$

vorgestellt worden sind. Eine völlige Übereinstimmung mit den spirischen Linien ist schon deswegen nicht zu erwarten, weil in die Gleichung der Letzteren nicht nur zwei, sondern drei voneinander unabhängige Parameter R, r und d eingehen. Der Schnitt mit einer zur Achse a im Abstand d parallelen frontalen Ebene α (mit der Gleichung x = d) hat im ebenen Koordinatensystem Uyz die aus der Flächengleichung durch Substitution x → d entstehende Gleichung

$$(d^2 + y^2 + z^2 + R^2 - r^2)^2 = 4R^2 \cdot (d^2 + y^2)$$

Ersetzen wir hier r durch d, so kommt

$$(y^2 + z^2 + R^2)^2 = 4R^2 \cdot (d^2 + y^2) \Rightarrow$$
$$(y^2 + z^2)^2 + 2R^2 \cdot (y^2 + z^2) + R^4 = 4R^2 \cdot (d^2 + y^2)$$
$$\Rightarrow (y^2 + z^2)^2 - 2R^2 y^2 + 2R^2 z^2 = 4R^2 d^2 - R^4 \Rightarrow$$
$$(y^2 + z^2)^2 - 2R^2 \cdot (y^2 - z^2) = 4R^2 d^2 - R^4$$

Diese Gleichung beschreibt eine cassinische Linie mit $a^2 = 2Rd$ und e = R. Eine spirische Linie ist also dann und nur dann eine cassinische Linie, wenn der Meridiankreisradius r mit dem Abstand d der Schnittebene von der Torusachse übereinstimmt. Insbesondere tritt die in Teil I vorgestellte *bernoullische Lemniskate* nur an Torusflächen mit R = 2r auf.

Vorschläge zum Selbermachen: A) Eine spirische Linie zeichnen, welche die beiden Plattkreise (in Flachpunkten) berührt. **B)** Eine bernoullische Lemniskate als Torusschnitt zeichnen.

4.6 Schiebflächen, insbes. Paraboloide

Nach A 4.1 entstehen *Schiebflächen* durch das Verschieben einer Kurve e längs einer sie schneidenden Kurve l. Dabei beschreibt jeder Punkt X von e eine zu l kongruente und „gleichgestellte" Kurve in dem Sinn, dass je zwei solche Kurven durch eine räumliche Translation aufeinander bezogen sind. Auch alle Lagen von e sind kongruent und gleichgestellt, Rollentausch ist daher möglich.

1. Zylinderflächen:

Diese Erklärung weist die bereits in A 0.1 (Fig. 0.1.7b) definierten Zylinderflächen als Schiebflächen aus, wobei e in diesem Fall eine Gerade und l die dort genannte *Leitkurve* ist, also durchaus auch eine Raumkurve sein kann. Auf die Vertauschbarkeit von e und l wurde bereits hingewiesen.

Im Folgenden grenzen wir das Thema auf Zylinder 2. Ordnung ein. Bei ihnen ist l ein Kegelschnitt, dessen Trägerebene die Gerade e nicht enthalten darf. Je nach Art von l entsteht eine *elliptische*, eine *parabolische* oder eine *hyperbolische Zylinderfläche* (Fig. 1). Abgesehen von Ebenen, die zu e parallel sind und die Fläche nach maximal zwei reellen

Erzeugenden schneiden, sind alle ebenen Schnitte zu l affin, sodass also auf elliptischen Zylindern nur Ellipsen oder Kreise, auf parabolischen nur Parabeln und auf hyperbolischen nur Hyperbeln auftreten. Das gilt insbesondere für Schnittebenen, die zur Erzeugendenrichtung normal sind, sodass jede Zylinderfläche als *gerader Zylinder* betrachtet werden kann (Fig. 1).

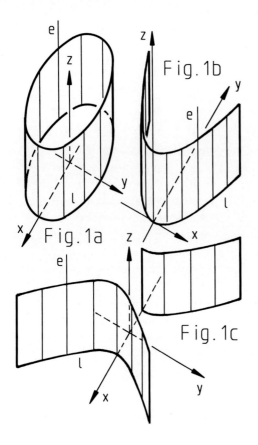

Ist die Leitkurve l ein in der xy-Ebene liegender Kegelschnitt und sind die Erzeugenden zur z-Achse parallel, dann stimmt die Flächengleichung mit der Gleichung von l überein, wofür mit der Drehzylinderfläche in A 4.3 schon ein Beispiel gegeben worden ist. Daher kann ein Zylinder mit zwei einander längs der z-Achse normal schneidenden Symmetrieebenen durch die Gleichung

$$\frac{x^2}{a^2} \pm \frac{y^2}{b^2} = 1$$

beschrieben werden. Für + ist das ein elliptischer (Fig. 1a) und für – ein hyperbolischer Zylinder (Fig. 1c). Dabei können a^2 und b^2 auch vertauscht werden, im Hyperbelfall muss dann aber das erste Glied negativ sein und danach ein + kommen. Für einen parabolischen Zylinder gelten die Gleichungen

| $x^2 = 2py$ | $y^2 = 2px$ |

gleichberechtigt. Im einen Fall ist die (einzige) lotrechte Symmetriebene der Fläche die yz-Ebene (Fig. 1b), im anderen ist es die xz-Ebene. Das Foto auf Seite 188 zeigt parabolsche Zylinder mit waagrechten Erzeugenden.

2. Allgemeine Schiebflächen, Umrissermittlung (Parallelrisse):

Bei der Darstellung krummer Flächen ist die Umrissermittlung das Um und Auf. Für Normalrisse von Dreh- und Rohrflächen wurde im Wesentlichen der Umstand genützt, dass die Normalumrisse von Kugeln kreisförmig sind. Bei Schiebflächen beruht die punkt- und tangentenweise Ermittlung der Umrisskurve auf der Tatsache, dass die Tangentialebenen in Umrisspunkten projizierend sind. Das betreffende Konstruktionsverfahren ist auf alle Parallelrisse anwendbar.

Fig. 2 zeigt eine Schiebfläche, an deren Erzeugung ein frontaler Halbkreis e und ein in der xz-Ebene liegender Viertelkreis l beteiligt sind. Die Kurven e und l schneiden einander im Ursprung O des Achsensystems Oxyz und haben den Mittelpunkt M(0/0/r) gemeinsam. $M^s O^s$ und $M^s E_2^s$ sind konjugierte Halbmesser der Viertelellipse l^s, auf welcher ein Zwischenpunkt E_1^s samt Tangente t^s mit Hilfe der dazu perspektiv affinen rechten Hälfte von e^s exakt konstruiert wurde.

Jeder Punkt $L_1, L_2, ...$ von e beschreibt bei der Schiebung in Lagen $e_1, e_2, ...$ eine zu l kongruente und gleichgestellte Kurve $l_1, l_2, ...$, und für alle Punkte einer „e-Kurve" sind die Tangenten an diese „l-Kurven" parallel, und umgekehrt. Diese Konstellation bedingt, dass z. B. der Schnittpunkt T von e_1 mit l_1 der vierte Punkt des Parallelogramms OE_1TL_1 ist, und das gilt zufolge der Parallelentreue auch für die Bildpunkte. Die Tangenten an e_1 und l_1 spannen die Tangentialebene in T auf.

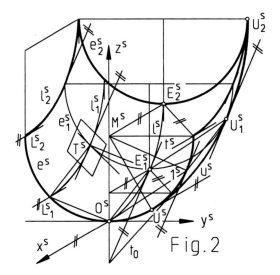

Fig. 2

Eine Tangentialebene erscheint projizierend, wenn die Bilder dieser beiden Tangenten zusammenfallen, und der Berührpunkt ist dann ein Umrisspunkt. Der Umrisspunkt U_1^s auf e_1^s ist demnach der vierte Punkt eines Parallelogramms $O^s E_1^s U_1^s 1^s$, in dem 1^s der Punkt auf der Kurve e^s ist, dessen Tangente an e^s zur Tangente an die Kurve l^s im Punkt E_1^s parallel ist. Die Umrisskurve u^s beginnt im Punkt $U^s \in e^s$, in dem die Tangente an e^s zu x^s parallel ist, und endet in U_2^s auf e_2^s.

Das in Fig. 2 dargestellte Flächenstück gehört zu den *Wölbflächen*, das sind Schiebflächen, die von zwei Kreislinien erzeugt werden. Sie sind algebraische Flächen 4. Ordnung, wie sie in der Regel generell beim Verschieben eines Kegelschnitts längs eines anderen entstehen.

3. Die Gleichungen der Paraboloide:

Eine Ausnahme von dieser Regel bildet der Fall, dass es sich um zwei Parabeln handelt, deren Achsen parallel sind. Für diesen Fall ist es recht einfach, die Flächengleichungen herzuleiten. Fig. 3 zeigt die beiden Konstellationen, die zu grundsätzlich verschiedenen Flächenformen führen. Entweder es sind beide Parabeln nach derselben Seite offen (l und e_1) oder sie sind nach verschiedenen Seiten offen (l und e_2).

Die Parabel l liegt in der xz-Ebene, ihre Gleichung im ebenen Koordinatensystem Uxz lautet $x^2 = 2pz$, der Punkt O hat daher die z-Koordinate $z_O = \frac{x^2}{2p}$. Die Parabeln e_1 und e_2 liegen in einer zur yz-Ebene parallelen Ebene, ihre Gleichungen im ebenen Koordinatensystem Oy'z' lauten $y^2 = 2qz$ bzw. $y^2 = -2qz$, wenn der Parameter q immer positiv sein soll. Die Punkte X_1, X_2 haben in diesem System daher die z-Koordinate $z_1 = \frac{y^2}{2q}$ bzw. $z_2 = -\frac{y^2}{2q}$, und im System Uxyz haben sie die z-Koordinate $z = z_O + z_1$ bzw. $z = z_O + z_2$. Somit gelten die Flächengleichungen (Funktionsgleichungen)

$$z = \frac{x^2}{2p} \pm \frac{y^2}{2q}$$

Die zwei durch l und e_1 bzw. l und e_2 bestimmen Schiebflächen sind also algebraische Flächen 2. Ordnung (= Quadriken).

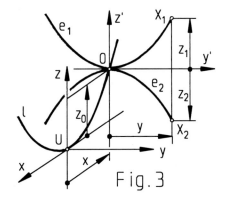

Fig. 3

4. Das elliptische Paraboloid:

Für $\frac{x^2}{2p} + \frac{y^2}{2q} = z$ schneidet jede zur z-Achse normale Ebene mit der Gleichung $z = h > 0$ die Fläche nach einer Ellipse, was ihr den Namen *elliptisches Paraboloid* einträgt.

$$h = \frac{x^2}{2p} + \frac{y^2}{2q} \Rightarrow \frac{x^2}{2ph} + \frac{y^2}{2qh} = 1$$

Aus dieser Ellipsengleichung mit $a^2 = 2ph$ und $b^2 = 2qh$ für $p > q$, sonst umgekehrt, folgt einerseits, dass alle *Schichtenellipsen* (und ihre Grundrisse) zentrisch ähnlich sind (a : b

$= \sqrt{p} : \sqrt{q}$), und andererseits eine Konstruktion von einer der vier Längen aus zwei anderen nach dem Höhen- oder Kathetensatz.

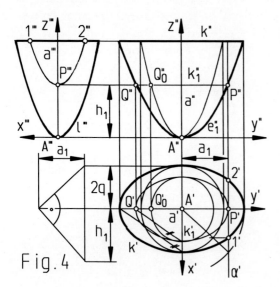

Fig. 4

Fig. 4 zeigt die Fläche mit der Gleichung $\frac{z}{5} = \frac{x^2}{4} + \frac{y^2}{9}$ bis zur Höhe h = 4,05 LE in Grund-, Auf- und Kreuzriss. (Die Umrissparabeln sind analog zu Fig. 3 mit l und e_1 beschriftet.) Aus $2p = 4/5 = 0,8$ und $2q = 9/5 = 1,8$ ergibt sich für die waagrechte Schnittellipse k in Höhe h die Gleichung $\frac{x^2}{3,24} + \frac{y^2}{7,29} = 1$, somit a = 2,7 LE, b = 1,8 LE und a : b = 3 : 2.

Die xy-Ebene (z = 0) berührt die Fläche in ihrem *Scheitel* A(0/0/0). Wie auch alle anderen Punkte der Fläche ist A ein elliptischer Flächenpunkt. Die Flächennormale in A, in Fig. 4 also die z-Achse, zu der die Fläche achsial-symmetrisch ist, wird als *Achse* a des Paraboloids bezeichnet.

Bei Verwendung homogener Koordinaten ergibt die bekannte Routine einen einzigen reellen Fernpunkt $A_u(0:0:1:0)$, den Fernpunkt der Achse, in dem das Paraboloid die Fernebene berührt. Es sind daher auch alle Schrägschnitte Ellipsen und alle achsenparallelen Schnitte Parabeln. Jede zur Achse parallele Gerade (= *Durchmessergerade* des Paraboloids) schneidet die Fläche nur in <u>einem</u> eigentlichen Punkt.

Die xz-Ebene und die yz-Ebene sind Symmetrieebenen des Paraboloids. Für die zu ihnen parallelen Schnitte folgt die Parabelform allein schon aus der Erzeugung als Schiebfläche, und mehr noch die Tatsache, dass alle achsenparallelen Schnitte derselben Ebenenstellung zueinander kongruent sind.

In Fig. 4 ist eine durch Schnitt mit der Ebene $\alpha \parallel (xz)$ erzeugte Parabel mit dem Scheitel P eingezeichnet. Die z-Koordinate h_1 von P ist wegen $a_1^2 = 2qh_1$ mit $a_1 = |a'\alpha'|$ nach dem Höhensatz ermittelt worden, die Randpunkte 1 und 2 auf k mittels Scheitelkreisaffinität. Der (zweite) Umrisspunkt P und der dazu bezüglich der Paraboloidachse symmetrische Punkt Q sind die Hauptscheitel einer Schichtenellipse k_1, die zur Randellipse k zentrisch ähnlich ist, und Gleiches gilt für die Grundrisse k' und k_1'.

Für p = q ergibt sich als Sonderfall das Drehparaboloid:

$$\frac{x^2}{2p} + \frac{y^2}{2p} = z \mid 2p \Rightarrow x^2 + y^2 = 2pz$$

Umgekehrt lässt sich aus jedem Drehparaboloid durch eine *planare Streckung* (Stauchung) an einer Symmetrieebene mit dem Faktor k ein elliptisches Paraboloid ableiten. Diese Abbildung ist schon in A 0.3 erwähnt worden. Ihre Abbildungsgleichungen lassen zwei Koordinaten unverändert, während die dritte mit dem Faktor k gestreckt bzw. gestaucht wird.

Beispiel (Fig. 4): Das Drehparaboloid mit p = 0,4 hat die Gleichung $x_0^2 + y_0^2 = \frac{4}{5}z_0$ oder $5x_0^2 + 5y_0^2 = 4z_0$. Strecken wir es normal zur xz-Ebene um 50 %, so lauten die Abbildungsgleichungen $x = x_0$, $y = \frac{3}{2}y_0$ oder $y_0 = \frac{2}{3}y$ und $z = z_0$. Substitution ergibt $5x^2 + 5 \cdot \frac{4}{9}y^2 = 4z$ bzw. $\frac{x^2}{4} + \frac{y^2}{9} = \frac{z}{5}$.

In Fig. 4 ist der zweite Umriss des Drehparaboloids und die einander zugeordneten Punkte Q und Q_0 eingezeichnet.

5. Das hyperbolische Paraboloid:

Für $\frac{x^2}{2p} - \frac{y^2}{2q} = z$ schneidet jede zur z-Achse normale Ebene mit der Gleichung $z = h$ die Fläche nach einer Hyperbel, was ihr den Namen *hyperbolisches Paraboloid* einträgt.

$$h = \frac{x^2}{2p} - \frac{y^2}{2q} \Rightarrow \frac{x^2}{2ph} - \frac{y^2}{2qh} = 1$$

Für $h > 0$ ist das eine Hyperbelgleichung mit $a^2 = 2ph$ und $b^2 = 2qh$, für $h < 0$ ist $a^2 = -2qh$ und $b^2 = -2ph$, und für $h = 0$ zerfällt die Schnittkurve in das Geradenpaar mit der Gleichung $\frac{x^2}{p} - \frac{y^2}{q} = (\frac{x}{\sqrt{p}} + \frac{y}{\sqrt{q}}) \cdot (\frac{x}{\sqrt{p}} - \frac{y}{\sqrt{q}}) = 0$. Alle *Schichtenhyperbeln* (bzw. deren Grundrisse) mit $h > 0$ sind zentrisch ähnlich mit $a : b = \sqrt{p} : \sqrt{q}$, für $h < 0$ gilt $a : b = \sqrt{q} : \sqrt{p}$, und beide Hyperbelscharen haben das zu $h = 0$ gehörige Geradenpaar zu Asymptoten f_1, f_2.

Fig. 5 zeigt die Fläche mit der Gleichung $\frac{z}{5} = \frac{x^2}{4} - \frac{y^2}{9}$ zwischen $h_1 = -3{,}2$ und $h_2 = 3{,}2$ in Grund-, Auf- und Kreuzriss. (Die Umrissparabeln sind analog zu Fig. 3 mit l und e_2 beschriftet.) Aus $2p = 4/5 = 0{,}8$ und $2q = 9/5 = 1{,}8$ ergibt sich für die untere Schichtenhyperbel k_1 die Gleichung $\frac{y^2}{5{,}76} - \frac{x^2}{2{,}56} = 1$, somit a $= 2{,}4$ LE, $b = 1{,}6$ LE und $a : b = 3 : 2$. Für die obere Schichtenhyperbel k_2 gilt $\frac{x^2}{2{,}56} - \frac{y^2}{5{,}76} = 1$ und $a = 1{,}6$ LE, $b = 2{,}4$ LE, $a : b = 2 : 3$.

Wie beim elliptischen Paraboloid ist der Berührpunkt $A(0/0/0)$ der Fläche mit der xy-Ebene der *Scheitel* und die Flächennormale durch A ist die *Achse* a, zu der das Paraboloid achsial symmetrisch ist. Allerdings ist A, wie auch alle anderen Punkte der Fläche, wegen der oben genannten Schnittgeraden f_1, f_2 ein hyperbolischer Flächenpunkt. Das hyperbolische Paraboloid ist daher eine Strahlfläche, jede Tangentialebene enthält zwei *Erzeugende*. Die Scheitel A_1, B_1 und A_2, B_2 der beiden Schnitthyperbeln von Fig. 5 sind zweite bzw. dritte Umrisspunkte, ihre Tangentialebenen daher zweit- bzw. drittprojizierend und ihre zweiten bzw. dritten Risse als Parabeltangenten sehr einfach exakt konstruierbar. Wir erkennen: Die Tangentialebene in A_1 enthält die Erzeugende e durch A_2 und $\bar{e}$ durch B_2, die Tangentialebene in B_1 enthält die Erzeugende f durch B_2 und $\bar{f}$ durch A_2. Die Tangentialebene in A_2 wird von e und $\bar{f}$, jene in B_2 von $\bar{e}$ und f aufgespannt.

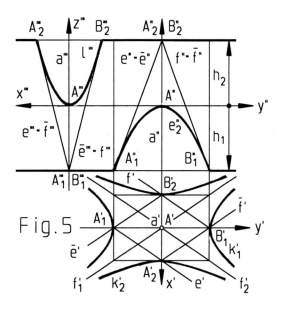

Fig. 5

Also wird das hyperbolische Paraboloid, so wie das einschalige Drehhyperboloid aus UA 4.3.7, von zwei Erzeugendenscharen überzogen. Alle Erzeugenden derselben Schar sind zueinander windschief und werden von allen Erzeugenden der anderen Schar geschnitten. In jedem solchen Schnittpunkt (Flächenpunkt) spannen die beiden daran beteiligten Erzeugenden die Tangentialebene auf. Zum Beispiel gehört die *Scheitelerzeugende* f_1 der Schar von $\bar{e}$ und $\bar{f}$ an, die zweite Scheitelerzeugende f_2 gehört der Schar von e und f an.

Homogene Koordinaten führen zu einer Fernkurve mit der Gleichung $\frac{x_1^2}{p} - \frac{x_2^2}{q} = 0$. Das bedeutet zwei reelle Ferngerade (= *Fernerzeugende*), die einander im Fernpunkt $A_u(0:0:1:0)$ der Achse schneiden, was die Fernebene als Tangentialebene in diesem Punkt ausweist. Weiters ist davon abzuleiten, dass alle Schrägschnitte zwei reelle Fernpunkte haben und daher Hyperbeln bzw. Erzeugendenpaare sind. Die Fernerzeugenden sind auch die Ferngeraden der beiden *Richtebenen* des hyperbolischen Paraboloids, das sind die von jeweils einer Scheitelerzeugenden und der Achse aufgespannten Ebenen. Alle zu den Richtebenen parallelen Schnitte zerfallen in eine eigentliche und eine Fernerzeugende, alle anderen achsenparallelen Schnitte sind Parabeln. Jede durch A_u gehende Gerade (= *Durchmessergerade*) schneidet die Fläche in (nur) <u>einem</u> eigentlichen Flächenpunkt.

Die Winkelsymmetrieebenen der beiden Richtebenen, bei einer Aufstellung gemäß Fig. 5 also die xz-Ebene und die yz-Ebene, sind Symmetrieebenen der Fläche. Für die zu ihnen parallelen Schnitte folgt die Parabelform allein schon aus der Erzeugung als Schiebfläche, und ebenso die Tatsache, dass alle achsenparallelen Schnitte derselben Ebenenstellung zueinander kongruent sind.

Für p = q ergibt sich als Sonderfall das *gleichseitige hyperbolische Paraboloid*:

$$\frac{x^2}{2p} - \frac{y^2}{2p} = z \,|\, 2p \Rightarrow x^2 - y^2 = 2pz$$

Alle achsenparallelen Schnitte sind Parabeln (bzw. Erzeugende + Fernerzeugende), alle Schichtenhyperbeln sind gleichseitig und die beiden Scheitelerzeugenden schneiden einander unter rechtem Winkel. Aus jedem gleichseitigen hyperbolischen Paraboloid lässt sich durch eine planare Streckung (oder Stauchung) an einer Symmetrieebene mit dem Faktor k ein (allgemeines) hyperbolisches Paraboloid ableiten.

Weil es sich um eine Strahlfläche 2. Ordnung, also um eine Strahlquadrik handelt, werden wir auf das hyperbolische Paraboloid in den betreffenden Abschnitten (A 4.8, A 4.9) nochmals zurückkommen. Dazu sei schon jetzt auf Fig. 4.8.3 (Seite 168) hingewiesen, die ein anschauliches Bild von der Fläche vermittelt, was von Fig. 5 nun wirklich nicht gesagt werden kann.

Vorschlag zum Selbermachen: A) Ein gleichseitiges hyperbolisches Paraboloid samt Parabel- und Hyperbelschnitten in Grund-, Auf- und Kreuzriss darstellen. **B)** In Tafel IV (Seite 200) den Frontalriss eines Teilstücks mit rechteckigem Grundriss von einem **a)** elliptischen, **b)** hyperbolischen Paraboloid als Schiebfläche ausführen.

4.7 Schraublinien und Schraubflächen

Nach A 0.3 setzt sich die *Schraubung* aus einer Drehung um die *Schraubachse* a und einer dazu proportionalen Schiebung in der Richtung von a zusammen. Sei δ der *Drehwinkel* (im Bogenmaß) und s die Länge des zugehörigen Schubvektors, so gilt also

$$s = c \cdot \delta$$

Der Proportionalitätsfaktor c wird als *Schraubparameter* bezeichnet und die zu einer vollen Drehung ($\delta = 2\pi$) gehörige Streckenlänge als *Ganghöhe* h. Aus gegebenem c lässt sich h berechnen und umgekehrt:

$$h = c \cdot 2\pi \Leftrightarrow c = \frac{h}{2\pi}$$

Im Hinblick darauf, dass δ ein Drehwinkel und daher orientiert ist, sind auch für s und c negative Werte zuzulassen. (Für die Ganghöhe ist dann der Betrag von c maßgeblich.) Sei a die z-Achse eines Rechtssystems Uxyz, so bewirkt für c > 0 ein positiver Drehwinkel eine Schiebung, bei der sich die z-Koordinaten der Punkte vergrößern, während ein negativer Drehwinkel eine Schiebung gegen die Orientierung der z-Achse bewirkt.

Für c > 0 sprechen wir von einer *Rechtsschraubung*, während für c < 0 eine *Linksschraubung* entsteht, bei der für $\delta > 0$ die Schiebung gegen die Orientierung der z-Achse erfolgt. In der Natur, z. B. bei Schneckenhäusern und Pflanzenranken, sind beide Windungssinne ziemlich gleichmäßig vertreten, aber für jede Gattung genetisch fixiert. In der Technik wird die Rechtsschraubung bevorzugt. Betrachten wir ein Rechtsgewinde mit lotrechter Achse von außen, so steigen die sichtbaren Gewindezüge von links unten nach rechts oben an. (Bei einer Betrachtung von innen, also z. B. aus dem Inneren einer Schraubenmutter, steigen die Gewindezüge von rechts unten nach links oben.) Steigen wir auf einer rechtsgängigen Wendeltreppe hinauf, so ist die Achse linker Hand, beim Hinuntergehen rechter Hand.

Wird ein Punkt einer Schraubung unterworfen, so entsteht eine *Schraublinie*. Bei Verschraubung einer Kurve, insbes. einer Geraden, oder einer Fläche entsteht eine *Schraubfläche* bzw. eine *Hüllschraubfläche*. Alle Schraubflächen sind „in sich verschraubbar", worauf die meisten technischen Anwendungen beruhen. Diese bestehen vorwiegend darin, eine Drehung in eine Schiebung umzuwandeln (z. B. bei Schrauben, Spiralbohrern, Förderschnecken und Ventilatoren) oder umgekehrt (z. B. bei Drillbohrern und Turbinen).

1. Schraublinien:

Sei r der Abstand eines Punktes P_0 von der Schraubachse a, so beschreibt dieser Punkt bei Anwendung einer Schraubung mit dem Parameter c eine Schraublinie s, die zur Gänze auf dem Drehzylinder $\zeta(a; r)$, dem zu s gehörigen *Schraubzylinder*, liegt. Mit der Schaublinie haben wir ein ganz konkretes Beispiel für eine *Raumkurve*, also eine Kurve, die nicht in einer Ebene liegt, und diese Raumkurve ist *transzendent*, weil sie aus unendlich vielen kongruenten Kurvenstücken („Gängen") mit der Ganghöhe h besteht.

In Fig. 1 ist die z-Achse als Schraubachse a, $P_0(r/0/0)$ und $c = r/2$ angenommen worden. In diesem Fall ist ζ erstprojizierend und s' ein Kreis. Der Teilung dieses Kreises in acht (oder zwölf) gleiche Teile entspricht die Teilung der Ganghöhe h in ebenso viele gleiche Teile, mit deren Hilfe über den Grundrissen P_1', P_2', ... die Aufrisse P_1'', P_2'', ... der Teilungspunkte fixiert werden. Die Ganghöhe kann berechnet oder als Umfang eines Kreises vom Radius $|c|$ nach Kochanski konstruktiv ermittelt werden. Für $c = r/2$ ist $h = u/2$, der halbe Umfang des Kreises s'.

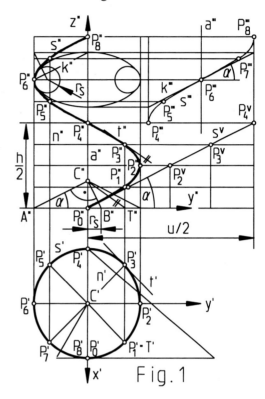

Fig. 1

Die *Parametergleichung* einer Schraublinie s in der Lage von Fig. 1 lässt sich insofern sehr einfach erstellen, als für jeden Punkt X(x/y/z) ∈ s die Koordinaten x und y die Kreisgleichung von s' erfüllen müssen, während z der Bedingung $z = c \cdot \delta$ genügt:

$$\begin{pmatrix} x \\ y \\ z \end{pmatrix} = \begin{pmatrix} r \cdot \cos\delta \\ r \cdot \sin\delta \\ c \cdot \delta \end{pmatrix}$$

Für den Aufriss s" sind die Koordinaten $y = r \cdot \sin\delta$ und $z = c \cdot \delta$ maßgeblich, woraus sich durch Elimination des Parameters δ als Kurvengleichung von s" im System Uyz

$$y = r \cdot \sin \frac{z}{c}$$

ergibt. Der Aufriss einer Schraublinie in der Lage von Fig. 1 ist daher die Funktionskurve einer harmonischen Schwingung, also eine affin verzerrte Sinuslinie mit der Amplitude r und der Wellenlänge h = |c|.2π, die auch als *Periode* bezeichnet wird.

Bei Verebnung des Schraubzylinders ζ wird aus der Schraublinie s eine Gerade s^v, und das bedeutet, dass die Schraublinien die *geodätischen Linien* (UA 1.5.6) der Drehzylinderflächen sind. Für den *Steigwinkel* α gilt gemäß Fig. 1 die Formel

$$\tan\alpha = \frac{h}{u} = \frac{|c|.2\pi}{r.2\pi} = \frac{|c|}{r}$$

Eine Schraublinie s kann daher auch als jene Raumkurve definiert werden, die entsteht, wenn eine Gerade s^v auf eine Drehzylinderfläche ζ „aufgewickelt" wird. Versehen wir z. B. ein Rechteck mit einer schräg zu den Seiten verlaufenden Strecke und verformen wir es dann zu einem Drehzylindermantel, so wird aus der Strecke ein Teilstück einer Schraublinie.

Aus diesem Zusammenhang ergibt sich auch die für die Verebnung von Schraubtorsen (UA 6) wichtige Relation 1 : cosα zwischen der Länge eines Schraublinienstücks und dem (für a ⊥ π_1) zugehörigen Grundriss.

2. Tangenten und Krümmungskreise:

Die Definition einer Tangente als Sekante, bei der die beiden Schnittpunkte zu einem Berührpunkt zusammengerückt sind, gilt auch für Raumkurven. Die *Tangenten* einer Schraublinie liegen in den Tangentialebenen des Drehzylinders ζ(a; r) und sind gegen jede achsennormale Ebene unter dem gleichen Winkel α geneigt. Aus der Tatsache, dass das auch für alle Erzeugenden der Drehkegelfläche mit dem Basiskreis s' und der Höhe |c| (⇒ Spitze C) gilt, lässt sich folgende Tangentenkonstruktion ableiten: Die Tangente t in P ist zu jener Kegelerzeugenden (CT') parallel, deren Spurpunkt T' aus P' durch eine negative Vierteldrehung um a hervorgeht. (Für c < 0 ist eine positive Vierteldrehung erforderlich.) Der Drehkegel mit dem Basiskreis s' und der Spitze C wird als *Richtkegel* bezeichnet. In Fig. 1 ist die Tangente t" in P_3" und die Wendetangente in P_4" mit Hilfe des Richtkegels konstruiert worden.

Unter den durch t gehenden Ebenen gibt es eine, die mit der Raumkurve (mindestens) drei in P zusammengerückte Punkte gemeinsam hat und *Schmiegebene* genannt wird. Sie trägt den *Krümmungskreis* k_P der Kurve im Punkt P. Die Schmiegebene dürfen wir uns als Grenzfall einer Ebene durch t und einen weiteren Kurvenpunkt Q für Q → P vorstellen, in ihr liegt k_p als Grenzfall des durch das Linienelement (P, t) und Q bestimmten Kreises. Die in der Schmiegebene liegende Gerade n ⊥ t wird als *Hauptnormale* der Kurve im Punkt P bezeichnet. (Bei Raumkurven ist jede zu t normale Gerade durch P eine *Kurvennormale*.) Der Mittelpunkt des Krümmungskreises k_P liegt auf n.

Für Schraublinien (Achse a) ist plausibel, dass die Hauptnormale n in jedem Kurvenpunkt P (Tangente t) die gemeinsame Normale von t und a ist. Bei lotrechter Achse a ist n daher eine (erste) Hauptgerade und t eine Fallgerade der Schmiegebene (Fig. 1, Punkt P_3). Jede Schmiegebene schneidet den Schraubzylinder ζ nach einer Ellipse k, für die P ein Nebenscheitel ist, und der betreffende Scheitelkrümmungskreis ist der Krümmungskreis k_P. Im Aufriss von Fig. 1 ist eine solche Ellipse k im Punkt P_6 mit Hilfe eines Kreuzrisses dargestellt worden. Für die Aufrissellipse k" ist der Scheitelpunkt P_6" ein Hauptscheitel und dessen Scheitelkrümmungskreis ist auch Krümmungskreis von s". Sein Radius r_S, der auch für den Punkt P_2" gilt, kann auch direkt dem rechtw. Dreieck A"B"C" entnommen werden, wie noch zu zeigen sein wird.

Alle Schmiegebenen schneiden ζ unter gleichem Winkel α, daher sind alle Schnittellipsen kongruent mit b = r und a = $\frac{r}{\cos\alpha}$. Diese Zusammenhänge sind auch im Dreieck A"B"C" zu erkennen, Fig. 1a zeigt es in einer Vergrößerung. Der Radius des Krümmungskreises in den Nebenscheiteln einer Ellipse ist der Quotient aus a^2 und b, wie aus der

Krümmungskreiskonstruktion leicht abgeleitet werden kann. In unserem Fall ergibt das die Formel

$$r_s = \frac{r}{\cos^2 \alpha}$$

Da es sich um den Radius des Krümmungskreises k_P in jedem Punkt P der Schraublinie s handelt, ist die Bezeichnung r_s (= Krümmungskreisradius von s) gerechtfertigt. Wenn wir aus der ebenen Geometrie die Definition übernehmen, dass die *Krümmung* einer Kurve der Kehrwert des Krümmungskreisradius ist (und umgekehrt), dann lassen sich die Schraublinien nun auch als Raumkurven mit konstanter Krümmung identifizieren.

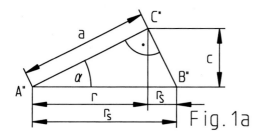

Fig. 1a

Aus $r_s = a^2 : b$ mit $b = r$ folgt $a^2 = r \cdot r_s$ und damit die in Fig. 1a enthaltene Konstruktion von r_s nach dem Kathetensatz.

Der Radius des Krümmungskreises in den Hauptscheiteln einer Ellipse ist der Quotient aus b^2 und a. Bei der Aufrisskurve s" ist $a = r$ und $b = c$, also $r_S = c^2 : r$ oder $c^2 = r \cdot r_S$, was die in Fig. 1 und Fig. 1a enthaltene Konstruktion von r_S nach dem Höhensatz rechtfertigt.

Vorschlag zum Selbermachen: Drei Schraublinien mit gemeinsamer lotrechter Achse a und Radien $r_1 : r_2 : r_3 = 3 : 2 : 1$ sowie der (gemeinsamen) Ganghöhe $h = 2r_3\pi$ zeichnen (Grund- und Aufriss). Wie groß sind die drei Steigwinkel?

3. Horizontalrisse von Schraublinien mit lotrechter Achse:

Schon in Fig. 0.3.8 ist ein Stück einer Schraublinie in einem Horizontalriss dargestellt worden. Nun soll gezeigt werden, dass es sich bei solchen Rissen um *Zykloiden* handelt, also um Bahnkurven, wie sie ein auf einer Geraden abrollender Kreis erzeugt und wie sie in Teil I vorgestellt worden sind.

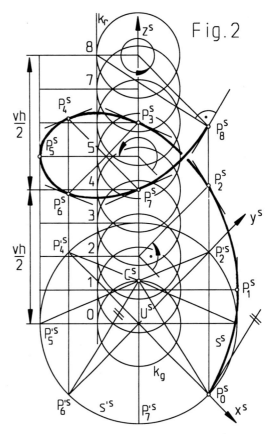

Fig. 2

Die Ursache dafür ist aus Fig. 2, einem Horizontalriss mit dem Verzerrungsfaktor $v \leq 1$, herauszulesen. U^s ist der Mittelpunkt des Schräggrundrisses s'^s der Schraublinie, welche der Punkt $P_0(r/0/0)$ erzeugt, der Schraubparameter geht in die Zeichnung als Streckenlänge $|U^s C^s| = v \cdot |c|$ ein. Der Umfang des Kreises mit diesem Radius liefert die mit v verkürzte Ganghöhe vh. Rollt nun der nämliche Kreis k_g unter Mitnahme des Punktes P_0^s auf seiner linken Tangente k_r ab, so beschreibt P_0^s die Kurve s^s. Die Kurventangenten können sowohl mit Hilfe des Richtkegels als auch nach der in Teil I erklärten, für alle Radlinien gültigen Tangentenkonstruktion ermittelt werden. Danach läuft die Kurvennormale in jedem Punkt der Zykloide durch den zugehörigen Berührpunkt von Rastpolkurve k_r und Gangpolkurve k_g. In Fig. 2 sind das die Punkte 0, 1, 2, ..., 8. Die Tangentenkonstruktion mit Hilfe eines solchen Berührpunktes ist beim Punkt P_8^s ausgeführt.

Die Form der Zykloide s^s hängt offensichtlich von der Lage des Punktes C^s in Bezug auf den Kreis s'^s ab: Liegt C^s innerhalb von s'^s, so ist s^s eine verschlungene Zykloide, für C^s auf s'^s entsteht die gespitzte und für C^s außerhalb von s'^s die gestreckte Form. Für eine konkrete Schraublinie s mit den festen Größen r und c kommt es also nur auf den Verzerrungsfaktor v an, welche Form die Kurve s^s hat. Je kleiner der Faktor v, also je größer der Einfallswinkel der Projektionsstrahlen gegen die Bildebene ist, umso eher wird sich die verschlungene Form ergeben, und für v = 0 artet diese Form in den Kreis s' aus.

4. Schraubflächen:

Wird eine *erzeugende Linie* e einer durch Achse a und Parameter c festgelegten Schraubung unterzogen, so entsteht eine Schraubfläche, sofern e nicht eine Bahnkurve dieser Schraubung ist.

Mit Ausnahme der Drehzylinder, die sich durch Verschraubung jeder ihrer Flächenkurven erzeugen lassen, sind alle Schraubflächen transzendent, weil sie aus unendlich vielen Flächenstücken („Gängen") bestehen, die durch jede Schiebung längs a mit einem Vektor der Länge $|\bar{s}|$ = n.h zur Deckung kommen. Jede Schraubfläche kann mit einem Gitter überzogen werden, das aus den Bahnkurven $s_1, s_2, \ldots$ der Punkte von e und den einzelnen Lagen $e_0, e_1, e_2, \ldots$ von e gebildet wird. In jedem Kurvenpunkt T spannen die Tangenten an die durch ihn hindurch gehenden Gitterkurven die Tangentialebene τ auf.

Neben der Schar $e_0, e_1, e_2, \ldots$ werden durch ebene Schnitte weitere Scharen kongruenter Flächenkurven erzeugt. Das gilt insbesondere für Schnittebenen durch die Achse a oder normal zu a. Die einen bestehen aus zwei kongruenten *Meridiankurven* der Schraubfläche und heißen daher *Meridianschnitte*. Die Schnitte mit achsennormalen Ebenen heißen *Querschnitte*. Jede Schraubfläche lässt sich durch Verschraubung eines Meridians oder eines Querschnitts erzeugen. Fig. 3 zeigt drei für Gewinde typische Meridiane, auf die wir später zurückkommen.

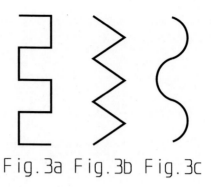

Fig. 3a Fig. 3b Fig. 3c

Bei den Schraubflächen sind die Meridiane, anders als bei den Drehflächen, keine Umrisskurven. Ein scheinbarer Umriss kann – zumindest näherungsweise – immer als Hüllkurve der Bilder von Flächenkurven ermittelt werden. Ferner ist die bereits bei den Schiebflächen angewendete Regel hilfreich, dass ein Umrisspunkt U dann vorliegt, wenn die Risse der Bahntangente in U und der Tangente an die erzeugende Kurve e durch U zusammenfallen.

5. Strahlschraubflächen:

Ist die erzeugende Linie e eine Gerade, in diesem Zusammenhang *Erzeugende* genannt, so liegt eine *Strahlschraubfläche* vor. Dabei lassen sich folgende vier Arten unterscheiden, sofern der Fall e ∥ a (⇒ Drehzylinder) außer Betracht bleibt:

5.1 Eine *gerade geschlossene Strahlschraubfläche* wird von einer die Achse a normal schneidenden Geraden e erzeugt. Dieser speziellste und einfachste Typ einer Strahlschraubfläche wird auch als *Wendelfläche* bezeichnet, weil die waagrechten Kanten der Stufen einer Wendeltreppe auf solchen Flächen liegen. Als glatte Fläche tritt sie gegebenenfalls auf der Unterseite einer Wendeltreppe sowie bei Förderschnecken, Schiffsschrauben und den durch Verschraubung eines Meridians gemäß Fig. 3a entstehenden *flachgängigen Gewinden* (z. B. den Schraubspindeln von Obstpressen) auf.

In Fig. 4 ist ein Gang des innerhalb eines Drehzylinders ζ(a; r) befindlichen Teils einer Wendelfläche mit lotrechter Achse a in Grund- und Aufriss dargestellt. Die Bahnkurven s_1 und s_2 der Punkte P_0 bzw. Q_0 beranden das Flächenstück. Die Meridianschnitte bestehen aus einer unendlichen Abfolge paralleler Erzeugenden, die Querschnitte aus je einer Erzeugenden. Der erste Umriss wird von der Achse a gebildet, der zweite von allen Erzeugenden $u_2, v_2, \ldots$ in Projektionsrichtung. Der scheinbare Umriss schrumpft daher in beiden Hauptrissen auf Punkte zusammen. (Ohne Beweis sei festgestellt, dass bei anschaulichen Parallelrissen als wahrer Umriss eine Schraublinie mit der Ganghöhe $h/2$ auftritt, deren Bild eine – allenfalls affin verzerrte – gespitzte Zykloide ist. Als Beleg dafür kann der Horizontalriss einer Wendeltreppe auf Umschlagseite U1 dienen.)

Die *Parametergleichung einer Wendelfläche* ist mit der in UA 1 genannten Gleichung mit den Parametern r und δ identisch. Für konstantes r ergibt das die Parametergleichungen der auf der Wendelfläche verlaufenden Schraublinien, für konstantes δ die Parametergleichungen der Erzeugenden.

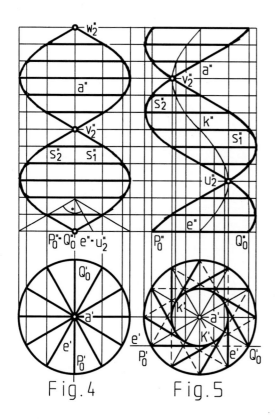

Fig. 4   Fig. 5

Strahlflächen, bei denen alle Erzeugenden <u>eine</u> Leitgerade l schneiden und zu einer *Richtebene* ρ parallel sind, werden als *Konoide* bezeichnet, für $\rho \perp l$ insbesondere als *gerade Konoide*. Wendelflächen haben eine Leitgerade l = a, die von allen Erzeugenden normal geschnitten wird, sind daher gerade Konoide.

5.2 Eine *gerade offene Strahlschraubfläche* wird von einer die Achse a normal kreuzenden Geraden e erzeugt. Wird ein Band- oder Vierkanteisen um die Längsachse verdreht („tordiert"), so nehmen die aus den rechteckigen Seitenflächen entstehenden neuen Begrenzungsflächen diese Form an, sofern die Querschnitte (Rechtecke oder Quadrate) dabei nicht deformiert werden.

Eine Kreisverkehrsinsel bei Sopron in Westungarn ist mit einer Holzkonstruktion behübscht, welche ein tordiertes quadratisches Prisma und damit Teile von geraden offenen Strahlschraubflächen recht gut modelliert.

In Fig. 5 ist ein Gang des innerhalb eines Drehzylinders ζ(a; r) befindlichen Teils einer Strahlschraubfläche vom Typ 2 mit lotrechter Achse a in Grund- uns Aufriss dargestellt. Die Bahnkurven s_1 und s_2 der Punkte P_0 bzw. Q_0 beranden das Flächenstück. Wie bei der Wendelfläche besteht jeder Querschnitt aus einer Erzeugenden und der zweite Umriss aus allen Erzeugenden in Projektionsrichtung. Der erste Umriss u_1 hingegen wird von der Bahnkurve des achsennächsten Punktes $K \in e$ gebildet und *Kehlschraublinie* k genannt.

5.3 Eine *schiefe geschlossene Strahlschraubfläche* entsteht beim Verschrauben einer die Achse a schräg schneidenden Geraden e. Solche Flächen treten u. a. bei *scharfgängigen Gewinden* auf, wie sie durch das Verschrauben eines Meridians gemäß Fig. 3b zustande kommen. In Fig. 6 ist ein innerhalb eines Drehzylinders ζ(a; r) befindliches Stück einer Strahlschraubfläche vom Typ 3 mit lotrechter Achse dargestellt, das durch Verschrauben einer Strecke P_0Q_0 um 180° zustande kommt. Wie bei der Wendelfläche wird der erste Umriss u_1 allein von der Achse a gebildet. Die Meridianschnitte bestehen aus zwei Scharen paralleler Erzeugenden, die einander in unendlich vielen Punkten D_1, D_2, ... schneiden, deren Bahnkurven Doppelkurven der Fläche sind. In Fig. 6 sind die einander in D_1 schneidenden Erzeugenden e_0 und e_6 zwei Vertreter der beiden Parallelstrahlbüschel, welche den frontalen Meridianschnitt bilden.

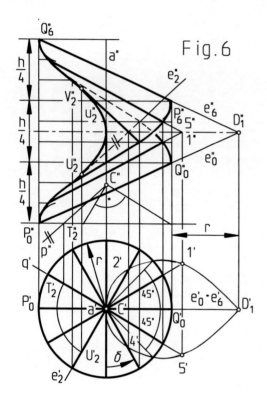

Fig. 6

Der zweite scheinbare Umriss u_2'' kann punktweise so ermittelt werden, wie es bereits in UA 4 angedeutet worden ist. So ist der Punkt U_2 auf e_2 mit Hilfe von $p'' \parallel e_2''$ durch C'' und $q' \perp e_2'$ durch C' konstruiert worden. Der daraus sich ergebende Punkt T_2' bestimmt den zur Schraublinie durch U_2 gehörigen Grundrisskreis, woraus über U_2' der Punkt U_2'' folgt. Weitere Umrisspunkte ergeben sich aufgrund der Symmetrie der Aufrissfigur.

Querschnitte – in Fig. 6 der Schnitt mit der durch D_1 gelegten Schichtenebene – können punktweise (Durchstoßpunkte 1, 2, ... der Erzeugenden mit der Schnittebene) ermittelt werden. Wird die von der Schnittkurve begrenzte „Tropfenform" um a verschraubt, so entsteht das *Korkenziehergewinde*, bei dem die Bahnkurve von D_1 die scharfe Randkante bildet. (Heutzutage haben Korkenzieher allerdings mehrheitlich die Form einer zugespitzten Schraubrohrfläche.)

Der komplette Querschnitt besteht aus zwei spiegelbildlichen *archimedischen Spiralen*, die zu den verschlungenen Kreisevolventen gehören und deren Gleichung in Polarkoordinaten $r(\delta) = k.\delta$ lautet. Eine solche Kurve wird von einem Punkt beschrieben, der gleichförmig auf einer Halbgeraden von deren Randpunkt wegwandert, während sich diese gleichförmig um ihren Randpunkt dreht. Im gegenständlichen Fall ist a' der Randpunkt, um den sich der Grundriss der Erzeugenden dreht, auf der ein zufolge der Schubkomponente der Schraubung kontinuierlich von a' wegwandernder Grundriss des jeweiligen Durchstoßpunktes die Kurve beschreibt. Aus dem Aufriss von Fig. 6 ist die Maßbeziehung $|aD_1| = |a'D_1'| = 2r$ ersichtlich, sodass $r(\pi/2)$ den Wert $2r$ hat. Daher muss $r(\pi/6) = 2/3.r$ ($= |a'4'|$) und $r(\pi/3) = 4/3.r$ ($= |a'5'|$) gelten. Weiters muss der zu $\delta = 45°$ gehörige Punkt auf dem Kreis mit dem Radius r liegen.

5.4 Eine *schiefe offene Strahlschraubfläche* entsteht beim Verschrauben einer die Achse a schräg kreuzenden Geraden e. Hinsichtlich technischer Anwendungen ist der allgemeine Fall von geringer Bedeutung, nicht hingegen der Spezialfall der Schraubtorsen. Wie alle offenen Schraubflächen besitzen diese Flächen eine Kehlschraublinie u_1, wie bei allen schiefen Strahlschraubflächen sind ihre Querschnitte Kreisevolventen (ohne Beweis).

Vorschlag zum Selbermachen: Einen Teil einer Wendeltreppe mit dem Stufenwinkel $\gamma = 15°$, dem Stufenradius r = 1,2 m und der Tritthöhe h/24 = 15 cm in einem anschaulichen Riss darstellen. Hinweis: Dem Horizontalriss auf Umschlagseite U1 liegen diese Maße zugrunde.

6. Schraubtorsen:

Eine *Schraubtorse* ist eine Strahlschraubfläche, bei der die Erzeugende e eine Schraublinientangente t ist, sodass diese Fläche also von allen Tangenten einer Schraublinie s gebildet wird. Die Kurve s ist offensichtlich auch die Kehlschraublinie k dieser speziellen schiefen offenen Strahlschraubfläche.

Schraubtorsen sind *Tangentenflächen*, die mit der Gattung der *Torsen* (= Hüllflächen einer Ebenenschar) übereinstimmen. Die Ebenenschar wird von den Schmiegebenen einer Raumkurve k gebildet, die als *Gratlinie* (oder *Rückkehrkante*) der Torse bezeichnet wird. Die Erzeugenden der Torse sind Schnittgerade benachbarter Schmiegebenen und daher Tangenten der Gratlinie. Jede Schmiegebene ist also eine Tangentialebene der Torse für alle Punkte der betreffenden Erzeugenden e = t, der zugehörigen *Berührerzeugenden*. Jede Torse lässt sich demnach auf einer Ebene abrollen und damit verebnen.

Fig. 7 zeigt einen halben Gang einer zur rechtsgängigen Schraublinie s mit lotrechter Achse a, r = 2 LE und h = 9 LE gehörigen Schraubtorse in einem isometrischen Horizontalriss. Die Darstellung der Schraublinie, mit einem Punkt $P_0 \in \pi_1$ beginnend, und ihrer Tangenten erfolgt gemäß Fig. 2, der Punkt C^s ergibt sich aus c = h : 2π ≈ 1,43 LE.

Bei den beiden den halben Gang begrenzenden Querschnitten handelt es sich um gespitzte *Kreisevolventen*, wie anhand der Rollung einer Ebene α auf dem Schraubzylinder der Gratlinie leicht zu erkennen ist (Fig. 7): Dabei durchläuft die in α liegende Gerade g alle Lagen der Torsenerzeugenden und deren Spurpunkt G_1 durchläuft eine Kurve, die durch Rollung der Spur a_1 auf dem Spurkreis s' von ζ zustande kommt. Diese Rollung kann konstruktiv durch „Verstreckung" (= Übertragung kleiner Teilstücke mit dem Stechzirkel) der betreffenden Kreisbögen nachvollzogen und damit die Kreisevolvente punktweise ermittelt werden. (Zu Tangenten und Krümmungskreisen von Kreisevolventen siehe Teil I.) In Fig. 7 sind die Punkte 1^s, 2^s, ... als Schnittpunkte der Tangenten von s'^s mit den Erzeugendenbildern und diese als Tangenten von s^s mittels Richtkegel konstruiert worden. Die obere Kreisevolvente ergibt sich analog mit Hilfe der Tangenten von d^s, des Bildes des Deckkreises d von ζ.

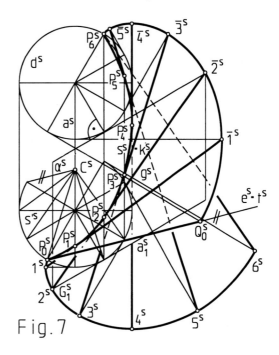

Fig. 7

Der Steigwinkel α einer Schraublinie s mit lotrechter Achse ist mit dem Böschungswinkel β aller ihrer Tangenten und damit auch mit dem Böschungswinkel aller Tangentialebenen der zugehörigen Schraubtorse identisch. Flächen mit konstanter Böschung werden als *Böschungsflächen* bezeichnet und spielen im Straßenbau eine wichtige Rolle. Die – abgesehen von Ebenen – einfachsten Böschungsflächen sind die Drehkegel mit lotrechter Achse. Schraublinien mit lotrechter Achse sind *Böschungslinien* im Sinne von A 4.2, Steigwinkel α = Böschungswinkel β.

Beispiel (Fig. 8): Es wird ein Teil einer durch ihren Böschungswinkel β = 35° und die Ganghöhe h = 12 LE gegebenen rechtsgängigen Schraubtorse in Grund- und Aufriss dargestellt und anschließend verebnet.

Wir beginnen mit c = 6/π ≈ 1,9 LE und dem Radius r des zur Gratlinie gehörigen Schraubzylinders, der entweder rechnerisch (tanβ = c/r ⇒ r ≈ 2,73 LE) oder konstruktiv (Aufriss des Richtkegels) ermittelt werden kann. Mit $P_0(0/-r/0)$ beginnend wird nun eine rechtsgängige Gratlinie s bis zur Höhe h/2 in Grund- und Aufriss gezeichnet und die Tangenten daran gelegt. Deren erste Spurpunkte 1, 2, ... liegen auf der Spurkurve e der Fläche, welche im Grundriss als Evolvente e' von s' durch P_0' auftritt. Die Wendetangente t_3'' von s'' bildet den zweiten scheinbaren Umriss u_2'' der Torse, weil die die Fläche längs t_3 berührende Tangentialebene (= Schmiegebene von s) zweitprojizierend ist.

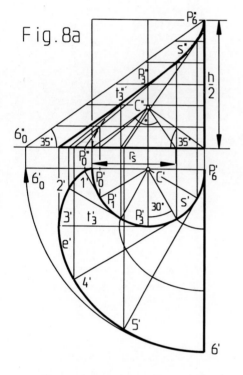

Fig. 8a

Der Grundriss von Fig. 8a wurde noch um die Bilder der Schichtenlinien mit den Koten 2 und 4, die natürlich zur Spurkurve kongruent sind, angereichert.

Hinsichtlich der Verebnung (Fig. 8b) beginnen wir mit der Ermittlung des Krümmungskreisradius r_s der Gratlinie s, wie in UA 2 erklärt. Die entsprechende Linie s^v muss als ebene Kurve konstanter Krümmung ein Kreis mit dem Radius r_s sein. Die Bogenlängen von P_0^v nach P_1^v usw. können entweder konstruktiv durch Übertragen kleiner Teilstücke mit dem Stechzirkel oder (genauer) durch Berechnung des zugehörigen Zentriwinkels γ_s ermittelt werden. Die konstruktive Methode verlangt zuerst nach Verebnung des Schraubzylindermantels und wurde in Fig. 8 unterdrückt. Die Rechnung stützt sich auf die in UA 1 angegebene Relation $1 : \cos\beta$ zwischen wahrer Länge und Grundrisslänge von Schraublinien und auf die in UA 2 abgeleitete Formel $r_s = r : \cos^2\beta$. Einer Bogenlänge b auf s' mit dem Zentriwinkel γ entspricht danach die wahre Länge $b_s = b : \cos\beta$, die mit einer zum Zentriwinkel γ_s gehörigen Bogenlänge auf s^v übereinstimmen muss:

$$b_s = \frac{b}{\cos\beta} = \frac{\pi}{180} \cdot \frac{r\gamma}{\cos\beta} = \frac{\pi}{180} \cdot r_s \gamma_s = \frac{\pi}{180} \cdot \frac{r\gamma_s}{\cos^2\beta}$$

Daraus folgt

$$\gamma_s = \gamma \cdot \cos\beta$$

Für die Winkel $\gamma = 30°$ und $\beta = 35°$ ergibt das für γ_s einen Wert von zirka 24,6°, womit sich die Punkte $P_1^v, P_2^v, \ldots$ festlegen lassen. Weil alle Torsenerzeugenden gleich geböscht sind, können wir die wahren Längen der Strecken $1P_1, 2P_2$ usw. im Aufriss auf der in Frontallage gedrehten Strecke $6P_6$ abnehmen und so zu den Spurpunkten auf der Kurve e^v gelangen, die eine Evolvente von s^v ist, und Gleiches gilt für die Schichtenlinien.

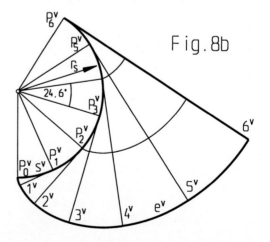

Fig. 8b

Vorschlag zum Selbermachen: Mit Hilfe einer Haushaltsrolle, die auf einer (waagrechten) Unterlage befestigt wird, und eines verebneten Flächenstücks kann ein Modell aus Zeichenkarton angefertigt werden (Foto).

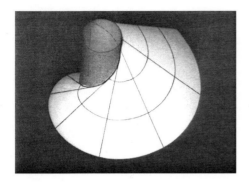

7. Zyklische Schraubflächen:

Ist die erzeugende Linie e ein Kreis, so entsteht bei der Verschraubung desselben eine *zyklische Schraubfläche*. Unter der Bedingung a ⊥ π₁ ist allen diesen Flächen ein Umrisskreis u_1' mit dem Mittelpunkt a' gemeinsam, der das Bild einer *Gürtelschraublinie* u_1 ist. Daneben kann noch ein dazu konzentrischer Kreis v_1' als Grundriss einer Kehlschraublinie v_1 auftreten.

Die folgenden drei Arten von zyklischen Schraubflächen sind vor allem aufgrund ihrer Anwendungen im Bau- und Maschinenwesen von Interesse:

7.1 Eine *Schichtenkreisschraubfläche* entsteht beim Verschrauben eines horizontalen Kreises e(M; r) um eine lotrechte Achse a, alle Querschnitte sind daher Kreise. Zur Angabe genügt die vom Punkt M durchlaufene Mittenkurve m auf dem Schraubzylinder ζ(a; R) und der Kreisradius r.

Aus Fig. 9 ist unschwer zu erkennen, dass die Fläche auch durch Verschiebung von e längs einer zu m kongruenten Schraublinie zustande kommen kann und daher eine Schiebfläche mit allen zugehörigen Eigenschaften ist. Insbesondere sind u_2 und v_2 zwei zu m kongruente Schraublinien. Die den Aufriss begrenzenden Kurven u_2'' und v_2'' gehen aus m'' durch Parallelverschiebung hervor.

Zu den auffälligsten Anwendungsbeispielen für Flächen dieser Art gehören die bekannten gewundenen Barocksäulen. Ihr Volumen berechnet sich (nach Cavalieri) wie das Volumen der Drehzylinder als $V = r^2\pi h$.

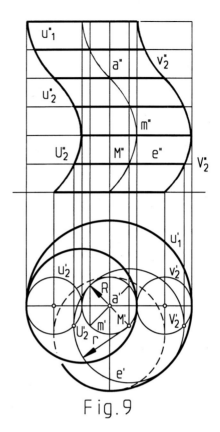

Fig. 9

7.2 Eine *Meridiankreisschraubfläche* entsteht, wenn die Ebene des erzeugenden Kreises e die Schraubachse a enthält. Wird ein Kreisbogenpolygon (Fig. 3c) verschraubt, so entsteht ein *Rundgewinde,* wie es z. B. bei Glühlampen (Sockel/Fassung) und Schraubverschlüssen zum Einsatz kommt. Bei solchen Gewinden finden daher Meridiankreisschraubflächen eine praktische Anwendung.

7.3 Die bereits in A 4.1 genannten *Schraubrohrflächen* sind ebenfalls zyklische Schraubflächen, weil sie auch durch das Verschrauben von einem der (in einer Normalebene zur Mittenkurve m liegenden) Kreise e(M; r) erzeugt werden können, die als Berührkreise der Hüllfläche mit den eingeschriebenen Kugeln fungieren. Die typische „Schlangenform" entsteht natürlich nur dann, wenn eine Kehlschraublinie existiert, also r < R ist. Andernfalls durchsetzt sich die Fläche andauernd selber, sodass recht merkwürdige Gebilde herauskommen. Teile von Schraubrohrflächen treten u. a. als Spiralfedern, Kühlschlangen und Wasserrutschen auf, sowie bei Korkenziehern, wie schon erwähnt.

Vorschläge zum Selbermachen: A) Mit einer dreistelligen Anzahl kongruenter kreisrunder Bierdeckel lässt sich ein Modell einer Schichtenkreisschraubfläche (SKSF) bzw. Barocksäule herstellen. **B)** Ein Stück einer SKSF als Schiebfläche in einem anschaulichen Riss darstellen. **C)** Einen Gang von 4π cm Höhe einer Schraubrohrfläche mit lotrechter Achse sowie $r = 2$ cm und $R = 4$ cm in Grund- und Aufriss darstellen. Hinweis: Die Fig. 4.5.1 auf Seite 149 basiert auf dieser Annahme.

4.8 Windschiefe Strahlflächen

Strahlflächen sind räumliche Gebilde, welche als eindimensionale Mannigfaltigkeiten von Geraden definiert und erzeugt werden können. Eindimensionale Strahlmannigfaltigkeiten, die in einer Ebene liegen, wie z. B. Strahlbüschel oder die Tangentenschar einer ebenen Kurve, gelten nach dieser Definition daher nicht als Strahlflächen.

In jedem regulären Punkt T einer Erzeugenden e einer Strahlfläche φ gibt es eine Tangentialebene τ, die φ nach e schneidet oder berührt. Im einen Fall ist T ein hyperbolischer Flächenpunkt und e ist ein Teil der Schnittkurve $\tau \cap \varphi$, im anderen Fall ist T ein parabolischer Flächenpunkt und e ist eine *Torsalerzeugende* der Fläche, deren sämtliche Punkte dieselbe Tangentialebene besitzen.

Bei allen Hüllflächen einer Ebenenschar (= Torsen), als da sind Kegel- und Zylinderflächen sowie die Tangentenflächen einer Raumkurve, ist jede Erzeugende eine Torsalerzeugende. Das hat zur Folge, dass jede Torse verebnet werden kann und unter diesem Gesichtspunkt als *abwickelbare Strahlfläche* bezeichnet wird. Alle anderen Strahlflächen besitzen höchstens vereinzelt auftretende Torsalerzeugende und werden *windschiefe Strahlflächen* genannt.

Von den in A 4.7 behandelten Strahlschraubflächen sind, abgesehen von den Drehzylindern, nur die Schraubtorsen abwickelbar, alle anderen Arten sind windschiefe Strahlflächen. Gleiches gilt für die einschaligen Drehhyperboloide aus A 4.3 und die hyperbolischen Paraboloide aus A 4.6. Im Unterschied zu den transzendenten Schraubflächen sind diese Strahlflächen aber algebraisch und weisen folgende Gemeinsamkeiten auf: Sie sind Flächen 2. Ordnung ohne Torsalerzeugende und sie werden nicht nur von einer Schar untereinander windschiefer Geraden überzogen, sondern von zwei Scharen. Ohne Beweis sei festgestellt, dass dieses Phänomen nur bei den Strahlquadriken auftritt.

1. Erzeugung windschiefer Strahlflächen durch Leitlinien:

Durch drei *Leitlinien* l_1, l_2, l_3 ist i. A. eine windschiefe Strahlfläche als Menge aller Treffgeraden dieser Leitlinien eindeutig bestimmt. Ist P ein Punkt von l_3, dann schneiden einander die beiden Kegelflächen γ_1 und γ_2 mit der gemeinsamen Spitze P und den Leitkurven l_1 bzw. l_2 nach Erzeugenden e, f, ... der Fläche (Fig. 1). Damit ist evident, dass durch die Punkte auf den Leitlinien i. A. mehrere Erzeugende hindurchgehen, dass die Leitlinien also für gewöhnlich mehrfache Kurven sind, in denen sich die Fläche selbst schneidet bzw. durchsetzt oder durchdringt.

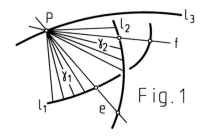

Fig. 1

Wegen seiner grundsätzlichen Bedeutung wird der folgende Satz, wenn auch ohne Beweis, so doch wenigstens durch Beispiele untermauert, angegeben:

> Sind l_1, l_2, l_3 drei ebene algebraische Kurven mit den Ordnungen n_1, n_2, n_3, so ist die durch sie erzeugte Strahlfläche eine algebraische Fläche der Ordnung $N = 2 \cdot n_1 \cdot n_2 \cdot n_3$.

Allerdings zerfällt diese Fläche, wenn die Leitlinien bestimmte Punkte gemeinsam haben. Schneiden einander etwa die Leitlinien l_1 und l_2 in einem Punkt S, dann zerfällt die Fläche in eine Kegelfläche γ (mit der Spitze S und der Leitlinie l_3) und in eine zweite Strahlfläche φ, für die nur die Ordnung $N - n_3$ übrig bleibt, weil der genannte Kegel die Ordnung n_3 besitzt.

Für die Erzeugung der bereits genannten Strahlflächen 2. Ordnung durch Leitlinien kommen demnach nur drei Kurven 1. Ordnung ohne gemeinsamen Schnittpunkt, also drei windschiefe Gerade in Betracht. Tatsächlich werden diese Flächen von zwei Erzeugendenscharen überzogen, wobei alle Erzeugenden derselben Schar zueinander windschief sind und von allen Erzeugenden der anderen Schar geschnitten werden. Wenn wir also drei beliebige Erzeugende der einen Schar als *Leitgerade* l_1, l_2, l_3 auswählen, so sind alle Erzeugenden der anderen Schar Treffgerade von l_1, l_2, l_3 und bilden die Fläche, wie es sein soll.

2. Das einschalige Hyperboloid:

Das einschalige Drehhyperboloid ist insofern ein Sonderfall, als die drei Leitgeraden l_1, l_2, l_3 nicht allgemein zueinander liegen, sondern durch eine Drehung auseinander hervorgehen. Der allgemeine Fall ist aber aus dem Sonderfall leicht ableitbar, indem wir das Drehhyperboloid einer affinen Transformation unterziehen. Bei so einer Abbildung bleiben Inzidenzbeziehungen erhalten, während der metrische Zusammenhang zwischen den drei Leitgeraden verloren geht. Die zum einschaligen Drehhyperboloid affine Fläche heißt *einschaliges Hyperboloid* und ist der allgemeine Fall einer Strahlquadrik, wie sie auch durch drei willkürlich angenommene windschiefe Leitgerade l_1, l_2, l_3 eindeutig bestimmt ist (*Satz von Monge*, 1799).

In Fig. 2 wird die genannte Transformation anhand des von zwei Parallelkreisen p_1, q_1 berandeten Teilstücks eines Drehhyperboloids mit dem Kehlkreis $k_1(M; a)$ vorgeführt. Die Affinität ist eine planare Streckung an der xz-Ebene, wie wir sie bereits in UA 4.6.4 beim Drehparaboloid angewendet haben, mit dem Streckfaktor $k = \frac{b}{a}$. Aus der Gleichung des Drehhyperboloids $\frac{x_1^2}{a^2} + \frac{y_1^2}{a^2} - \frac{z_1^2}{c^2} = 1$ und den Abbildungsgleichungen $x = x_1$, $y = \frac{b}{a} y_1$

$\Rightarrow y_1 = \frac{a}{b} y$ und $z = z_1$ ergibt sich

$$\boxed{\frac{x^2}{a^2} + \frac{y^2}{b^2} - \frac{z^2}{c^2} = 1}$$

als Gleichung eines einschaligen Hyperboloids in Hauptlage. Wird in dieser Gleichung 1 durch 0 ersetzt, so ist das die Gleichung des zugehörigen *Asymptotenkegels*. Fläche und Asymptotenkegel haben dieselbe reelle Fernkurve mit der Gleichung

$$\frac{x_1^2}{a^2} + \frac{x_2^2}{b^2} - \frac{x_3^2}{c^2} = 0$$

Als ebene Schnitte kommen daher alle Arten von Kegelschnitten in Frage.

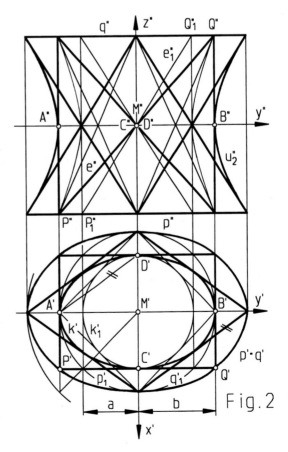

Fig. 2

Durch die genannte planare Streckung wird jeder Parallelkreis der Drehfläche auf eine (Schichten-)Ellipse abgebildet und zugeordnete Punkte $P_1 \to P$, $Q_1 \to Q$ usw. entsprechen einander in einer Scheitelkreisaffinität (Fig. 2). Jeder Erzeugenden $e_1 = (P_1Q_1)$ der Drehfläche entspricht eine *Erzeugende* $e = (PQ)$ der affinen Strahlfläche. In Fig. 2 wurden 16 Drehhyperboloid-Erzeugende so gewählt, dass die Grundrisse der zwischen p_1 und q_1 liegenden Teilstrecken zwei Quadrate bilden, deren Umkreis $p_1' = q_1'$ und deren Inkreis der Kehlkreisgrundriss k_1' ist.

Das einschalige Hyperboloid gehört zu den Mittelpunktsquadriken, deren systematische Behandlung in A 4.9 erfolgen wird. Vorweggenommen sei, dass jede solche Fläche drei paarweise aufeinander normal stehende Symmetrieebenen besitzt, bezüglich deren Schnittgeraden (= *Achsen*) die Fläche achsialsymmetrisch ist. Die auf den Achsen liegenden Flächenpunkte sind die *Scheitel* der Quadrik, die sich dann in *Hauptlage* befindet, wenn ihre Achsen mit den Achsen eines cartesischen Systems Uxyz zusammenfallen. Ein einschaliges Hyperboloid hat vier (reelle) Scheitel, wobei es sich um die Scheitel der *Kehlellipse* k handelt. In Fig. 2 sind das C(a/0/0) und D(-a/0/0) auf der x-Achse sowie A(0/-b/0) und B(0/b/0) auf der y-Achse.

Bei Parallelrissen ist der wahre Umriss als Schnitt mit einer Durchmesserebene eine Ellipse oder Hyperbel mit dem Mittelpunkt M. Wie bei allen Strahlflächen werden die scheinbaren Umrisse von den Bildern der Erzeugenden umhüllt. Sie können daher jedenfalls als Hüllellipsen oder Hüllhyperbeln einer Geradenschar konstruiert bzw. einskizziert werden. Für Grund- und Aufriss und eine Aufstellung gemäß Fig. 2 ist u_1 die Kehlellipse und u_2 eine Hyperbel, und zwar der Symmetrieschnitt mit der yz-Ebene.

Vorschlag zum Selbermachen: Das Hyperboloid mit der Gleichung $\frac{x^2}{4} + \frac{y^2}{8} - \frac{z^2}{9} = 1$ (Fig. 2) mit der Geraden **a)** $a[\bar{x} = (0, 4, 3) + t \cdot (\sqrt{2}, -6, -3)]$, **b)** $b[\bar{x} = (0, 4, 3) + t \cdot (\sqrt{2}, -2, -3)]$ zum Schnitt bringen. Welcher Sonderfall liegt vor?

3. Das hyperbolische Paraboloid:

Hinsichtlich der Erzeugung als Strahlquadrik ist das *hyperbolische Paraboloid* jener Sonderfall, bei dem eine der drei Leitgeraden eine Ferngerade ist. Das hyperbolische Paraboloid gehört daher auch zu den Konoiden, die gleichseitige Spezialform ist ein gerades Konoid.

An Fig. 4.6.5 (Seite 155) ist zu erkennen, dass bei lotrechter Achse a der Grundriss der beiden Erzeugendenscharen einen Parallelogrammraster bildet, dessen Richtungen durch die beiden Scheitelerzeugenden f_1, f_2 bestimmt sind. Nach den zugehörigen Erklärungen kommt dieser Raster dadurch zustande, dass alle Erzeugenden einer Schar zu einer Richtebene $\rho_1 = (af_1)$ bzw. $\rho_2 = (af_2)$ parallel sind, oder, anders ausgedrückt, dass alle Erzeugenden einer Schar die Ferngerade von ρ_1 bzw. ρ_2 schneiden. Alle Erzeugenden $e_1, e_2, ...$ der Schar, welcher die Scheitelerzeugende f_1 angehört, sind daher Treffgeraden von zwei eigentlichen Leitgeraden l_1 und l_2, die aus der f_2-Schar beliebig ausgewählt werden können, und der Ferngeraden der Richtebene ρ_1. Diese Ferngerade kann aber auch durch eine eigentliche Leitgerade l_3 ersetzt werden, die zu der von l_1 und l_2 bestimmten Ebenenstellung parallel ist.

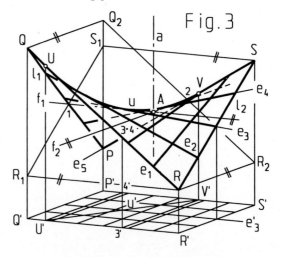

Fig. 3 veranschaulicht die räumlichen Verhältnisse in einem – ohne Verwendung des Projektionszeigers p beschrifteten – Parallelriss, der auf folgendem Weg hergestellt worden ist: Aus einem vorgegebenen Grundrissraster wird ein Parallelgramm P'Q'R'S' beliebig ausgewählt, dem im Raum ein „windschiefes Viereck" PQRS entspricht, wobei die Höhenkoten der Punkte P, Q, R und S frei wählbar sind. Die Ermittlung des Streckennetzes, das die von PQRS berandete Paraboloidfläche überzieht, bedarf keiner Erklärung. Die Konstruktion der Scheitelerzeugenden f_1 und f_2 erfolgt durch horizontales Verschieben der Strecke RS nach R_1S_1 sowie der Strecke QR nach Q_2R_2. Durch den Schnittpunkt 1 von R_1S_1 mit PQ geht die horizontale Erzeugende der e-Schar, und das ist f_1. Durch den Schnittpunkt 2 von Q_2R_2 mit PS geht die horizontale Erzeugende der l-Schar, also f_2. Im Schnitt von f_1 und f_2 liegt der Scheitel A, womit auch die lotrechte Achse a fixiert ist.

Zur Ermittlung der Umrissparabel u: Als Berührpunkt einer projizierenden Tangentialebene tritt ein Umrisspunkt dort auf, wo einander zwei Erzeugende schneiden, deren Parallelrisse sich decken. Aus dem Kreuzungspunkt 3 = 4 von QR und PS lassen sich die Grundrisse jener Erzeugenden der l-Schar gewinnen, die im anschaulichen Riss mit (QR) = e_1 bzw. (PS) = e_5 übereinstimmen, und über U', V' ergeben sich daraus die Umrisspunkte U auf e_1 und V auf e_5. Weil u in einer lotrechten Ebene α ∥ a liegt, gilt (U'V') = u', was das Auffinden weiterer Umrisspunkte über die Schnittpunkte von u' mit den Rasterstrecken ermöglicht.

Vorschlag zum Selbermachen: Varianten zu Fig. 3 hinsichtlich der Wahl des Vierecks PQRS und des Abbildungsverfahrens.

4. Das Plücker-Konoid:

Das nach Julius Plücker (1801 – 1868) benannte gerade Konoid dient als Beispiel für eine Strahlfläche höherer Ordnung. Es besitzt eine eigentliche Leitgerade l_1 als *Achse* im Sinne achsialer Symmetrie und als *Doppelgerade*, längs der sich die Fläche selber durchsetzt, l_2 ist die Ferngerade der zu l_1 normalen Ebenenstellung und l_3 ist eine Ellipse, welche auf einem Drehzylinder mit der Erzeugenden l_1 liegt. Die Achse l_1 hat mit der *Leitellipse* l_3 daher einen Punkt gemeinsam.

In Fig. 4 ist der Sachverhalt für den Fall veranschaulicht, dass die Achse l_1 lotrecht und die Trägerebene der Ellipse l_3 zweitprojizierend und gegen π_1 unter 45° geneigt ist. Die (reellen) Erzeugenden e_1, e_2, ... des Plücker-Konoids liegen dann in jenen waagrechten Ebenen, welche die Ellipse l_3 in Punkten 1, 2, ... schneiden. Dabei stellen die Ebenen τ_1 und τ_2 durch die Ellipsenscheitel A und B Grenzlagen dar, in denen nur <u>eine</u> Erzeugende des Konoids liegt. Diese beiden durch A bzw. B laufenden, einander rechtwinklig kreuzenden Geraden t_1 und t_2 sind Torsalerzeugende des Plücker-Konoids, τ_1 und τ_2 sind die zugehörigen Tangentialebenen.

Aus dem Grundriss von Fig. 4 lässt sich auch (nach dem Satz von Thales) die Existenz von zwei durch die Scheitel C und D von l_3 gehenden, aufeinander normal stehenden *Mittelerzeugenden* m_1 und m_2 erkennen. Da m_1 und m_2 auch zu l_1 normal sind, bieten sich diese drei Geraden als Achsen für ein cartesischen Koordinatensystems Uxyz an. In diesem System lautet die Gleichung des Plücker-Konoids

$$(x^2 + y^2) \cdot z = h \cdot xy$$

Der darin enthaltene Parameter h, die *Höhe* des Konoids, bezeichnet den Normalabstand der Torsalerzeugenden, der auf der Achse l_1 (als der gemeinsamen Normalen von t_1 und t_2) gemessen wird.

Beweis: Im Grundriss von Fig. 4 ist ein rechtw. Dreieck zu sehen, zu dessen Winkel 2γ eine Ankathete gehört, deren Länge (wegen der 45°-Neigung von l_3) die z-Koordinate aller Punkte von e_1 ist, während die Hypotenusenlänge h/2 beträgt. Somit gilt

$$z = \frac{h}{2} \cdot \cos 2\gamma$$

Weiters ist zu erkennen, dass zu dem mit 2γ bezeichneten Winkel ein halber Peripheriewinkel γ gehört, der zusammen mit einem 45°-Winkel den Winkel α der Geraden e_1 in einem Zylinderkoordinatensystem mit der

Achse z ergibt. Aus $\alpha = 45° + \gamma$ folgt $2\gamma = 2\alpha - 90°$ und nach dem Summensatz für den Cosinus einer Winkeldifferenz (Teil I) gilt

$$\cos 2\gamma = \cos(2\alpha - 90°) =$$
$$\cos 2\alpha \cdot \cos 90° + \sin 2\alpha \cdot \sin 90° = \sin 2\alpha$$

Wir können daher in der obigen Gleichung $\cos 2\gamma$ durch $\sin 2\alpha = 2 \cdot \sin\alpha \cdot \cos\alpha$ ersetzen und erhalten damit die Konoidgleichung in Zylinderkoordinaten:

$$z = h \cdot \sin\alpha \cdot \cos\alpha$$

Diese enthält den Radius r deswegen nicht, weil zu jedem $r > 0$ genau ein Punkt X auf der durch α und z festgelegten waagrechten Halbgeraden gehört. Für den Übergang zu cartesischen Koordinaten gilt $x = r \cdot \cos\alpha$ und $y = r \cdot \sin\alpha$ sowie $r^2 = x^2 + y^2$, woraus die zu beweisende Gleichung dritten Grades folgt.

Das Plücker-Konoid ist also eine algebraische Fläche 3. Ordnung, was auch durch folgende Überlegung bestätigt wird: Nach der Regel $N = 2 \cdot n_1 \cdot n_2 \cdot n_3$ müsste sich eine algebraische Fläche der Ordnung $2 \cdot 1 \cdot 1 \cdot 2 = 4$ ergeben, die jedoch in das Plücker-Konoid mit der Ordnung 3 und (wegen $l_1 \cap l_3 = \{A\}$) in die Ebene $\alpha = (Al_2)$ zerfällt.

Jeder ebene Schnitt des Plücker-Konoids ist daher eine algebraische Kurve 3. Ordnung, die allerdings auch zerfallen kann. Für den Schnitt mit der Fernebene ω liefert die Rechnung mit homogenen Koordinaten die Gleichung $(x_1^2 + x_2^2) \cdot x_3 = 0$. Darin weist $x_3 = 0$ auf die Leitgerade l_2 (als Ferngerade der xy-Ebene) hin, während $x_1^2 + x_2^2 = 0$ die Gleichung der isotropen Ferngeraden durch den Fernpunkt der z-Achse l_1 ist. Damit zerfällt die Fernkurve des Konoids in eine reelle und zwei komplexe Gerade, was für die Schnittkurven folgende Möglichkeiten zulässt:

4.1 Achsennormale Schnitte zerfallen in die Ferngerade l_2 und zwei Erzeugende, die allerdings nur für Ebenen, die zwischen τ_1 und τ_2 liegen, reell getrennt sind und im Grenzbereich in t_1 bzw. t_2 zusammenfallen. Das versteht sich auch aus der Erzeugung der Strahlfläche als Menge von Treffgeraden.

4.2 Achsenschnitte zerfallen in die doppelt zu zählende Achse l_1 und eine eigentliche reelle Erzeugende e_i bzw. t_1 oder t_2, wie es auch der Anschauung entspricht.

4.3 Schrägschnitte durch eine Erzeugende e_i zerfallen in diese und in einen Kegelschnitt k, dessen Fernpunkte auf den isotropen Ferngeraden liegen, sodass k nur eine Ellipse und k' nur ein Kreis sein kann. (Die Grundrisse der Fernpunke sind die absoluten Kreispunkte der xy-Ebene.) Daraus folgt, dass es auf dem Plücker-Konoid eine zweidimensionale Mannigfaltigkeit von Ellipsen gibt, deren Grundrisse alle Kreise sind, die den Punkt l_1' enthalten. Alle diese Ellipsen haben ihre Hauptscheitel (als untersten bzw. obersten Punkt) auf den Torsalerzeugenden und ihre Nebenscheitel auf den Mittelerzeugenden.

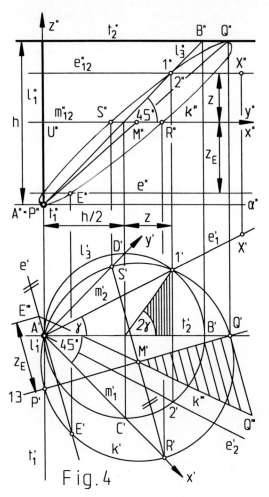

Fig. 4

In Fig. 4 wurde ein Kreis k' durch l_1' beliebig angenommen. Dieser schneidet t_1' und t_2' in den Grundrissen der Hauptscheitel P, Q sowie m_1' und m_2' in den Grundrissen der Nebenscheitel R, S von k. Die in der Trägerebene ε von k liegende Erzeugende e des Konoids ist deren l_1 schneidende Hauptgerade, daher e' ∥ (R'S') durch l_1', der zweite Schnittpunkt E von k mit e ist der Berührpunkt von ε als Tangentialebene des Konoids.

Dem locker schraffierten rechtw. Dreieck im Grundriss von Fig. 4 ist zu entnehmen, dass alle Schnittellipsen dieselbe lineare Exzentrizität h/2 haben, weil für jedes Wertepaar (a, b) möglicher Abstände der Scheitel vom Kurvenmittelpunkt nach dem p. L. $(h/2)^2 = a^2 - b^2$ gilt. Jede solche Ellipse k erzeugt somit als Leitellipse l_3 (anstelle der in Fig. 4 gewählten) dieselbe Fläche, sodass sich zusammenfassend folgende Aussage treffen lässt:

> Alle Plücker-Konoide sind (wie z. B. auch die Kugeln und die Drehparaboloide) ähnlich und jede solche Fläche ist durch die Angabe ihrer zwei – einander rechtwinklig kreuzenden – Torsalerzeugenden nach Größe und Lage eindeutig festgelegt.

Jedes Plücker-Konoid besitzt zwei Symmetrieebenen, die eine Torsalerzeugende enthalten und auf die andere normal stehen.

Fig. 5 zeigt einen (ohne Projektionszeiger beschrifteten) Parallelriss des zwischen der Achse l_1 und einer Leitellipse l_3 liegenden Teilstücks eines Plücker-Konoids (Drahtmodell). Dabei ist l_3 als eine die Torsalerzeugende t_1 berührende Ellipse gewählt worden, deren Parallelriss kreisförmig ist, was durch eine geeignete axonometrische Annahme immer erreicht werden kann. Diese speziellen Vorgaben erlauben eine einfache Ermittlung der Bilder von Erzeugenden(strecken), für die sich weitere Erklärungen erübrigen.

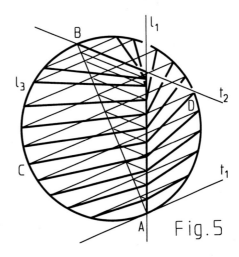
Fig. 5

In Fig. 5.3.4 (Seite 186) ist der innerhalb eines Drehzylinders mit der Achse l_1 befindliche Teil eines Plücker-Konoids in Grund- und Aufriss abgebildet.

Vorschlag zum Selbermachen: Ein Plücker-Konoid mit der Gleichung $(x^2 + y^2) \cdot z = h \cdot xy$ wird von der zweitprojizierenden Ebene mit der Gleichung $z = ky$ geschnitten. Wie lautet die Gleichung des Grundrisses der Schnittkurve?

4.9 Quadriken (Zusammenfassung)

Der zehngliedrige Term

$$P(x, y, z) = Ax^2 + By^2 + Cz^2 + Dxy + Exz + Fyz + Gx + Hy + Jz + K$$

ist ein quadratisches Polynom in drei Variablen. Darin sind A, B, C die Koeffizienten der reinquadratischen, D, E, F die Koeffizienten der gemischtquadratischen und G, H, J die Koeffizienten der linearen Glieder, K ist das Absolutglied. Jede Gleichung der Form $P(x, y, z) = 0$, in der wenigstens einer der ersten sechs Koeffizienten ungleich Null ist, beschreibt eine Quadrik im Sinne der in UA 4.1.2 gegebenen Erklärungen, und umgekehrt erfüllt das Koordinatentripel jedes Punktes einer Quadrik eine Gleichung dieser Gestalt. Indem es bei den zehn Koeffizienten auf einen gemeinsamen Faktor nicht ankommt, gilt der Satz:

> Eine Quadrik ist durch die Angabe von neun (verschiedenen) Punkten eindeutig bestimmt.

Von den neun Punkten dürfen nicht mehr als fünf in einer Ebene liegen, andernfalls „zerfällt" die Quadrik in ein Ebenenpaar (UA 4). Nach Teil I bestimmen fünf Punkte einen Kegelschnitt. Damit kann auch durch einen Kegelschnitt und weitere vier (nicht in einer Ebene liegende) Punkte genau eine Quadrik gelegt werden. Die Kugel liefert dafür ein Beispiel: Sie ist (z. B. als Umkugel eines Tetraeders ABCD) durch den absoluten Kegelschnitt und vier eigentliche Punkte A, B, C und D eindeutig festgelegt.

Jede Quadrik lässt sich – entweder durch Schraubung in einem Schritt oder durch Drehungen und/oder Schiebungen auf Raten – in eine an das Achsensystem Uxyz besonders gut angepasste Lage bringen, die als *Hauptlage* bezeichnet wird. Bei der zugehörigen Koordinatentransformation verschwindet die Mehrzahl der Koeffizienten aus der *allgemeinen Quadrikgleichung* und wir sprechen dann von einer *Hauptform* der Flächengleichung.

1. Reguläre Mittelpunktsquadriken:

Eine durch die Gleichung P(x, y, z) = 0 mit frei gewählten Koeffizienten A, B, ... K beschriebene Fläche weist in der Regel drei paarweise zueinander normale Symmetrieebenen auf, deren Schnittpunkt der *Mittelpunkt* M der Fläche, also ihr Symmetriezentrum ist. Hauptlage bedeutet in diesem Fall die Identität der Symmetrieebenen mit den Koordinatenebenen, woraus die Identität des Mittelpunkts M mit dem Koordinatenursprung folgt. Die Koordinatenachsen sind auch *Achsen* der Quadrik im Sinne achsialer Symmetrie, die darauf liegenden Flächenpunkte sind ihre *Scheitel*. In der zugehörigen Hauptform der Flächengleichung verschwinden alle Koeffizienten der gemischtquadratischen und linearen Glieder, sodass, sofern das Absolutglied nicht ebenfalls verschwindet, folgende Schreibweise möglich ist:

$$\boxed{\pm \frac{x^2}{a^2} \pm \frac{y^2}{b^2} \pm \frac{z^2}{c^2} = 1}$$

Eine solche Gleichung beschreibt eine *reguläre Mittelpunktsquadrik*, sie stellt den Regelfall einer Fläche zweiten Grades dar, alle davon abweichenden Formen sind Sonderfälle.

1.1 Für die Zeichenfolge + + − erkennen wir in der obigen Gleichung die des *einschaligen Hyperboloids* aus A 4.8, dessen Kehlellipse in der xy-Ebene liegt und dessen „scheitellose" Achse die z-Achse ist. Für die Zeichenfolgen − + + und + − + findet nur Achsentausch statt: Im einen Fall ist die „scheitellose" Achse die x-Achse, im anderen ist es die y-Achse, und die Kehlellipse liegt in der yz-Ebene bzw. in der xz-Ebene.

1.2 Für die Zeichenfolge − − + beschreibt die obige Gleichung ein *zweischaliges Hyperboloid*, wie es aus einem zweischaligen Drehhyperboloid (A 4.3) mit der Drehachse z durch eine planare Streckung (Stauchung) an der xz-Ebene oder der yz-Ebene hervorgeht. Die Fläche besitzt nur zwei (reelle) Scheitel A(0/0/c) und B(0/0/-c) auf der z-Achse, die zu dieser Achse normalen Ebenen (z = k) schneiden die Fläche nach Kurven mit der Gleichung

$$\frac{x^2}{a^2} + \frac{y^2}{b^2} = \frac{k^2}{c^2} - 1$$

Für |k| > c sind das Ellipsen, deren Scheitelabstände sich wie a : b verhalten, für |k| < c sind die Schnittkurven nullteilig. Die zur z-Achse parallelen Schnitte sind Hyperbeln. Für die Zeichenfolge + − − ist die x-Achse die „scheiteltragende" Achse, für − + − ist es die y-Achse, und die jeweiligen Normalebenen schneiden die Fläche nach Ellipsen. Die Fernkurve hat dieselbe Gleichung wir die in UA 4.8.3 für das einschalige Hyperboloid angegebene, sodass als ebene Schnitte auch Parabeln in Frage kommen.

1.3 Für die Zeichenfolge + + + beschreibt die obige Gleichung eines *einteiliges*, für a ≠ b ≠ c insbesondere *dreiachsiges Ellipsoid* (Fig. 5.4.3, Seite 188). Diese Fläche hat auf jeder ihrer Achsen zwei reelle Scheitel, die vom Mittelpunkt die Abstände a, b bzw. c haben.

Alle ebenen Schnitte sind Ellipsen, bei den achsennormalen Schnitten verhalten sich die Scheitelabstände wie b : c bzw. a : c bzw. a : b. Unter den einteiligen ist das dreiachsige Ellipsoid der Regelfall, eiförmige und linsenförmige Drehellipsoide sowie Kugeln sind Sonderfälle. Ein dreiachsiges Ellipsoid geht aus einem Drehellipsoid mit der Drehachse z durch eine planare Streckung (Stauchung) an der xz-Ebene oder der yz-Ebene hervor.

1.4 Für die Zeichenfolge − − − beschreibt die obige Gleichung ein *nullteiliges Ellipsoid*, das keinen reellen Punkt enthält und von dem die nullteilige Kugel (A 3.7) ein Sonderfall ist.

Vorschlag zum Selbermachen: Die Fläche mit der Gleichung a) $\frac{x^2}{4} + \frac{y^2}{9} + \frac{z^2}{16} = 1$, b) $\frac{z^2}{4} - \frac{x^2}{9} - \frac{y^2}{16} = 1$ in Grund-, Auf und Kreuzriss darstellen.

2. Singuläre Mittelpunktsquadriken:

Verschwindet in der Hauptform der Gleichung einer Mittelpunktsquadrik auch das Absolutglied, so ist folgende Schreibweise möglich:

$$\pm \frac{x^2}{a^2} \pm \frac{y^2}{b^2} \pm \frac{z^2}{c^2} = 0$$

Da mit jeder Lösung (x_0, y_0, z_0) einer solchen Gleichung auch alle Vielfachen (kx_0, ky_0, kz_0) die Gleichung erfüllen, besteht diese Fläche aus Geraden, die alle durch den Koordinatenursprung gehen. Es handelt sich also um eine Kegelfläche 2. Ordnung, die in dieser Systematik als *singuläre Mittelpunktsquadrik* zu bezeichnen ist. Ihr Mittelpunkt ist ein singulärer Flächenpunkt, der bekanntlich Spitze oder Scheitel genannt und in der Regel mit S symbolisiert wird.

2.1 Die Zeichenfolgen + + + und − − − ergeben dieselbe Gleichung, die außer (0, 0, 0) kein reelles Lösungstripel besitzt. Die zugehörige Fläche wird als *nullteiliger Kegel* bezeichnet, von dem die in A 3.7 genannte „Nullkugel" ein Sonderfall ist.

2.2 Bei allen anderen Zeichenfolgen sind zwei + und ein − gleichbedeutend mit einem + und zwei −, und die zugehörigen *einteiligen Kegel* unterscheiden sich nur hinsichtlich der Lage jener Achse, für welche die Normalschnitte Ellipsen und die Parallelschnitte Hyperbeln sind. Jeder solche Kegel kann durch planare Streckung (Stauchung) aus einem Drehkegel abgeleitet werden.

Beispiel: Die in A 4.3 für einen Drehkegel mit der Achse z abgeleitete, im Hinblick auf die Koordinatentransformation hier als $k^2 x_1^2 + k^2 y_1^2 - z_1^2 = 0$ geschriebene Gleichung lässt sich lösungsäquivalent in

$$x_1^2 + y_1^2 - \frac{z_1^2}{k^2} = 0$$

umformen. Durch Anwendung einer planaren Streckung mit den Gleichungen $x_1 = x$, $y_1 = \frac{a}{b} y$, $z_1 = z$ wird daraus

$$x^2 + \frac{a^2}{b^2} \cdot y^2 - \frac{z^2}{k^2} = 0 \Rightarrow \frac{x^2}{a^2} + \frac{y^2}{b^2} - \frac{z^2}{c^2} = 0$$

mit c = ak. Für z. B. a = 3, b = 2 und k = 1 sind alle zur z-Achse normalen Schnitte des Kegels ähnliche Ellipsen mit a : b = 3 : 2, alle zur xz-Ebene parallelen Schnitte sind wegen a = c gleichseitige Hyperbeln einschließlich des Sonderfalls der beiden dritten Umrisserzeugenden, und alle zur yz-Ebene parallelen Schnitte sind ähnliche Hyperbeln mit c : b = 3 : 2 einschließlich des Sonderfalls der beiden zweiten Umrisserzeugenden.

Vorschlag zum Selbermachen: Den zwischen den Ebenen mit den Gleichungen z = ± 4,5 liegenden Teil der im letzten Beispiel genannten Kegelfläche in Grund-, Auf- und Kreuzriss darstellen und darauf die Schnitte mit den Ebenen α[x = 3] und β[y = $\sqrt{5}$] einzeichnen.

3. Paraboloide und Zylinder 2. Ordnung:

Diese Flächengattungen können als ausgeartete Mittelpunktsquadriken angesehen werden, indem bei ihnen der Mittelpunkt bzw. die Spitze in einen Fernpunkt gerückt ist.

Bei den Paraboloiden bedeutet Hauptlage, dass ihr Scheitel im Ursprung liegt und dass die beiden Symmetrieebenen Koordinatenebenen sind, deren gemeinsamer Fernpunkt auf der Paraboloidachse der genannte uneigentliche Mittelpunkt ist. Zylinder 2. Ordnung befinden sich in Hauptlage, wenn sie so in das Achsensystem eingebettet sind, wie es Fig. 4.6.1 (Seite 152) zeigt. Parabolische Zylinder besitzen nur eine Symmetrieebene in Erzeugendenrichtung, welche die *Scheitelerzeugende* und die *Fernerzeugende* enthält, längs der die Fläche die Fernebene berührt.

Die entsprechenden Gleichungen sind – unter Bevorzugung der z-Achse als Paraboloidachse bzw. ihres Fernpunktes als Fernscheitel der Zylinderflächen – bereits in A 4.6 abgeleitet bzw. angegeben worden. Wird bei den Paraboloidgleichungen $p = c \cdot a^2$ und $q = c \cdot b^2$ gesetzt, so ergeben sich Hauptformen, die formal an die Gleichungen der Mittelpunktsquadriken besser angepasst sind:

$$\frac{x^2}{a^2} \pm \frac{y^2}{b^2} = 2cz$$

Bei den Zylinderflächen beschreibt die Gleichung

$$\pm\frac{x^2}{a^2} \pm \frac{y^2}{b^2} = 1$$

für die Zeichenfolge – – auch *nullteilige Zylinder*, deren einziger reeller Punkt der Fernscheitel ist. Bei den parabolischen Zylindern sorgt die Substitution $p = b \cdot a^2$ bzw. $p = a \cdot b^2$ für eine formale Vereinheitlichung:

$$\frac{x^2}{a^2} = 2by \qquad \frac{y^2}{b^2} = 2ax$$

4. Zerfallende Flächen zweiten Grades:

Auch bei den in zwei Ebenen zerfallenden Flächen sollen bei Hauptlage und Hauptform die z-Achse als Schnittgerade und die durch sie gehenden Koordinatenebenen als Symmetrieebenen bevorzugt werden. Danach ist

$$\frac{x^2}{a^2} \pm \frac{y^2}{b^2} = 0$$

die Hauptform der Gleichung schneidender Ebenen, die für die Summe komplex (mit der z-Achse als reeller Schnittgeraden) und für die Differenz reell getrennt sind.

Für zwei parallele Ebenen ist schließlich eine Gleichung der Gestalt

$$\frac{x^2}{a^2} = \pm 1 \qquad \frac{y^2}{b^2} = \pm 1 \qquad \frac{z^2}{c^2} = \pm 1$$

die Hauptform, für *Doppelebenen* ist 1 durch 0 zu ersetzen.

5. Affine Klassifikation:

Eine *affine Klassifikation* der Quadriken bedeutet ihre Einteilung in verschiedene Teilmengen („Klassen") unter dem Gesichtspunkt, dass sich ihre Zugehörigkeit zu einer bestimmten Teilmenge unter dem Einfluss affiner Transformationen nicht ändert. Unter Berücksichtigung der Tatsache, dass bei affinen Abbildungen reelle Punkte reell und komplexe Punkte komplex bleiben sowie dass Fernelemente wieder auf Fernelemente abgebildet werden, also Parallelität erhalten bleibt, ergibt sich damit folgende Einteilung:

UA 1 enthält mit den einteiligen und nullteiligen Ellipsoiden sowie den einschaligen und zweischaligen Hyperboloiden vier Klassen, UA 2 mit den einteiligen und nullteiligen Kegeln zwei Klassen, UA 3 mit den elliptischen und hyperbolischen Paraboloiden zwei Klassen sowie den Zylindern vier Klassen, und schließlich UA 4 mit den Ebenenpaaren noch einmal vier Klassen und mit den Doppelebenen eine fünfte. Also lassen sich die Quadriken unter dem oben genannten Gesichtspunkt in 17 Klassen einteilen.

Vorschlag zum Selbermachen: Eine affine Klassifikation der Kegelschnitte (Teil I) erstellen.

6. Projektive Klassifikation:

Bei einer Klassifikation unter dem Gesichtspunkt, welche Eigenschaften bei einer projektiven Abbildung (Kollineation) der Fläche erhalten bleiben, ist die Unterscheidung zwischen eigentlichen Punkten, Geraden und Kurven auf der einen und Fernelementen auf der anderen Seite aufgehoben. Daher enthält eine *projektive Klassifikation* der Flächen 2. Ordnung nur mehr drei Klassen komplexer Flächen (nullteilige Mittelpunktsquadriken, nullteilige Kegelflächen einschließlich der nullteiligen Zylinder, konjugiert komplexe Ebenenpaare) sowie fünf Klassen reeller Flächen wie folgt:

6.1 Die als (perspektiv) kollineare Bilder der Kugel herleitbaren Flächen, das sind die einteiligen Ellipsoide, die elliptischen Paraboloide und die zweischaligen Hyperboloide. Analog zu den als (perspektiv) kollineare Kreisbilder erzeugten Ellipsen, Parabeln und Hyperbeln gilt der Satz:

> Das kollineare Bild einer Kugel ist ein einteiliges Ellipsoid, ein elliptisches Paraboloid oder ein zweischaliges Hyperboloid, je nachdem die Kugel von der Verschwindungsebene nicht (reell) geschnitten, berührt oder nach einem einteiligen Kreis geschnitten wird.

Denn das Kugelbild muss eine Fläche 2. Ordnung sein, die nur elliptische Flächenpunkte besitzt und von der Fernebene entweder nicht (reell) geschnitten oder berührt oder nach einer reellen Fernkurve geschnitten wird.

6.2 Die beiden Strahlquadriken, nämlich das einschalige Hyperboloid und das hyperbolische Paraboloid. Wird ein einschaliges Hyperboloid einer (perspektiven) Kollineation unterzogen, so ist das Ergebnis wegen der Inzidenz- und der Geradentreue in der Regel wiederum eine durch drei eigentliche windschiefe Leitgerade bestimmte Fläche, also ein einschaliges Hyperboloid. Anstelle der Kugel in Punkt 6.1 kann vom gleichseitigen einschaligen Drehhyperboloid mit der Gleichung $x^2 + y^2 - z^2 = 1$ ausgegangen werden.

Ist die Verschwindungsebene eine Tangentialebene, so gehen die beiden in ihr liegenden Erzeugenden des Hyperboloids in Fernerzeugende über und das (perspektiv) kollineare Bild ist dann ein hyperbolisches Paraboloid.

Die unter Punkt 6.1 und Punkt 6.2 genannten Flächen werden zusammen als *reguläre (einteilige) Quadriken* angesprochen, die restlichen drei Klassen enthalten die *singulären Quadriken* einschließlich der zerfallenden.

6.3 Einteilige Kegelflächen einschließlich der einteiligen Zylinderflächen 2. Ordnung.

6.4 Reell getrennte Ebenenpaare.

6.5 Doppelebenen.

Vorschlag zum Selbermachen: Eine projektive Klassifikation der Kegelschnitte (Teil I) erstellen.

7. Das Polarsystem der regulären Quadriken:

Das Polarsystem ist eine projektive Eigenschaft der Kugel und überträgt sich daher auf jede aus der Kugel durch eine (perspektive) Kollineation hervorgehende Fläche 2. Ordnung $\varphi^{(2}$. Das gilt auch für die Regel, dass die Gleichung einer Polarebene durch „Aufspalten" der Flächengleichung und Einsetzen der Polkoordinaten erstellt werden kann, wie durch die entsprechende Koordinatentransformation nachgewiesen werden kann.

Die Definition der Polarebene π als Menge aller Punkte Q, die zusammen mit dem Pol P und den Schnittpunkten S_1 und S_2 einer Quadrik $\varphi^{(2)}$ mit allen Sekanten s durch P das Doppelverhältnis $(S_1 S_2 P Q) = -1$ bilden, weist auch den regulären Strahlquadriken ein Polarsystem mit allen bekannten Eigenschaften zu, also z. B. auch der Zuordnung Flächenpunkt – Tangentialebene als Grenzfall.

Bei Mittelpunktsquadriken ist die Polarebene des Mittelpunkts M die Fernebene ω, die Paraboloide hingegen haben ω zur Tangentialebene und der zugehörige Pol ist der Fernpunkt der Achse. Nach dem Hauptsatz der Polarentheorie sind die Polarebenen von Fernpunkten bei den Mittelpunktsquadriken daher Durchmesserebenen und bei den Paraboloiden achsenparallele Ebenen (= *Durchmesserebenen* der Paraboloide).

Wie schon in A 3.8 angedeutet und vor allem in Fig. 4.3.4 konstruktiv verwertet, findet das Polarsystem der regulären Quadriken bei der Darstellung derselben eine durchaus praktische Anwendung. Der wahre Umriss u als Berührkurve mit der aus dem Projektionszentrum O umschriebenen Kegel- bzw. Zylinderfläche ist nämlich die Schnittkurve mit der zu O gehörigen Polarebene. Bei einem Parallelriss ist u daher die Schnittkurve mit der zur Projektionsrichtung konjugierten Durchmesserebene, sodass der wahre Umriss eines Ellipsoids nur eine Ellipse, eines Paraboloids nur eine Parabel und eines zweischaligen Hyperboloids nur eine Hyperbel sein kann, während bei den einschaligen Hyperboloiden Ellipsen und Hyperbeln möglich sind.

8. Schlussbemerkungen:

Nach dem Dualitätsgesetz entspricht einer Fläche als Punktort dual die Hüllfläche der Tangentialebenen und der Ordnung als Anzahl der Schnittpunkte mit einer Geraden p die Klasse als Anzahl der an die Fläche aus einer Geraden q legbaren Tangentialebenen. Indem bei den regulären Quadriken zu jedem Punkt genau eine Tangentialebene gehört, ergibt eine Dualisierung nichts Neues und diese Quadriken sind sowohl von 2. Ordnung als auch Flächen 2. Klasse. Die in UA 3.8.5 eingeführten reziproken Polaren treten bei allen regulären Quadriken auf. An Kegel und Zylinder 2. Ordnung lassen sich aus einer Geraden q hingegen dann und nur dann zwei Tangentialebenen legen, wenn q den Scheitel bzw. Fernscheitel enthält. Und an zerfallende Quadriken lassen sich überhaupt keine Tangentialebenen legen, sofern q nicht die Schnittgerade ist.

Hauptabschnitt 5:
Durchdringungen

Im letzten Kapitel dieses Buches kommt der Zusammenhang zwischen Algebra und Geometrie anhand des Bézout'schen Theorems nochmals deutlich zum Vorschein, andererseits belegt eine Vielzahl von Beispielen – vor allem aus der „gebauten Geometrie" – die Praxistauglichkeit abstrakter Erkenntnisse. Schließlich wird mit dem apollonischen Problem eine der berühmtesten Fragestellungen der ebenen Geometrie durch Verlagerung in den dreidimensionalen Raum einer generellen Beantwortung zugeführt.

5.1 Grundsätzliches

Jeder geometrische Körper (Prisma, Pyramide, Kegel, Kugel, Torus usw.) lässt sich als die Menge aller seiner Punkte definieren. Der Durchschnitt zweier so definierten Objekte Φ_1, Φ_2 kann leer sein oder nur aus Oberflächenpunkten bestehen; in diesem Fall berühren die Körper einander. Enthält $\Phi_1 \cap \Phi_2$ hingegen mehr als nur Oberflächenpunkte, so „durchdringen" einander die beiden Körper und bilden dabei neue Objekte, z. B. den aus zwei Tetraedern bestehenden Kepler-Stern in A 1.6 (Seite 60). Räumliche CAD-Programme liefern nach Eingabe der beiden Ausgangskörper auf Knopfdruck bzw. Mausklick Ansichten ihrer Vereinigung $\Phi_1 \cup \Phi_2$ (Fig. 1a), ihres Durchschnitts $\Phi_1 \cap \Phi_2$ (Fig. 1b) oder ihrer Differenz $\Phi_1 - \Phi_2$ bzw. $\Phi_2 - \Phi_1$:

Jeder dieser Fälle stellt eine *Durchdringung* dar, wenngleich bei den Differenzmengen besser von *Ausnehmung* und bei Durchdringungen ebenflächig begrenzter Körper gerne auch von *Verschneidung* die Rede ist.

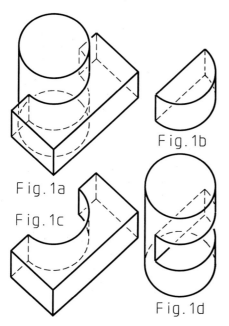

In jedem Fall schneiden einander die beiden Oberflächen nach einem Linienzug, der auch in mehrere Teile zerfallen kann, oder nach einer Raumkurve, wo ebenfalls Kurvenzerfall möglich ist. Beispiele dafür sind die bereits in A 1.5 und A 2.5 genannten Kugeln mit zylindrischer oder konischer Bohrung. Bei Verschneidungen wird der nur aus Strecken bestehende Linienzug als *Durchdringungspolygon* bezeichnet, beim Schnitt krummer Flächen als *Durchdringungskurve*. Im „Mischfall" besteht der Linienzug in der Regel aus Kurvenstücken. Am Turmhelm des Stockholmer Rathauses („Stadshuset") ist eine Durchdringung einer quadratischen Pyramide mit einer Kugel zu beobachten (Foto). Die Oberflächen schneiden einander längs eines Linienzuges, der aus vier Kreisbögen besteht.

177

Maschinenbauer wie Bauingenieure und Architekten haben bei ihrer Arbeit laufend mit Durchdringungen zu tun, weshalb deren konstruktive Beherrschung für sie eine große Rolle spielt, die allerdings seit der Entwicklung der bereits genannten Computer-Software ein wenig geschmälert ist. Trotzdem bleibt es eine spannende Aufgabe, Durchdringungspolygone und Durchdringungskurven nach verschiedenen, von der Art der beteiligten Körper und Flächen abhängigen Methoden konstruktiv zu ermitteln.

An dieser Stelle sollen dazu nur einige Grundsätze angegeben werden: Bei den Verschneidungen lassen sich die Ecken des Durchdringungspolygons stets als Durchstoßpunkte von Körperkanten mit Begrenzungsflächen durch Ausführen der betreffenden Lagenaufgaben ermitteln. Bei der „Mischform" läuft die Sache auf Durchstoßpunkte und ebene Schnitte an krummen Flächen hinaus. Durchdringungskurven schließlich werden punktweise konstruiert, und zwar mit Hilfe von Ebenen oder Kugeln, welche Φ_1 und Φ_2 nach Geraden und/oder Kreisen schneiden. Deren Schnittpunkte liegen dann auf der Durchdringungskurve. Diesem Fall wird mit A 5.3 ein eigener Abschnitt gewidmet.

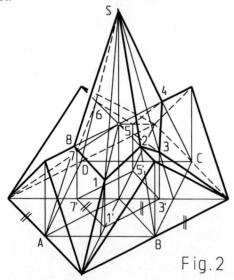

Fig. 2

Beispiel (Fig. 2): Das *Kreuzdach* ist eine Dachform, bei der einander zwei Satteldächer durchdringen, deren gleich hohe Firste einen rechten Winkel bilden. Dazu kann bei Turmdächern über quadratischem Grundriss noch eine Durchdringung mit einer regelm. vierseitigen Pyramide ABCDS hinzukommen, deren Symmetrieebenen mit jenen des Kreuzdaches übereinstimmen. Fig. 2 zeigt den Spezialfall, bei dem die Basisecken der Pyramide die Basiskanten des Kreuzdaches halbieren. Das Durchdringungspolygon 1-2-3-4-5-6-7-8-1 ist einteilig und achtgliedrig.

Vorschläge zum Selbermachen: A) Ausgehend von einer regelm. vierseitigen Pyramide mit der Höhe $|MS| = h = 8$ cm und der Seitenflächenböschung $\beta_1 = 60°$ sowie einer Kugel mit dem Durchmesser MS die Durchdringung gemäß dem Foto vom Turmhelm des „Stadshuset" in Grund- und Aufriss darstellen, und zwar **a)** in einer Lage, bei der zwei Seitenflächen zweitprojizierend sind, **b)** in einer gegenüber a) um 30° gedrehten Lage mit Hilfe eines Seitenrisses. Hinweis: Auf dem Foto ist auch eine aufgesetzte Kugelersatzfläche (Seite 78) erkennbar, deren Darstellung unterdrückt werden kann. **B)** In einem Parallelriss ein Turmdach darstellen, bei dem ein Kreuzdach von einer koaxialen Pyramide durchdrungen wird, deren Basisquadrat zur Basis des Kreuzdaches zentrisch ähnlich ist. **C)** Von einem Turmdach, das dem der Marktkirche in Hannover nachempfunden ist, einen Parallelriss zeichnen: Die Grundform besteht aus einem (steilen) Kreuzdach, das von einem koaxialen geraden quadratischen Prisma durchdrungen wird, dessen Basisquadrat zur Basis des Kreuzdaches zentrisch ähnlich ist. Auf dem Prisma sitzt dann nochmals ein Kreuzdach, das von einer regelm. Pyramide mit identischer Basis durchdrungen wird. **D)** Gelegentlich finden sich auch Turmdächer, bei denen eine regelm. vierseitige Pyramide mit geringer Dachneigung ($\beta_1 \leq 30°$) von einer regelm. achtseitigen Pyramide durchdrungen wird, deren Symmetrieebenen mit jenen der quadratischen Pyramide übereinstimmen. Im Trivialfall halbieren vier Ecken des Achtecks die Quadratseiten. Darstellung in einem **a)** Horizontalriss, **b)** Frontalriss. **E)** Ein Schornstein mit rechteckigem Querschnitt und ein Satteldach durchdringen einander, sofern die Firstkante betroffen ist, nach einem sechsgliedrigen Polygon.

5.2 Durchdringungen mit Prismen

In diesem Abschnitt wird vor allem auf ein paar „im täglichen Leben" vorkommende Objekte und Gegebenheiten eingegangen, die als Durchdringungen von geraden Prismen mit Kugeln bzw. Drehkegeln interpretiert werden können. Klarerweise hätten sich diese Beispiele auch schon früher behandeln lassen, da es sich letztlich nur um mehrere ebene Schnitte an diesen krummen Flächen handelt.

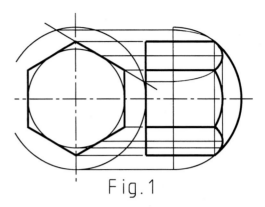

Fig. 1

1. Prisma - Kugel:

Wir beschränken uns auf gerade Prismen und Kugeln, deren Mittelpunkte auf den Höhenstrecken dieser Prismen liegen. Die Trägerebenen der Seitenflächen schneiden die Kugel nach Kreisen und die innerhalb der Seitenflächen liegenden Kreisbögen bilden den geschlossenen ein- oder zweiteiligen Linienzug, längs dem die Durchdringung stattfindet.

Als Durchschnitt finden sich solche Durchdringungen z. B. beim *romanischen Würfelkapitell* (Foto aus der Krypta der Abteikirche von Ma. Laach) und bei Köpfen/Endmuttern von Zierschrauben, wie in Fig. 1 dargestellt. Konstruktiv völlig gleich ließe sich in zugeordneten Normalrissen auch eine zu einem vier- oder sechskantigen Imbus-Schlüssel passende Ausnehmung in einer Rundkopfschraube ermitteln.

Vorschlag zum Selbermachen: Als Durchdringung einer Halbkugel mit einem koaxialen regelm. Prisma mit lotrechten Seitenkanten a) ein romanisches Würfelkapatell, b) eine sechskantige Ausnehmung in einer Halbkugel in Grund- und Aufriss darstellen.

2. Sphärische Gewölbe:

Es bietet sich an, bei dieser Gelegenheit auf *sphärische Gewölbe* einzugehen. Nur Räume mit kreisförmigem Grundriss lassen sich von kompletten Kugelmützen überwölben, während im Falle prismatischer Grundrisse Teile von Kugelflächen auftreten, wie sie auch für die in UA 1 behandelten Durchdringungen typisch sind.

Ein sphärisches Gewölbe über quadratischem Grundriss, der dem waagrechten Kugelgroßkreis eingeschrieben ist, wird als *Hängekuppel* bezeichnet. Sie hat dieselbe Form, die auch beim Würfelkapitell (Foto) auftritt. Eine Verallgemeinerung der Hängekuppel ist die *böhmische Kappe* mit rechteckigem Grundriss, dem der Grundriss eines Schichtenkreises der überwölbenden Kugelfläche umschrieben ist.

Beispiel (Fig. 2): Das passende Verfahren für die anschauliche Darstellung von Kugeln und Kugelschnitten, wie sie bei einer böhmischen Kappe auftreten, ist die normale Isometrie. Nach Annahme des Kugelumrisses u^n und des Rechtecks A'B'C'D' kann die Darstellung der (lotrechten) Schnittkreise mit den Radien r_1 und r_2 (bzw. die Ermittlung der Haupt- und Nebenscheitel der Bildellipsen) unmittelbar nach den in A 1.5 genannten Regeln erfolgen. (Die zwei durch Rechtwinkelzeichen markierten Punkte sind die Mittelpunkte der Ellipsen, auf denen A^n und B^n bzw. B^n und C^n liegen.)

Zur Konstruktion des Parallelogramms $A^nB^nC^nD^n$: Die Höhe h, in welcher das Rechteck ABCD (Mittelpunkt M) über der xy-Ebene liegt, ergibt sich mit Hilfe eines in die Zeichnung integrierten Aufrisses mit $y'' = y'$, $z'' = x'$ und $u_2'' = u^n$. Von M'' ausgehend gelangen wir über die Höhenverkürzung im isometrischen Maßstab zum Punkt M^n, weiter zu den Seitenmitten 1^n und 2^n auf den zu z^n parallelen Ellipsendurchmessern und schließlich zu den Parallelogrammecken A^n, B^n, usw. Die (nicht benannten) Risse der höchsten Punkte der vier Kreisbögen lassen sich (wie M^n) durch Höhenverkürzung konstruieren. Die Umrisspunkte U^n und V^n werden nach der Kugel-Kegel-Methode ermittelt.

In Fig. 2 wurden Konstruktionslinien teilweise unterdrückt, insbesondere die zu V^n führenden.

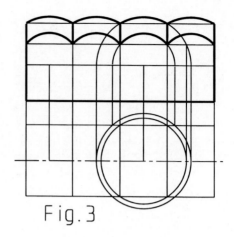

Fig. 3

Vorschläge zum Selbermachen: A) Aus einer auf π_1 ruhenden Halbkugel eine Hängekuppel herausschneiden und in Grund- und Aufriss darstellen: **a)** Zwei Schnittebenen sind frontal, **b)** alle vier Schnittebenen sind gegen π_2 unter 45° geneigt, **c)** allgemeiner Fall. **B)** Ein romanisches Würfelkapitell in normaler Isometrie darstellen: **a)** Die Kreisachsen sind x und y. **b)** Allgemeine Lage.

3. Prisma – Drehkegel:

Ein Bleistiftspitzer spitzt den Stift drehkegelförmig zu, was im Falle eines sechskantigen Schafts als Durchdringung (Durchschnitt) zwischen Prisma und Drehkegel interpretiert werden kann. Gleiches gilt für Köpfe und Muttern der üblichen Sechskantschrauben, wo die Kanten der Sechsecke drehkegelförmig abgerundet sind. Als achsenparallele Drehkegelschnitte sind die dabei auftretenden Kurvenstücke (kongruente) Hyperbelbögen.

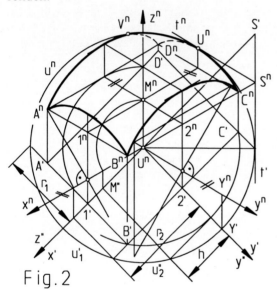

Fig. 2

Längliche Räume, z. B. Gänge, werden in der Regel durch mehrere gleichartige *Joche* (= Gewölbefelder) überwölbt. Fig. 3 veranschaulicht in einer Schnittdarstellung einen Gang, der von mehreren Jochen in Form böhmischer Kappen überwölbt wird, wie er z. B. im Stift Schlägl im oberen Mühlviertel (OÖ) zu sehen ist.

Der Vollständigkeit halber sei noch angemerkt, dass an die Stelle der Kugelkalotten auch ellipsoide Formen treten können bzw. zu beobachten sind.

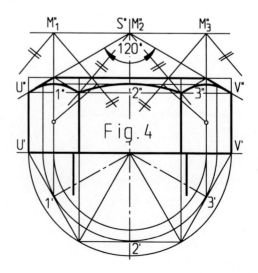

Fig. 4

Beispiel (Fig. 4): Ein Sechskant-Schraubenkopf wird drehkegelförmig abgerundet. Die sechs Seitenflächen schneiden den dem Prisma „aufgesetzten" Drehkegel (Spitze S, Öffnungswinkel 120°) nach Hyperbeln mit den Scheiteln 1, 2, 3, ..., deren Grundrisse die Berührpunkte des Sechseck-Inkreises sind. Die Mittelpunkte M_1, M_2, M_3, ... liegen mit S in gleicher Höhe, die Asymptoten werden mit Hilfe der durch S gehende Parallelebenen zu den Schnittebenen konstruiert, indem sie zu den Schnitterzeugenden in diesen Richtebenen parallel sind. Die Asymptoten erlauben die Konstruktion der Scheitelkrümmungskreise, auch Tangentenkonstruktionen wären damit möglich. Die Randpunkte U und V sind zweite Umrisspunkte, die Bilder der Umrisserzeugenden sind daher Hyperbeltangenten.

Vorschlag zum Selbermachen: Ein regelmäßiges sechsseitiges Prisma mit lotrechten Seitenkanten von einem Drehkegel mit dem Öffnungswinkel 60° zu einem Bleistift zuspitzen und die „Bleistiftspitze" in Grund- und Aufriss darstellen: **a)** Zwei Prismenflächen sind frontal. **b)** Allgemeine Lage.

5.3 Algebraische Raumkurven

Als *Raumkurven* im eigentlichen Sinn werden Kurven bezeichnet, deren Punkte nicht alle ein und derselben Ebene angehören. Solche Kurven sind uns bisher nur als Umrisslinien, z. B. beim Torus, und als Schraublinien begegnet. Weitere Beispiele für Raumkurven sind die Durchdringungskurven von zwei krummen Flächen.

Handelt es sich insbesondere um zwei algebraische Flächen, die also durch Polynomgleichungen $P(x, y, z) = 0$ und $Q(x, y, z) = 0$ darstellbar sind, so ist die Durchdringungskurve eine *algebraische Raumkurve*. Alle nicht-algebraischen Raumkurven, wie etwa die Schraublinien, werden als *transzendente Raumkurven* bezeichnet.

> Unter der *Ordnung einer* (algebraischen) *Raumkurve* ist die Anzahl ihrer Schnittpunkte mit einer Ebene zu verstehen, und zwar unter Einschluss von Fernpunkten und Punkten mit komplexen Koordinaten sowie unter Berücksichtigung von Vielfachheiten.

So zählt etwa ein Schnittpunkt einer Kurve mit sich selbst für zwei Schnittpunkte.

Im Sinne dieser Definition können auch Gerade und Kegelschnitte als Raumkurven 1. und 2. Ordnung gelten. Echte Raumkurven sind hingegen von mindestens 3. Ordnung.

1. Das Bézout'sche Theorem:

Ein Teilgebiet der (höheren) Algebra ist die *Eliminationstheorie*, in der es um die Lösbarkeit und um die Lösungsmengen von Gleichungssystemen geht, an denen nichtlineare Gleichungen der Grade n_1, n_2, n_3, ... beteiligt sind. Während für inhomogene Systeme, bei denen also wenigstens eine Gleichung ein nicht verschwindendes Absolutglied besitzt, keine Generalregel gefunden wurde, hat der Franzose Étienne Bézout (1730 – 1783) für homogene Gleichungssysteme einen allgemeingültigen Satz entdeckt, der als *Bézout'sches Theorem* bezeichnet wird:

> Wenn $m - 1$ homogene Gleichungen in m Unbekannten nur eine endliche Anzahl N von (nicht kollinearen) Lösungsvektoren besitzen, so ist $N = n_1 \cdot n_2 \cdot \ldots \cdot n_{m-1}$, worin die Faktoren n_1, n_2, ... n_{m-1} die Grade der $m - 1$ Gleichungen sind. Die stets vorhandene triviale Lösung bleibt dabei außer Betracht.

Wie bei allen algebraischen Regeln dieser Art ist dabei im Sinn der algebraischen Wurzelzählung vorzugehen, sodass also auch komplexe Lösungen gelten und Mehrfachlösungen gemäß ihrer Vielfachheit zu zählen sind.

Eine Anwendung dieses Satzes auf die Geometrie setzt naturgemäß die Verwendung homogener Koordinaten voraus, weil nur in diesem Fall homogene Kurven- und Flächengleichungen auftreten. Daher sind auch Fernelemente einbezogen, sodass wir uns im projektiven Raum bewegen.

Wenn der Satz tatsächlich allgemeingültig ist, dann muss er auch für den Sonderfall von drei linearen homogenen Gleichungen in den Variablen x_0, x_1, x_2, x_3 gelten. In diesem Fall dürfte es daher nur eine nichttriviale Lösung geben, was mit der Geometrie übereinstimmt: Drei Ebenen besitzen genau einen Schnittpunkt. Wenn die Ebenen wie die Flächen eines dreiseitigen Prismas liegen oder wenn zwei der drei Ebenen parallel sind, dann ist der Schnittpunkt ein Fernpunkt. Liegen die Ebenen wie drei Blätter eines Buches oder sind alle drei Ebenen parallel, dann haben sie unendlich viele Schnittpunkte auf der gemeinsamen Schnittgeraden, insbes. Ferngeraden, und das ist der im Bézout'schen Satz genannte Ausnahmefall.

Hinsichtlich der Durchdringungskurven algebraischer Flächen lässt sich aus dem Bézout'schen Theorem folgende Regel ableiten:

> Zwei algebraische Flächen mit den Ordnungen n_1 und n_2 durchdringen einander nach einer Raumkurve mit der Ordnung $N = n_1.n_2$.

Beweis: Den beiden Flächen entsprechen zwei homogene Gleichungen der Grade n_1 und n_2, wozu die Gleichung einer beliebigen Schnittebene, also eine lineare Gleichung als dritte hinzukommt. Die Anzahl der gemeinsamen Lösungen lautet nach Bézout $N = n_1.n_2.1$, sodass die Durchdringungskurve mit jeder Ebene genau $n_1.n_2$ Schnittpunkte hat. Auszunehmen ist lediglich der Fall, dass die beiden Flächen eine ebene Kurve (als Teilkurve der Durchdringungskurve) gemeinsam haben. Deren Trägerebene enthält dann natürlich unendlich viele gemeinsame Punkte.

Vorschläge zum Selbermachen: A) Anwendung des Bézout'schen Satzes auf die ebene Geometrie, d. h. auf die Anzahl der Schnittpunkte von zwei ebenen algebraischen Kurven. **B)** Auch der Satz, dass eine algebraische Fläche n-ter Ordnung von jeder Ebene nach einer (ebenen) Kurve n-ter Ordnung geschnitten wird, lässt sich mit Hilfe des Bézout'schen Theorems beweisen.

2. Die Ordnung der Bildkurven:

Bei Projektion einer algebraischen Raumkurve $d^{(N)}$ werden den N Schnittpunkten mit jeder projizierenden Ebene die N Schnittpunkte der zugehörigen ebenen Bildkurve mit der zugehörigen Bildgeraden zugeordnet. Nach Teil I ist die *Ordnung einer ebenen Kurve* die Anzahl ihrer Schnittpunkte mit einer Geraden, sodass also die Ordnung N einer Raumkurve in der Regel mit der Ordnung ihrer ebenen Risse übereinstimmt.

Eine Ausnahme bildet allerdings die Normalprojektion auf eine Symmetrieebene der Raumkurve oder auf eine dazu parallele Ebene. Denn in diesem Fall gehören zu jedem Bildpunkt zwei Raumpunkte, wodurch sich die Ordnung der Bildkurve auf N/2 reduziert (Fig. 1, Grund- und Kreuzriss, Fig. 2, Fig. 3). Ebenso ist die oben genannte Regel nicht auf Parallelrisse von Zylinderdurchdringungen anwendbar, bei denen die Projektionsrichtung mit der Erzeugendenrichtung übereinstimmt (Fig. 1, Grundriss, und Fig. 4, Grundriss). In diesem Fall wird nämlich die Zylinderfläche als Kurve abgebildet und das Bild der Durchdringungskurve stimmt mit dieser Kurve überein oder ist ein Teil dieser Kurve. Die Ordnung der Bildkurve ist daher (unabhängig von der zweiten Fläche) mit der Ordnung des Zylinders identisch.

3. Kurventangenten, Doppelpunkte:

Die *Tangente t einer Durchdringungskurve* in einem Punkt P ist die Schnittgerade der zu P gehörigen Tangentialebenen τ_1 und τ_2 der beiden Flächen. Eine entsprechende Konstruktion ist zumindest bei Durchdringungen mit Kugeln, Drehkegeln und Drehzylindern kein großes Problem und in Fig. 1 durchgeführt. Eine zweite Methode besteht darin, durch P die beiden Flächennormalen n_1, n_2 zu legen und deren Verbindungsebene zu ermitteln. Die Kurventangente t in P ist zu dieser Ebene normal.

Berühren zwei Flächen einander in einem Punkt D, so ist dieser Punkt, sofern überhaupt eine (reelle) Durchdringung stattfindet, ein *Doppelpunkt der Durchdringungskurve*, in dem sie sich selbst durchsetzt. Für Doppelpunkte versagt wegen $\tau_1 = \tau_2$ und $n_1 = n_2$ die Tangentenkonstruktion nach den oben angegebenen Methoden.

4. Das vivianische Fenster:

Einer systematischen Behandlung der algebraischen Raumkurven sind – nicht nur im Rahmen dieses Buches – Grenzen gesetzt. Es sollen daher nur einige besonders interessante Fälle vorgestellt werden, an denen auch die Richtigkeit der bisher getroffenen allgemeinen Feststellungen praktisch erfahrbar wird und durch Rechnung überprüft werden kann.

Fig. 1 zeigt Grund- und Aufriss einer Durchdringung zwischen einer Kugel $\kappa(M; R)$ und einem Drehzylinder $\zeta(a; r)$ mit lotrechter Achse a, wobei die beiden Flächen einander im vordersten Kugelpunkt D berühren und $R = 2r$ ist. In dieser Aufstellung können einzelne Punkte der Durchdringungskurve 4. Ordnung $d^{(4)}$ entweder mittels frontaler Hilfsebenen, welche ζ nach Erzeugenden und κ nach Kreisen schneiden, oder mittels horizontaler Hilfsebenen, welche beide Flächen nach Kreisen schneiden, punktweise konstruiert werden. Nach Methode 1 sind die auf den zweiten Umrisserzeugenden v_2 und w_2 von ζ liegenden Kurvenpunkte, nach Methode 2 die Punkte P, Q, R und S konstruiert worden. (Diese Methode ist auf jede Durchdringung von zwei Drehflächen mit parallelen Drehachsen anwendbar.) Der höchste Punkt A und der tiefste Punkt B von $d^{(4)}$ liegen auf dem Umrisskreis u_2 von κ.

Tangentenkonstruktion unter Benützung der Zeichenregel aus UA 3.6.2 (Seite 115): Die Tangentialebene τ_1 der Kugel in P ist die Normalebene zu n = (MP) und die Tangentialebene τ_2 des Zylinders in P ist erstprojizierend, ihr Grundriss ist mit t' identisch. Der Punkt 1 ist der in der Äquatorebene liegende Punkt der frontalen Geraden (= zweiten Hauptgeraden) von τ_1 durch P, deren Aufriss zu n" normal ist. Die in der Äquatorebene liegende erste Hauptgerade von τ_1 ist zu n' normal und geht durch 1', ihr Schnittpunkt T' mit t' führt zu T" und t".

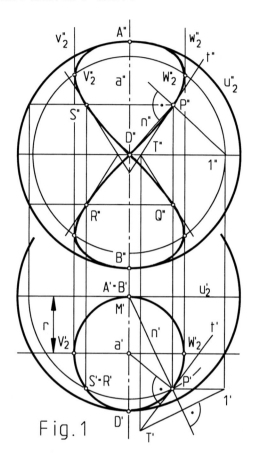

Fig. 1

Die Durchdringungskurve $d^{(4)}$ bildet eine sphärische Achterschleife und begrenzt auf der vorderen Halbkugel ein Gebiet, welches als *vivianisches Fenster* bezeichnet wird. Der Galilei-Schüler V. Viviani hat nämlich im Jahr 1692 folgende erstaunliche Entdeckung gemacht: Im Gegensatz zur Halbkugel, deren Flächeninhalt $2R^2\pi$ irrational ist, besitzt das nach Entfernung des achterförmigen „Fensters" verbleibende Teilstück der Halbkugel den Flächeninhalt $4R^2$, kann also durch ein konstruierbares Quadrat mit der Seitenlänge 2R wiedergegeben werden.

Wie erstmals in UA 3.5.4 anhand der Schnittgeraden zweier Ebenen erläutert, lassen sich die Gleichungen der Hauptrisse einer algebraischen Raumkurve durch Elimination einer Variablen aus den sie darstellenden Polynomgleichungen $P(x, y, z) = 0$ und $Q(x, y, z) = 0$ ermitteln.

Beim vivianischen Fenster mit $M(0/0/0)$ lauten diese beiden Gleichungen $x^2 + y^2 + z^2 = R^2 = 4r^2$ und $(x - r)^2 + y^2 = r^2$ bzw. $x^2 - 2rx + y^2 = 0$ bzw. $x^2 + y^2 = 2rx$. Weil letztere Gleichung die z-Koordinate nicht enthält, handelt es sich bereits um die Gleichung des Grundrisses der Raumkurve, der mit dem Grundriss des erstprojizierenden Drehzylinders übereinstimmt. Für die Elimination der y-Koordinate genügt es, das $x^2 + y^2$ in der Kugelgleichung durch $2rx$ zu ersetzen. Die Gleichung $2rx + z^2 = 4r^2$ bzw. $z^2 = -2r \cdot (x - 2r)$ ist im System Uxz die Gleichung einer Parabel mit dem Scheitel $D'''(2r/0)$ und dem Parameter r. Der Kreuzriss der Durchdringungskurve $d^{(4)}$ ist das von $A'''(0/2r)$ und $B'''(0/-2r)$ begrenzte Bogenstück dieser Parabel. Das vivianische Fenster lässt sich aus der Kugel also auch mit Hilfe eines parabolischen Zylinders herausschneiden bzw. ist die betreffende Raumkurve auch als Durchdringungskurve zwischen einem Drehzylinder und einem parabolischen Zylinder erzeugbar.

Schwieriger gestaltet sich die Ermittlung der Gleichung der Aufrisskurve durch Elimination des x aus den beiden Flächengleichungen. Aus der Zylindergleichung $x^2 - 2rx + y^2 = 0$ folgt nach der Formel $x = -\frac{p}{2} \pm \sqrt{\frac{p^2}{4} - q}$ mit $p = -2r$ und $q = y^2$

$$x = r \pm \sqrt{r^2 - y^2} \Rightarrow x^2 = 2r^2 - y^2 \pm 2r \cdot \sqrt{r^2 - y^2}$$

In die Kugelgleichung eingesetzt ergibt das

$$2r^2 - y^2 \pm 2r \cdot \sqrt{r^2 - y^2} + y^2 + z^2 = 4r^2 \Rightarrow$$
$$\pm 2r \cdot \sqrt{r^2 - y^2} = 2r^2 - z^2 \Rightarrow$$
$$4r^2 \cdot (r^2 - y^2) = 4r^4 - 4r^2 z^2 + z^4 \Rightarrow$$

$$\boxed{z^4 - 4r^2 z^2 + 4r^2 y^2 = 0}$$

Die ebene Achterschleife mit dieser Gleichung wird als *Gerono-Lemniskate* bezeichnet. Ihre Doppelpunktstangenten bilden einen rechten Winkel (ohne Beweis).

Vorschläge zum Selbermachen: A) Grund-, Auf- und Kreuzriss der Durchdringung eines Drehzylinders und einer Kugel in der Aufstellung von Fig. 1, aber mit Maßen R, r und |Ma|, für die die Durchdringungskurve **a)** einteilig ohne Doppelpunkt, **b)** einteilig mit Doppelpunkt und |Ma| < r, **c)** zweiteilig wird. **B)** Grund-, Auf- und Kreuzriss der Durchdringung eines einschaligen Drehhyperboloids mit lotrechter Achse und einer Kugel, die einander im vordersten Punkt des Kehlkreises berühren. **C)** Grund und Aufriss von Durchdringungen nach A) und/oder B), aber in gedrehter Lage, sodass der Aufriss der Durchdringungskurve nicht symmetrisch ist.

5. Schneidende Drehachsen, Monge'sches Kugelverfahren:

Zwei Drehflächen mit einander schneidenden Achsen a_1, a_2 haben die Ebene $\alpha = (a_1 a_2)$ stets zur gemeinsamen Symmetrieebene. α ist demnach eine Symmetrieebene der Durchdringungskurve $d^{(N)}$, die Normalprojektion von $d^{(N)}$ auf α oder auf eine zu α parallele Bildebene ergibt daher nach UA 2 eine ebene Kurve der Ordnung N/2 bzw. liegt der betreffende Riss von $d^{(N)}$ auf einer solchen Kurve.

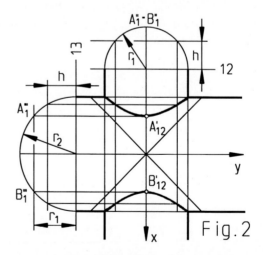

Fig. 2

Für zwei Drehzylinder mit den Achsen $a_1 = x$, $a_2 = y$ und den Radien r_1, r_2 (Fig. 2) belegt die folgende Rechnung, dass der Grundriss von $d^{(4)}$ auf einer gleichseitigen Hyperbel liegt. Durch Elimination von z^2 folgt aus $y^2 + z^2 = r_1^2$ und $x^2 + z^2 = r_2^2$ nämlich

$$x^2 - y^2 = r_2^2 - r_1^2 = a^2$$

Durchdringungen dieser Art sind an Maschinen, an Werkzeugen und im Bauwesen häufig zu beobachten. Konstruktiv können einzelne Punkte von $d^{(4)}$ als Schnittpunkte von Erzeugenden mit gleicher Höhenkote h (Fig. 2) ermittelt werden, was für allgemeine Lage Schnitte mit Hilfsebenen bedeutet, die zu den Zylinderachsen parallel sind. Bei Drehkegeln sind die Hilfsebenen durch die beiden Kegelspitzen zu legen.

Konstruktiv einfacher ist in diesem Fall allerdings die Verwendung von Hilfskugeln (Fig. 3). Ist O der Schnittpunkt der beiden Kegel- oder Zylinderachsen, dann schneidet jede Kugel mit diesem Mittelpunkt die beiden Flächen nach Parallelkreisen, deren Schnittpunkte P_1, P_2, ... auf $d^{(4)}$ liegen. Die Ermittlung des zur Bildebene $\alpha = (a_1 a_2)$ gehörigen Normalrisses erfordert keinen weiteren Riss als Hilfsriss.

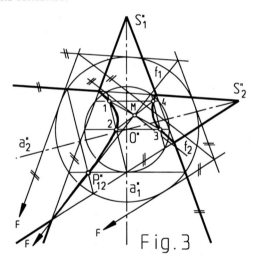
Fig. 3

In Fig. 3 sind die beiden Achsen frontal angenommen worden. Der Aufriss der zweiteiligen Durchdringungskurve liegt daher erwartungsgemäß auf einer Hyperbel. Vier zu einer Hilfskugel gehörige Kurvenpunkte 1, 2, 3, 4 bilden ein Parallelogramm, dessen Diagonalenschnittpunkt der Hyperbelmittelpunkt M ist. Die Konstruktion der Asymptoten f_1, f_2, mit deren Hilfe dann auch noch die Achsen und die Hyperbelscheitel (Stechzirkelkonstruktion) ermittelt werden könnten, wird in UA 5.4.4 (Seite 189) behandelt.

Hilfskugeln wurden schon von G. Monge verwendet, weshalb diese Methode auch als *Monge'sches Kugelverfahren* bekannt ist. Sie lässt sich auf alle Durchdringungen anwenden, an denen zwei Drehflächen mit einander schneidenden Achsen beteiligt sind.

Vorschläge zum Selbermachen: A) Grund- und Aufriss einer drehzylinderförmigen Bohrung in einem Drehzylinder, die einander schneidenden horizontalen Achsen a_1 und a_2 sollen gegen π_2 unter je 45° geneigt sein. **B)** Ein **a)** Drehkegel, **b)** Drehparaboloid, **c)** eiförmiges Drehellipsoid mit lotrechter Achse a_1 wird von einem Drehzylinder mit horizontaler und frontaler Achse a_2 durchbohrt. Grund- und Aufriss für $a_1 \cap a_2 = \{O\}$.

4. Plücker-Konoid und Drehzylinder:

Als letztes Beispiel in diesem Abschnitt soll ein Plücker-Konoid (UA 4.8.4, Seite 169) von einem Drehzylinder berandet werden, dessen Achse mit der Doppelgeraden l_1 des Konoids zusammenfällt (Fig. 4). Als Leitlinie l_3 fungiert eine Ellipse k, deren Grundriss den Radius r hat und die in einem Hauptscheitel die untere, gegen π_2 unter 45° geneigte Torsalerzeugende t_1 berührt. Der zweite Hauptscheitel P liegt dann auf der oberen Torsalerzeugenden t_2. Bei dieser Annahme lassen sich die Koten der waagrechten Erzeugenden, deren Auswahl so getroffen wurde, dass ihre Grundrisse Winkel von jeweils 15° miteinander einschließen, mit Hilfe von k' ermitteln, sodass kein dritter Riss benötigt wird.

In dem durch die beiden Mittelerzeugenden und die Doppelgerade gebildeten Koordinatensystem lautet die Gleichung des Plücker-Konoids $(x^2 + y^2) \cdot z = 2rxy$ und die Gleichung des Drehzylinders $x^2 + y^2 = 4r^2$. Ersetzen wir in der ersten Gleichung die Quadratsumme durch $4r^2$, so kommt

$$4r^2 z = 2rxy \Rightarrow 2rz = xy \Rightarrow x = \frac{2rz}{y}$$

Damit kann das x in einer der beiden Flächengleichungen eliminiert werden und nach entsprechenden Umformungen erhalten wir letztlich die Gleichung

$$y^4 - 4r^2 y^2 + 4r^2 z^2 = 0$$

Der Aufriss der Durchdringungskurve ist also eine gegenüber Fig. 1 um 90° gedrehte Gerono-Lemniskate. Ihr Doppelpunkt ist allerdings nicht das Bild eines Doppelpunkts der Raumkurve. Diese hat nämlich keinen solchen, sondern die Form einer „Achterbahn" mit zwei Hochpunkten P, R und zwei Tiefpunkten Q, S.

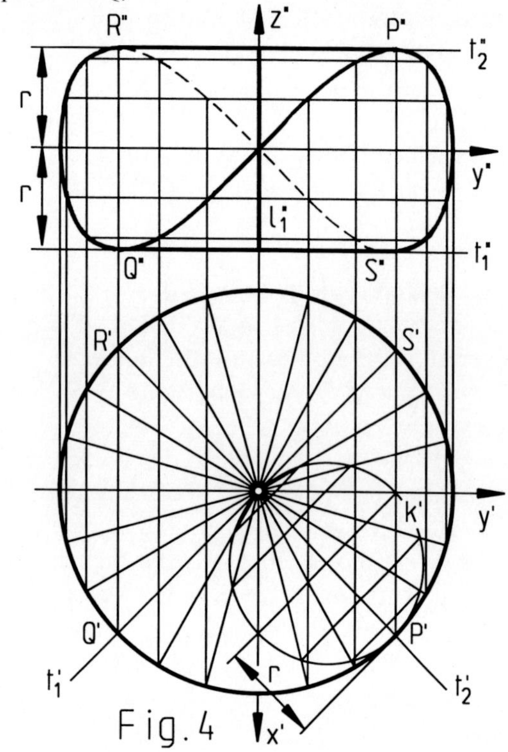

Fig. 4

Das Ergebnis ist scheinbar ein Widerspruch zur Regel, dass die Ordnungen einer Raumkurve und ihrer Risse i. A. übereinstimmen. Denn die Raumkurve müsste nach der Regel $N = n_1 \cdot n_2$ von 6. Ordnung sein, ihr Aufriss ist aber nur eine Kurve 4. Ordnung. Dieser Widerspruch lässt sich mit den Mitteln der Algebra leicht aufklären:

Zur Durchdringungskurve $d^{(6)}$ gehört nämlich auch die dem Plücker-Konoid und dem Drehzylinder gemeinsame Fernkurve mit der Gleichung $x_1^2 + x_2^2 = 0$, welche aus den zwei einander im Fernpunkt der Doppelgeraden bzw. Zylinderachse schneidenden isotropen Ferngeraden besteht. Die reelle Teilkurve, deren Aufriss die Gerono-Lemniskate ist, hat daher nur mehr die Ordnung 4. Weitere Beispiele dieser Art, bei denen die Durchdringungskurve also zerfällt, werden in A 5.4 behandelt.

Vorschlag zum Selbermachen: Das von einem Drehzylinder mit der lotrechten Achse l_1 berandete Plücker-Konoid **a)** in den drei Hauptrissen in einer Lage darstellen, bei der die Aufriss- und die Kreuzrissebene Symmetrieebenen des Konoids sind, **b)** in einem Horizontalriss, **c)** nach dem Einschneideverfahren in einem Parallelriss darstellen.

5.4 Zerfallende Durchdringungskurven

Das letzte Beispiel betrifft eine *zerfallende Durchdringungkurve* $d^{(N)}$ und belegt, dass die Summe der Ordnungen der (einteiligen oder nullteiligen, eigentlichen oder uneigentlichen) Teilkurven den Wert N ergibt. Es sind uns aber auch schon andere Beispiele zu diesem Thema begegnet: Ein Drehzylinder oder ein Drehkegel und eine Kugel, deren Mittelpunkt auf der Drehachse liegt, durchdringen einander nach zwei Parallelkreisen. Gleiches gilt für einen Drehzylinder und einen Drehkegel bzw. ganz allgemein für je zwei Drehquadriken mit derselben Drehachse. Zwei Kugeln schneiden einander im Endlichen deswegen nur nach <u>einem</u> Kreis, weil sie als zweiten Teil ihrer Durchdringungskurve 4. Ordnung den absoluten Kegelschnitt gemeinsam haben. Und wenn zwei Zylinderflächen mit den Ordnungen n_1 und n_2 dieselbe Erzeugendenrichtung aufweisen, so schneiden sie einander nach $n_1 \cdot n_2$ Erzeugenden, die allerdings nicht alle reell sein müssen.

1. Raumkurven 3. Ordnung:

Gehen zwei Flächen mit den Ordnungen n_1, n_2 durch eine von vornherein bekannte Kurve der Ordnung $n < n_1 \cdot n_2 = N$, so findet jedenfalls Kurvenzerfall statt, die zweite Teilkurve d hat die Ordnung $N - n$, kann aber auch noch weiter zerfallen.

Fig. 1a zeigt die Durchdringung eines Drehzylinders mit einem schiefen Kreiskegel, wobei die beiden Flächen 2. Ordnung einander längs einer Erzeugenden e berühren. Da e ein Teil der Durchdringungskurve und als Berührerzeugende doppelt zu zählen ist, kann die Restkurve d nur mehr von 2. Ordnung sein. Weil die Kegelbasis (Leitkurve) k horizontal und die Achse a des Zylinders lotrecht ist, handelt es sich bei d um einen Parallelkreis (Schichtenkreis) der beiden Flächen.

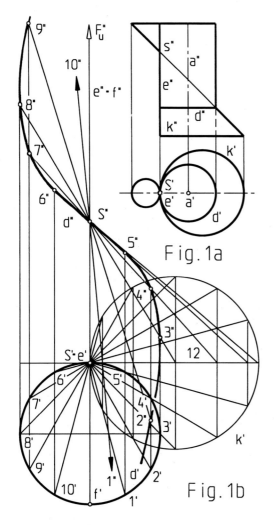

Fig. 1a

Fig. 1b

Haben die Drehzylinderfläche ζ und die Kreiskegelfläche γ eine Erzeugende e gemeinsam, die nicht Berührerzeugende ist, so findet die Durchdringung längs e und einer Raumkurve 3. Ordnung $d^{(3)}$ statt (Fig. 1b). Jede Ebene durch e enthält neben e noch eine zweite Erzeugende von ζ und γ, und deren Schnittpunkt (1, 2, ... 10) ist ein Punkt von $d^{(3)}$. Die punktweise Ermittlung auf diesem Weg lässt vermuten, dass die vorderste Zylindererzeugende f eine Asymptote von $d^{(3)}$,

also die Tangente in deren einzigem reellen Fernpunkt F_u ist. Die Kegelspitze S und der Fernscheitel F_u des Zylinders sind Doppelpunkte der Gesamtdurchdringung, indem nämlich e und $d^{(3)}$ einander in diesen Punkten schneiden. Bei zwei Kegelflächen 2. Ordnung, die eine Erzeugende gemeinsam haben, werden mit den Spitzen S_1 und S_2 zwei eigentliche Doppelpunkte auftreten.

Raumkurven 3. Ordnung können nur als Teilkurven von Durchdringungskurven höherer Ordnung zustande kommen. Sie werden als *kubische Ellipsen* (Fig. 1b) bzw. *kubische Hyperbeln* bezeichnet, je nachdem sie einen reellen und zwei komplexe Fernpunkte oder drei reell getrennte Fernpunkte (und drei Asymptoten) besitzen. Eine *kubische Parabel* hat einen dreifach zu zählenden reellen Fernpunkt und die Fernebene zur Schmiegebene.

Vorschlag zum Selbermachen: Den Fall untersuchen, bei dem eine Kegelfläche mit kreisförmiger (erster) Spurkurve und eine **a)** parabolische, **b)** hyperbolische Zylinderfläche 2. Ordnung eine frontale Symmetrieebene gemeinsam haben und einander längs einer lotrechten Erzeugenden e berühren.

2. Raumkurven 4. Ordnung mit zwei Doppelpunkten:

Als Umkehrung des anhand von Fig. 1b festgestellten Tatbestands gilt der folgende Satz:

> Hat eine Raumkurve 4. Ordnung zwei Doppelpunkte D_1 und D_2, so zerfällt sie.

Beweis: Die Verbindungsebene α eines Kurvenpunkts P und der Geraden a = (D_1D_2) enthält fünf Punkte, weil D_1 und D_2 für je zwei Punkte zählen. Das kann bei Raumkurven 4. Ordnung nur dann sein, wenn α unendlich viele Kurvenpunkte, also eine ebene Teilkurve enthält. Die Raumkurve muss also in diese und eine zweite Teilkurve zerfallen.

Dieser Beweis ist nur für Raumkurven schlüssig. Ebene Kurven 4. Ordnung können bis zu drei Doppelpunkte haben, ohne zu zerfallen. (Vgl. W. Wunderlich, Darstellende Geometrie I, Seite 179, Anm. 1.)

In Verbindung mit der bereits bekannten Tatsache, dass bei Flächenberührung immer ein Doppelpunkt der Durchdringungskurve auftritt, begründet der obige Satz den folgenden Sachverhalt:

> Wenn einander zwei Quadriken in zwei Punkten D_1 und D_2 berühren, dann zerfällt ihre Durchdringungskurve.

Grundsätzlich sind dabei die Fälle $d^{(4)} = d_1^{(1)} + d_2^{(3)}$ sowie $d^{(4)} = d_1^{(2)} + d_2^{(2)}$ möglich, wobei der Zerfall einer Durchdringungskurve 4. Ordnung in zwei Kegelschnitte hinsichtlich seiner Anwendungsgebiete der weitaus wichtigere ist. U. a. ermöglicht er es, die Kreisschnitte der Quadriken zu bestimmen (UA 3). Als reale Gegebenheit ist er z. B. bei Rohrverbindungen (UA 4) und Gewölbeformen (UA 5) zu beobachten.

Ein besonders schönes Beispiel aus der Baugeometrie findet sich in Kopavogur, einem Vorort von Islands Hauptstadt Reykjavik. Dort steht eine Kirche, die von zwei einander unter rechtem Winkel schneidenden parabolischen Zylindern überdacht wird (Foto). Nach obigem Satz zerfällt die Durchdringungskurve in zwei Parabeln, weil neben der offensichtlichen Berührung im Scheitelpunkt auch noch eine Berührung der beiden Flächen im Unendlichen stattfindet. Die beiden parabolischen Zylinder haben nämlich die Fernebene zur gemeinsamen Tangentialebene und die beiden zugehörigen Berührerzeugenden schneiden einander im zweiten Doppelpunkt.

Das Foto zeigt noch weitere gerade parabolische Zylinder, die als Vorbauten an den zentralen Baukörper angesetzt sind.

3. Die Kreisschnitte der Quadriken:

Auf allen Quadriken, die nach Ellipsen geschnitten werden können, gibt es auch Kreise. Diese lassen sich als zerfallende Durchdringungskurven mit doppelt berührenden Kugeln ermitteln, da auf Kugeln als ebene Kurven nur Kreise in Frage kommen. Sind auf diesem Weg zwei Kreisschnittebenen gefunden, so schneiden auch alle dazu parallelen Ebenen die Quadrik nach Kreisen.

Sind die Kreisschnittebenen zweitprojizierend, wie in den nächsten drei Figuren angenommen, dann ergeben sich die Ebenengleichungen durch Elimination des x aus den beiden Flächengleichungen, so wie im allgemeinen Fall bei dieser Prozedur die Gleichung des Aufrisses der Durchdringungskurve herauskommt. Bei Elimination des z aus Kugel- und Ebenengleichung muss eine Ellipsengleichung entstehen, die den Grundriss des zugehörigen Schnittkreises beschreibt.

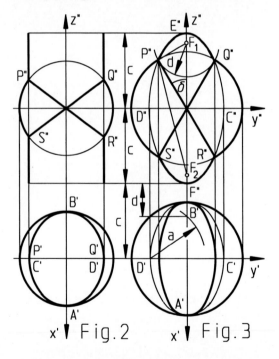

Bei elliptischen Zylindern, deren Normalschnitte Ellipsen mit a > b sind, ist jede Kugel mit dem Radius a geeignet, deren Mittelpunkt auf der Zylinderachse liegt (Fig. 2). Das Ergebnis bestätigt, dass jeder (gerade) elliptische Zylinder als schiefer Kreiszylinder aufgefasst werden kann.

Bei dreiachsigen Ellipsoiden eignet sich die konzentrische Kugel, welche die Quadrik in den Scheiteln mit dem „mittleren" Abstand berührt, besonders gut. In Fig. 3 sind dies die Scheitel A, B auf der x-Achse.

Das Ergebnis der folgenden Rechnung erlaubt es, die Schnittpunkte P'', Q'', R'' und S'' von Kreis und Ellipse, welche die Aufrisse der beiden Schnittkreise beranden, exakt zu konstruieren. Sind F_1 und F_2 die Brennpunkte der Aufrissellipse und $d = |F_1P''|$, so gelten nach dem Cosinussatz die Gleichungen

$$d^2 = a^2 + e^2 - 2ae \cdot \cos\delta$$
$$(2c - d)^2 = a^2 + e^2 - 2ae \cdot \cos(180° - \delta)$$

Wegen $\cos(180° - \delta) = -\cos\delta$ folgt daraus durch Addition

$$4c^2 - 4cd + 2d^2 = 2a^2 + 2e^2 \Rightarrow d^2 - 2cd + 2c^2 - a^2 - e^2 = 0 \Rightarrow d = c \pm \sqrt{c^2 - 2c^2 + a^2 + e^2}$$

und wegen $e^2 = c^2 - b^2$ wird daraus letztlich $d = c \pm \sqrt{a^2 - b^2}$, was der Summe bzw. Differenz aus c und der linearen Exzentrizität der Ellipse mit den Scheiteln A, B, C und D entspricht (Fig. 3, Grundriss).

Auch bei einschaligen Hyperboloiden ist die in den Hauptscheiteln der Kehlellipse berührende konzentrische Kugel für die Ermittlung der Kreisschnittebenen günstig.

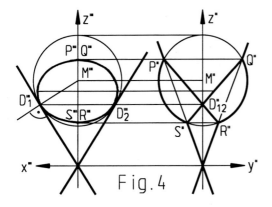

Fig. 4

Bei Kegeln 2. Ordnung (Fig. 4), elliptischen Paraboloiden und zweischaligen Hyperboloiden sind alle doppelt berührenden Kugeln, welche die Fläche reell schneiden, gleich gut geeignet.

Vorschläge zum Selbermachen: **A)** Zu Fig. 3 für a = 3 LE, b = 2 LE und c = 4 LE die Gleichungen der Kreisschnittebenen und der Grundrisse der Schnittkreise berechnen. **B)** Wie beim Ellipsoid (Fig. 3) lässt sich auch für einschalige Hyperboloide mit den Scheiteln A(a/0/0), B(-a/0/0) und C(0/b/0) sowie a > b eine Formel für den Abstand d der Punkte P'', Q'', R'' und S'' von einem Brennpunkt der Aufrisshyperbel herleiten. **C)** Für das einschalige Hyperboloid mit A(3/0/0), B(-3/0/0), C(0/2/0) und c = 4 LE **a)** eine Zeichnung (Grund-, Auf- und Kreuzriss) anfertigen, **b)** die Gleichungen der Kreisschnittebenen und der Grundrisse der Schnittkreise berechnen.

4. Rohrverbindungen:

Haben zwei Drehflächen 2. Ordnung mit schneidenden Achsen eine ihnen eingeschriebene Kugel gemeinsam, dann berühren sie einander jedenfalls in den Schnittpunkten D_1, D_2 der beiden Berührkreise und die Durchdringungskurve zerfällt daher in zwei Kegelschnitte (Fig. 5).

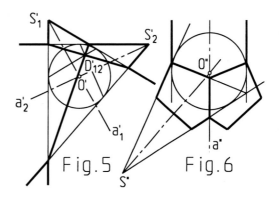

Fig. 5 Fig. 6

Aus dieser Figur erklärt sich auch die Asymptotenkonstruktion in Fig. 5.3.3 (Seite 185): Dort wurden einer Monge'schen Kugel zwei Drehkegel umschrieben, deren Achsen und Öffnungswinkel mit den die Durchdringungskurve 4. Ordnung $d^{(4)}$ erzeugenden Flächen übereinstimmen. Die Durchdringungskurve der beiden Hilfskegel zerfällt und die beiden Bildgeraden sind zu den Asymptoten der Hyperbel parallel, auf der der Aufriss von $d^{(4)}$ liegt. Denn Drehkegelflächen mit parallelen Achsen und gleichem Öffnungswinkel haben eine reelle Fernkurve 2. Ordnung gemeinsam, die Fernpunkte von $d^{(4)}$ sind also mit denen der zerfallenden Durchdringungskurve der beiden Hilfskegel identisch.

Eine praktische Anwendung findet die Regel von der eingeschriebenen Kugel bei *Rohrverbindungen*, die aus Drehzylindern und Drehkegeln bestehen. Solche lassen sich nur dann relativ einfach, z. B. aus Blech, fertigen, wenn die Nahtkurven keine Raumkurven, sondern Ellipsen bzw. Teile von Ellipsen sind. Fig. 6 zeigt ein nach diesem Prinzip gestaltetes „Hosenstück", bei dem aus einem Drehzylinder zwei Drehkegel abzweigen. Dabei wurde zuerst dem Drehzylinder eine Kugel eingeschrieben und dieser danach aus dem Punkt S ein Drehkegel umschrieben. Die beiden konischen Teile des Hosenstücks sind kongruent.

Einen wichtigen Spezialfall stellt die „Rohrkreuzung" gemäß Fig. 7 dar, bei der zwei Drehzylinder gleicher Dimension rechtwinklig aufeinandertreffen und einander nach zwei kongruenten Ellipsen schneiden. Daraus abgeleitete Formen sind das durch Fig. 8 veranschaulichte „T-Stück" und das „Rohrknie" gemäß Fig. 9.

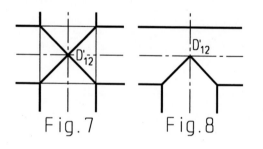

Fig. 7   Fig. 8

Beispiel (Fig. 9): In einem Frontalriss ($\alpha = 135°$, $v = 2/3$) wird ein Rohrknie dargestellt, das als Durchdringung zweier Drehzylinder mit gleichem Radius $r = 3$ LE und den Achsen x und y zustande kommt. Für die Abstände der Mittelpunkte M und M_2 des vorderen Kreises k bzw. des rechten Kreises k_2 vom Mittelpunkt $M_1(0/0/0)$ der Schnittellipse k_1 gilt $|MM_1| = |M_1M_2| = 6$ LE.

Wir beginnen mit den Punkten M_1^s, M^s und M_2^s sowie dem Kreis k^s laut Angabe. MM_1M_2A ist ein waagrechtes Quadrat, daher schneidet die Trägerebene der Ellipse beide Kreisebenen längs der lotrechten Geraden a

durch A. In Folge ist a^s Affinitätsachse für eine perspektive Affinität sowohl zwischen k^s und k_1^s als auch zwischen k_1^s und k_2^s. Aus den normalen Kreishalbmessern M^sP^s und M^sR^s ergeben sich konjugierte Halbmesser $M_1^sP_1^s$ und $M_1^sR_1^s$ von k_1^s bzw. $M_2^sP_2^s$ und $M_2^sR_2^s$ von k_2^s. Die Achsen von k_1^s und k_2^s wären nach Rytz zu konstruieren. Die Umrissstrecken $U^sU_1^s$ und $V^sV_1^s$ leiten sich unmittelbar aus der perspektiven Affinität zwischen k^s und k_1^s ab (Hilfspunkt 1), mittelbar auch der Umrisspunkt W_1^s als Berührpunkt einer zu y^s parallelen Tangente w^s von k_1^s (Hilfspunkte 2, 3). Der Punkt W_2^s wird entweder über den Schräggrundriss (Gerade w'^s) oder (wie auch $\overline{W}_2^s$) über a^s ermittelt.

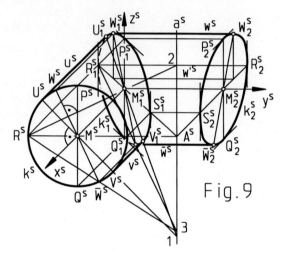

Fig. 9

Vorschläge zum Selbermachen: A) Ein Hosenstück gemäß Fig. 6 in Grund-, Auf- und Kreuzriss darstellen. **B)** In einem Frontalriss mit $\alpha = 135°$ und $v = 2/3$ **a)** die Kreuzung zweier 10 cm langen Rohre von je 3 cm Radius in der Lage von Fig. 7 (Grundriss), **b)** das T-Stück, das ein 12 cm langes Rohr mit einem davon abzweigenden 10 cm langen Rohr von je 4 cm Radius bildet, in der Lage von Fig. 8 (Grundriss) darstellen.

5. Kreuz- und Klostergewölbe:

Ein geometrisch eng mit den Rohrkreuzungen zusammenhängendes Anwendungsgebiet sind die Gewölbeformen, welche sich aus *Tonnengewölben* ableiten lassen. Diese überwölben als obere Hälften gerader Zylinder mit waagrechten Achsen und kreisförmigem oder elliptischem Querschnitt rechteckige Räume, insbes. Gänge oder Tunnels. Aus solchen Tonnengewölben können durch dazu rechtwinklig angeordnete Halbzylinder mit gleicher *Stichhöhe* h das *Kreuzgewölbe* und das (geschlossene) *Klostergewölbe* abgeleitet werden. Letzteres dient vornehmlich der Überwölbung einzelner Räume, während Ersteres gerne in mehreren Jochen bei der Überwölbung von Gängen, z. B. im Schulgebäude des BRG Steyr/Michaelerplatz, einem ehemaligen Jesuitenkloster, auftritt (Foto).

Beiden Gewölben ist gemeinsam, dass die Durchdringungen nach zwei kongruenten Halbellipsen stattfinden, weil die beiden Halbzylinder einander im Scheitelpunkt berühren. Im Übrigen ist aber das Aussehen der beiden Gewölbeformen gänzlich verschieden.

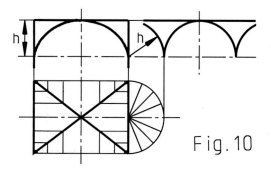

Fig. 10 ist eine Schnittdarstellung eines mit einem Kreuzgewölbe ausgestatteten Ganges. Der Grundriss ist auf <u>ein</u> Joch beschränkt, im Kreuzriss sind die benachbarten Joche angedeutet. Fig. 11 ist eine Schnittdarstellung eines mit einem Klostergewölbe ausgestatteten Raumes. In beiden Grundrissen sind auf den das Gewölbe bildenden Zylinderteilen – beim Klostergewölbe sind das die „Wangen" – Erzeugendenabschnitte eingezeichnet.

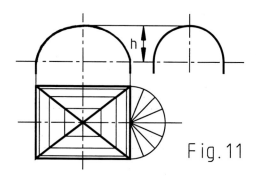

Vorschläge zum Selbermachen: A) Über dem horizontalen Quadrat AA_1BB_1 mit $A(6/-6/0)$, $A_1(6/6/0)$ und $B(-6/6/0)$ ein aus zwei halben Drehzylindermänteln gebildetes Kreuzgewölbe errichten und in einem Frontalriss ($\alpha = 120°$, $v = 1/2$) darstellen. **B)** Über dem horizontalen Quadrat AA_1BB_1 mit $A(4/-4/0)$, $A_1(4/4/0)$ und $B(-4/4/0)$ ein geschlossenes Klostergewölbe errichten und in einem Frontalriss ($\alpha = 225°$, $v = 1/2$) darstellen.

6. Die Villarceau'schen Kreise:

Nach dem Bézout'schen Theorem durchdringen einander ein Ringtorus (als Fläche 4. Ordnung) und eine Quadrik nach einer Raumkurve 8. Ordnung. Kurvenzerfall tritt sicher ein, wenn die Quadrik eine Kugel ist, weil Torus und Kugel den absoluten Kegelschnitt gemeinsam haben, welcher als Fernkurve des Torus doppelt zählt. Im Endlichen wird es also nur eine Durchdringungskurve 4. Ordnung geben, die wiederum in zwei Kreise zerfallen kann. Das ist z. B. dann der Fall, wenn der Mittelpunkt der Kugel auf der Torusachse liegt. Die beiden (Parallel-)Kreise sind entweder reell getrennt oder konjugiert komplex oder sie fallen zusammen. Als Modell für letzteren Fall kann ein Ball dienen, der auf einem torusförmigen Schwimmreifen liegt. Auch für alle dem Torus (als Rohrfläche) eingeschriebenen Kugeln gibt es nur <u>einen</u> Berührkreis, der für zwei Kreise zählt.

Es existiert aber auch eine einparametrige Schar kongruenter Kugeln, welche den Ringtorus in einem Punkt D_1 des Gürtelkreises und einem Punkt D_2 des Kehlkreises berühren (Fig. 12), sodass deren Durchdringungskurven mit dem Torus in zwei Kreise zerfallen müssen.

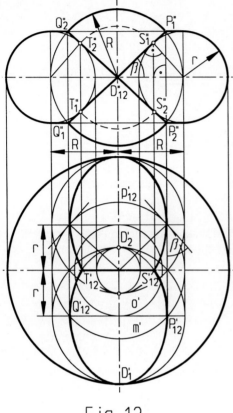

Fig. 12

Der Radius dieser Kugeln ist mit dem Radius R des Mittenkreises m identisch, und ihre Mittelpunkte liegen auf einem Kreis o, dessen Radius mit dem Radius r der Meridiankreise des Torus übereinstimmt.

Auf dem Ringtorus gibt es also neben den Meridian- und den Parallelkreisen noch weitere Kreise, die erst im Jahr 1848 von Yvon Villarceau entdeckt worden sind und daher als *Villarceau'sche Kreise* bezeichnet werden. Aus Fig. 12 ist – wegen des Böschungswinkels β, für den $\sin\beta = r : R$ auf zweifache Weise gilt – ersichtlich, dass die Trägerebenen dieser Kreise mit den Doppeltangentialebenen des Torus übereinstimmen, welche gegenüberliegende Meridiankreise in Punkten S_1 und T_1 bzw. S_2 und T_2 berühren. Die Villarceau'schen Kreise ergeben sich also auch als ebene Schnittkurven des Ringtorus mit seinen Doppeltangentialebenen.

Ohne Beweis sei noch die folgende bemerkenswerte Eigenschaft der Villarceau'schen Kreise genannt: Jeder von ihnen schneidet alle Parallelkreise unter dem gleichen Winkel β, der in Fig. 12 nicht nur im Aufriss bei den Schnittpunkten D_1 und D_2 mit dem Gürtel- bzw. Kehlkreis, sondern auch im Grundriss bei den Schnittpunkten mit den Plattkreisen p_1 und p_2 in wahrer Größe zu sehen ist. Da Parallel- und Meridiankreise auf dem Torus ein orthogonales Gitter bilden, schneidet jeder Villarceau'sche Kreis auch alle Meridiankreise unter gleichem Winkel $90° - \beta$. Kurven, die eine Kurvenschar unter konstantem Winkel durchsetzen, werden *Isogonaltrajektorien* oder *Loxodromen* dieser Schar genannt. Daher ist für die Villarceau'schen Kreise auch die Bezeichnung *Loxodromenkreise* in Gebrauch.

Vorschlag zum Selbermachen: In HA 4 haben wir die Loxodromen der Drehzylinderflächen kennengelernt, ohne sie als solche zu identifizieren. Um welche Kurven handelt es sich?

5.5 Das apollonische Problem

Wie schon in A 4.3 angemerkt und in Fig. 5.3.3 konstruktiv verwendet worden ist, haben zwei Drehkegel mit parallelen Achsen und gleichem Öffnungswinkel eine reelle Fernkurve 2. Ordnung gemeinsam. Das bedeutet, dass deren Durchdringungskurve in diese Fernkurve und einen eigentlichen Kegelschnitt zerfällt. Dieser Kegelschnitt ist eine Hyperbel. Liegt allerdings die Spitze des einen Kegels auf der anderen Kegelfläche (und umgekehrt), dann tritt anstelle der Hyperbel eine doppelt zu zählende Berührerzeugende auf. Für die weiteren Überlegungen ist entscheidend, dass dann einander auch die beiden Schnittkreise mit jeder achsennormalen Ebene berühren.

In Fig. 1 sind zwei Drehkegel $\gamma_1(k_1, S_1)$ und $\gamma_2(k_2, S_2)$ mit lotrechten Achsen und dem Öffnungswinkel 90° vorgegeben. Die Aufstellung ist so gewählt, dass die Trägerebene ε der Schnitthyperbel zweitprojizierend ausfällt und die Kurve analog zu Fig. 4.4.4 (Seite 147) gezeichnet werden kann. Hinsichtlich der Sichtbarkeit wird nur der untere Teil als Durchdringung behandelt, während der obere Ast der Hyperbel als Schnitt der Ebene ε mit dem Kegel γ_2 ausgeführt ist. Für später ist von Bedeutung, dass die (erste) Spur e der Schnittebene ε die Potenzgerade der Kreise k_1 und k_2 ist.

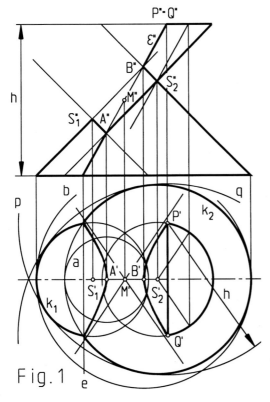

Fig. 1

Jeder Punkt der Schnitthyperbel ist Spitze eines Drehkegels mit lotrechter Achse und dem Öffnungswinkel 90°, dessen (erster) Spurkreis nach den Ausführungen von Absatz 1 die beiden Spurkreise k_1 und k_2 berührt. Das ist in Fig. 1 anhand der beiden Hyperbelscheitel A, B und der beiden oberen Randpunkte P, Q ausgeführt, die zugehörigen Spurkreise sind mit a, b, p und q beschriftet. Der Öffnungswinkel 90° bewirkt, dass der Radius jedes dieser Kreise mit der Höhenkote h der zugehörigen Kegelspitze übereinstimmt.

Nach A 3.3 von Teil I besteht das *apollonische Problem* der ebenen Geometrie darin, Kreise zu ermitteln, welche drei gegebene Kreise berühren. Der durch Fig. 1 dokumentierte Sachverhalt lässt es geraten erscheinen, die Lösung der apollonischen Aufgabe durch Beiziehung eines dritten Drehkegels mit lotrechter Achse und dem Öffnungswinkel 90° zu versuchen.

Drei solche Drehkegel schneiden einander paarweise nach drei Hyperbeln, deren Trägerebenen <u>eine</u> Schnittgerade s gemeinsam haben. Das folgt aus der Tatsache, dass die Spuren dieser drei Ebenen Potenzgerade von je zwei Spurkreisen sind und einander daher in <u>einem</u> Punkt, dem Potenzzentrum Z der drei Spurkreise, schneiden müssen. Z ist der (erste) Spurpunkt von s. Schneiden wir die drei Kegel nach einer (zur Zeichenebene π_1 parallelen) Schichtenebene, so erhalten wir wiederum drei Kreise, deren Potenzzentrum einen zweiten Punkt der Schnittgeraden s liefert.

Die Gerade s durchstößt jeden der drei Kegel in denselben zwei Punkten X und Y, die allerdings nicht unbedingt reell sein müssen. Zu X und Y als Spitzen von Drehkegeln mit lotrechten Achsen und dem Öffnungswinkel 90° gehören somit zwei Spurkreise x und y, welche die Spurkreise der drei Drehkegel berühren, von denen wir ausgegangen sind. Das apollonische Problem ist damit grundsätzlich gelöst.

Fig. 2 zeigt die konstruktive Durchführung. Gegeben sind drei Kreise a, b und c mit den Radien $r_a = 5$ LE, $r_b = 2$ LE und $r_c = 3$ LE. Über ihnen werden drei Drehkegel der beschriebenen Art errichtet. Die Grundrisse ihrer Spitzen decken sich mit den Kreismittelpunkten und wären (als kotierte Grundrisse gemäß A 4.2) mit A'(5), B'(2) und C'(3) zu beschriften. In Fig. 2 werden die Koten der Punkte und Schichtenlinien aber (vereinfachend) durch Indizes angezeigt, sodass die Kegelspitzen also A_5, B_2 und C_3 heißen. Der Spurpunkt Z der Schnittgeraden s liegt im Schnitt der Potenzgeraden der Kreise a, c und b, c, wobei Letztere als Normale zur Strecke

$B_2'C_3'$ durch den Mittelpunkt der (mittels Hilfskreis und Thales-Kreis konstruierten) zugehörigen Tangentenstrecke ermittelt wurde.

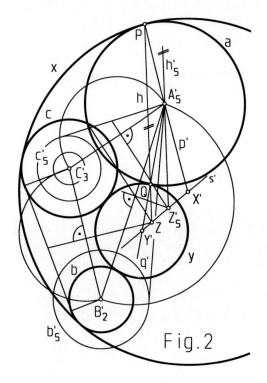

Fig. 2

Als zweiter Punkt von s wurde Z_5 als Potenzzentrum des in der Schichtenebene mit der Kote 5 liegenden „Nullkreises" A_5 und der Kreise b_5 und c_5 herangezogen, deren Radien (3 LE bzw. 2 LE) leicht auszurechnen sind.

Die Durchstoßpunkte X, Y von s mit den drei Kegelflächen ergeben sich gemäß Fig. 4.3.3 (Seite 140) durch Schnitt des zum Spurkreis a gehörigen Kegels mit der Hilfsebene $\eta = (sA_5)$. Über deren Schichtenlinie $h_5 = (A_5Z_5)$ gelangen wir zur Spur $h \parallel h_5$ durch Z, zu deren Schnittpunkten P, Q mit a und den Schnitterzeugenden $p = (PA_5)$ und $q = (QA_5)$, auf denen X bzw. Y liegt. X' und Y' sind die Mitten der beiden Lösungskreise x und y.

Der Punkt X befindet sich über der Zeichenebene π_1, der Punkt Y liegt darunter – ein Hinweis darauf, dass wir bei der vollständigen Lösung des apollonischen Problems auch Drehkegel einbeziehen müssen, deren Spitzen unterhalb von π_1 liegen. Für die Annahme, dass die zu den Spurkreisen a, b und c gehörigen Kegelspitzen alle unter π_1 liegen, wird die planare Symmetrie bezüglich π_1 allerdings zu denselben Lösungskreisen x und y führen, nur dass sich dann X unterhalb und Y oberhalb von π_1 befindet. Wird hingegen nur eine Kote negativ genommen, so ist das ein neuer Fall, mit zwei neuen, aber nicht unbedingt reellen Lösungen. Das macht zusammen sechs zusätzliche Lösungen, da mit A(-5), B(-2) und C(-3) drei Möglichkeiten für die negative Kote zur Verfügung stehen. Darüber hinaus gibt es nur mehr spiegelbildliche Annahmen, die zu keinen weiteren Lösungen führen.

Zum apollonischen Problem lässt sich daher die folgende generelle Feststellung treffen:

> Es gibt maximal acht reelle Kreise, die drei gegebene Kreise berühren, wobei reelle und komplexe Lösungen immer paarweise auftreten.

Damit ist auch der Zusammenhang mit der bereits in A 0.4 erwähnten *Zyklographie* hergestellt, die nach einer Idee des Schweizer Geometrikers W. Fiedler an der TU Wien von E. Müller (1861 – 1927) systematisch ausgebaut und im gleichnamigen Buch (siehe Literaturverzeichnis) ausführlich dargelegt wurde. Dabei handelt es sich um ein Abbildungsverfahren, das jedem eigentlichen Punkt P des R_3 einen orientierten Kreis P^z in der Zeichenebene zuordnet, welcher *Zykel* genannt wird. Die Abbildung ist umkehrbar eindeutig, indem P^z den Grundriss P' von P zum Mittelpunkt und den Betrag |z| der Höhenkote von P zum Radius hat, während die Orientierung von P^z für $z > 0$ im positiven und für $z < 0$ im negativen Drehsinn erfolgt. Orientieren wir die in Fig. 2 enthaltenen Spurkreise a, b, c und x positiv sowie y negativ, so werden daraus die Zykel der Kegelspitzen.

In Fig. 3 decken sich Lage- und Größenverhältnisse der Zykel A^z, B^z und C^z mit den Angabekreisen a, b, c von Fig. 2, der Zykel B^z ist allerdings negativ orientiert, womit wir die Konstellation mit A(5), B(-2) und C(3) haben. Die Ermittlung der Raumpunkte X und Y erfolgt wie bei Fig. 2 besprochen, für den Punkt 5 ∈ s mit Kote 5 wurde ein Schichtenkreis des Kegels mit der Spitze B(-2) verwendet, dessen Radius 2 + 5 = 7 LE beträgt.

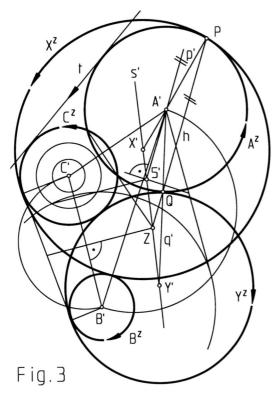

Fig. 3

Zwischen den drei Angabezykeln und den beiden Lösungszykeln findet eine *eigentliche Berührung* statt, indem nämlich die Orientierungen in den Berührpunkten übereinstimmen. Dem entspricht im Raum die Berührung der zugehörigen Drehkegel.

Eine orientierte Gerade wird in der Zyklographie als *Speer* bezeichnet. Jedem Speer entspricht im Raum eine unter 45° geböschte Ebene, deren obere Halbebene linker Hand liegt, wenn das Auge der Orientierung folgt. Wenn zwischen einem Zykel A^z und einem Speer t eine eigentliche Berührung stattfindet, dann ist die zum Speer t gehörige Ebene eine Tangentialebene des zum Zykel A^z gehörigen Drehkegels und umgekehrt (Fig. 3).

Mit Hilfe von Speeren bzw. der zugehörigen Ebenen ist es möglich, analog zur allgemeinen Lösung auch jene Sonderfälle der apoll. Aufgabe zu bearbeiten, bei denen anstelle eines Kreises eine Gerade gegeben ist.

Das soll abschließend anhand der bekannten Aufgabe demonstriert werden, Kreise durch einen gegebenen Punkt A zu legen, welche zwei gegebene Gerade b ≠ c zu Tangenten haben. Aus Teil I wissen wir, dass diese Aufgabe genau zwei reelle Lösungen besitzt, sofern A nicht gerade der Schnittpunkt von b und c ist.

Aus projektiver Sicht handelt es sich darum, einen Kegelschnitt zu legen, von dem zwei Tangenten b, c und drei Punkte, nämlich A und die zwei absoluten Kreispunkte I und J bekannt sind. Die duale Aufgabe lautet, einen Kegelschnitt zu ermitteln, von dem drei Tangenten a, b, c und zwei Kurvenpunkte gegeben sind. Da diese Aufgabe bekanntermaßen vier Lösungen besitzt, ist zu vermuten, dass die duale Aufgabe auch vier Lösungen besitzt, von denen im Falle des Kreises zwei immer komplex sind. Der Beweis dafür lässt sich aus dem folgenden Konstruktionsgang ableiten.

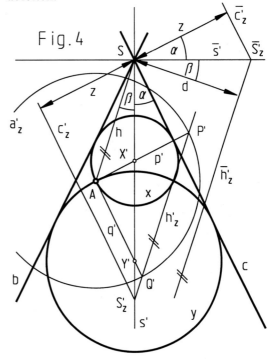

Fig. 4

Die Winkelsymmetralen der Geraden b, c sind in Fig. 4 mit s' und s̄' beschriftet, indem es sich um die Grundrisse der Schnittgeraden von je zwei unter 45° geböschten Ebenen mit den Spuren b bzw. c handelt. Denken wir uns (bei waagrechter Zeichenebene) b als Speer nach vorne hin und c nach hinten hin orien-

195

tiert, so ist s die Schnittgerade der diesen Speeren in der Zyklographie zugeordneten Ebenen β und γ. Ist c hingegen andersherum orientiert, dann ist s̄ die Schnittgerade von β und γ̄.

Im Weiteren geht es darum, s und s̄ mit der unter 45° geböschten Drehkegelfläche α mit der Spitze A zum Schnitt zu bringen, was insgesamt vier Durchstoßpunkte ergibt. Die Aufgabe hat also grundsätzlich vier Lösungen, wie zu vermuten war. (Die Schnittgeraden, an denen die zweite durch b gehende Ebene β̄ beteiligt ist, sind zu s bzw. s̄ hinsichtlich der Zeichenebene symmetrisch und liefern keine weiteren Lösungen.)

Für die Konstruktion der Durchstoßpunkte werden Hilfsebenen mit der Spur h = (AS) verwendet, wobei S der Schnittpunkt der Tangenten b, c (und Spurpunkt der Geraden s und s̄) ist. Im Sinne der bei der Beschriftung von Fig. 2 benützten Symbolik ist a'_z(A; z > 0) der Grundriss eines Schichtenkreises a_z von α in Höhe z. Einen Punkt gleicher Höhe S_z (bzw. dessen Grundriss) auf s bekommen wir über eine Schichtengerade c_z von γ (c_z' ∥ c im Abstand z). Durch S_z geht jene Hauptgerade h_z ∥ h der Hilfsebene, welche a_z in Punkten P und Q schneidet, und p = (PA) sowie q = (QA) schneiden s in den gesuchten Durchstoßpunkte X bzw. Y.

Die anderen zwei Lösungen der apollonischen Aufgabe sind immer komplex. Denn nach Ermittlung des Punktes $\bar{S}_z$ (bzw. seines Grundrisses) ist aus der Zeichnung abzulesen, dass die Gerade $\bar{h}_z$ den Kreis a_z niemals reell schneiden kann, weil wegen α > β der Abstand d der Geraden $\bar{h}_z'$ vom Kreismittelpunkt A stets größer als der Radius z des Kreises a_z (und a_z') ist. Der Kegel α und die Gerade s̄ haben also keinen reellen Punkt gemeinsam.

Vorschläge zum Selbermachen: A) Im ebenen System Uxy sind A'(6/4), B'(2/-8) und C'(0/0) die Mittelpunkte der in Fig. 2 und Fig. 3 verwendeten Angabekreise mit den Radien r_a = 5 LE, r_b = 2 LE und r_c = 3 LE. Gibt es für diese Angabe weitere reelle Lösungskreise des apollonischen Problems? **B)** Mit Hilfe zweier „Nullzykel" und eines Speeres Kreise zeichnen, von welchen zwei Punkte und eine Tangente gegeben sind.

TAFEL I

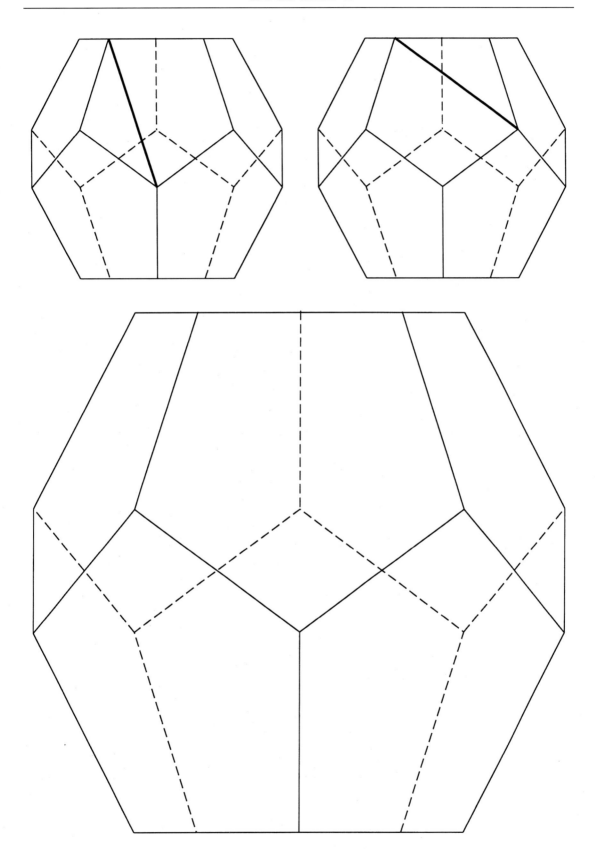

TAFEL II

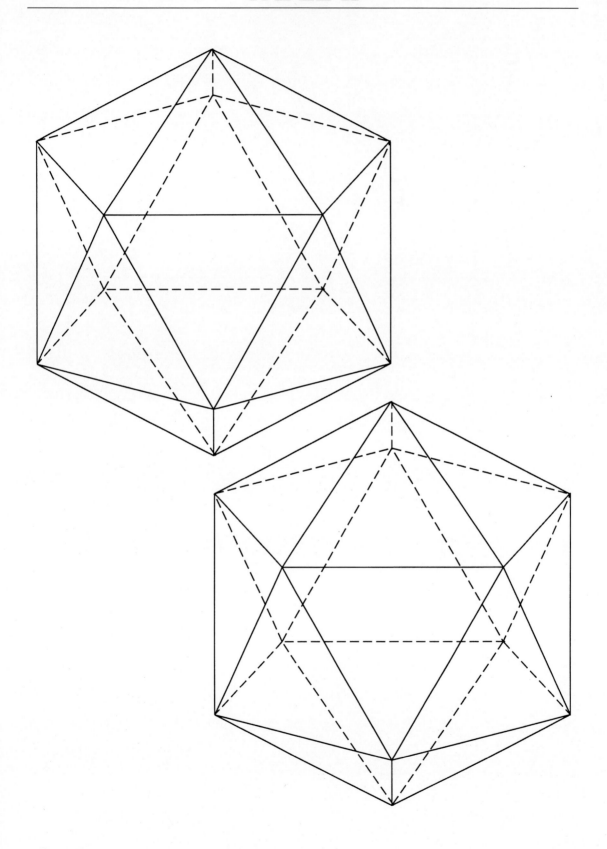

TAFEL III

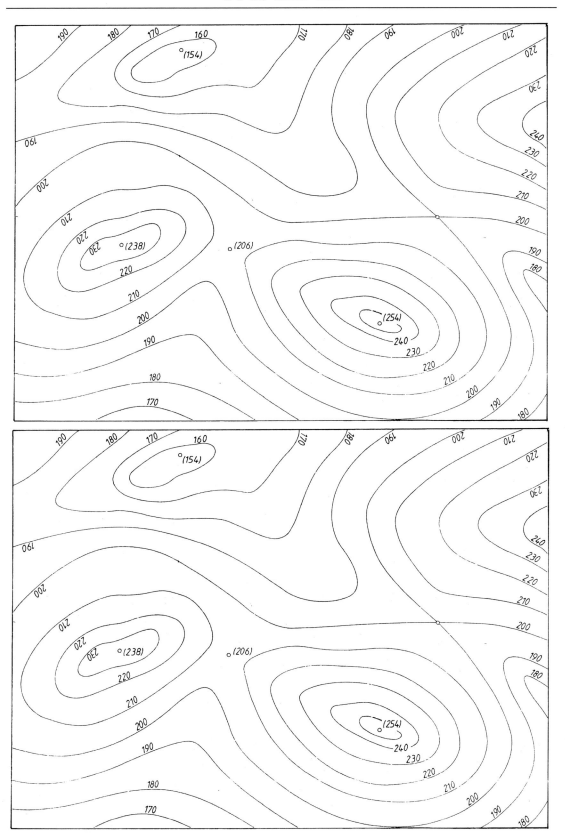

TAFEL IV

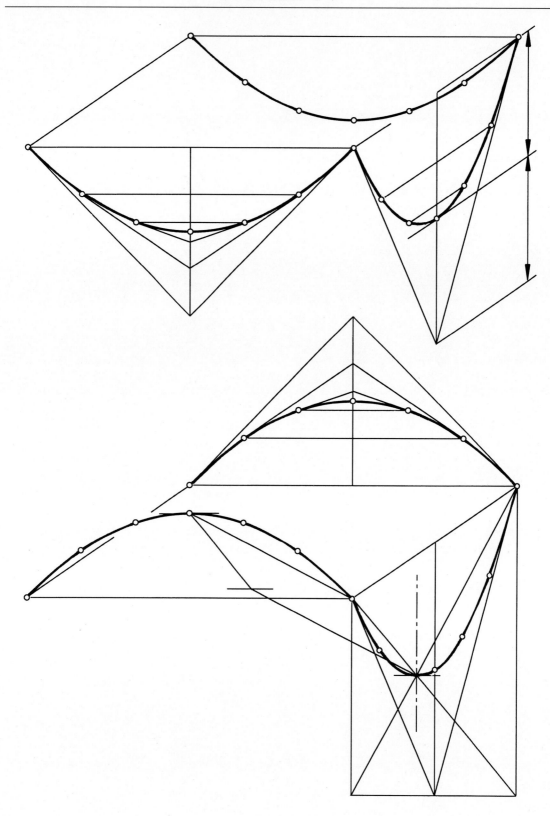

LÖSUNGEN

0.1.5	Durch jeden Punkt bzw. in jeder Ebene gibt es genau eine Gerade, welche zwei windschiefe Gerade schneidet, sofern der Punkt bzw. die Ebene nicht mit einer der beiden windschiefen Geraden inzidiert
0.2.3	$\upsilon_g \perp g$ durch P, $\{L\} = \upsilon_g \cap g$, $d = |PL|$
0.2.4	g ist die Trägergerade der vorderen linken Seitenkante
0.3.4	Zwei gleichsinnig kongruente Objekte des R_2 lassen sich immer durch eine Drehung oder eine Schiebung zur Deckung bringen
0.3.7BD	JA
0.3.7C	a) Z: keine Gruppe, b) Z ∪ T: Gruppe
1.1.7B	60°/60° od. 240°, 120°/120° od. 300°, 240°/60° od. 240°, 300°/120° od. 300°
1.2.2C	a) $d = \sqrt{b^2 + t^2 + h^2}$ b) $d = a \cdot \sqrt{3}$
1.2.3C	$0° < \alpha < 90°$: a) U. r., b) H. r. $90° < \alpha < 180°$: a) O. r., b) V. r. $180° < \alpha < 270°$: a) O. l., b) V. l. $270° < \alpha < 360°$: a) U. l., b) H. l.
1.3.3A	a) 3 b) 5 c) 9
1.3.3B	Symmetriezentrum existiert nur bei einer geraden Anzahl von Seitenflächen
1.4.4A	6 Ebenen, gleichsch. Dreiecke mit Basislänge a und Schenkellänge $a/2 \cdot \sqrt{3}$
1.5.7B	a) $\lambda \approx 31°$W, $d \approx 11800$ km b) $\lambda \approx 169°$W, $d \approx 12030$ km
1.5.7C	a) C(49°W/70°N) b) C(31°W/59°N)
1.5.8	a) In C. um ca. 40' b) In M. um ca. 66' c) In M. um ca. 280' d) In M. um ca. 170'
1.6.3A	$a : a_O : a_W = 1 : \frac{\sqrt{2}}{2} : \frac{1}{2}$
1.7.2A	a) $r_u = a/6 \cdot \sqrt{21}$ b) $r_u = a/2 \cdot \sqrt{5}$
1.7.3C	$r_u = a/2$
1.7.4A	a) $r_u = a/12 \cdot \sqrt{22}$ b) $r_u = a/6 \cdot \sqrt{10}$
1.7.5	$r_u = a/2 \cdot \sqrt{5 + 2\sqrt{2}}$
2.1.3AB	A: $h \approx 208$ mm B: $d \approx 0{,}057$ mm
2.1.3CD	C: $m = 85{,}05$ kg D: $l = 2{,}4$ m
2.2.1A	a) O = 4928 cm², V = 23520 cm³ b) O = 2200 cm², V = 7275 cm³
2.2.1BC	B: V = 864 cm³ C: V = 1260 m³
2.2.2AB	A: V ≈ 2255 cm³ B: h ≈ 2,5 mm
2.2.2CD	C: d ≈ 2,0 mm D: m ≈ 77 kg
2.2.2EF	E: V ≈ 1,555 m³ F: V ≈ 622 ml
2.2.2G	O ≈ 4725 cm², m ≈ 2,21 kg
2.3.1A	a) V = 0,8 m³ b) M = 689,5 dm²
2.3.1B	$V_R = a^3/2 \cdot \sqrt{2}$
2.4.3A	a) V = 206,08 m³ b) 8812 Stück
2.4.3B	$V = 2a^3$, $O = 6a^2 \cdot \sqrt{2}$
2.4.3C	V = 160 cm³
2.4.3DE	D: m ≈ 102 g E: h ≈ 59,5 mm
2.4.4AB	A: V = 10240 cm³ B: s = 82 cm
2.4.5A	a) 2 : 1 b) 6 : $\sqrt{3}$
2.4.5B	O = 384π cm², V = 768π cm³
2.4.6A	1 : 7 : 19
2.4.6B	a) V ≈ 12,7 l b) O = 838π cm², m ≈ 0,821 kg
2.4.7B	a) 3 : 1 b) 6 : 1 c) 2 : 1
2.4.7C	9 : 2
2.4.8A	a) $a^3/4 \cdot \sqrt{3}$, $a^2/2 \cdot (\sqrt{3} + 6)$ b) $3/2 \cdot a^3 \cdot \sqrt{3}$, $3a^2 \cdot (\sqrt{3} + 2)$
2.4.8C	a) 5 : 6 b) 5 : 8
2.5.1B	a) $2 \cdot \sqrt{3} : 9\pi$ b) $2 \cdot \sqrt{3} : 3\pi$ c) $1 : \pi$
2.5.1CD	C: m ≈ 217 g D: d ≈ 86,0 cm
2.5.2AB	A: 2 : 3 B: p ≈ 2 %
2.5.3AB	A: O ≈ 52 dm² B: m ≈ 405 kg
2.5.4AB	A: h = 2/3·R LE B: V ≈ 1,20 l
2.5.4CD	C: ρ = 0,74 D: m ≈ 30 g
2.5.4E	V ≈ 3009 cm³
2.5.5AB	A: p ≈ 4,11 % B: A ≈ 4002 km²
2.6.2A	$V = 1/2 \cdot a^3 \pi$, $O = 2a^2 \pi \sqrt{3}$
2.6.2B	a) d ≈ 0,4244r b) d ≈ 0,2486r
2.6.2C	d ≈ 0,1188r
2.6.3B	a) V = 1264π cm³ b) O = 888π cm² c) d_1 = 24/13 cm d) d_2 = 5/3 cm
2.6.4A	m ≈ 1,705 kg
2.6.4B	a) V = $7\pi^2$ cm³ b) m ≈ 539 g
2.6.4DE	D: m ≈ 231 kg E: m ≈ 516 g
2.6.4F	$V_{Dt} = \dfrac{r^3 \pi}{6} \cdot (10 - 3\pi)$
2.6.5AB	A: $\dfrac{r^3 \pi \sqrt{2}}{12} \cdot (10 - 3\pi)$ B: $\dfrac{r^3 \pi \sqrt{2}}{12} \cdot (9\pi + 10)$
3.1.1	P(2/2/3) a) Q(2/2/-3) b) R(-2/2/3) c) S(2/-2/3) d) T(-2/-2/-3)
3.1.2A	a) Grundriss wahre Größe, A = 12,5 FE b) $\triangle$ABC erstprojizierend, A = 20 FE c) |BC| = 6,5 LE (G), |AC| = 7,5 LE (A)
3.2.3A	S teilt HG im Verhältnis 1 : 2, T teilt BS im Verhältnis 3 : 5
3.2.3B	H ist Symmetriezentrum von ABCD, G teilt HS im Verhältnis 1 : 4
3.2.5A	S(2/-1/3)
3.2.5C	F ist der Schwerpunkt des Tetr. UABC
3.3.1A	a) (0 -39, 52) b) (60, 15, -20)
3.3.1B	a) (7, 30, -26) b) (1, 1, 0)
3.3.2A	|AB| = 8,5 LE, β ≈ 44,9°
3.3.2B	|AB| = 13 LE
3.3.3A	a) α = β = 60° b) α = β ≈ 47,66°
3.3.4A	C(2/9/3), F(11/8/7), G(5/11/9), H(3/5/12)
3.3.4B	C(2/10/4), D(6/5/7), F(-1/5/8)

3.3.5	$A_\Delta = 3 \cdot \sqrt{5}$ FE, $r_u = 3$ LE	3.7.3B	$r = \sqrt{21}$ FE, T(-1/4/-2)
3.4.1	a) $13x - 4y = 10$, $5y - 13z = 7$ b) $2x + y = 6$, $y + 2z = 6$ c) $3x + 2y - 18 = 0$, $2y - 3z = 0$	3.7.4A	N(2/1/2), $r_k = 4$ LE
		3.7.4B	$r = 13$ LE, T(3/4/-12)
		3.7.4C	M(4/2/4), $r = 5$ LE
3.4.2	a) S(0,5/-1,25/3,75), ABCD ist ein Trapez. b) Die Tetraederkante AC liegt im jeweiligen Kreuzungspunkt sowohl oberhalb als auch vor der Kante BD, ist also in beiden Rissen sichtbar.	3.7.5A	$\beta \approx 141{,}06°$.
		3.7.5B	E(3/3/0), M(0/0/3·$\sqrt{2}$), A(0/8/$\sqrt{2}$), D(8/0/$\sqrt{2}$), $\alpha = 90°$, $\beta \approx 141{,}06°$.
		3.8.1	M(2/-1/-2), $r = 3$ LE
3.4.3AB	a) $\vec{u}, \vec{v}, \vec{w}$ und $\overrightarrow{AB}$ sind komplanar b) $\vec{u}, \vec{v}, \vec{w}$ komplanar, aber nicht $\overrightarrow{AB}$ c) $\vec{u}, \vec{v}, \vec{w}$ sind nicht komplanar	3.8.2A	$x + 3y - 5z = 58$, T(4/3/-9)
		3.8.2B	N(-6/3/6), $r_k = 12$ LE
		3.8.3A	a) (N(0/4/-6), $r_k = 3 \cdot \sqrt{3}$ LE, $\gamma = 60°$ b) N(6/0/3), $r_k = 3 \cdot \sqrt{3}$ LE, $\gamma = 60°$
3.4.4	$2x + 2y - z - 3 = 0$	3.8.3B	$\vec{x} = (9, 9, 0) + t \cdot (0, -1, 1)$
3.4.6A	$A_x(2/0/0)$, $A_y(0/5/0)$, $A_z(0/0/-1)$, $z = 0{,}5x + 0{,}2y - 1$	3.8.4	D(6/3/6)
		3.8.5	$T_1(8/1/4)$, $T_2(-4/4/-7)$
3.4.6B	a) $3x + 5y - 15 = 0$ b) $5y - 3z + 15 = 0$	3.9.3	P($\sqrt{3}$/1/2·$\sqrt{3}$), Q(-3/3/-3·$\sqrt{2}$), R(-$\sqrt{3}$/-1/-2·$\sqrt{3}$), S(-3/-3/3·$\sqrt{2}$)
3.4.8A	D(3/5/2) ist auch Schwerpunkt des Dreiecks ABC	4.1.1A	Eine der Kurven l, e ist eine Gerade
		4.1.1B	Die Drehzylinderfläche
3.4.9	a), c) und d) schneidend b) parallel e) identisch	4.3.3A	P(3/-4/2), Q(-2/1,5/4,5)
		4.3.3B	T(3/4/4)
		4.3.6	$D_1(-2/4/5)$, $D_2(1/-3/2,5)$
3.4.10	D(2/6/9)	4.3.7A	a) $D_1(0/0/-2)$, $D_2(3/1,5/3)$ b) B(3/1,5/3), b ist Flächentangente c) S(3/1,5/3), c ist zu einer Erzeugenden des Asymptotenkegels parallel
3.5.1C	$x + y - z = 6$		
3.5.2	a) $\vec{x} = (0, 6, 0) + t \cdot (1, -2, 1)$ b) $\vec{x} = (3, 0, -1) + t \cdot (1, 1, -2)$ c) $\vec{x} = (2, 4, 1) + t \cdot (4, 13, 5)$		
		4.4.3	$x^2 = 2h \cdot (y + h/2)$
		4.7.2	$\alpha_1 \approx 18{,}43°$, $\alpha_2 \approx 26{,}57°$, $\alpha_3 = 45°$
3.5.3A	(0, 9, 1) und (5, 1, 4)	4.8.2	a) $S_1(0/4/3)$, $S_2(\sqrt{2}/-2/0)$ b) b ist eine Erzeugende
3.5.3B	21 Möglichkeiten		
3.5.3C	(1, 10, 4), (3, 7, 5), (5, 4, 6), (7, 1, 7)	4.8.4	$y = 0$ und $(x - \dfrac{h}{2k})^2 + y^2 = \dfrac{h^2}{4k^2}$
3.5.4	$13x - 4y = 10$, $5y - 13z = 7$		
3.5.6	$V = 270$ VE	4.9.5	(1) Ellipsen, (2) Hyperbeln, (3) nullteilige Kegelschnitte, (4) Parabeln sowie Geradenpaare: (5) schneidend und reell getrennt, (6) schneidend und konjugiert komplex (z. B. isotrope Gerade), (7) parallel und reell getrennt, (8) parallel und konjugiert komplex, (9) Doppelgerade
3.5.7	$V = 343/3$ VE		
3.5.9	$6x + 4y - 5z = 2$		
3.5.10A	U(3/1/1), $r_u = 3$ LE		
3.5.10B	U(2/-3/5), H(6/-5/1)		
3.6.1AB	A: $d = \sqrt{21}$ LE B: $r_i = 3$ LE		
3.6.1CD	C: $d \approx 3{,}66$ LE D: $d \approx 3{,}11$ LE		
3.6.2	A: $d = 7$ LE B: $h = 7$ LE C: $d = 9$ LE	4.9.6	(1) Einteilige und (2) nullteilige Kegelschnitte, (3) reell getrennte und (4) konjugiert komplexe Geradenpaare, (5) Doppelgerade
3.6.3	a) S(4/1/8), T(1/3/2), $d = 7$ LE b) S(2/2/4), T(4/6/1), $d = \sqrt{29}$ LE		
3.6.4B	$\alpha_{AD} \approx 95{,}80°$, $\alpha_{BC} \approx 114{,}85°$		
3.6.4C	$\alpha = 45°$, $\beta \approx 35{,}26°$	5.3.2A	Die Anzahl der Schnittpunkte zweier Kurven $k^{(m)}$ und $k^{(n)}$ beträgt $m \cdot n$
3.6.6A	a) 21./22. Mai bis 21./22. Juli b) 2./3. Juni bis 10./11. Juli		
		5.3.2B	Die Anzahl der Schnittpunkte einer Kurve $k^{(n)} = \varphi^{(n)} \cap \alpha$ mit einer Geraden $g = \alpha \cap \beta$ beträgt $N = n \cdot 1 \cdot 1 = n$
3.6.6B	$\sin\alpha = -(\cos\beta \cdot \sin\gamma)$		
3.7.1	a) M(3/-2/4), $r = 6$ LE b) M(1/4/0), $r = 2i$ LE c) M(0,5/1,5/0), $r = 4$ LE		
		5.4.3A	$20y^2 - 7z^2 = 0$, $7x^2 + 27y^2 = 63$
3.7.2A	M(3/-2/4), $r = 6$ LE	5.4.3B	$d = \sqrt{a^2 + c^2} \pm b$
3.7.2B	a) $x^2 + y^2 + z^2 = 49$ b) $(x - 6)^2 + y^2 + (z + 2)^2 = 49$	5.4.3C	$4y^2 - 5z^2 = 0$, $5x^2 + 9y^2 = 45$
3.7.3A	$S_1(7/0/0)$, $S_2(5/2/8)$, $A = 18$ FE	5.4.6	Um die Schraublinien

Sachregister

A

Abstand
  Gerade ∥ Ebene 12, 116
  paralleler Ebenen 12, 116
  Punkt – Ebene 12, 114
  Punkt – Gerade 114
  windschiefer Geraden 13, 116
Achse eines
  ellipt. Paraboloids 142, 154
  hyperbol. Paraboloids 155
Achsenabschnitt 100
Achsen einer
  Mittelpunktsquadrik 167, 172
Achsensystem, orthogonales 27
Achsensystem, rechtwinkliges 27
Affinität, räumliche 17
  orthogonale 17
  perspektive 17
Affinitätsebene 17
Affinitätsstrahl 17
Affinspiegelung, räumliche 17
Antikommutativgesetz 107
Apfeltorus 84
Apollonisches Problem 193
Äquator 52
Archimedischer Körper 63
Archimedische Spirale 162
Archimedisches Prinzip 68
Asymptotenkegel 143, 167
Aufbauverfahren 34
Aufriss 31
Aufrissebene 86
Auftrieb 68
Augdistanz 20
Augpunkt 20
Ausnehmung 177
Axonometrie 28

B

Barrel 67
Basis (Vektorraum) 91
Basiskante
  einer Pyramide 42
  eines Prismas 36
Basiskreis eines
  Kreiskegels 46
  Kreiszylinders 39
Bemaßung 33
Bernoullische Lemniskate 151
Berührerzeugende 163
Berührung, eigentliche 195
Betrag eines Vektors 95
Bewegung, räumliche 14
Bézout'sches Theorem 181
Bild, anschauliches 28
Bild, maßgerechtes 30
Bild, perspektivisches 20
Bildebene 18
  erste, zweite 86
Böschung 137
Böschungsfläche 163
Böschungslinie 138, 163
Böschungswinkel 36, 138
Breite, geographische 53
Breitenkreis 52
Breitenrichtung 30

C

Cavalieri, Satz von 71

D

Dandelin'sche Beweise 145
Darstellende Geometrie 25
Deckfläche eines
  Kegelstumpfs 46
  Prismas 36
  Pyramidenstumpfs 42
Deckgerade 104
Deckkante eines
  Prismas 36
  Pyramidenstumpfs 42
Deckkreis (Kreiszylinder) 39
Determinante, dreireihige 111
Dichte 68
Differenzendreieck 96
Dimension (Vektorraum) 91
Diophantische Gleichung 108
Distanzpunkt 20
Dodekaeder, reguläres 60
Doppelebene 174
Doppelgerade 169
Doppelpunkt einer
  ebenen Schnittkurve 136
  Durchdringungskurve 183
Dorntorus 83
Drahtmodell 26
Drehachse 15
Drehellipsoid, eiförmiges 141
Drehellipsoid, linsenförmiges 141
Drehfläche 133, 138
Drehhyperboloid,
  einschaliges 134, 143
  zweischaliges 143
Drehkegel 46
Drehkegelfläche 127, 140
  umschriebene 127
Drehkegelstumpf 46
Drehkörper 50, 81
Drehparaboloid 142
Drehquadrik 134
Drehung, räumliche 15
Drehwinkel 15, 156
Drehzylinder 39
Drehzylinderfläche 127, 141
  umschriebene 127
Dualitätsgesetz 10
Durchdringung 177
Durchdringungskurve 177
  zerfallende 186
Durchdringungspolygon 177
Durchmesserebene
  einer Kugel 49
  eines Paraboloids 142, 175
Durchmessergerade
  einer Kugel 49
  eines Paraboloids 154, 156
Durchstoßpunkt 10, 104

E

Ebene, projizierende 19
  erst-, zweitprojizierende 31
Ebenenbündel 11, 110
Ebenenbüschel 11, 109
Ebenengleichung, parameterfreie
  Abschnittsform 103
  allgemeine Form 102
  Determinantenform 112
  Normalvektorform 102
Ebenenraum 11
Ebenenschar 134
Ebenenspiegelung 15
Ebenenstellung,
  frontale/stirnparallele 30
  horizontale/waagrechte 30
Ebenentreue 16
Ecke (Polyeder) 25
Eimer 67
Einheitsvektor 95
Einheitswürfel 67
Einschneidegerade 35
Einschneideverfahren 34
Einzellösung 108
Eliminationsregel 110
Eliminationstheorie 181
Ellipse, kubische 187
Ellipsoid, dreiachsiges 172
Ellipsoid, einteiliges 172
Ellipsoid, nullteiliges 173

Erdachse 52
Ersatzprisma 41
Ersatzpyramide 48
Erzeugende einer
    Kegelfläche 11
    Strahlschraubfläche 160
    Zylinderfläche 11
Erzeugende eines
    Drehhyperboloids 144
    einschal. Hyperboloids 168
    hyperbol. Paraboloids 155
Erzeugendenschar 144
Euler'scher Polyedersatz 36

F

Fadenmodell 26, 144
Falllinie 137
Fernebene 10
Fernerzeugende 155, 174
Ferngerade 10
Fernkurve 135
Fernpunkt 10
Fernscheitel 11
Festmeter 70
Figuren, räumliche
    ähnliche 14
    gegensinnig kongruente 15
    gleichsinnig kongruente 14
Fixpunktebene 15
Fläche, algebraische 134
Fläche, gesetzmäßige 133
Fläche, graphische 133
Fläche n-ten Grades 134
Fläche n-ter Ordnung 134
Flächenelement 124
Flächenhöhe 44
Flächenmodell 26
Flächennormale 135
Flächenpunkt, elliptischer 135
Flächenpunkt, hyperbolischer 136
Flächenpunkt, parabolischer 136
Flächenpunkt, regulärer 135
Flächenpunkt, singulärer 135
Flächenschar 134
Flächentangente 135
Fluchtpunkt 19
Frontalriss 32
Funktionsfläche 103
Funktionsgleichung 103

G

Ganghöhe 156
Gefälle 138
Gegenvektor 91
Geländefläche 133, 136
Geländekarte 136
Geometrie,
    nichteuklidische 52, 209
Gerade, isotrope 124
Gerade, projizierende 19
    erst-, zweitprojizierende 31
Gerade, windschiefe 10
Geradenrichtung, lotrechte 30
Geradenrichtung, vertikale 30
Geradenspiegelung, räuml. 15
Gerinne 137
Gerono-Lemniskate 184
Gewinde, flachgängiges 160
Gewinde, scharfgängiges 161
Gewölbe, sphärisches 179
Gipfelpunkt 136
Gitter, orthogonales 138
Globus 52
Gradnetz 52
Grat 125
Gratlinie 163
Grundfläche
    einer Pyramide 42
    eines Prismas 36
Grundriss 31
    kotierter 136
Grundriss-Aufriss-Verfahren 31
Grundrissebene 86
Guldin'sche Regeln 81
Gürtelkreis einer Drehfläche 138
Gürtelkreis eines
    Drehellipsoids 141
    Torus 83
Gürtelschraublinie 165

H

Hängekuppel 179
Hauptdiagonale eines
    regulären Dodekaeders 61
    regulären Ikosaeders 62
Hauptgerade einer Ebene 104
Hauptlage einer Quadrik 167, 172
Hauptnormale 158
Hauptpoltetraeder 128
Hauptpunkt 20
Hauptriss 31
Haupttangente 136
Hektoliter 67
Hesse'sche Normalform 115
Hexaeder, reguläres 58
Hintersicht 32
Höhe eines
    Kugelsegments 51
    Plücker-Konoids 169
Höhenrichtung 30
Höhenstrecke eines
    regulären Dodekaeders 61
Höhenstrecke eines
    regulären Ikosaeders 62
    regulären Tetraeders 57
Hohlmaß 67
Horizont 20
Horizontalriss 32
Hüllfläche 134
Hüllschraubfläche 157
Hyperbel, kubische 187
Hyperboloid,
    einschaliges 167, 172
    zweischaliges 172

I

Ikosaeder, reguläres 62
Inkugel 56
Intervall 138
Inzidenz 9
Isogonaltrajektorie 192
Isometrie 29
    normale 29

J

Joch (Gewölbefeld) 180

K

Kalotte 51
Kammlinie 137
Kante (Polyeder) 25
Kantenmodell 26
Kappe, böhmische 179
Kegel, einteiliger 173
Kegel, gleichseitiger 74
Kegel, nullteiliger 173
Kegelfläche 11
Kegelmantel 46
Kegelschnitt, absoluter 132
Kegelstumpf 46
Kehlellipse 167
Kehlkreis einer Drehfläche 138
Kehlkreis eines
    Drehhyperboloids 143
    Torus 83
Kehlschraublinie 161
Kepler-Stern 59
Klasse einer Fläche 134
Klassifikation der Quadriken,
    affine 174
    projektive 174
Klostergewölbe 191
koaxial 28
Kollineation, räumliche 16
    perspektive 16

Kollineationsebene 16
Kollineationsstrahl 16
Kollineationszentrum 16
Komponenten eines Vektors 93
Konoid 161
    gerades 161
Kontur 29
Koordinaten, cartesische 85
Koordinaten eines Vektors 93
Koordinaten, geographische 53
Koordinaten, homogene
    einer Bündelebene 110
    einer Büschelebene 109
    einer Ebene 102
Koordinatenquader 85
Koordinatensystem 85
    allgemeines (affines) 93
    cartesisches 94
Koordinatenzug 85
Korkenziehergewinde 162
Körper, ähnliche 26
Körper, geometrischer 25
Körper, kongruente 25
Körper, konkaver 25
Körper, konvexer 25
Körperhöhe
    einer Pyramide 42
    eines Kreiskegels 46
    eines Kreiszylinders 39
    eines Prismas 36
Kote 136
Kreis, nullteiliger 124
Kreisachse 50
Kreisevolvente 163
Kreiskegel, gerader 46
Kreiskegel, schiefer 46
Kreispunkt, absoluter 132
Kreiszylinder, gerader 39
Kreiszylinder, schiefer 39
Kreuzdach 178
Kreuzgewölbe 191
Kreuzprodukt 106
Kreuzriss 31
Krümmung 159
Krümmungskreis 158
Kubikmeter 67
Kuboktaeder 64
Kugel 49
    eingeschriebene 128, 139
Kugelabschnitt 51
Kugelersatzfläche 65, 78
Kugelfläche 49
    nullteilige 121
Kugelgerade 52
Kugelgleichung,
    allgemeine Form 120
    Mittelpunktsform 120
    Vektorform 121
Kugelgroßkreis 52

Kugel-Kegel-Methode 127
Kugelkoordinaten 130
Kugelmütze 51
Kugelschichte 51
Kugelsegment 51
Kugelsehne 50, 121
Kugelsektor 51
Kugelzone 51
Kurve, einteilige 135
Kurve, nullteilige 135
Kurvennormale 158

L

Lagenaufgabe 11
Lagengeometrie 9
Länge einer Strecke 96
Länge eines Vektors 95
Länge, geographische 53
Längenkreis 52
Längenprofil 138
Leitellipse 169
Leitgerade 161, 167
Leitkurve 11, 151
Leitlinie 166
Linearkombination 91
Linie, erzeugende 133, 160
Linie, geodätische 52, 158
Linksschraubung 156
Liter 67
Lotfußpunkt 12
Loxodrome 192
Loxodromenkreis 192

M

Mantel eines Prismas 36
Mantel einer Pyramide 42
Mantelstrecke eines
    Kreiskegels 46
    Kreiszylinders 39
Masse 67
Maßlinie 33
Maßzahl 33
Meridian (Globus) 53
Meridiankreisschraubfläche 165
Meridiankurve 133, 138, 160
Meridianprofil 138
Meridianriss 139
Meridianschnitt 160
Mittelerzeugende 169
Mittelpunkt (Kugel) 49
Mittelpunktsquadrik,
    reguläre 172
    singuläre 173
Mittenkreis (Torus) 83
Mittenkurve 134

Mittenstrecke eines
    Kreiskegels 46
    Kreiszylinders 39
Monge, Satz von 167
Monge'sche Drehung 85
Monge'sches Kugelverfahren 185
Muldenpunkt 136

N

n-Flach 25
    regelmäßiges 56
Neigungswinkel 36
Netz eines Körpers 26
Netzprojektion 19
Nicht-Inzidenz 9
Nordpol 52
Normale, gemeinsame 13
Normalebene 12
Normalgerade 12
Normalprojektion 23
Normalriss 23
Normalrisse, zugeordnete 87
Normalvektor einer Ebene 101
Nullvektor 91
    triviale Darstellung 91

O

Oberfläche 25
Obersicht 28, 32
Öffnungswinkel (Drehkegel) 46
Oktaeder, reguläres 58
Ordner 31, 86
Ordnung einer ebenen Kurve 182
Ordnung einer Fläche 134
Ordnung einer Raumkurve 181
Ortsvektor 93

P

Parallelprojektion 21
Parabel, kubische 187
Paraboloid,
    elliptisches 153
    gleichseitiges hyperb. 156
    hyperbolisches 155, 168
Parallelepiped 37
Parallelkreis
    einer Drehfläche 133, 138
    eines Drehkörpers 50
    eines Kreiskegels 46
    eines Kreiszylinders 39
Parallelkurve 148
Parallelriss 21, 28
Parallelperspektive 22

Parallelstrahlbündel 12
Parallelstrahlbüschel 12
Parametergleichung einer
    Ebene 101
    Geraden 98
    Kugel 130
    Schraublinie 157
    Wendelfläche 161
Passante einer Kugel 122
Pentagon-Dodekaeder 60
Periode (einer Schwingung) 158
Perspektive 20
Pfeilklasse 91
Platonischer Körper 56
Plattkreis 138
    eines Torus 83
Plücker-Konoid 169
Pol (Kugel) 127
Polare, reziproke 129
Polarebene (Kugel) 127
Polarebenengleichung 128
Poltetraeder 128
Polyeder 25
    reguläres 56
    semireguläres 63
Potenz (Kugel) 126
Potenzebene 126
Prisma 36
    gerades 36
    quadratisches 36
    regelmäßiges 37
    schiefes 36
Profil(schnitt) 137
Projektion, geradlinige 18
Projektionsebene 18
Projektionskegel 135
Projektionsstrahl 18
Projektionszentrum 19
Projektionszylinder 135
Projizierendmachen
    einer Ebene 89
    einer Geraden 88
Pultebene 102
Punktfeld 11
Punktfelder, affine 17
    in perspektiver Lage 17
Punktfelder, kongruente 17
Punktfelder, kollineare 17
    in perspektiver Lage 17
Punktfelder, zentrisch ähnliche 17
Punktkoodinaten,
    cartesische 85
    homogene 131
Punktraum 11
Punktreihe 11
Punktspiegelung, räumliche 15
Pyramide 42
    regelmäßige 44
Pyramidenstumpf 42

Q

Quader 26
Quadrik 134
    reguläre 175
    singuläre 175
Quadrikgleichung,
    allgemeine Form 172
    Hauptform 172
Querschnitt 160

R

Radius einer Kugel 49
Raum, projektiver 11
Raumdiagonale
    eines Oktaeders 58
    eines Quaders 26
Rauminhalt 25, 67
Raumkurve 181
    algebraische 181
    transzendente 157, 181
Raummeter 70
Rechtsschraubung 156
Rechtssystem 27
Reliefperspektive 16
Repräsentant eines Vektors 91
Rhomben-Dodekaeder 59
Rhomboeder 37
    reguläres 37
Richtebene eines
    hyperbol. Paraboloids 156
    Konoids 161
    Kegelschnitts 145
Richtkegel (Schraubung) 158
Richtungsvektor 98
    einer Ebene 100
Ringtorus 83
Riss 28
    dritter 87
    vierter 88
Rissachse 86
Risslesen 34
Risszeichnen 25
Rohrfläche 134, 148
Rohrverbindung 190
Rückkehrkante 163
Rundgewinde 165

S

Sarrus, Regel von 111
Satteldach 21
Sattelpunkt 136
Schaft eines Vektors 91
Scheitel einer
    Kegelfläche 11

Scheitel einer
    Mittelpunktsquadrik 167, 172
Scheitel eines
    Drehellipsoids 141
    Drehhyperboloids 143
    Drehparaboloids 142
    Ebenenbündels 11
    elliptischen Paraboloids 154
    hyperbol. Paraboloids 155
    Strahlbündels 11
Scheitelebene (Drehkegel) 140
Scheitelerzeugende 155, 174
Scherung, affine 17
Schichtenebene 136
Schichtenellipse 153
Schichtenhyperbel 155
Schichtenkreisschraubfläche 165
Schichtenlinie 136
Schichtenplan 136
Schiebfläche 133, 151
Schiebung, räumliche 14
Schmiegebene 158
Schnittdarstellung 33
Schnittgerade 10, 105
Schnittpunkt 10, 105
Schräggrundriss 34
Schrägprojektion 23
Schrägriss 23, 32
Schrägspiegelung, räumliche 17
Schraubachse 16, 156
Schraubfläche 134, 157
    zyklische 165
Schraublinie 16, 134, 157
Schraubparameter 156
Schraubrohrfläche 134, 165
Schraubtorse 163
Schraubung 16, 156
Schraubzylinder 157
Seehöhe 136
Seitenfläche
    einer Pyramide 42
    eines Prismas 36
Seitenkante
    einer Pyramide 42
    eines Prismas 36
Seitenlänge (Drehkegel) 46
Seitenriss 87
Seitenrissregel 88
Sekante einer Kugel 50, 122
Skalarprodukt 96
S-Multiplikation 90
Sonnendeklination 118
Spaltenvektor 93
Spat 37
Spatprodukt 106, 111
Speer 195
Sphäre 49
Spiegelung, planare 15
Spiegelung, räuml. zentrische 15

Spiegelungsebene 15
Spindeltorus 84
Spirische Linie 150
Spitze einer Kegelfläche 11
Spitze einer Kurve 136
Spitze einer Pyramide 42
Spitze eines Vektors 91
Spur(gerade) 100
Spurkreis 123
Spurpunkt 98
Steigung 138
Steigwinkel 158
Stichhöhe 191
Strahlbündel 11
Strahlbüschel 12
Strahlfeld 12
Strahlfläche 11, 134, 166
    abwickelbare 166
    windschiefe 166
Strahlgebüsch 12
Strahlkomplex 12
Strahlkongruenz 12
Strahlnetz 12
Strahlquadrik 134
Strahlraum 11
Strahlschar 11
Strahlschraubfläche 160
    gerade geschlossene 160
    gerade offene 161
    schiefe geschlossene 161
    schiefe offene 162
Streckensymmetrieebene 26
Streckung, planare 17, 154
Streckung, räuml. zentrische 14
Streichwinkel 118
Südpol 52
Symmetrie, achsiale 15
Symmetrie, planare 15
Symmetrie, zentrische 15
Symmetrieebene 15, 26
Symmetrieschnitt 26
Symmetrie-Vollschnitt 33
Symmetriezentrum 15, 26
Systemdeterminante 112

T

Tallinie 137
Tangente einer
    Durchdringungskurve 182
    Kugel 122
    Schraublinie 158
Tangentenfläche 163
Tangentialebene einer
    krummen Fläche 135
    Kugel 123
Tetraeder 25, 42
    reguläres 44, 57

Tiefenrichtung 30
Tonnengewölbe 190
Toroide 149
Torsalerzeugende 166
Torse 134, 163
Torusfläche 149
Trägerebene 9
Trägergerade 9
Treffgerade 11
Trigonometrie, sphärische 52

U

Umklappung 90
Umkugel 56
Umriss, scheinbarer 29
Umriss, wahrer 29
Umrisskreis 49
    erster, zweiter 49
Umrisskurve einer Fläche 135
Umrisspunkt 40, 47
    erster, zweiter 50
Umrissstrecke, erste, zweite 48
Umrissstrecke eines
    Kreiskegels 47
    Kreiszylinders 40
Untersicht 28, 32
Ursprungslage einer Kugel 121

V

Vektor 91
    winkelhalbierender 95
Vektoraddition 90
Vektoren, kollineare 92
Vektoren, komplanare 92
Vektoren, linear abhängige 91
Vektoren, linear unabhängige 91
Vektorprodukt 106
Vektorraum 90
Verbindungsebene 9
Verbindungsgerade 9
Verebnung 26
Verschneidung 177
Verschwindungsebene 20
Verschwindungspunkt 19
Vervollständigungsaufgabe 103
Verzerrung, affine 17
Verzerrungsfaktor 32
Vielflach 25
    regelmäßiges 56
Vierflach 42
Villarceau'scher Kreis 192
Vivianisches Fenster 183
Volumen 67
Volumseinheit 67
Vordersicht 32

W

Walmdach 74
Walze 39
Wasserscheide 137
Wendelfläche 134, 160
Winkel
    Gerade – Ebene 13, 117
    windschiefer Geraden 13
    zweier Ebenen 13, 117
    zweier Vektoren 97
Wölbfläche 153
Würfel 26, 58
Würfelkapitell, romanisches 179

Y

Yxe 125

Z

Zeilenvektor 93
Zentralkollineation, räumliche 16
Zentralprojektion 19
Zentralriss 20
Zweieck, sphärisches 80
Zweieck, zylindrisches 78
Zykel 194
Zyklographie 18, 194
Zykloide 159
Zylinder, gerader 152
Zylinder, gleichseitiger 74
Zylinder, nullteiliger 174
Zylinderfläche 11
    elliptische 151
    hyperbolische 151
    parabolische 151
Zylinderhuf 40
Zylinderkoordinaten 130
Zylindermantel 39

Personenregister

Apollonius, * 262 v. Chr. (?) in Perge (Pamphylien), † 190 v. Chr. (?) in Alexandria. Ansätze zur projektiven Geometrie, Theorie der Kegelschnitte, denen A. das Buch „Konika" gewidmet hat.

Archimedes, * 287 v. Chr. (?) in Syrakus, † 212 v. Chr. in Syrakus, der produktivste Mathematiker und Naturwissenschafter des Altertums. Wichtige Leistungen: Quadratur- und Kubaturformeln mittels infinitesimaler Methoden, Approximation von π, Konstruktion regelm. Vielecke, Anwendungen der Mathematik in der Mechanik.

Bernoulli, Jakob: * 1654 in Basel, † 1705 in Basel. Theorie der unendlichen Reihen, Wahrscheinlichkeitsrechnung (Gesetz der großen Zahlen), Differentialgeometrie, Variationsrechnung.

Bézout, Étienne, * 1730 in Nemours, † 1783 in Basses-Loges, franz. Mathematiker.

Cassini, Giovanni Domenico, * 1625 in Nizza, † 1712 in Paris. Französischer Astronom italienischer Herkunft. Entdeckung der ersten vier Saturnmonde und der Teilung des Saturnringes durch den dunklen („cassinischen") Streifen.

Cavalieri, Bonaventura, * 1598 (?) in Mailand, † 1647 in Bologna, Italiener, Körperberechnungen.

Cramer, Gabriel, * 1704 in Genf, † 1752 in Bagnols-sur-Cèze. Schweizer Mathematiker, er entdeckte die nach ihm benannte Regel zur Auflösung linearer Gleichungssysteme.

Dandelin, Germinal Pierre, * 1794 in Le Bourget, Frankreich, † 1847 in Brüssel.

Desargues, Gérard, * 1593 in Lyon, † 1662 ebendort. Der Baumeister und Mathematiker, mit Descartes befreundet, von Pascal geschätzt, aber ansonsten als Sonderling zu Lebzeiten wenig beachtet, leistete Pionierarbeit auf dem Gebiet der projektiven Geometrie.

Descartes, René, latinisiert Renatus Cartesius, * 1596 in La Haye-Descartes (Touraine), † 1650 in Stockholm, franz. Philosoph („cogito, ergo sum"), Mathematiker und Naturwissenschafter. Descartes erkannte als erster den engen Zusammenhang zwischen Geometrie und Algebra, er ist der Begründer der Koordinatengeometrie.

Diophantos v. Alexandria, um 250 n. Chr., der bedeutendste Algebraiker der Antike.

Dürer, Albrecht, * 1471 in Nürnberg, † 1528 ebenda, deutscher Maler, Zeichner, Graphiker und Kunstschriftsteller. Von seinen theoretischen Schriften sind die „Unterweisung der Messung mit Zirkel und Richtscheit" von 1525 und die posthum erschienene „Proportionslehre" die wichtigsten.

Euklid, * 365 (?) v. Chr., † 300 (?) v. Chr., stellte die Geometrie unter dem Einfluss von Platon und Aristoteles auf eine wissenschaftliche Grundlage, die auf 23 Definitionen, 5 Postulaten und 5 Axiomen aufbaut („Euklid'sche Geometrie"). Euklids Handbuch „Elemente" bildete über 2000 Jahre lang die Grundlage des Geometrieunterrichts.

> C. F. Gauß (s. u.) erkannte als Erster, dass der Verzicht auf das Euklid'sche Parallelenpostulat, das (in der Hilbert'schen Fassung) für jede Gerade g durch jeden nicht auf g liegenden Punkt A genau eine Parallele $\bar{g} \parallel g$ postuliert, zu einer *nichteuklidischen Geometrie* führt. In ihr weicht die Winkelsumme im Dreieck von 180° ab, weil deren Konstanz in der Euklid'schen Geometrie eine unmittelbare Folge des Parallelenpostulats ist.

Euler, Leonhard, * 1707 in Basel, † 1783 in St. Petersburg. Der gebürtige Schweizer gehört zu den vielseitigsten und produktivsten Mathematikern der Neuzeit und wurde schon mit 20 Jahren an die Akademie der Wissenschaften in St. Petersburg berufen. Zwischenzeitig von dort nach Berlin abgeworben, war die Zarenmetropole auch die Stätte seines späten Wirkens. U. a. entdeckte E. die nach ihm benannte Gerade, die irrationale Zahl e = 2,71828... und den Polyedersatz.

Gauß, Carl Friedrich, * 1777 in Braunschweig, † 1855 in Göttingen, genialer deutscher Mathematiker, Physiker und Astronom, bereits zu Lebzeiten als „princeps mathematicorum" bezeichnet. Legendär sind die Summenformel $1 + 2 + ... + n = n/2 \cdot (n + 1)$ des achtjährigen Gauß, durch die Lehrer Büttner auf ihn aufmerksam wurde, und der Beweis des Fundamentalsatzes der Algebra in seiner Dissertation.

Gerono, Camille-Christophe, * 1799 in Paris, † 1891 ebendort, franz. Mathematiker.

Guldin, Paul, * 1577 in St. Gallen, † 1643 in Wien, Schweizer Mathematiker. Die nach ihm benannten baryzentrischen Regeln sollen schon Pappos bekannt gewesen sein.

Hesse, Ludwig Otto, * 1811 in Königsberg (Pr.), † 1874 in München. Univ.-Prof. in Königsberg. Heidelberg und München.

Hilbert, Daniel, * 1862 in Königsberg (Pr.), † 1943 in Göttingen. Univ.-Prof. in Königsberg und Göttingen, stellte die Geometrie auf eine moderne axiomatische Grundlage.

Kepler, Johannes, * 1571 in Weil, † 1630 in Regensburg. Nach dem Studium der ev. Theologie in Tübingen Mathematiker in Graz, ab 1600 in Prag Hofastronom Kaiser Rudolf II., nach dessen Tod als Physiker (Optik) und Mathematiker in Linz, ab 1628 für Wallenstein tätig.

Lambert, Johann Heinrich, * 1728 in Mülhausen, † 1777 in Berlin. Elsässischer Universalgelehrter, Vertreter des deutschen Rationalismus.

Monge, Gaspard, Graf von Péluse, * 1746 in Béaune, † 1818 in Paris. Der Professor an der École polytechnique schuf mit seinen 1795 veröffentlichten „Leçons de géométrie descriptive" das erste Lehrbuch der Darstellenden Geometrie und gilt als deren Begründer. Als Vertrauter Napoleons nach dessen Sturz geächtet starb M. in geistiger Umnachtung.

Pappos von Alexandrien, griech. Mathematiker um 320 n. Chr., Verfasser eines umfangreichen Geometrielehrbuches („Collectio").

Pascal, Blaise, * 1623 in Clermont-Ferrand, †1662 in Paris. Der zeitlebens kränkliche und früh verstorbene Philosoph, Mathematiker und Physiker war (neben Descartes und Leibniz) einer der letzten großen Universalisten der europäischen Geistesgeschichte. Als Mathematiker vor allem auf dem Gebiet der projektiven Geometrie, der Infinitesimalrechnung und der Wahrscheinlichkeitsrechnung (Pascal'sches Dreieck) tätig.

Platon (Plato), eigentlich Aristokles, * 428/427 v. Chr. in Athen oder Ägina, † 348/347 v. Chr. in Athen. Der wohl bedeutendste Philosoph der Antike war ein Schüler des Sokrates und mit der Geometrie der Pythagoräer vertraut, aber kein Mathematiker im eigentlichen Sinn. Um 385 v. Chr. gründete P. in Athen die (nach dem attischen Heros Akademos benannte) „Akademie" als Philosophenschule. Einer der ersten „Akademiker" war Aristoteles, der Platons Ideenkosmos die Erfahrungswelt gegenüberstellte. Mit Axiomatik und Logik schuf A. erkenntnistheoretische Grundlagen für alle exakten Wissenschaften.

Plücker, Julius, * 1801 in Wuppertal, † 1868 in Bonn, Physiker und Mathematiker, Univ.-Prof. in Bonn, Halle/Saale und Berlin. Durch den Einsatz von Algebra und Analysis in der Geometrie, z. B. die Verwendung homogener Koordinaten, geriet P. in scharfen Gegensatz zu den „Synthetikern", namentlich zu Jakob Steiner.

Poncelet, Jean Victor, * 1788 in Metz, † 1867 in Paris. Systematischer Auf- und Ausbau der projektiven Geometrie auf Basis der von Apollonius, Desargues und Pascal gewonnenen Einsichten.

Rytz, David, * 1801, † 1868, Schweizer Mathematiker.

Sarrus, Pierre Frédéric, * 1798 in Saint-Affrique, † 1861 ebendort, Schweizer Mathematiker.

Steiner, Jakob, * 1796 in Utzendorf, † 1863 in Bern. Von Johann H. Pestalozzi als außerordentliche Begabung „entdeckt", wurde ein Schweizer Hirtenjunge zu einem der bedeutendsten Vertreter der (synthetischen) projektiven Geometrie.

Thales, * 624 (?) v. Chr. in Milet, † 548 (?) v. Chr., griech. (?) Philosoph und Mathematiker. Die ersten mathematischen Beweise, wie etwa der des nach ihm benannten Satzes, sollen auf Thales zurückgehen.

Villarceau, Yvon, * 1813, † 1883, franz. Astronom und Mathematiker.

Vitruvius (Vitruv), * um 84 v. Chr. in Fano (?), römischer Baumeister, Architekt und Wasserleitungsingenieur. Um 25 v. Chr. erscheint sein Lehrwerk über Architektur und Technik „De architectura", 10 Bände.

Viviani, Vincenzo, * 1622 in Florenz, † 1703 ebendort, Schüler und Biograph v. Galileo Galilei.

„Wiener Schule": Begründet von **R. Staudigl** (1838 – 1891) an der TU Wien und maßgeblich weiterentwickelt von **E. Müller** (1861 – 1927), **Th. Schmid** (1859 – 1936) und deren Nachfolgern. Vor seiner Berufung an die TU Wien war Th. Schmid Geometrielehrer an der Steyrer Realschule, heute BRG Steyr/Michaelerplatz.

Literatur

Bei der Abfassung dieses Buches hat der Autor auf folgende Fachbücher und wissenschaftliche Arbeiten, Lexika, Unterrichtswerke und Internet-Informationen zurückgegriffen:

COLERUS E., Vom Punkt zur vierten Dimension, Paul Zsolnay Verlag, Wien 1953

GRILLMAYER D., Eliminationstheorie, unveröffentlichte Hausarbeit (Mathematik, Prof. Hlawka), 1967

GROTEMEYER K., Analytische Geometrie, Sammlung Göschen Band 65/65a, Walter de Gruyter & Co, Berlin 1964

HOHENBERG F., Konstruktive Geometrie in der Technik, Springer-Verlag, Wien 1961 (2. Auflage)

KAISER H. – NÖBAUER W., Geschichte der Mathematik, Hölder-Pichler-Tempsky, Wien 1998

KÖHLER J. – HÖWELMANN R. – KRÄMER H., Analytische Geometrie und Abbildungsgeometrie in vektorieller Darstellung, Diesterweg Salle, Frankfurt-Berlin-München 1970

KONRATH T. – NIEDERLE W., Arithmetik und Geometrie, Verlagsgemeinschaft Grazer und Wiener Verlage

KRAMES, J., Darstellende und kinematische Geometrie für Maschinenbauer, Deutike, Wien 1952

LAUB J. – GRILLMAYER D., Darstellende Geometrie, Hölder-Pichler-Tempsky, Wien 1989 (2. Auflage)

MEYERS Neues Lexikon, Bibliographisches Institut AG, Mannheim 1979

MÜLLER E. – KRAMES J., Vorlesungen über Darstellende Geometrie II - Die Zyklographie, Leipzig und Wien 1929

MÜLLER E. – KRUPPA E., Lehrbuch der darstellenden Geometrie, Springer-Verlag, Wien 1948 (5. Auflage)

ROSENBERG K. – LUDWIG E., Sammlung von Aufgaben aus Arithmetik und Geometrie, Hölder-Pichler-Tempsky, Wien 1965

WIKIPEDIA, freie Online-Enzyklopädie, gegründet 2001

WUNDERLICH, W., Darstellende Geometrie, Bibliographisches Institut AG, Mannheim 1966

Der Autor

Mag. Dieter-Heinz Grillmayer wurde am 21. November 1941 in Wien geboren. Nach dem Besuch der Volks- und der Mittelschule in Steyr (Matura 1959) studierte er an der Universität Wien und an der TU Wien. Ab 1968 unterrichtete der Autor am Gymnasium, am Realgymnasium und an der Höheren Technischen Lehranstalt in Steyr, von 1984 bis 2002 stand er dem BRG Steyr/Michaelerplatz als Direktor vor. Für die DG-Lehrbücher, die der Wiener Schulbuchverlag Hölder-Pichler-Tempsky in den 1980er-Jahren neu herausbrachte, zeichnete Dieter Grillmayer teils als federführender Autor, teils als Mitautor verantwortlich.